高等教育“互联网+”立体化教材——公共基础课系列

多媒体基础实验教程

主编：李永平
参编：李　燕　朱　媛　杨会保
王晓云　彭绪山

電子工業出版社
Publishing House of Electronics Industry
北京 · BEIJING

内容简介

Adobe 公司是世界领先的数字媒体和在线营销解决方案供应商，主要从事多媒体制作类软件的开发，涉及图像处理、图形设计、动画制作、音视频处理等领域的软件。本实验教程基于 Adobe 公司的软件产品，如 Photoshop、Animate、Premiere、Illustrator 及 After Effects 等，详细介绍了软件的基础操作，以具体的案例展开讲解，适合数字媒体类专业及相关专业课程的入门学习。

图书在版编目（CIP）数据

多媒体基础实验教程/李永平主编. —北京：电子工业出版社，2022.3

ISBN 978-7-121-42927-9

Ⅰ. ①多… Ⅱ. ①李… Ⅲ. ①多媒体技术—高等学校—教材 Ⅳ. ①TP37

中国版本图书馆CIP数据核字（2022）第024501号

责任编辑：康　静
印　　刷：湖北画中画印刷有限公司
装　　订：湖北画中画印刷有限公司
出版发行：电子工业出版社
　　　　　北京市海淀区万寿路173信箱　邮编 100036
开　　本：787×1092　1/16　印张：20.5　字数：524.8千字
版　　次：2022年3月第1版
印　　次：2022年3月第1次印刷
定　　价：59.00元

凡所购买电子工业出版社图书有缺损问题，请向购买书店调换。若书店售缺，请与本社发行部联系，联系及邮购电话：（010）88254888，88258888。

质量投诉请发邮件至zlts@phei.com.cn，盗版侵权举报请发邮件至dbqq@phei.com.cn。

本书咨询联系方式：（010）88254609或hzh@phei.com.cn。

前　言

2000年以来，互联网技术快速发展，特别是近10年来，各种新技术、新形态的媒体形式的不断涌现，媒体逐步从报纸、电视、广播等传统媒体时代迈向数字媒体时代。数字媒体时代的媒体载体更加多元化，包括计算机、电视及各种移动设备等，其内容更加丰富，包括文字、图像、图形、视频、音频、动画乃至各种再现内容（虚拟现实、增强现实、混合现实）。数字媒体时代人人都可以是媒体内容的制作者和编辑者，本教材选取目前数字媒体内容制作最为流行的Adobe软件，导入具体案例，详细介绍了目前数字媒体内容制作的基本方法。

Photoshop
素材文件

在图像处理方面，使用Adobe Photoshop软件，以27个具体案例介绍软件工具的使用方法及操作步骤，包括一寸照片制作案例介绍图像裁剪工具；奥运五环绘制案例介绍圆形选区及选区运算；石膏像绘制案例介绍选区运算及渐变工具的使用；绘制古画卷轴案例综合介绍图像裁剪、图像变换、图层顺序、选区操作及渐变工具；绘制毛毛熊案例介绍图像选区操作的使用技巧；绘制花好月圆案例介绍画笔工具、自定义画笔工具及画笔使用的技巧；绘制太极阴阳图案例介绍如何利用标尺工具配合选区运算绘制特定图像；绘制梦幻城堡案例介绍如何使用多边形套索工具；绘制楼盘户型图案例介绍如何运用魔棒工具及选区工具执行综合运算；绘制玻璃杯抠图案例介绍磁性套索工具与通道的应用；制作签名介绍色彩范围工具的使用技巧；绘制跃出纸面的海豚案例介绍综合利用前述案例的工具制作绚丽图像；绘制琴键上的小人案例介绍抠图技巧及图层蒙版；绘制亭子案例及绘制蓝天与荷花案例介绍蒙版使用技巧；此后又选取绘制阴阳太极图案例介绍形状工具的使用；绘制心形案例及魔幻线条案例介绍形状工具及钢笔工具的综合使用；制作印章案例和绘制人物文字介绍文字及路径文字工具；毛发抠图案例介绍选区工具与蒙版工具的使用技巧；烟花制作方法案例简单介绍滤镜的使用；图章改文字案例介绍仿制图章、污点修复工具；头发细节抠图介绍通道透明抠图；最后以UI设计中拟物化图标绘制结束Adobe Photoshop软件的学习。

Animate
素材文件

在动画制作方面，使用Adobe Animate软件，以18个具体案例介绍动画制作的基本方法与操作步骤。在彩虹文字、立体文字及五一大促销三个案例中，介绍了文字工具、填充工具、钢笔工具、选取工具、变形工具等动画的基本绘图方法；在吃豆子案例中介绍了Animate的图形绘制、图形裁剪工具及元件制作与使用方法；倒计时案例介绍动画制作帧频设置及动画制作流程；跳动的音符案例介绍了外部图形的导入及补间动画的制作方法；中国案例介绍补间动画制作技巧；飞机转圈案例介绍钢笔工具及引导层动画；纸飞机案例介绍引导层动画制作的注意事项与制作技巧；闪亮的文字案例介绍遮罩层动画制作方法；划过夜空的流星案例综合介绍补间动画与引导层动画；旋转的立方体案例综合介绍形状补间动画的制作技巧；颠簸行驶的汽车案例介绍如何从 Adobe Photoshop 软件中导入图像并进行图层分割以及制作元件动画；火影忍者案例介绍如何根据复杂图像或原画设计绘制动画素材；行走的猴子案例介绍骨骼动画制作；跟随鼠标移动方向的导弹案例介绍基于 H5 的交互动画制作；输出 gif 案例介绍目前最为流行的动图、斗图制作方法。

在视频处理方面，使用 Adobe Premiere 软件，以 8 个具体案例介绍视频处理的基本方法与操作步骤。Returning Home 案例介绍软件的基本操作（文件打开、保存、输入、输出等）与视频裁剪工具等；在此后的案例中介绍了贝塞尔曲线调整及视频移动、图形移动方法等；玫瑰花开案例介绍视频裁剪及传统字幕的添加；马赛克案例介绍如何给视频添加马赛克效果；文字与遮罩案例介绍字幕的特殊效果制作；吹泡泡案例介绍视频制作中重要的键控，包括超级键键控与轨道遮罩键控；开放式字幕案例介绍字幕的批量添加方法。

Premiere
素材文件

Adobe Illustrator 软件是一个专业的图形绘制软件，常用于 UI 图标绘制，在介绍该软件时，以三个 UI 图标绘制展开，分别介绍了扁平化图标、折纸风格图标及拟物风格图标的绘制，综合介绍了 Illustrator 软件的各种使用工具。

Adobe After Effects 软件是后期视频动画制作的特效类软件，本教材以 8 个案例介绍该软件的动态文字、使用预设、基础绘图、变形稳定 VFX、曝光、白平衡、遮罩、矢量图形创建形状与遮罩、轨道遮罩、键值、跟踪蒙版、相机跟踪、文本动效、相机、灯光与表达式、粒子等工具的使用方法，最后以一个综合项目的制作结束。

After Effects
素材文件

本教材由李永平担任主编，李燕、朱媛、杨会保、王晓云、彭绪山也参与了部分内容的编写。

由于编写本教材时间紧，比较仓促，难免有不足之处，敬请读者批评指正。

编　者

2022 年 1 月

目 录

实验 1　Adobe Photoshop 一寸照片制作

界面介绍与文件操作

制作一寸照片

1．打开 PS（Adobe Photoshop 的简称），并打开我们所需要的图片，如图 1-1 所示。

图 1-1

2．在工具栏中找到图像裁剪工具，在工具的属性栏中选择宽高及像素，因所求图案大小为一寸照，宽高及像素分别设置为 2.5cm、3.5cm、300 像素，结果如图 1-2 所示。

图 1-2

3．鼠标左键拖曳图像文件名，如图 1-3 所示，右击文件框，选择“图像大小”，即可看到一寸照的高宽及像素，如图 1-4 所示，最后按 Enter 键确定图像，如图 1-5 所示。

图 1-3

图 1-4

图 1-5

4．（另一种方法）再次创建一个宽度为 2.5cm，高度为 3.5cm，像素为 300 像素的文件，如图 1-6 所示。

图 1-6

5．打开我们将要处理的照片，使用移动工具将要处理的照片拖入空白文件中，如图 1-7 所示。

图 1-7

6．使用变换工具（快捷键 Shift+T），变换照片大小，按住 Shift 键等比缩小放大，完成一寸照片制作，如图 1-8 所示。

图 1-8

实验 2　Adobe Photoshop 奥运五环绘制

奥运五环绘制

1．打开 PS，新建一个白色背景的 PS 文档，设置宽度为 10cm，高度为 5cm，分辨率为 300 像素，单击“创建”按钮，如图 2-1 所示。

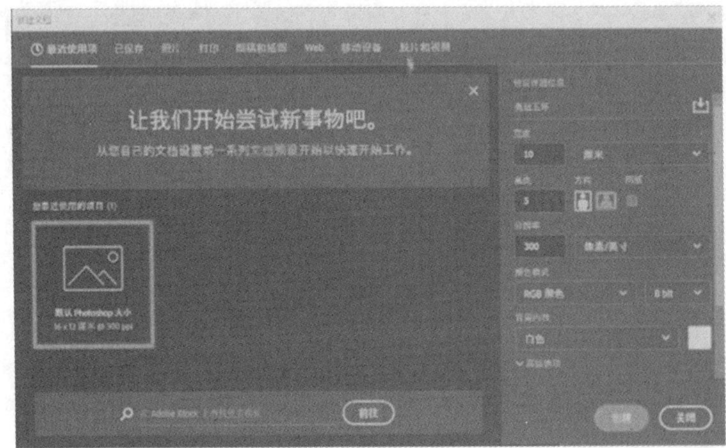

图 2-1

2．使用命令创建一个新图层，并命名为蓝色，如图 2-2 所示。

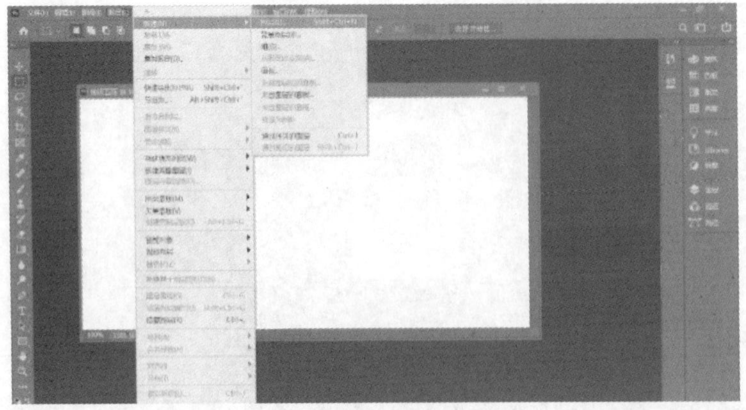

图 2-2

3．利用选框工具中的椭圆选框工具，并按住 Shift 键画出一个正圆，如图 2-3 所示。

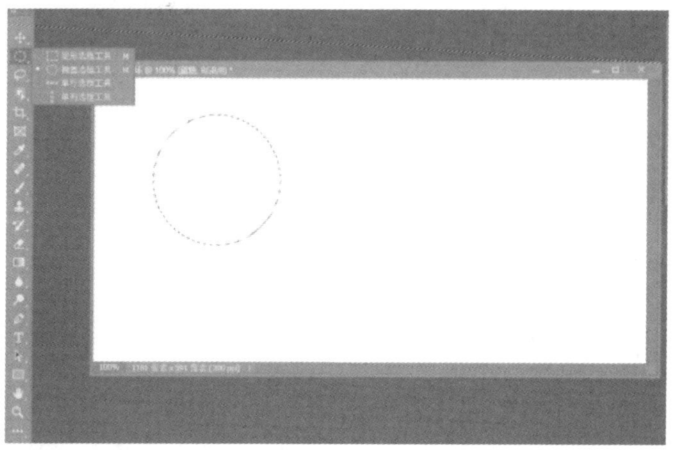

图 2-3

4．选择渐变工具中的油漆桶工具，设置好填充色，填充到圆中，按 Ctrl+D 组合键确认，如图 2-4 所示。

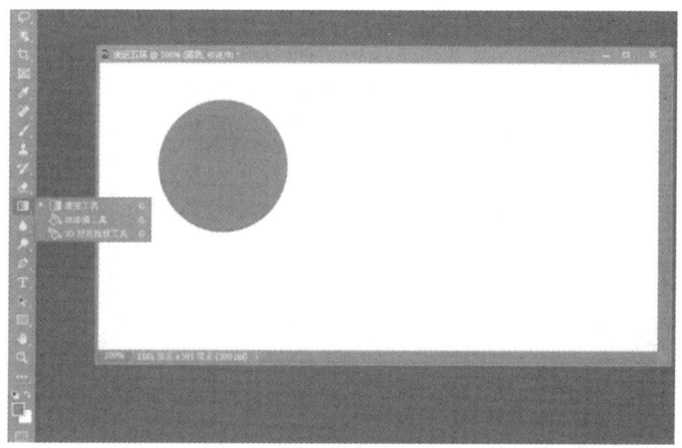

图 2-4

5．选择椭圆选框工具再画一个略小于先前的圆，调整角度，按 Delete 键删除，再按 Ctrl+D 组合键确认，如图 2-5 所示。

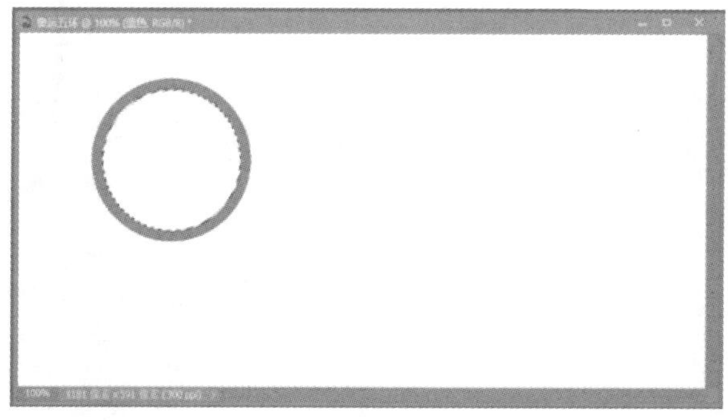

图 2-5

6．调整大小和位置，按 Ctrl+T 组合键，按住 Shift 键以等比例缩放，移动并定位后按 Enter 键确认，如图 2-6 所示。

7．右击图层，选择“复制图层”，如图 2-7 所示。

图 2-6

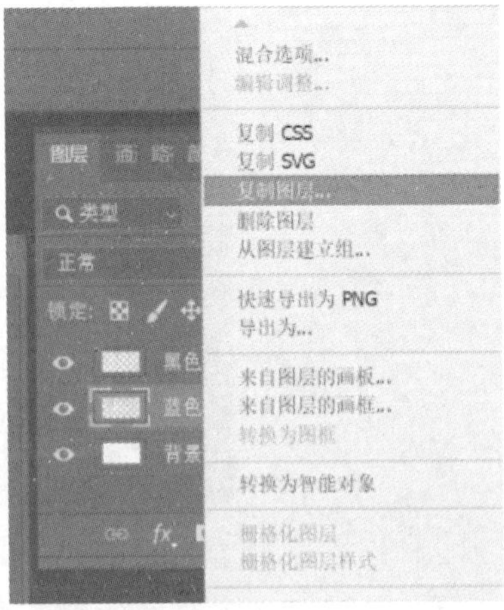

图 2-7

8．选择移动工具来移动圆，然后填充为黑色，如图 2-8 所示。

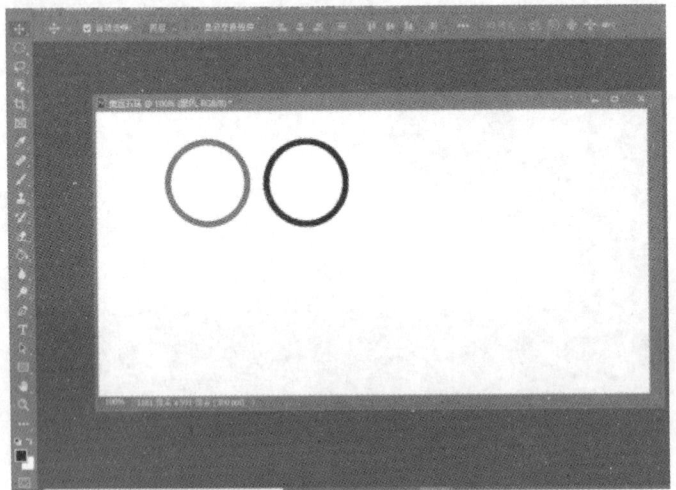

图 2-8

9．同理，画出其他三个圆，如图 2-9 所示。

图 2-9

10．选择对象选择工具中的魔棒工具，选中蓝色图层，单击蓝色的圆环，如图 2-10 所示。

图 2-10

11．再选中黄色图层，单击左上方的“与选区交叉”，再单击黄色圆环与蓝色圆环交叉处，如图 2-11 所示。

图 2-11

12．选择橡皮擦工具，在黄色图层中擦去要隐藏的部分，按 Ctrl+D 组合键确认，其他圆环交叉部分依此处理，如图 2-12 所示。

图 2-12

13．按住 Ctrl 键逐个单击选中 5 个图层，或按住 Shift 键单击首个与末尾图层选中 5 个图层，如图 2-13 所示。

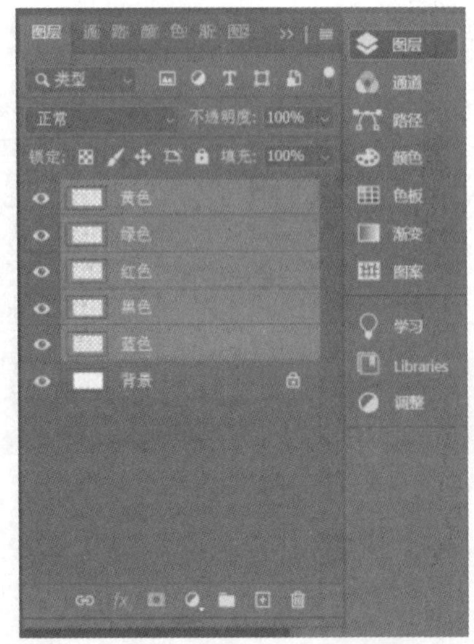

图 2-13

14．按 Ctrl+T 组合键，再按住 Shift 键等比例缩放，调整大小和位置使其居中，调整完按 Enter 键确认，如图 2-14 所示。

图 2-14

15．最后导出，就完成了奥运五环的绘制，效果如图 2-15 所示。

图 2-15

实验 3　Adobe Photoshop 石膏像绘制

石膏像绘制

1．打开 PS，按 Ctrl+N 组合键新建文件，宽度为 10cm，高度为 5cm，分辨率为 300 像素，如图 3-1 所示。

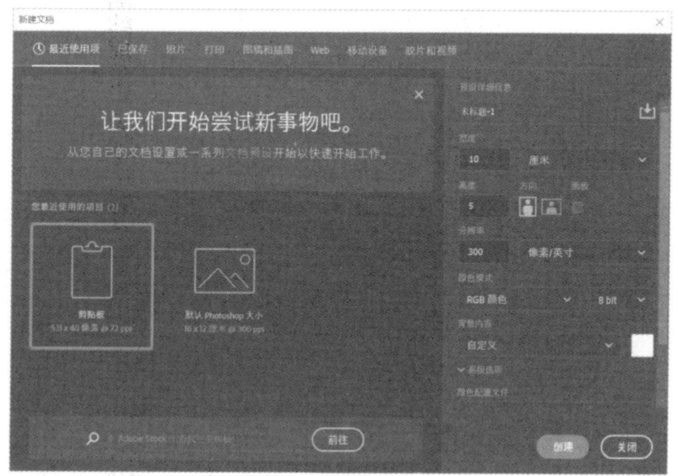

图 3-1

2．为背景添加一个从上到下，蓝色到黑色的渐变填充。选择渐变工具 渐变工具 G，单击上方的渐变编辑器，在打开的对话框中调整渐变颜色为蓝色到黑色，如图 3-2 所示。

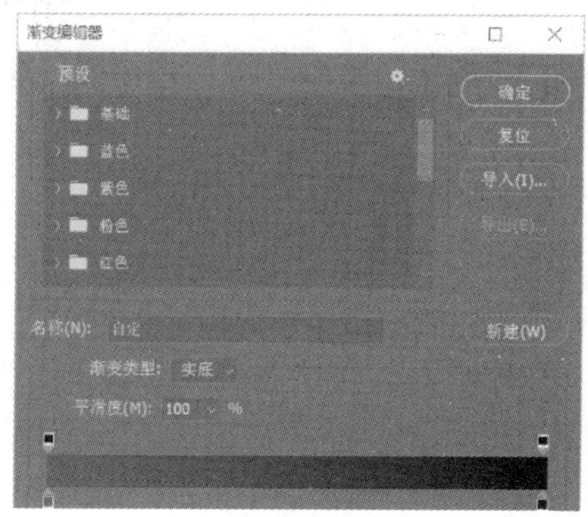

图 3-2

使用渐变工具，在背景图层上由上至下拖动填充即可，如图 3-3 所示。

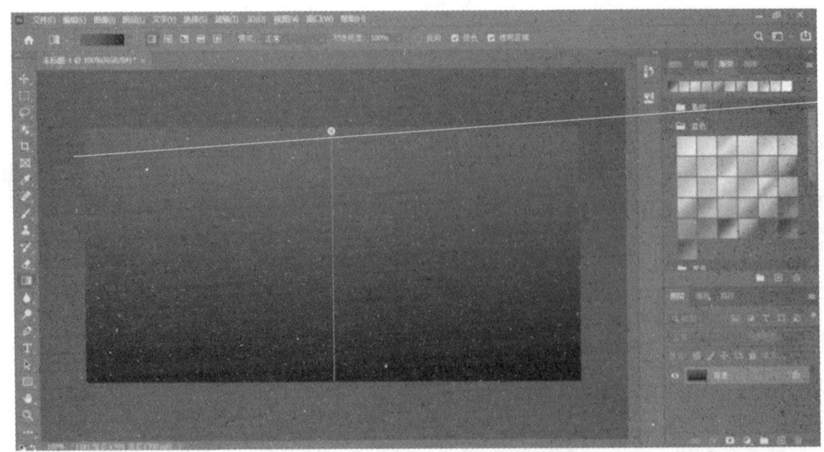

图 3-3

3．单击右下角新建图层图标，在该图层上，使用椭圆选框工具，按住 Shift 键绘制一个圆，如图 3-4 所示。

图 3-4

4．使用渐变工具，同第 2 步调出黑色至白色渐变，单击上方径向渐变图标，再在上方单击“反向”选项 反向，最后在选区内，由中心向外拖动，进行填充，如图 3-5 所示，完成后，按 Ctrl+D 组合键取消选区，确认。

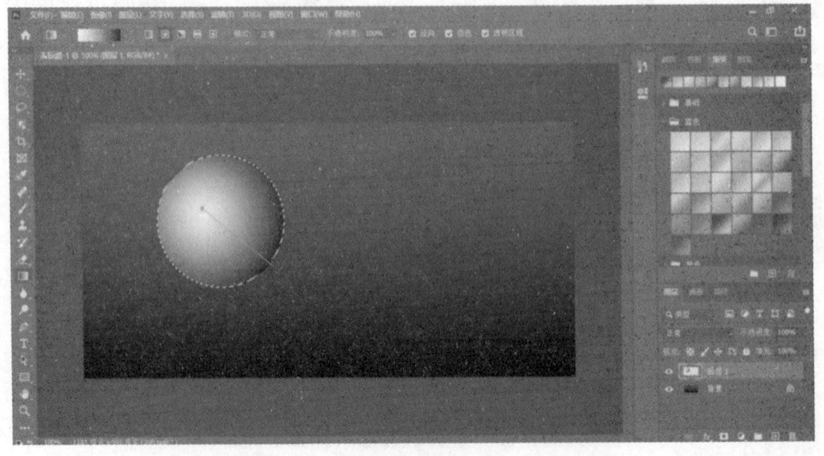

图 3-5

5．为球绘制一个阴影，新建图层 2，使用椭圆选框工具，在球下绘制一个椭圆，再使用油漆桶工具，填充为灰色，再将图层 3 拖动至图层 1 的下方，如图 3-6 所示。

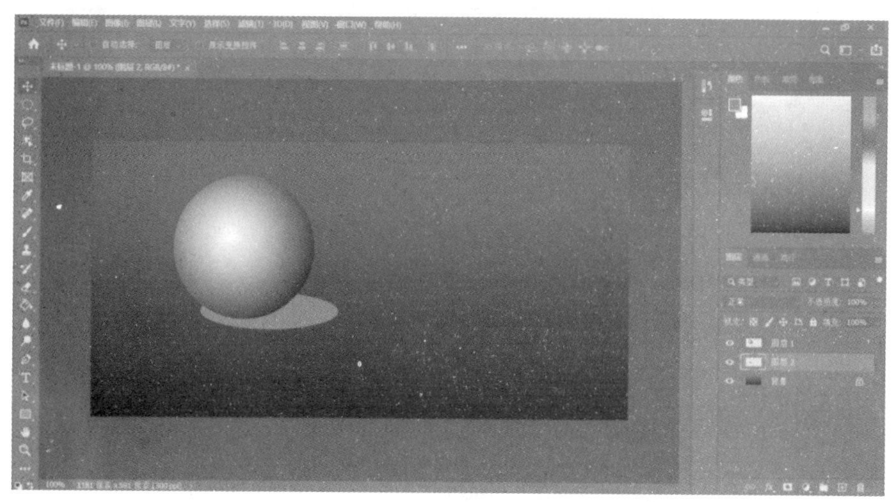

图 3-6

6．使用高斯模糊修改不透明度，让阴影更加逼真。选中图层 2，单击菜单栏中的“滤镜”－“模糊”－“高斯模糊”修改一个合适数值，再降低不透明度。然后按住 Shift 键选中图层 1、图层 2，按 Ctrl+T 组合键等比缩放球图形和阴影，如图 3-7 所示。

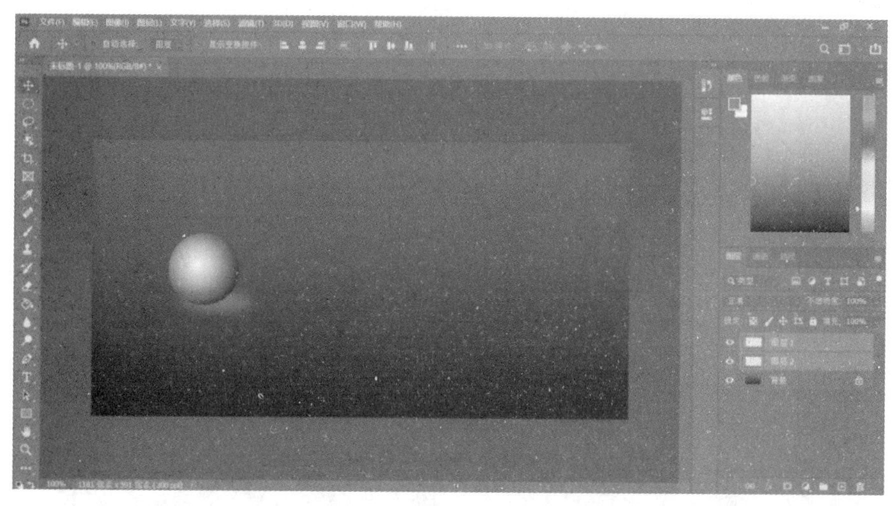

图 3-7

7．绘制一个圆柱，新建图层 3，先使用矩形选框工具绘制一个长方形，再单击上方“添加到选区”属性，然后使用椭圆工具，在刚绘制好的矩形选框下，添加一个圆弧，再单击上方的“从选区减去”属性，使用椭圆工具，在刚刚的选区上方减去一个圆，如图 3-8 所示。

8．使用渐变工具，单击“对称渐变”属性，从左向右，从内向外进行渐变填充，如图 3-9 所示。

再使用椭圆选框工具，在上方绘制一个椭圆，单击“新选区”属性，对椭圆进行调整，使它完美贴合下方的形状。然后使用渐变工具，单击“线性渐变”属性，进行填充，如图 3-10 所示。

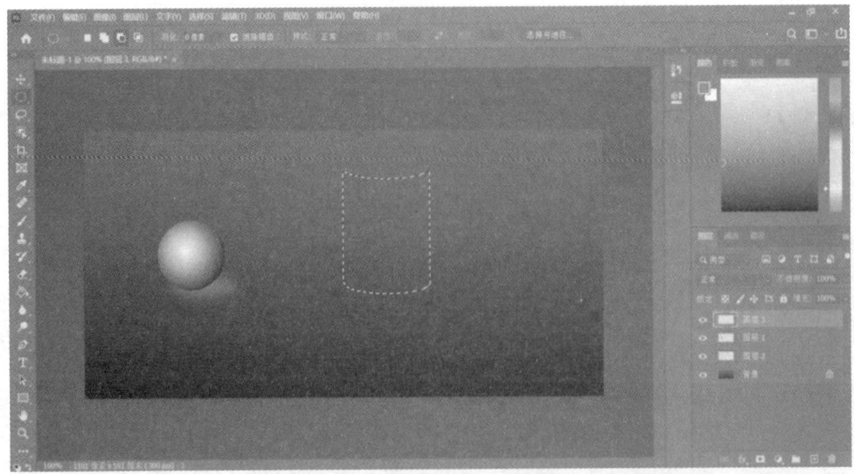

图 3-8

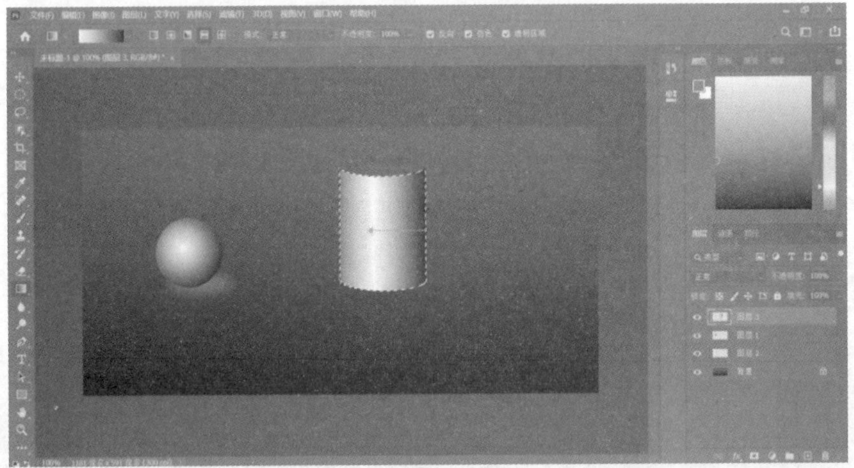

图 3-9

图 3-10

9．设置圆柱的阴影部分，同球的阴影处理方法一样。新建图层 4，使用椭圆选框工具，在球下绘制一个椭圆，再使用油漆桶工具，填充为灰色，再将图层 4 拖动至图层 3 下方，然后使用高斯模糊修改不透明度进行调整，最后按 Ctrl+T 组合键进行等比缩放，如图 3-11 所示。

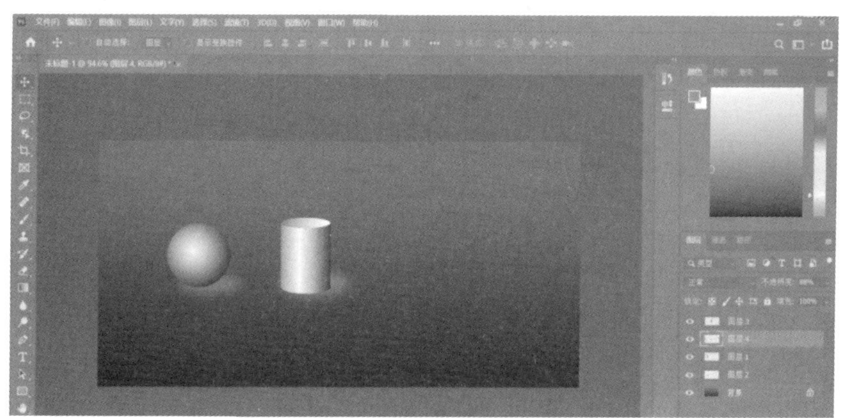

图 3-11

10．绘制一个菱形。新建图层 5，然后使用矩形选框工具，绘制一个矩形，再使用渐变工具，和圆柱的处理方法一样，单击“对称渐变”属性，进行填充，然后按 Ctrl+D 组合键取消选区，进行确认，如图 3-12 所示。

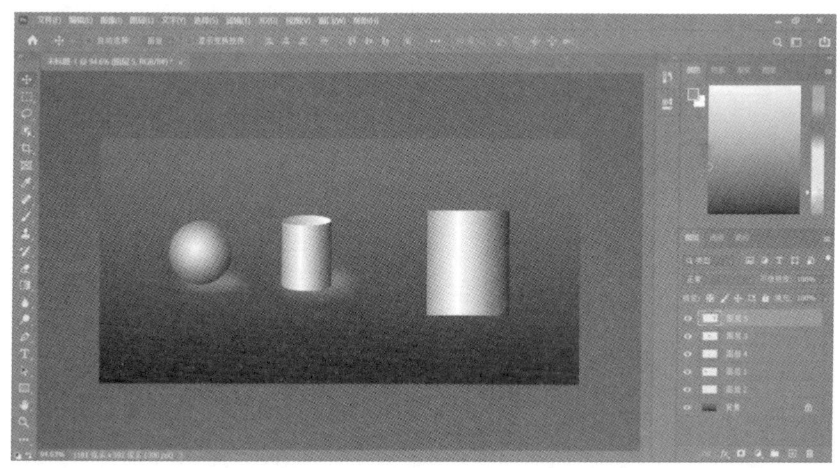

图 3-12

11．按 Ctrl+T 组合键，右击图形，选择“透视”，拖动上方锚点，将其修改为圆锥的形状，如图 3-13 所示。

12．擦除圆柱的两个角。使用椭圆选框在圆锥上绘制一个椭圆，如图 3-14 所示。

使用橡皮擦工具。按 Ctrl+Shift+I 组合键对选区进行反向，然后用橡皮擦，擦除两个尖角即可，如图 3-15 所示。

图 3-13

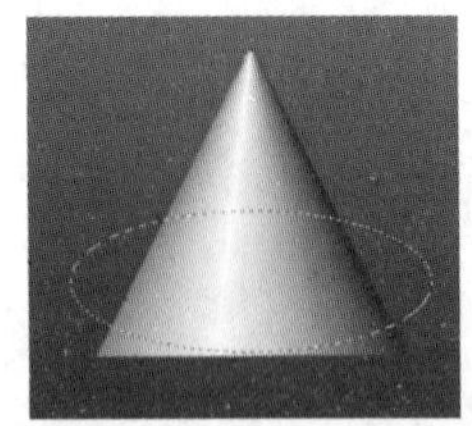

图 3-14

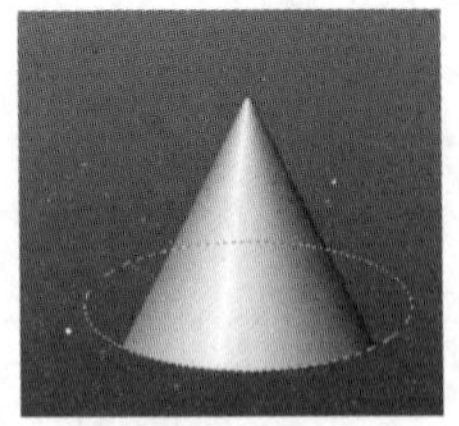

图 3-15

实验 4　Adobe Photoshop 绘制古画卷轴

绘制古画卷轴

1．打开 PS，按 Ctrl+O 组合键打开文件中的清明上河图的图片，如图 4-1 所示。

图 4-1

2．按 Ctrl+N 组合键新建一个白色背景的 PS 文档，宽为 10cm，高为 5cm，如图 4-2 所示。

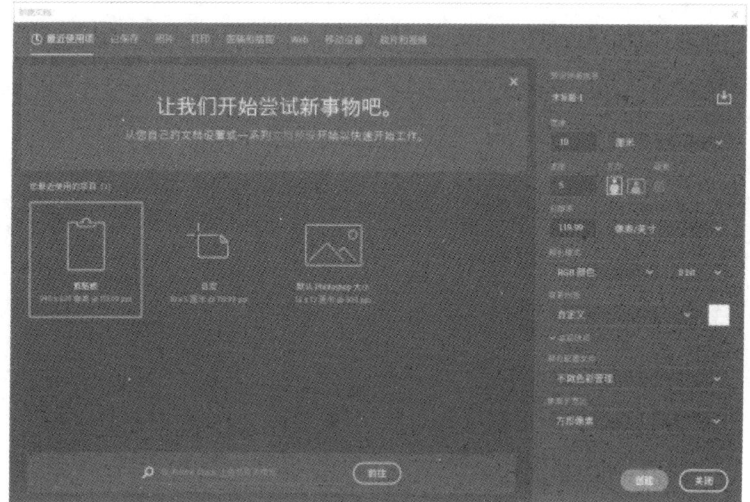

图 4-2

3．给白色背景添加杂色，选择菜单栏中的“滤镜”－“杂色”－“添加杂色”，如图 4-3 所示。

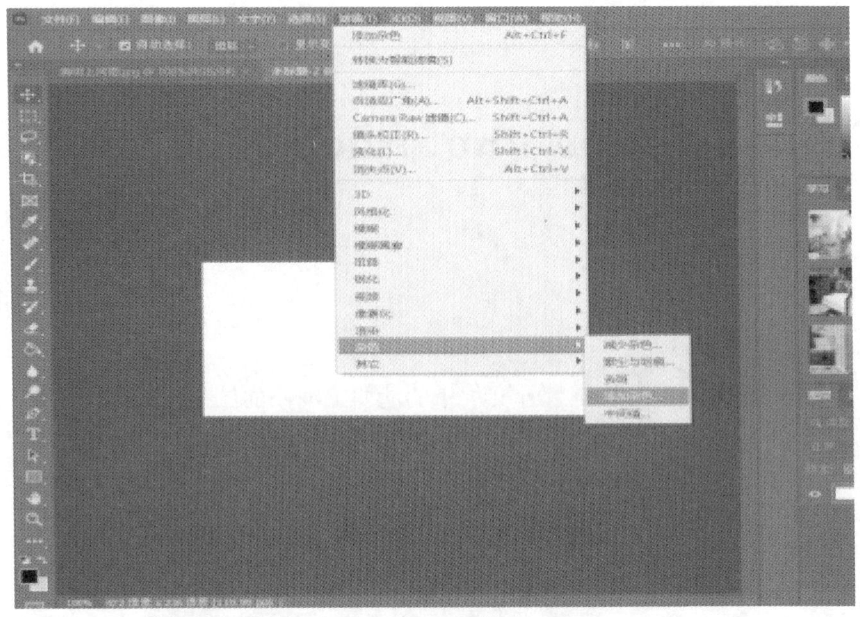

图 4-3

4．使用移动工具，将清明上河图拖入白色背景中，如图 4-4 所示。

图 4-4

5．按 Ctrl+T 组合键将图片缩小，按住 Shift 键等比缩放，如图 4-5 所示。

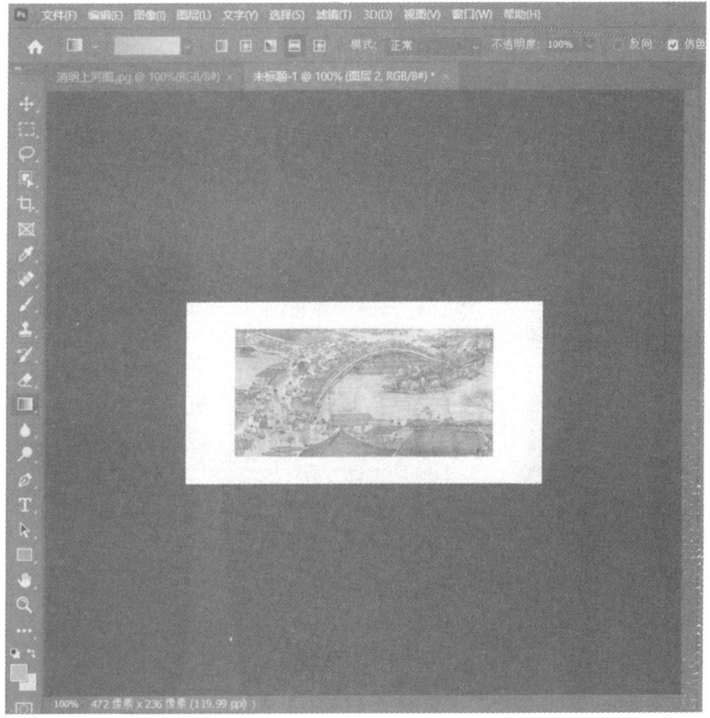

图 4-5

6．新建图层，使用选框工具，绘制矩形选区，如图 4-6 所示。

图 4-6

7．使用渐变工具，改变颜色，如图 4-7 所示。

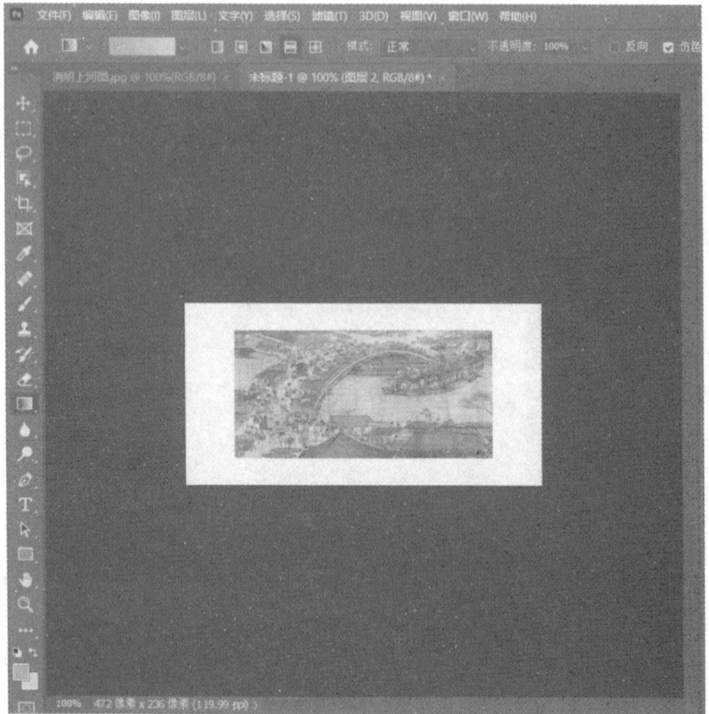

图 4-7

8．按住 Shift 键，填充颜色，如图 4-8 所示。

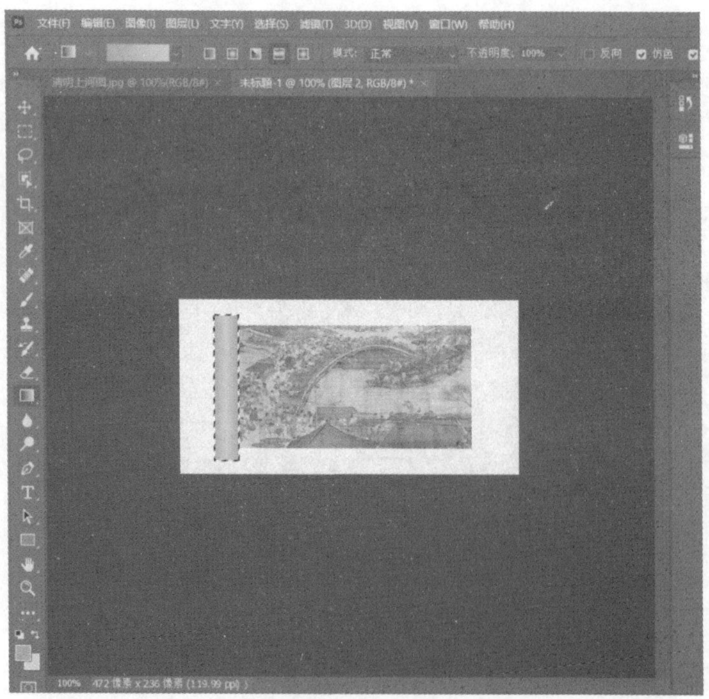

图 4-8

9．新建图层，绘制矩形，如图 4-9 所示。

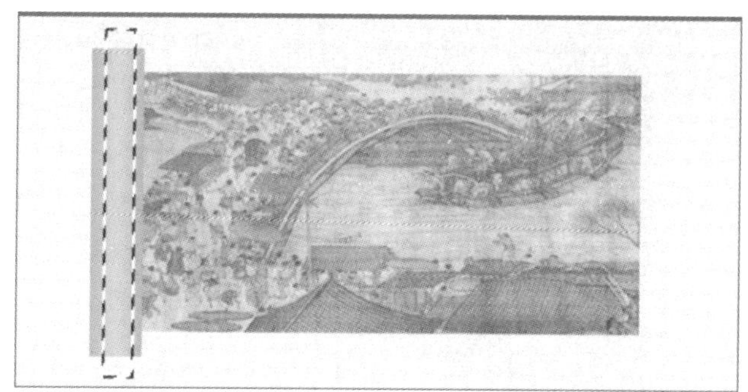

图 4-9

10．使用渐变工具，改变颜色，如图 4-10 所示。

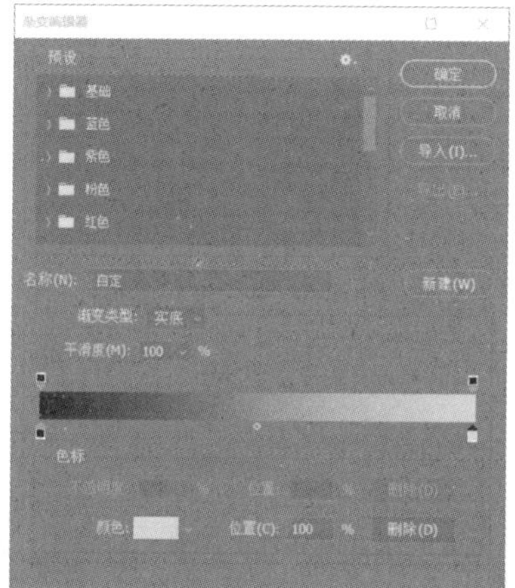

图 4-10

11．移动图层，将图层 3 向下移动一层，如图 4-11 所示。

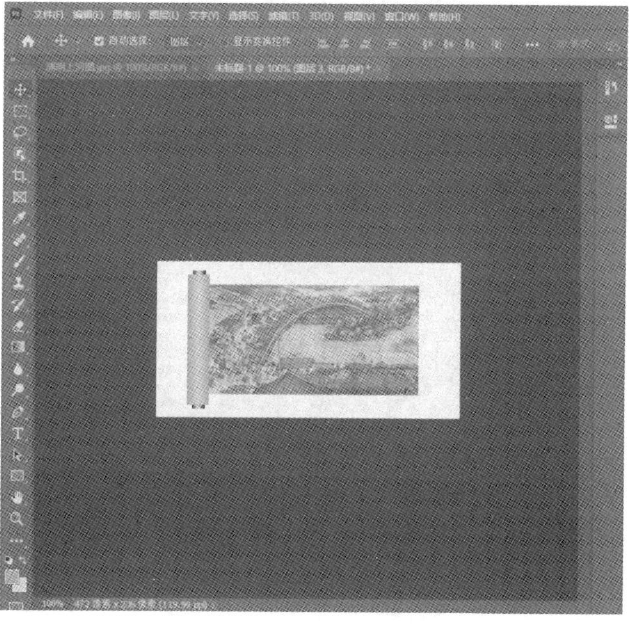

图 4-11

12．合并图层 2、图层 3，右击，选择“合并图层”，如图 4-12 所示。

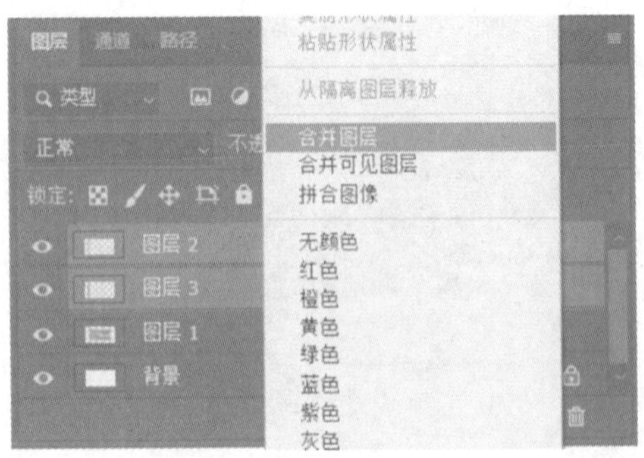

图 4-12

13．复制图层，按住 Shift 键，水平移动至右边，如图 4-13 所示。

图 4-13

14．新建图层，将图层移动至第二层，如图 4-14 所示。

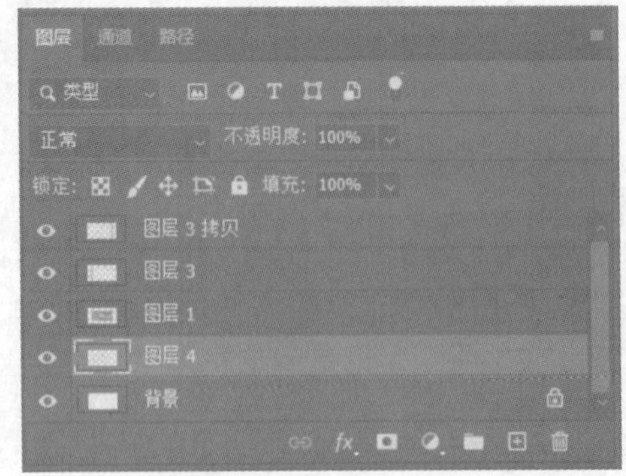

图 4-14

15．使用选框工具，绘制矩形，如图 4-15 所示。

图 4-15

16．使用填充工具，填充黑色，如图 4-16 所示。

图 4-16

17．保存文件。

实验 5　Adobe Photoshop 绘制毛毛熊

绘制毛毛熊

1．打开 PS，单击菜单栏中的“文件”-“新建”，新建一个名为“绘毛毛熊”的文档。将宽和高都设置为 5cm，分辨率设置为 300 像素，单击“创建”按钮，如图 5-1 所示。

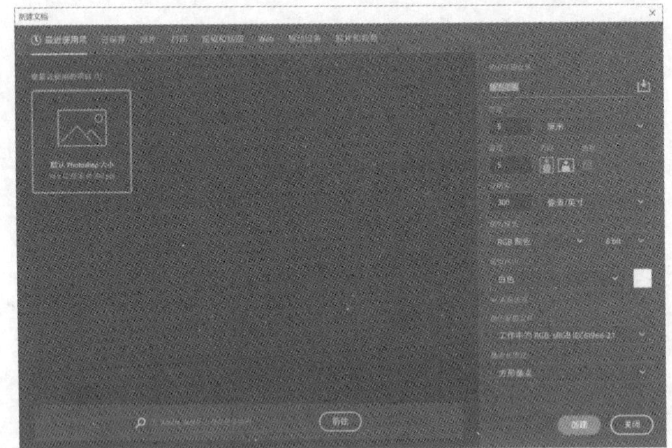

图 5-1

2．新建一个图层，在合适位置，用椭圆选框工具绘制一个圆形，如图 5-2 所示。

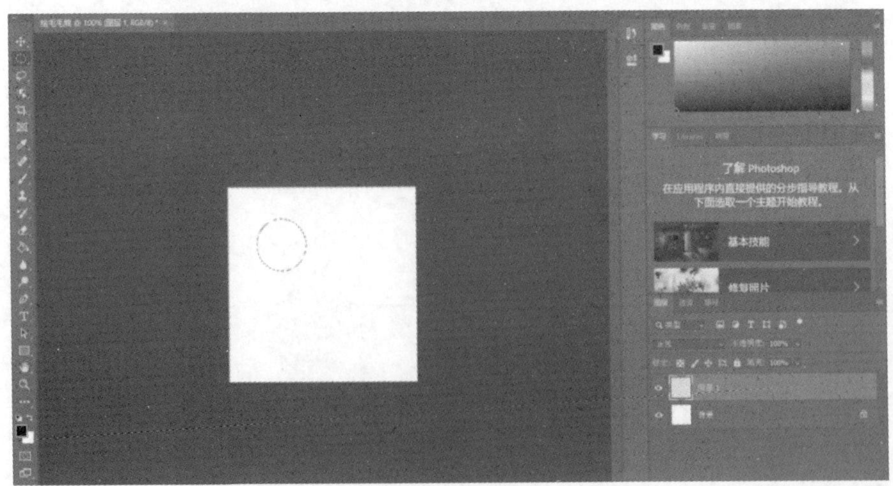

图 5-2

3．调出油漆桶工具，用暗红色填充，如图 5-3 所示。

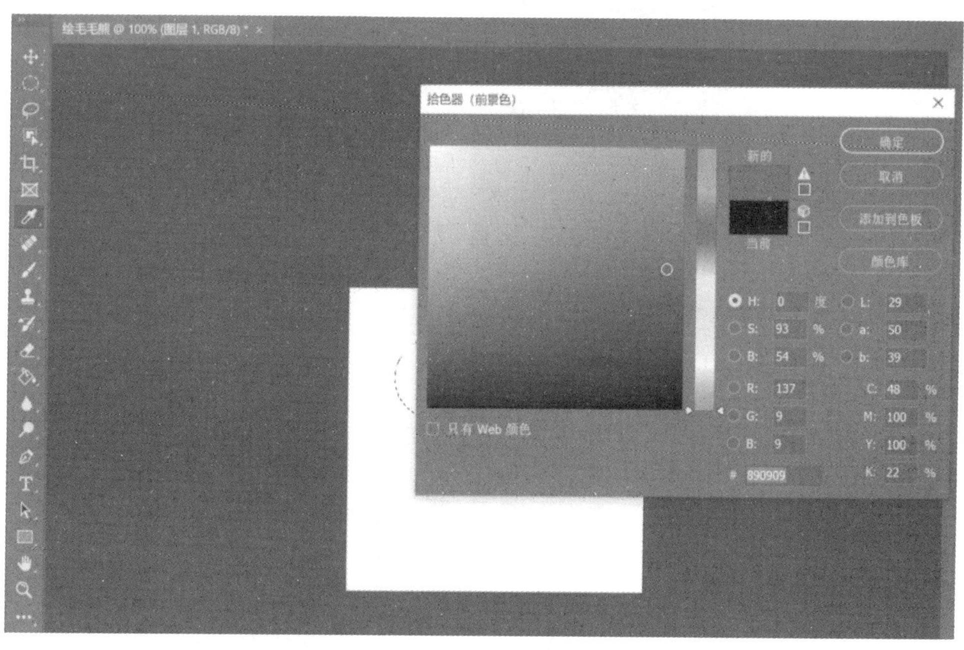

图 5-3

4．单击菜单栏中的“选择”－“修改”－“收缩”，如图 5-4 所示，在打开的对话框中将选区收缩 10 像素，如图 5-5 所示。然后用橙色填充，结果如图 5-6 所示。

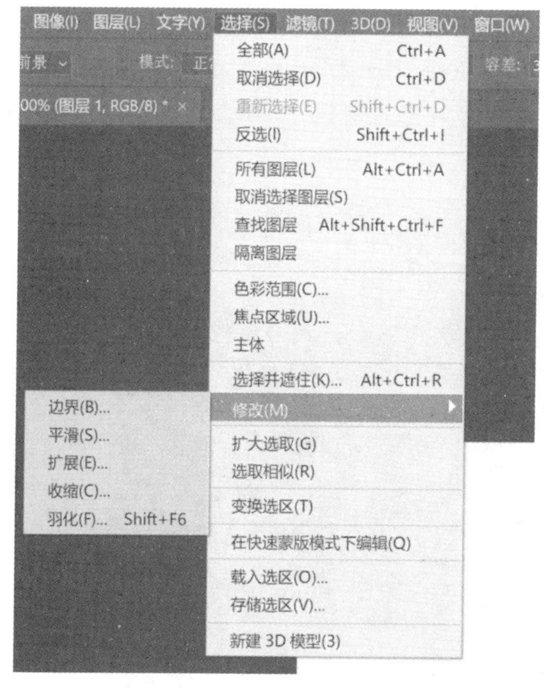

图 5-4

图 5-5

图 5-6

5．复制图层，得到第二只耳朵。按 Crrl+D 组合键取消选区后，用移动工具对耳朵位置进行适当调整，如图 5-7 所示。

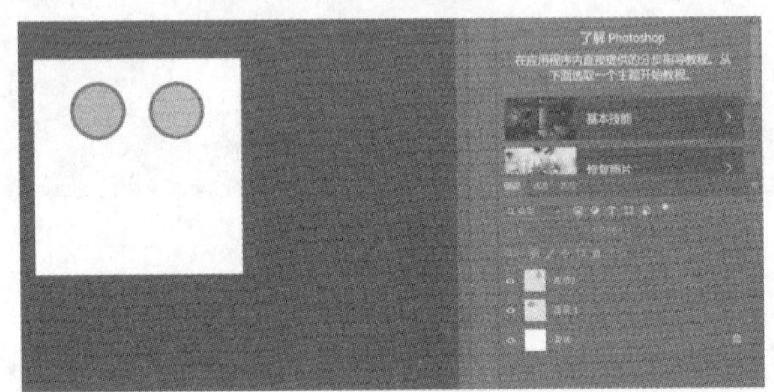

图 5-7

6．新建图层，在合适位置用椭圆选框工具绘制脸部。除了在拾色器中选择颜色，也可直接在调出拾色器后，单击耳朵部分的暗红色，用吸管工具取色，如图 5-8 所示。同步骤 4，绘制橙色小圆，如图 5-9 所示。

图 5-8

图 5-9

7．同理，新建图层 4，在合适的位置用椭圆选框工具绘制眼睛和眼珠，分别再用油漆桶工具，将其分别涂成黑色和白色。如果画布太小不便操作，可用 Alt+滚轮进行缩放，如图 5-10 所示。

图 5-10

8．复制图层，得到图层 5，取消选区后，用移动工具将其移动到合适位置，如图 5-11 所示。

图 5-11

9．绘制嘴巴部分，实际上是用两个椭圆选区相减所得。操作时要注意对称性。完成后用油漆桶填充成暗红色，方法同步骤 6，如图 5-12 所示。

图 5-12

10．观察领带部分，容易发现领带是由两个左右对称的等腰梯形构成的。所以只要新建一个图层，绘制梯形，然后复制、变换可得。选择多边形套索工具，单击选择一个起始点，按住 Shift 键，绘制一根竖直线。松开后继续绘制斜线，然后按住 Shift 键绘制竖直线，最后首尾相连得到一个梯形。用橙色填充，如图 5-13 所示。

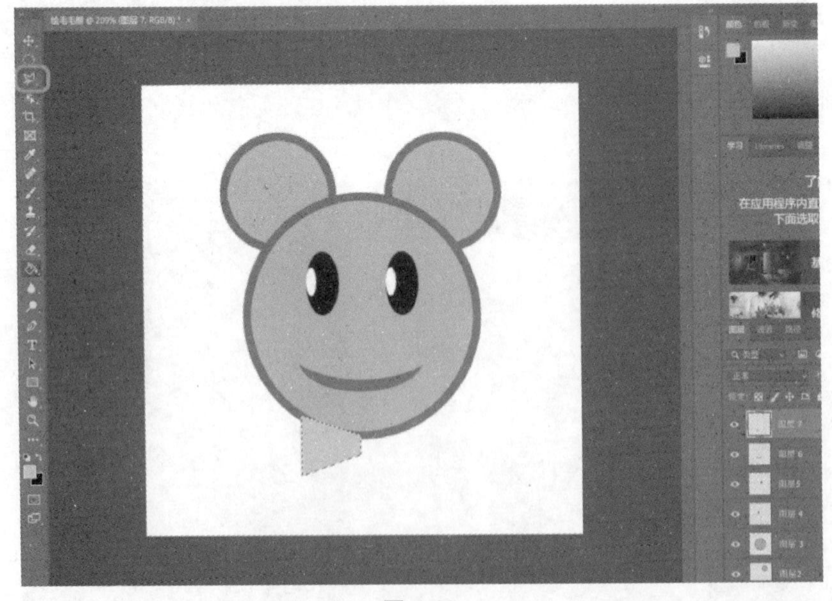

图 5-13

11．同步骤 4，收缩选区，用白色填充。复制图层，而后按 Ctrl+T 组合键，变换得到对称图形，并向下合并，如图 5-14 所示。

图 5-14

12．用矩形选框工具选中重合部分，按 Delete 键删除，如图 5-15 所示。

13．新建一个长宽均为 1cm，分辨率为 300 像素的文件，使用 Alt 键+滚轮适当放大。新建图层，绘制一个玫红色填充的圆。复制图层，按住 Shift 键水平移动适当距离，得到两个圆，如图 5-16 所示。

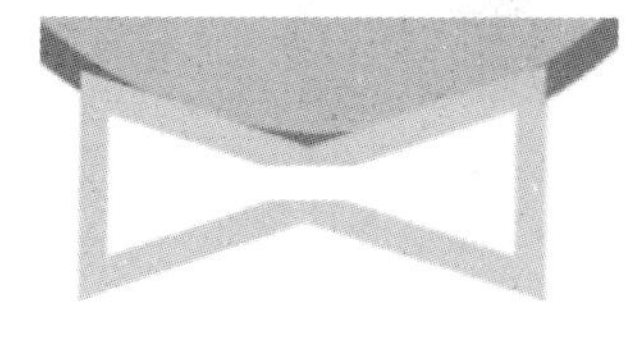

图 5-15

图 5-16

14．选中两个图层，合并。再复制，再移动，得到 4 个圆。再复制，再合并，再移动……，得到 16 个圆，如图 5-17 所示。

图 5-17

15．用矩形选框工具选中这 16 个圆，单击菜单栏中的“编辑”－“定义图案”，在打开的对话框中设置名称为“熊”，如图 5-18 所示。

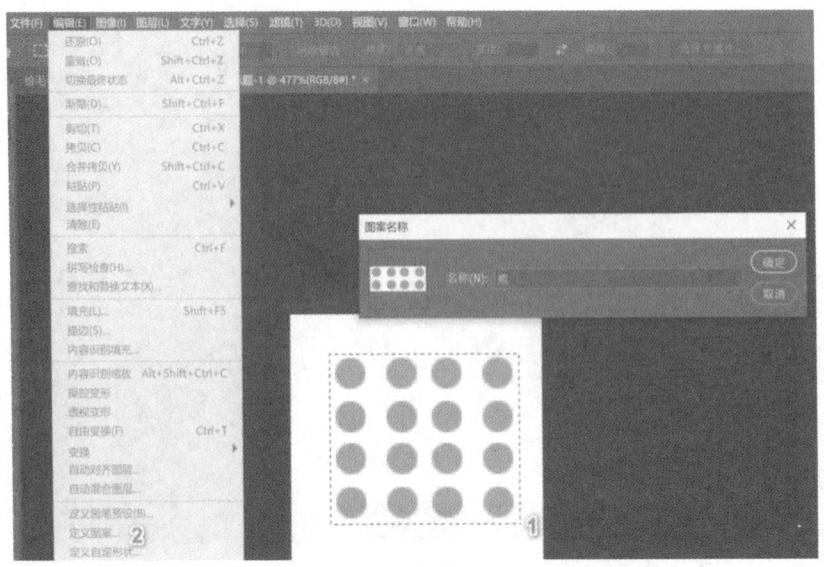

图 5-18

16．回到毛毛熊文件。选择油漆桶工具，将填充选为图案填充，选择刚刚制作得到的图案。填充领带的空白部分。毛毛熊绘制完成，如图 5-19 所示。

图 5-19

实验 6　Adobe Photoshop 绘制花好月圆 1

花好月圆 1

1．打开 PS，新建一个高为 13cm，宽为 10cm，分辨率为 300 像素的白色背景，如图 6-1 所示。

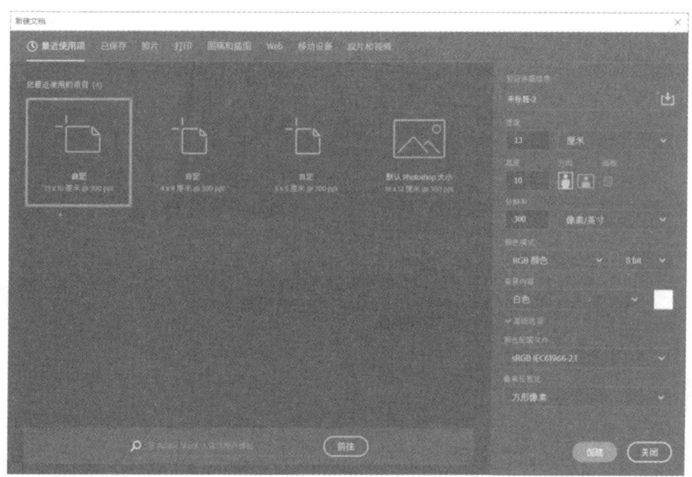

图 6-1

2．首先绘制一个渐变的背景，使用“渐变工具”，打开“渐变编辑器”对话框，为左边颜色设置为 RGB：253:94:94，右边为白色，如图 6-2 所示。

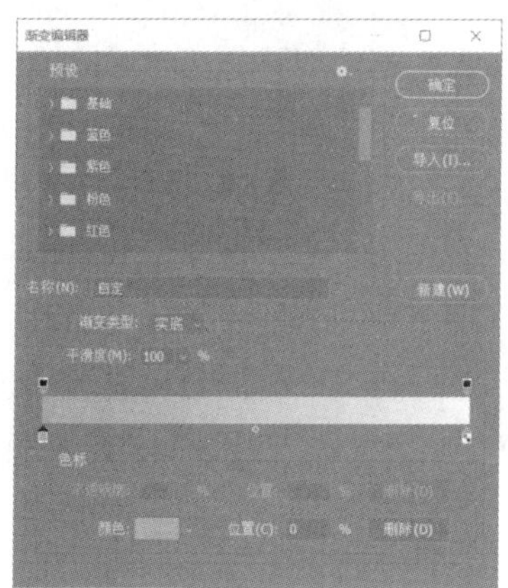

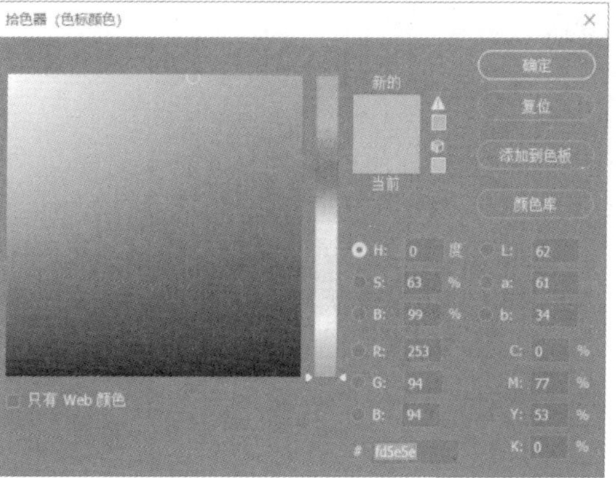

图 6-2

3．设置好后再按住 Shift 键，从画布上端拖动至画布下端（线的长度、起点、终点都会影响背景的颜色），颜色太深可以调整透明度，最终得到的效果如图 6-3 所示。

（a）

（b）

图 6-3

4．然后为其设计边框，可以使用素材中的边框。当然也可以利用画笔工具，将其画出和素材一样的效果，设计边框如下操作：新建一个“边框”图层，按 Ctrl+R 组合键显示标尺，如图 6-4 所示。

图 6-4

5．使用移动工具，从标尺中直接拖曳出辅助线，上左辅助线距离边界为 40px（按住 Shift 键可以更加准确快速定位），如图 6-5 所示。

图 6-5

6．使用同样的方法绘制剩余的辅助线，小方块上下都为 60px，如图 6-6 所示。

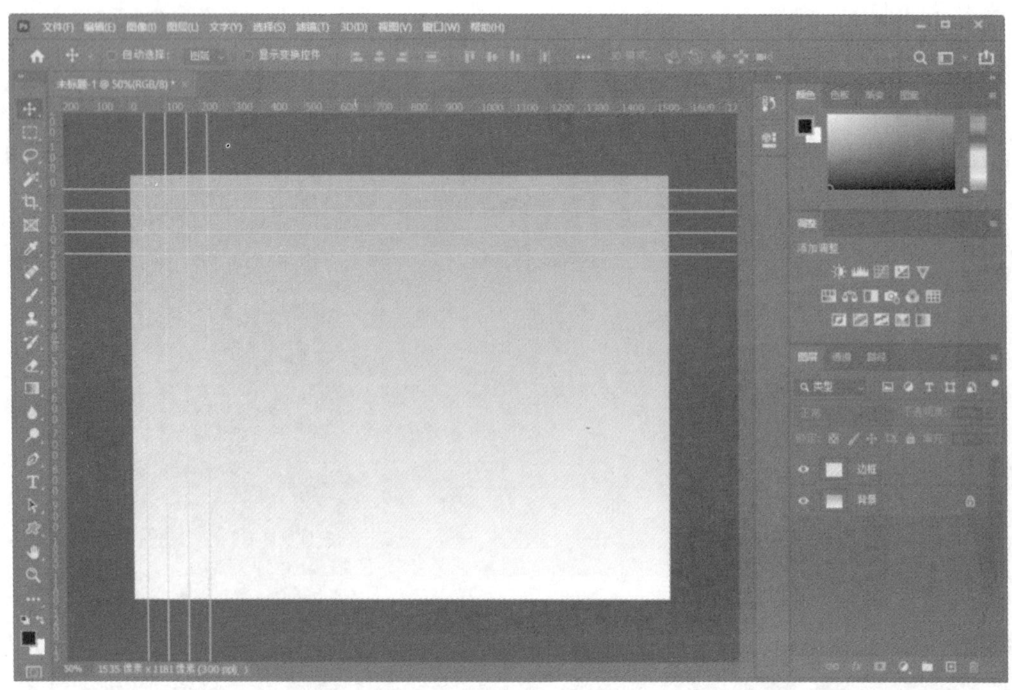

图 6-6

7．接下来使用画笔工具为线段添加颜色，将前景色调整为红色（RGB 255：0：0），然后选择画笔工具进行临摹（先按住 Shift 键选择一个点，再朝着一个方向拖动画出直线或者先点出一个点，按住 Shift 键，再点出另外一点也可以画出直线），如图 6-7 所示。

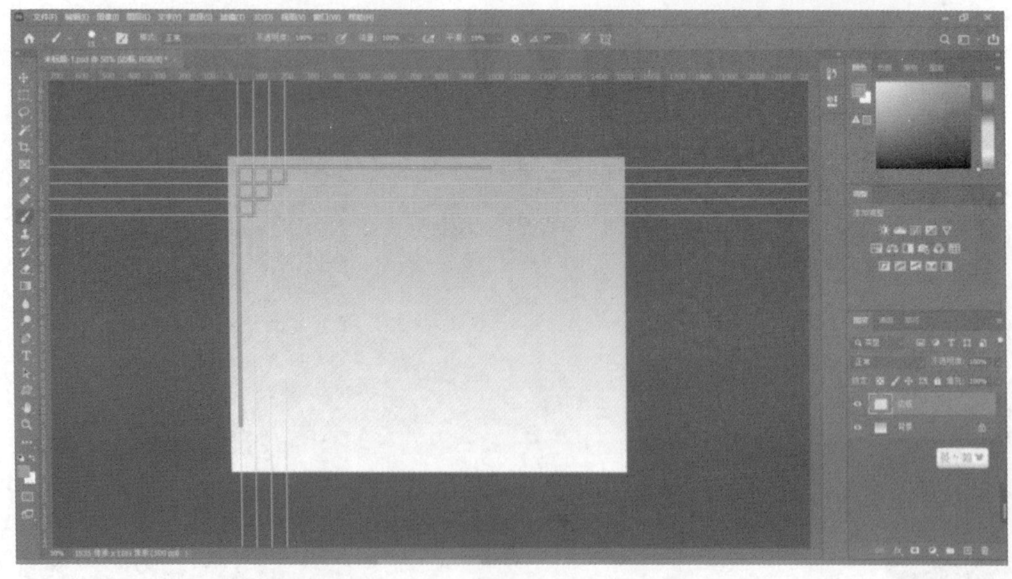

图 6-7

8．将标尺去除（与放置辅助线相反操作即可），得到的图形，如图 6-8 所示。

图 6-8

9．复制“边框”图层，按 Ctrl+T 组合键将其旋转放置于图层左下角，按住 Ctrl 键调整其位置，最后将其合并为一个图层，命名为“边框”，如图 6-9 所示。

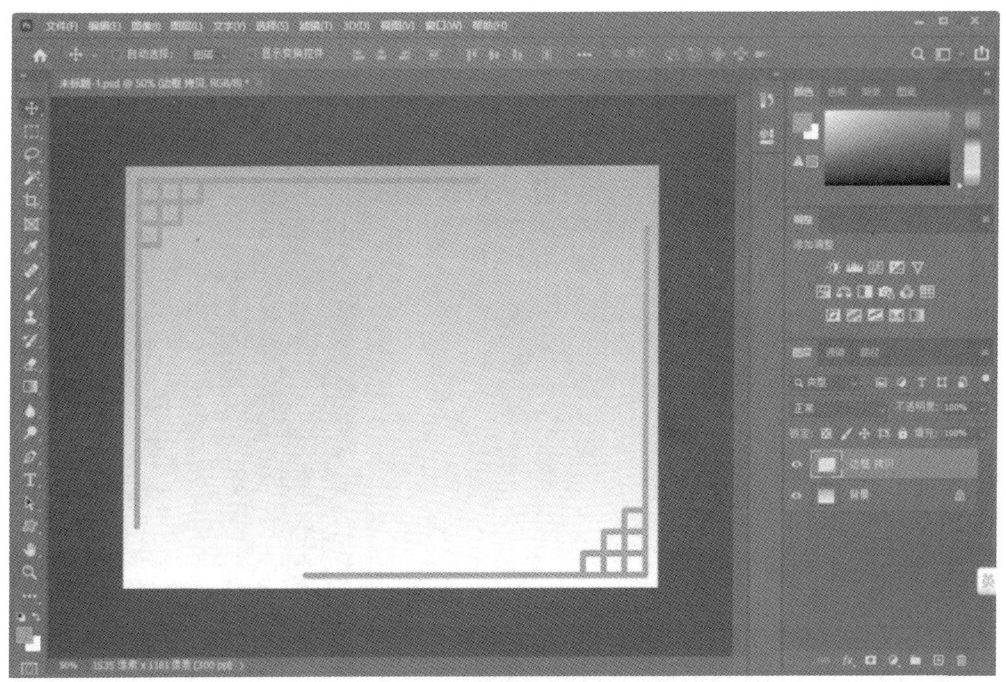

图 6-9

10．再将“边框”图层进行复制，然后选择菜单栏中的“编辑”—“变化”—“水平翻转”，调整位置，得到完整的边框，并将其合并为一个图层，如图 6-10 所示。

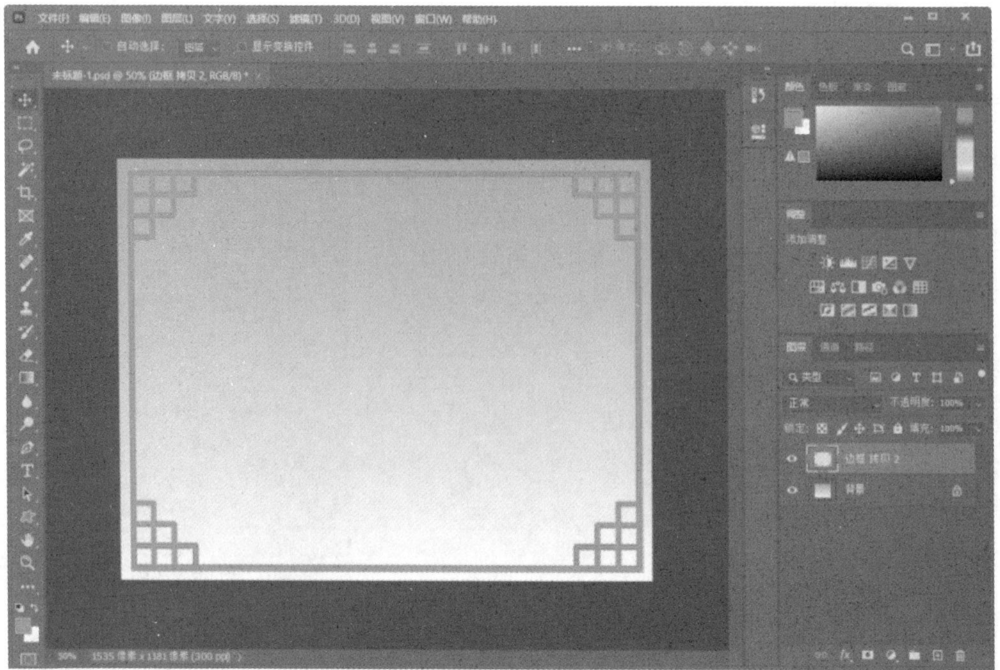

图 6-10

11．打开“月亮”素材，使用椭圆选框工具选取其中月亮（按 Shift+Alt 组合键从中间选取月亮），并将月亮拖曳至边框图层的下方（按 Ctrl+C、Ctrl+V 组合键可以快速放置），如图 6-11 所示。

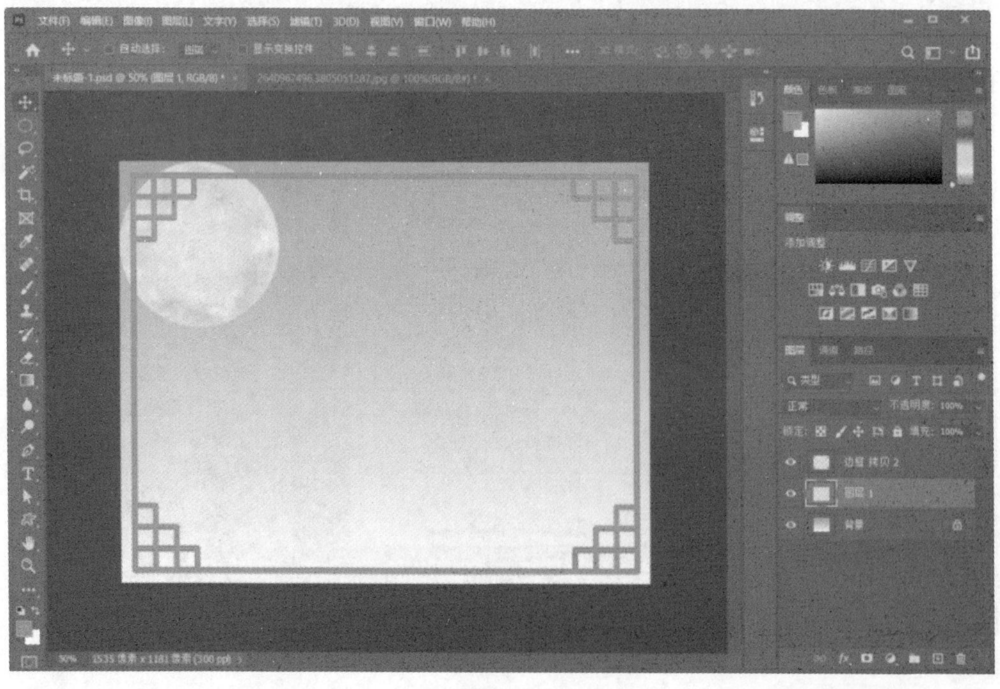

图 6-11

12．把超出边框的部分使用矩形选框工具选取多余部分，按 Delete 键删除，得到最终的效果如图 6-12 所示。

图 6-12

13．花好月圆第一部分制作完成，保存 PSD 文件。

实验 7　Adobe Photoshop 绘制花好月圆 2

花好月圆 2

1. 接下来完成花好月圆的最后部分，首先点缀月亮。将画笔设置为柔边圆，再设置其属性，如图 7-1 所示。

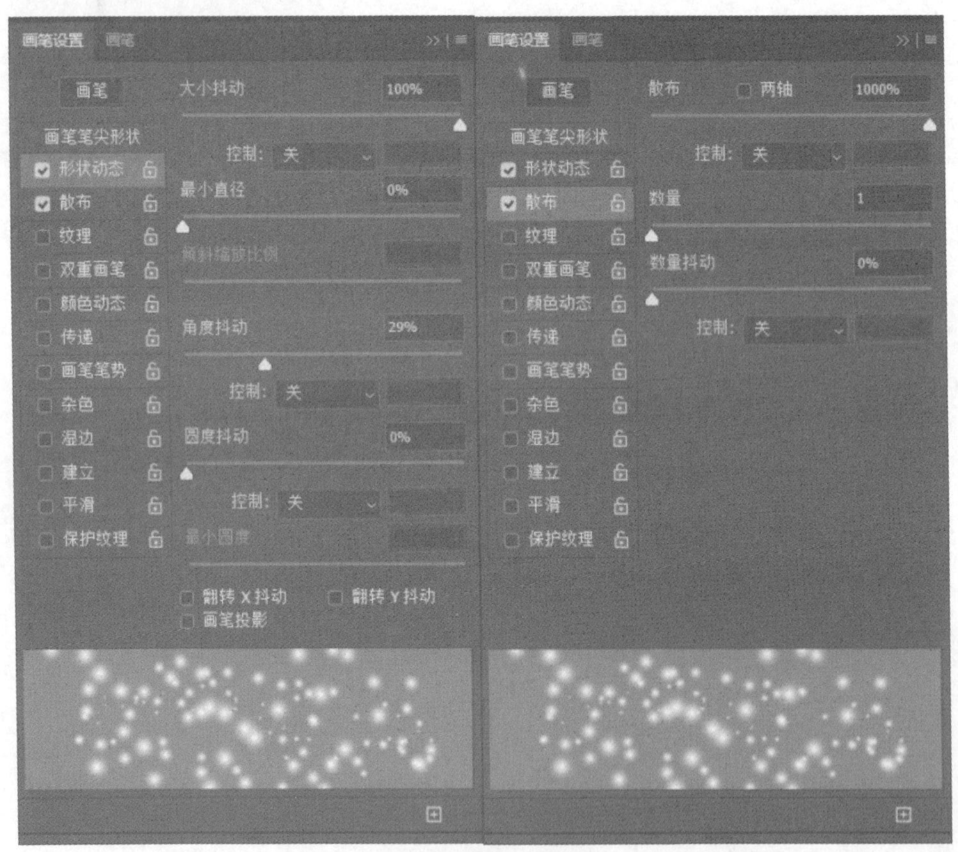

图 7-1

2. 新建一个图层，在月亮上适当的单击鼠标（注意不要一直拖着鼠标，拖动一点点即可），大致效果如图 7-2 所示。

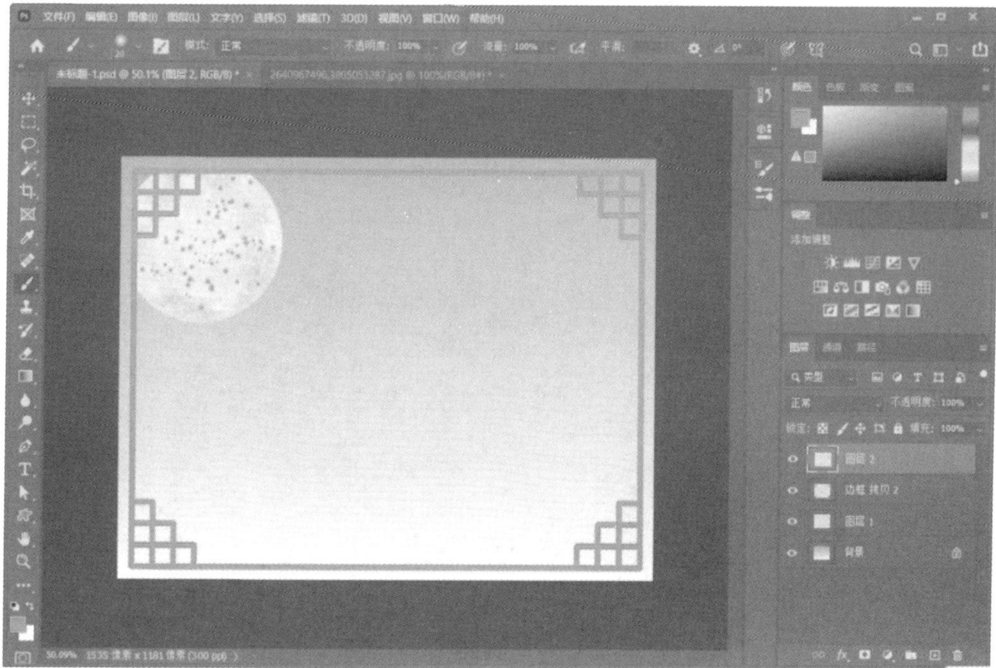

图 7-2

3．接下来绘制月亮四周的星星，打开“星星”素材，使用矩形选框工具，选中星星后在“编辑”菜单栏中定义画笔预设，命名为“星星”，如图 7-3 所示。

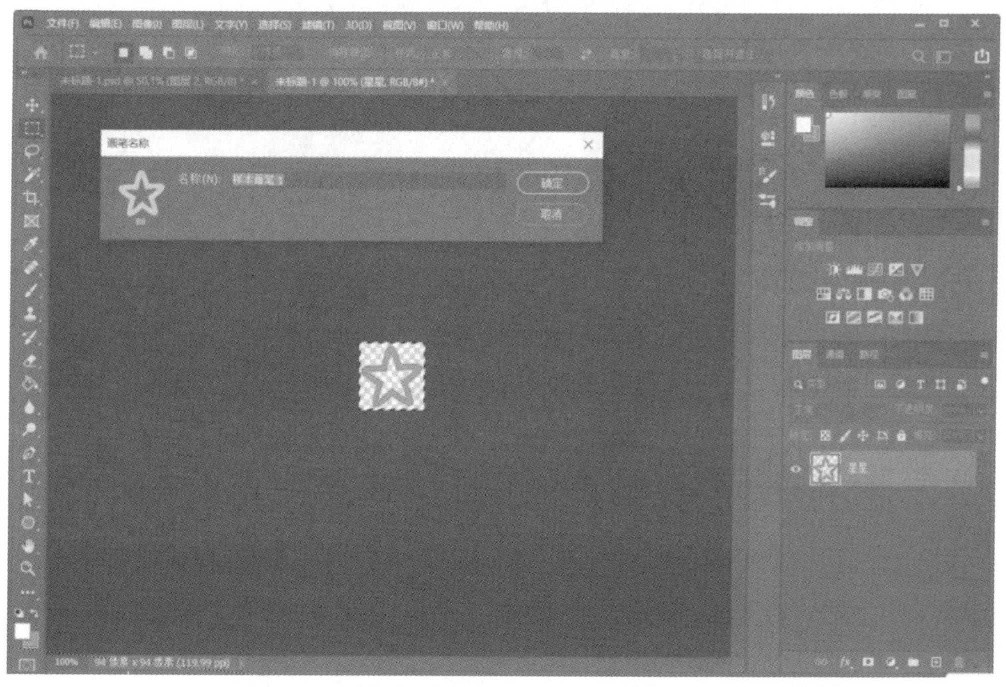

图 7-3

4．返回原 PSD 中，在画笔中选中“星星”画笔，设置“星星”画笔的属性，如图 7-4 所示。

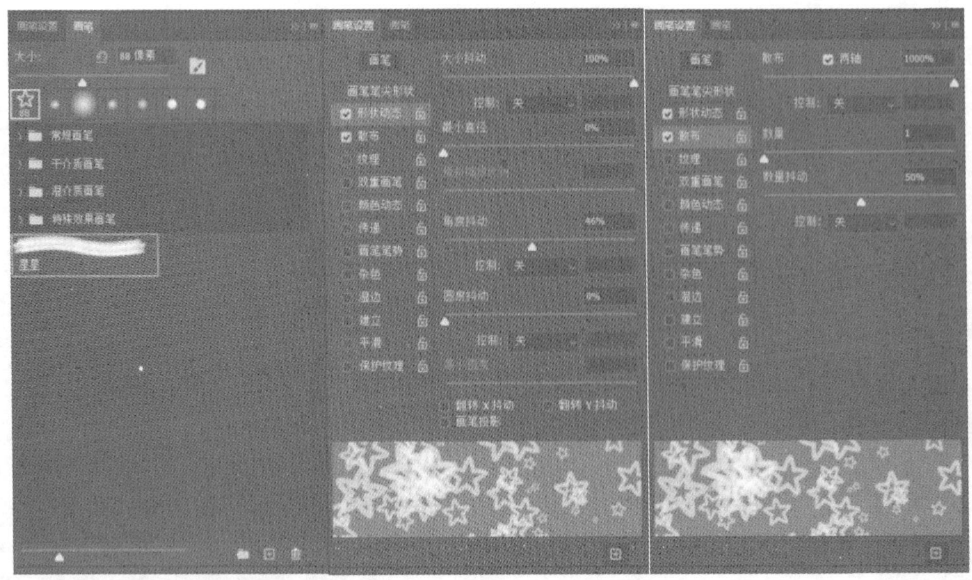

图 7-4

5．将前景色调整为白色，然后在月亮四周画上星星（为了防止星星超出边框，可以提前使用矩形选框工具划定范围），如图 7-5 所示。

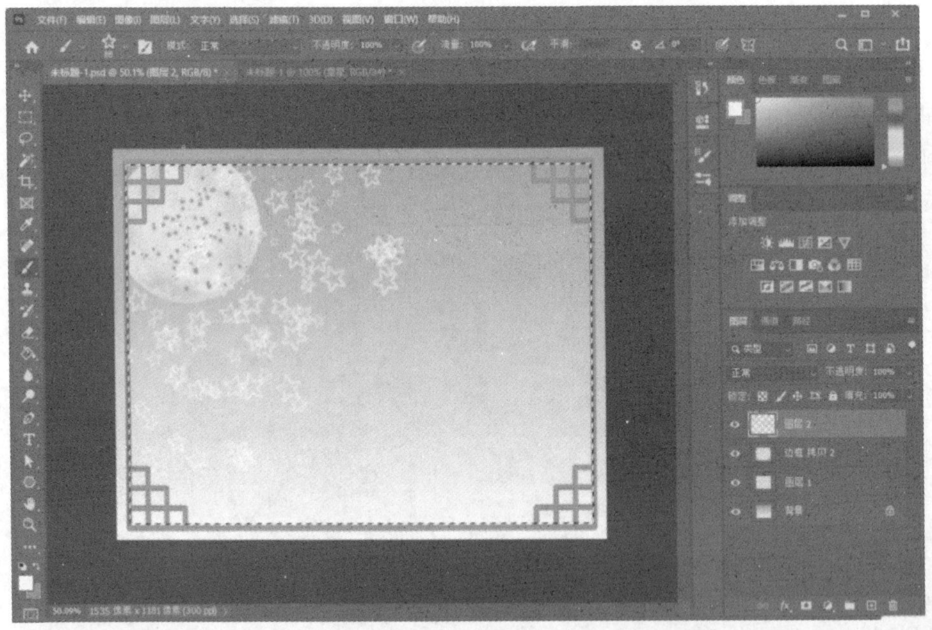

图 7-5

6．用同样方法，将素材“蝴蝶”也设置为画笔，设置好后选中该画笔，为其设置属性（散布为 1000%），如图 7-6 所示。

7．因为设置了颜色动态，所以需要设置前景色与背景色（颜色相近即可），如图 7-7 所示。

8．新建一个图层来绘制蝴蝶，为了防止蝴蝶超出边框也使用矩形为其划定范围，效果如图 7-8 所示。

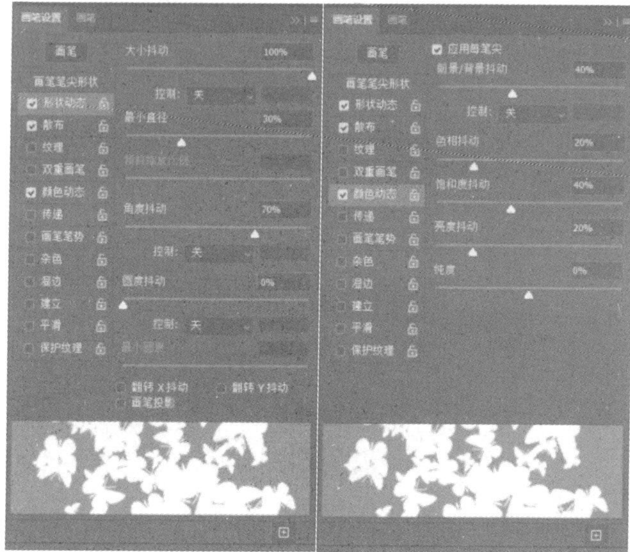

图 7-6

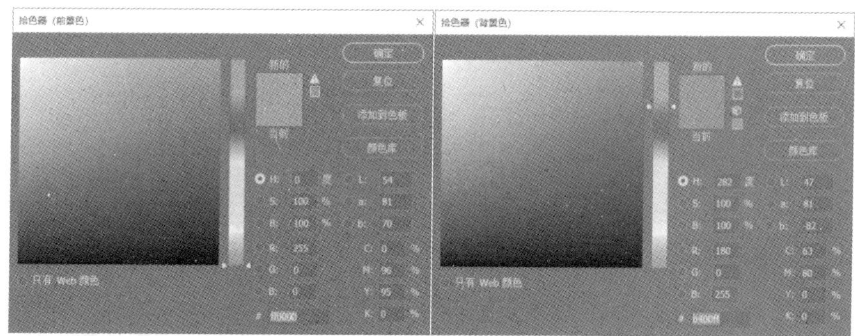

图 7-7

图 7-8

9．最后再加上“花”，用于装饰背景，选择自定义形状工具，在“形状”一栏中选择自己喜欢的花朵加以装饰（颜色设置为红色），如图 7-9 所示。

图 7-9

10．按 Ctrl+T 组合键调整花的位置、大小等，将“花”的透明度修改为 70%，并且放置于蝴蝶图层下方，得到最终的效果图，如图 7-10 所示。

图 7-10

11．花好月圆效果图绘制完成，保存 PSD 文件，另存为“花好月圆. JPG”。

实验 8　Adobe Photoshop 绘制仰望星空

仰望星空

1．打开 PS，单击左上角的“文件”，选择“新建”选项，新建一个宽度为 13 cm，高度为 10cm，分辨率为 300 像素的文件，如图 8-1 所示。

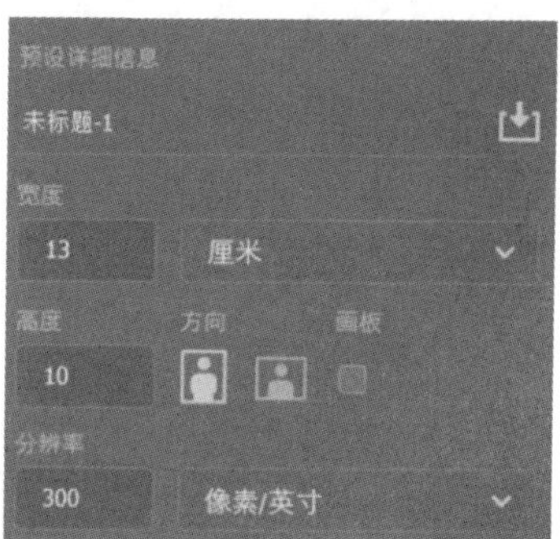

图 8-1

2．在屏幕左侧找到吸管工具（左侧吸管状工具），单击图像素材的背景，将图像背景颜色放入拾色器中，如图 8-2 所示。

3．单击左侧的油漆桶工具，将刚刚创建的文件的背景颜色，填充为深蓝色，如果觉得不满意可以右击油漆桶工具，使用渐变工具，让背景颜色变成自己想要的颜色，如图 8-3 所示。

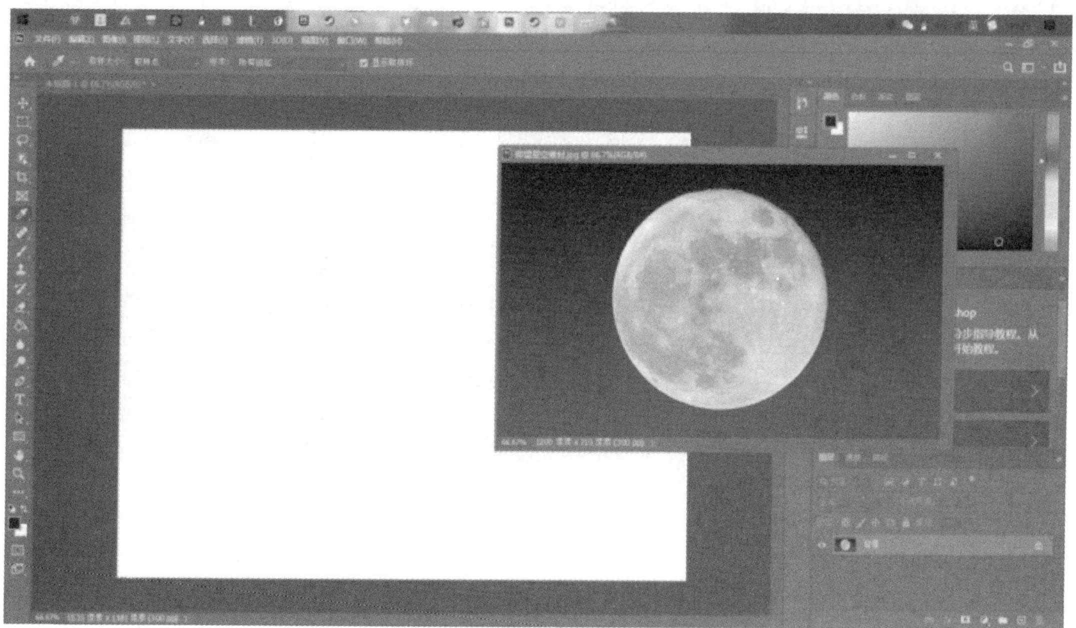

图 8-2

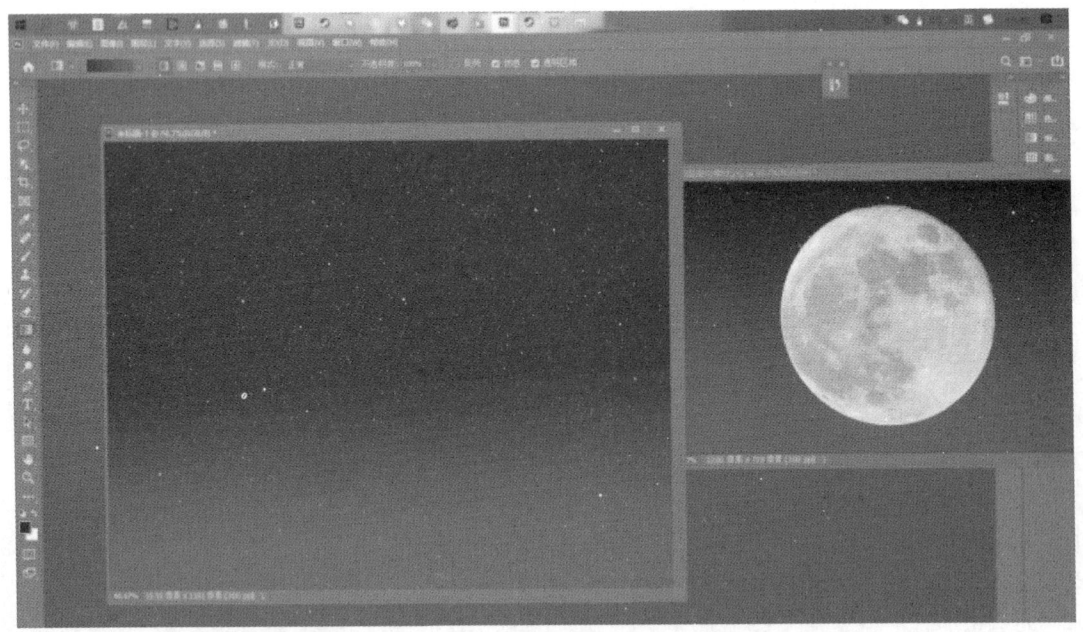

图 8-3

4．右击左侧的选框工具，选择椭圆形选框工具，选中素材中的月亮如图 8-4 所示。

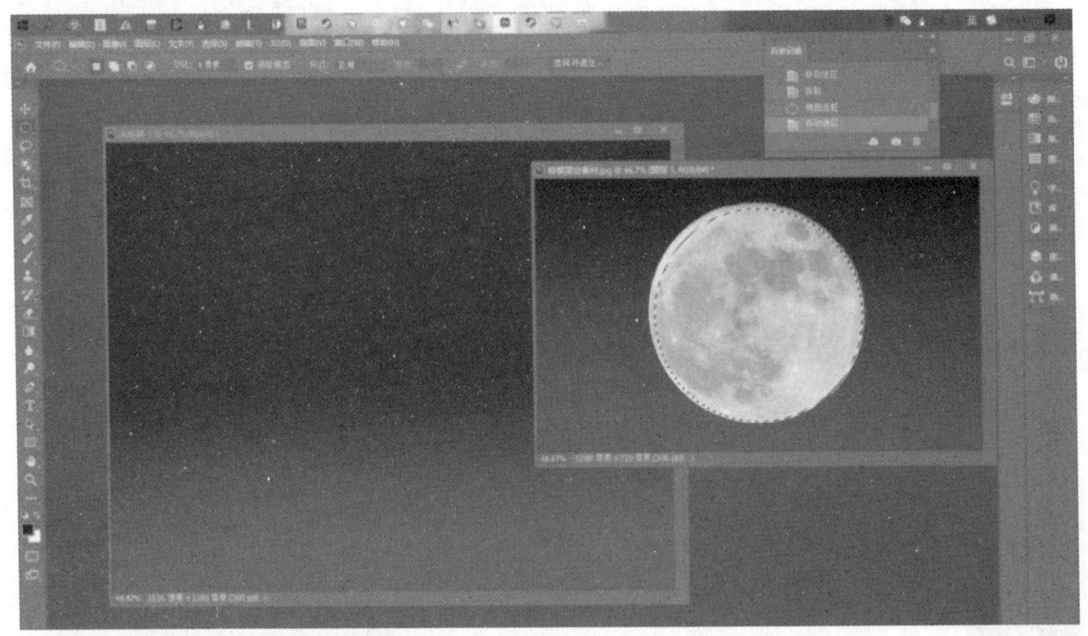

图 8-4

5．通过 Ctrl+C、Ctrl+V 的操作，将选中的月亮复制进新建文件中，按 Ctrl+T 组合键将其缩小成合适的比例，如图 8-5 所示。

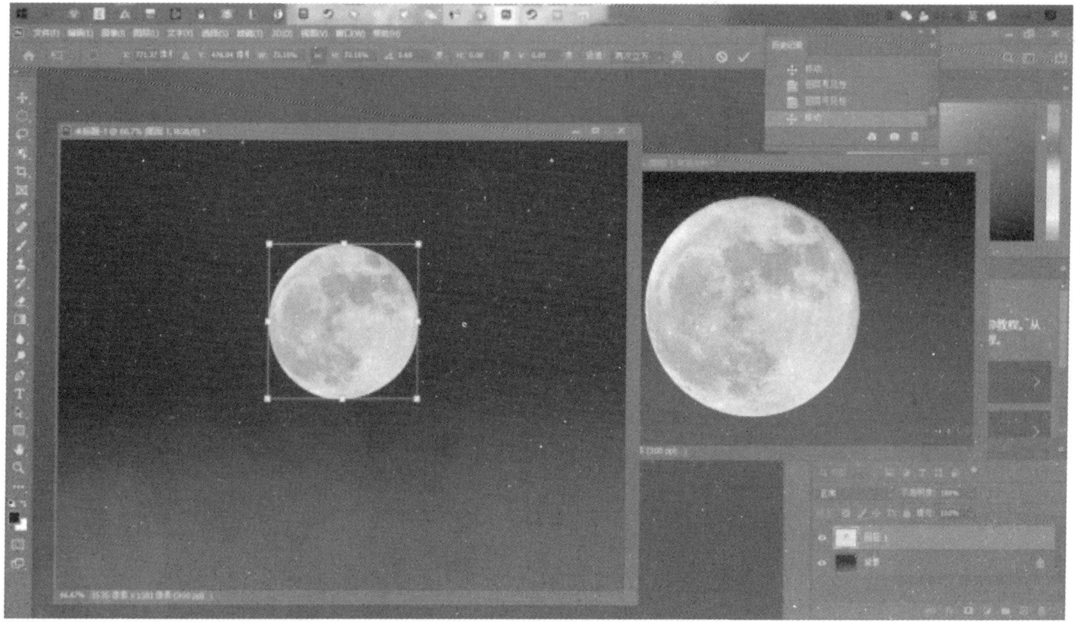

图 8-5

6．新建一个 1cm×1cm 的文件，如图 8-6 所示。

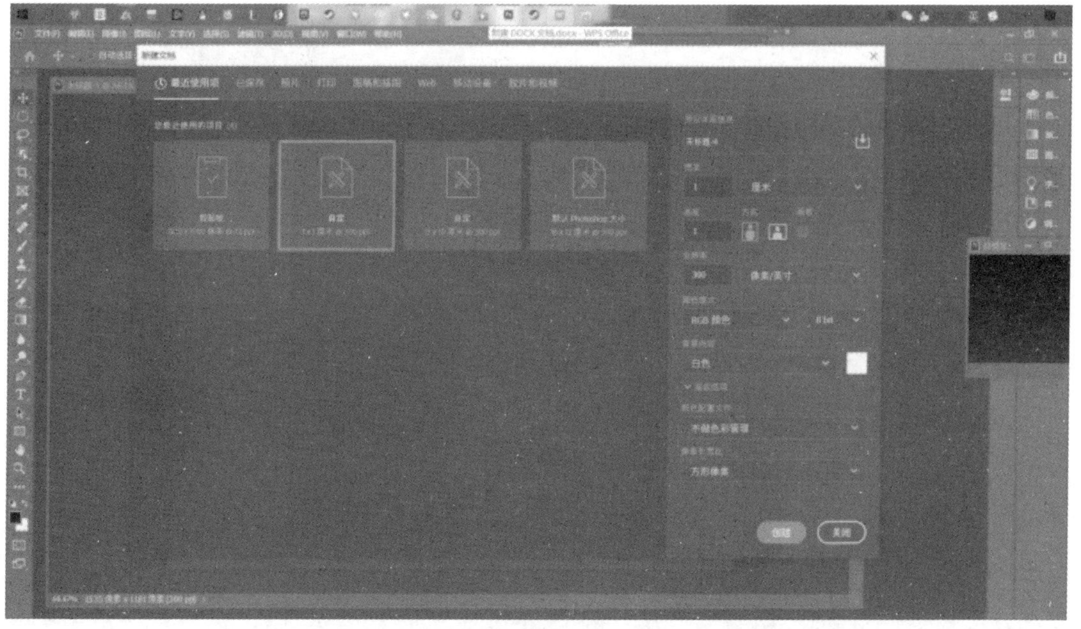

图 8-6

7．在新文件中新建一个图层，在新的图层上用矩形工具画一个长方形，用任意颜色填充，如图 8-7 所示。

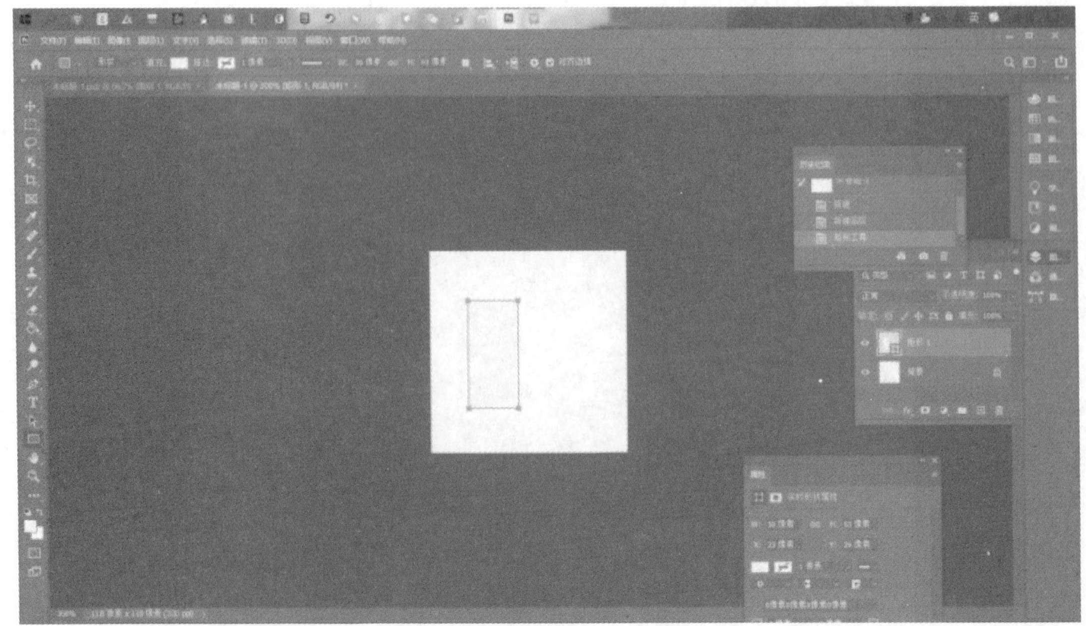

图 8-7

8．使用 Ctrl+T 组合键选中矩形，右击，选择“透视”，将矩形变为大致如图 8-8 所示形状。

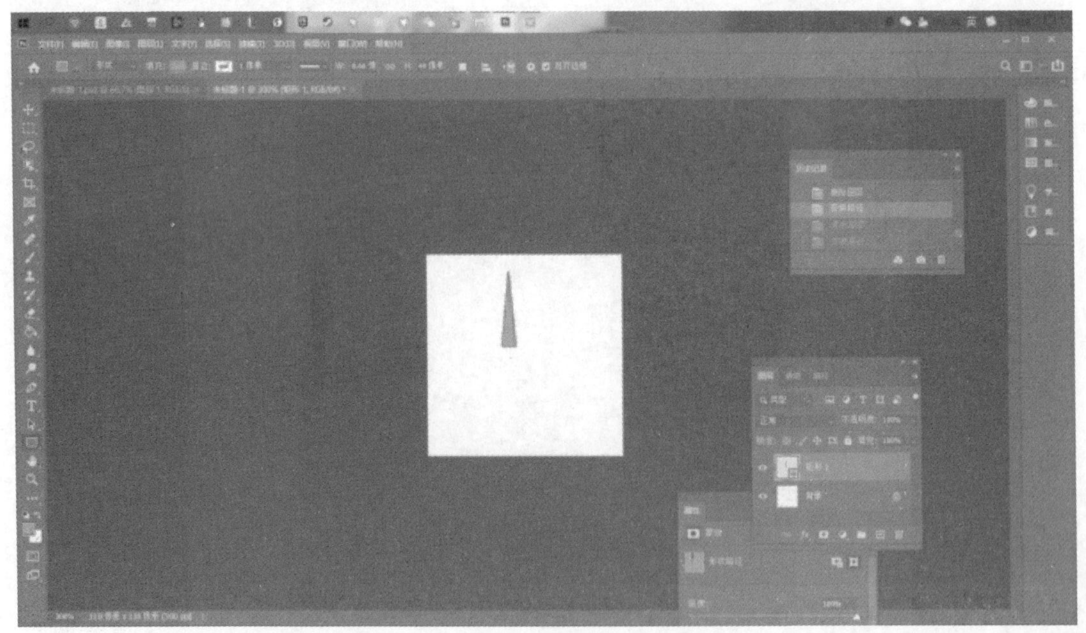

图 8-8

9．在右下图层中，选择复制图层一，再使用 Ctrl+T 组合键，将其旋转，并通过拖动达到如图 8-9 所示效果。

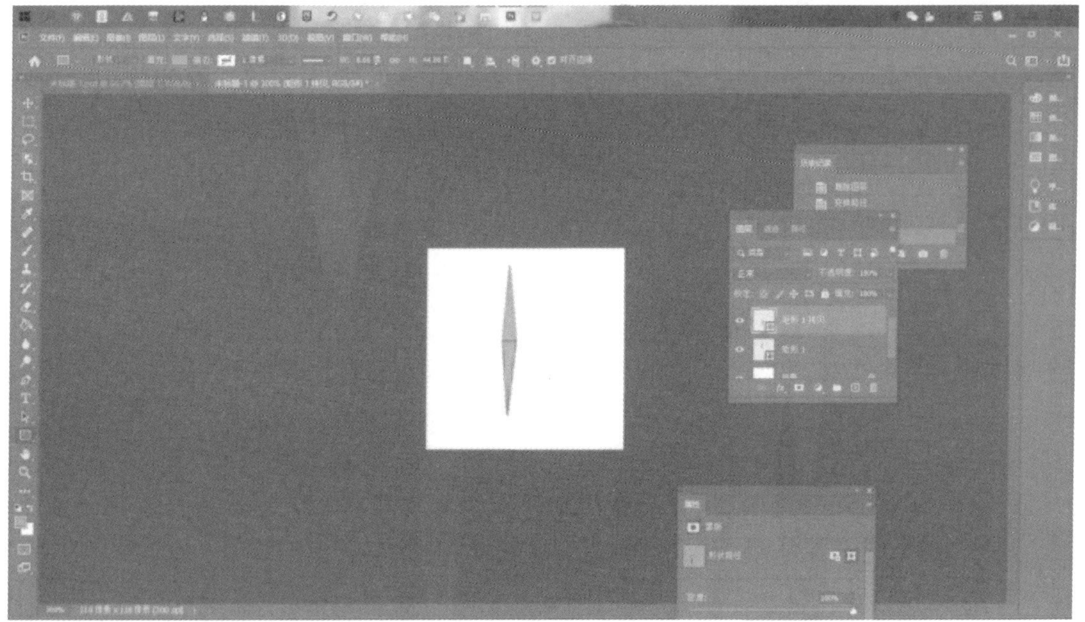

图 8-9

10．按住 Crtl 键，选择两个图层，将其合并为一个图层，如图 8-10 所示。

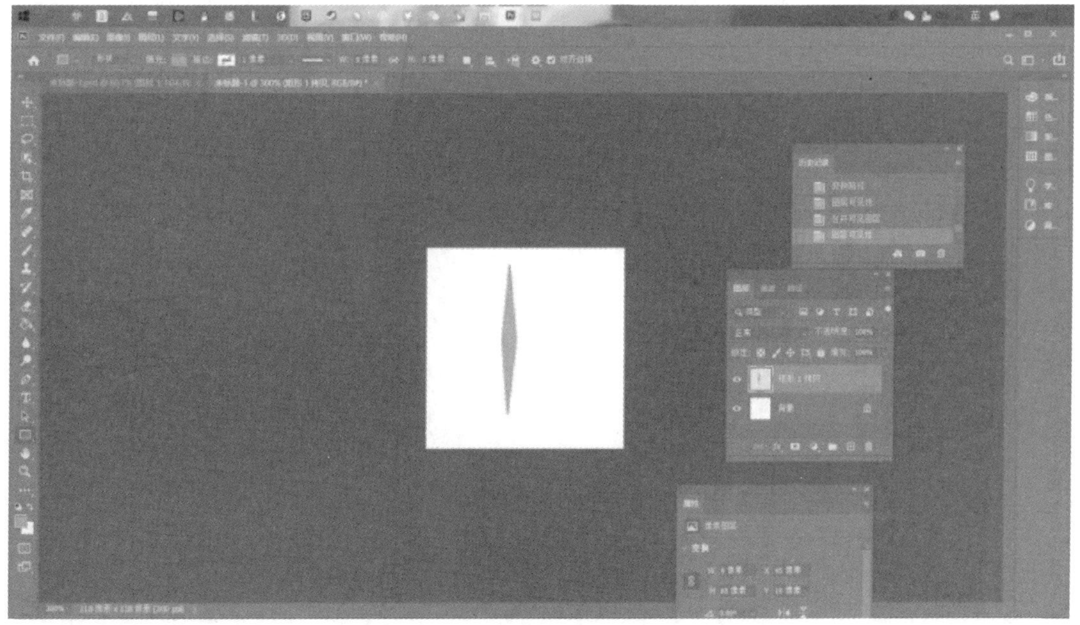

图 8-10

11．再复制刚刚合并完成的图层，按 Ctrl+T 组合键将其旋转，并通过拖动达到如图 8-11 所示效果，并合并图层。

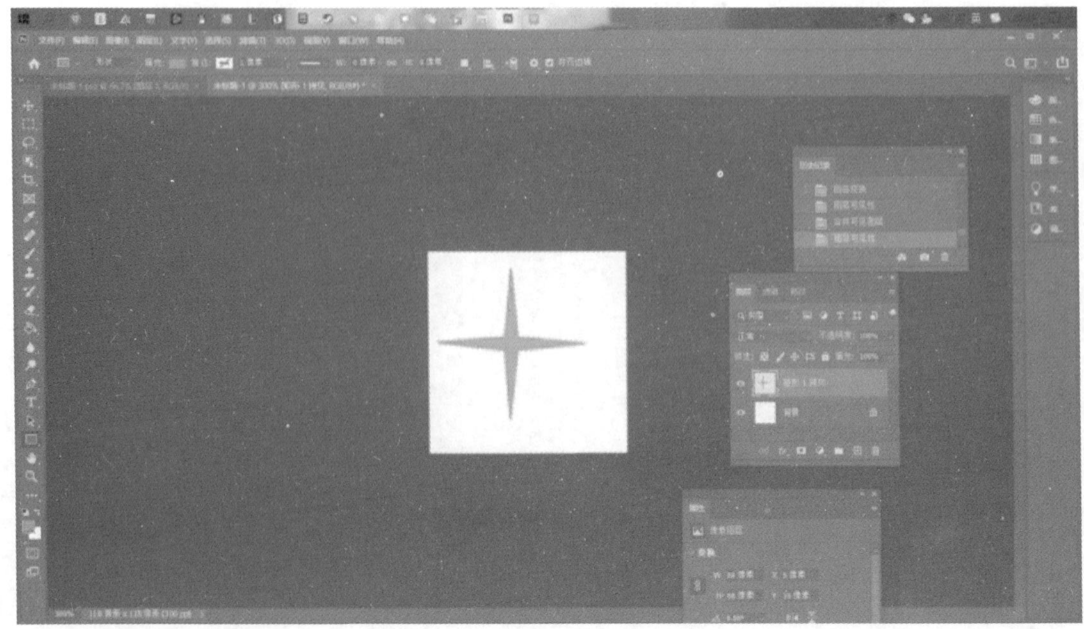

图 8-11

12．再复制图层，将图案旋转 45°并缩放，达到如图 8-12 所示效果，再合并图层。

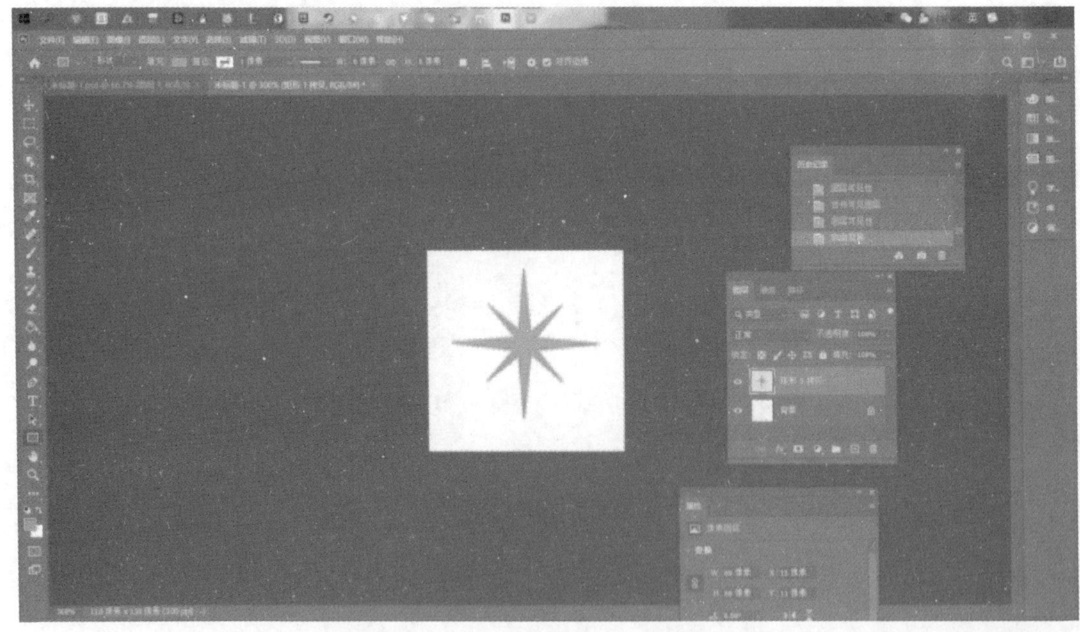

图 8-12

13．隐藏背景图层后，使用选框工具选中整个图形，在屏幕上方的编辑栏中，找到自定义画笔工具，单击“确定”按钮，如图 8-13 所示。

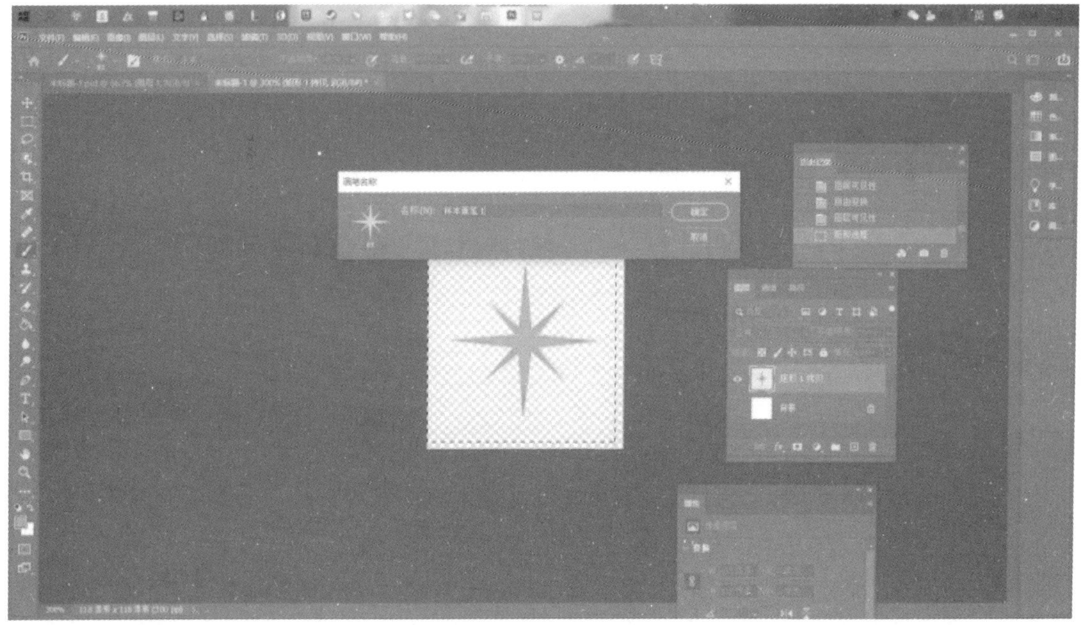

图 8-13

14．回到最开始的文件，单击上方窗口中的画笔设置，在画笔设置中找到自己满意的参数，新建图层，将拾色器中的颜色设为白色，再在新图层上单击或拖动鼠标就大功告成了，如图 8-14 所示。

图 8-14

实验 9　Adobe Photoshop 绘制太极阴阳图

太极阴阳图

1．打开 PS，新建一个白色背景的 PS 文档，大小为 5cm×5cm，分辨率为 300 像素，如图 9-1 所示。

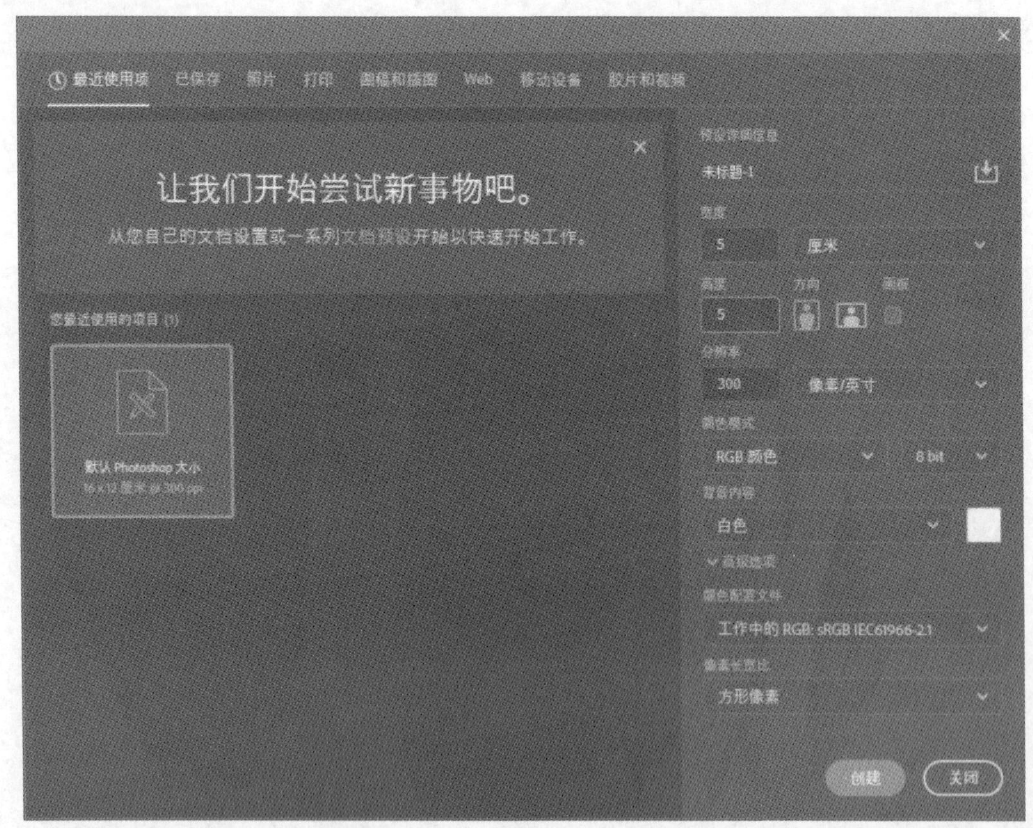

图 9-1

2．选择菜单栏中的“视图”—“标尺”，打开标尺，或者使用快捷键 Ctrl+R 也可以打开标尺，如图 9-2 所示。

图 9-2

3．使用移动工具从标尺拖出参考线，分别为 0.5cm、1.5cm、2.5cm、3.5cm、4.5cm，如图 9-3 所示。

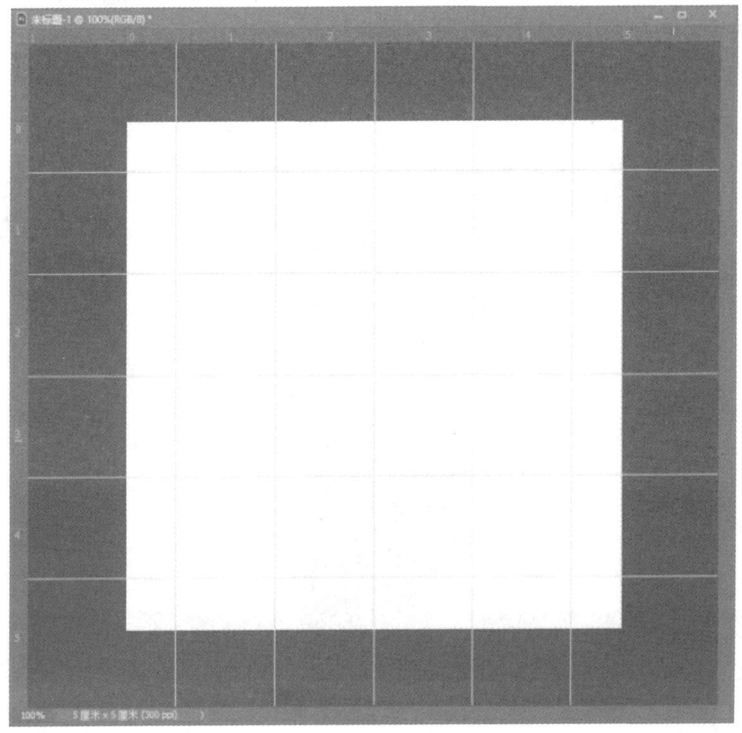

图 9-3

4．使用椭圆选框工具画出一个圆形选区，如图 9-4 所示。

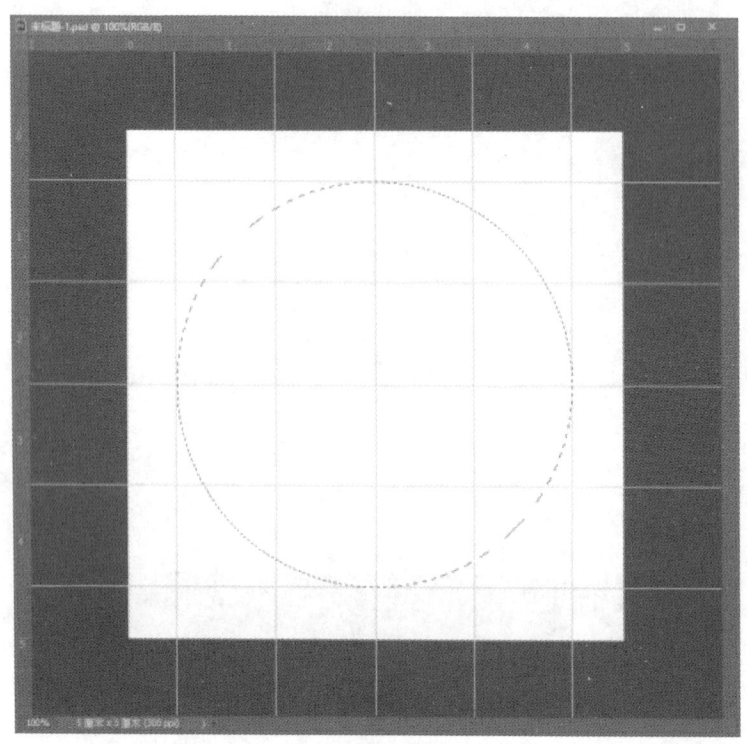

图 9-4

图 9-5

5．使用矩形选框工具，再在选框属性栏中选择从选区减去，如图 9-5 所示。

6．在圆形选区的左半边建立选区，把左半边的圆形选区去掉，如图 9-6 所示。

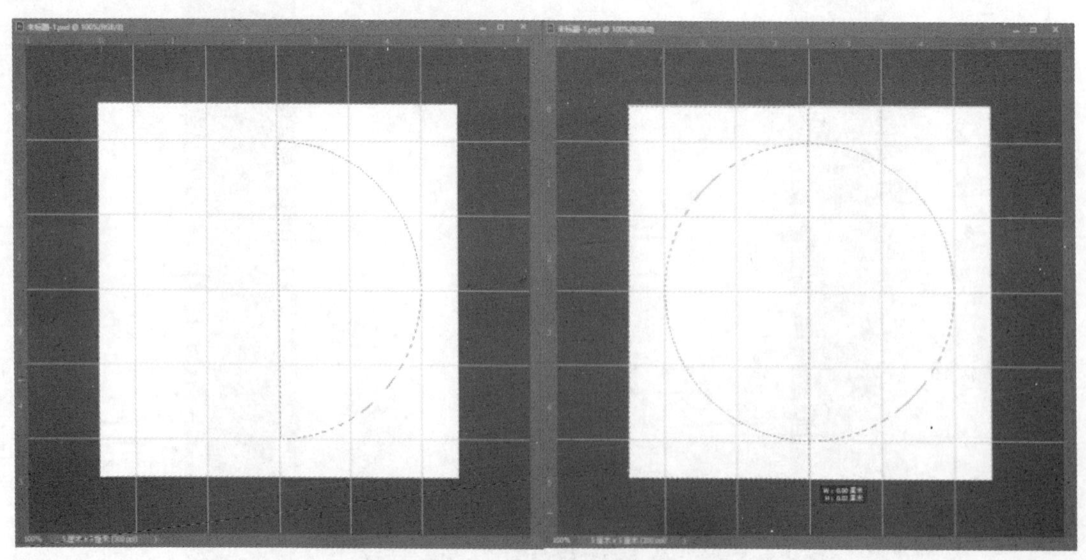

图 9-6

7．选择椭圆选框工具，再在选框属性栏中选择添加到选区，如图 9-7 所示。然后画出一个圆形选区得到以下效果，如图 9-8 所示。

图 9-7

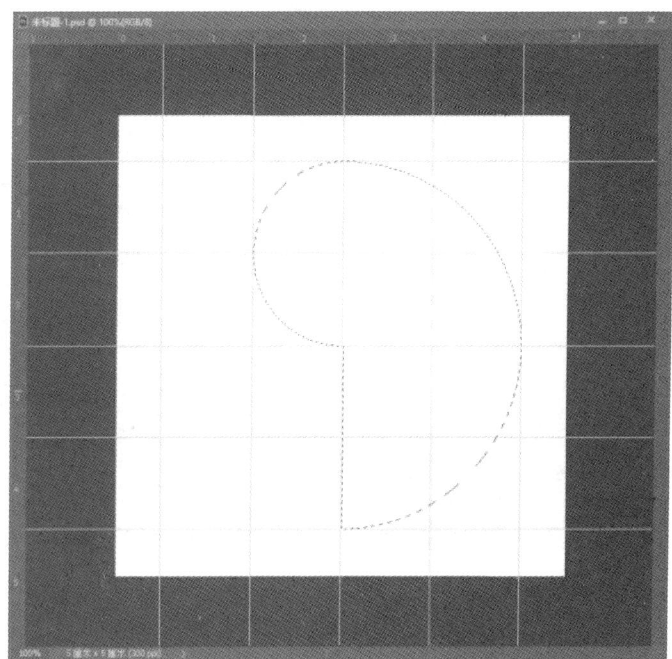
图 9-8

8．在选框属性栏中选择从选区减去，在下半图形中画一个圆形，得到的效果如图 9-9 所示。

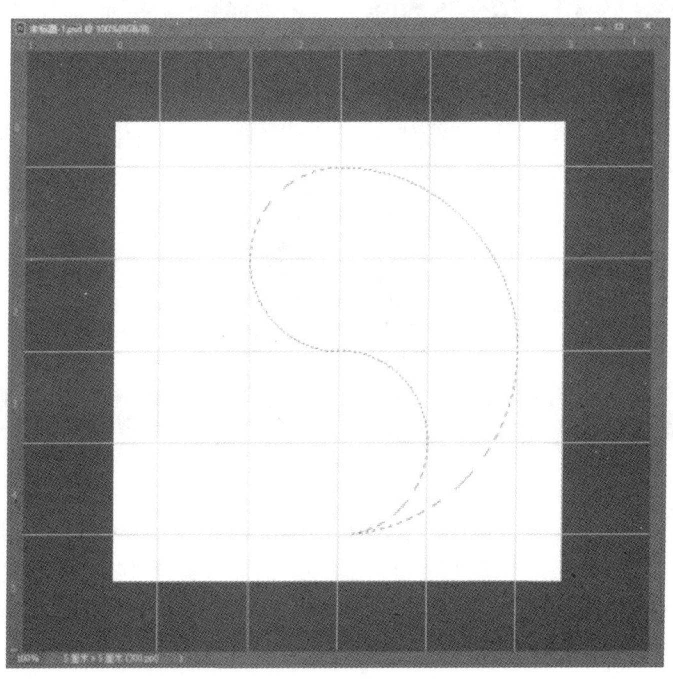
图 9-9

9．在图层面板中新建一个图层，选择油漆桶工具并把填充颜色选为红色，在图层 1 中单击选区得到如图 9-10 所示效果，然后按快捷键 Ctrl+D 取消选区。

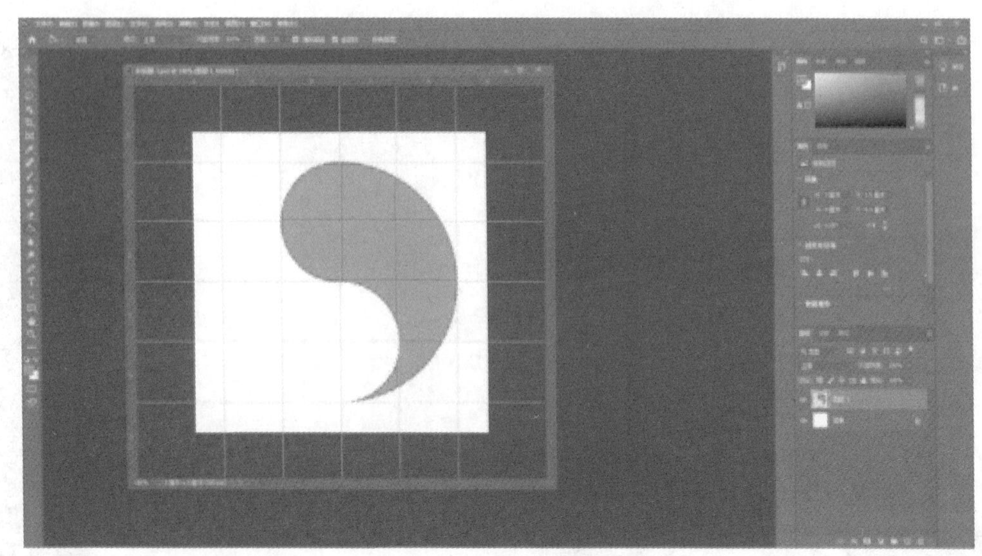

图 9-10

10．选择椭圆选框工具，在右半边的图案中新建一个选区，如图 9-11 所示。选区建立后选择黑色颜色，并用油漆桶工具在选区中单击，得到如图 9-12 所示效果。按 Ctrl+D 组合键取消选区，这样太极图的一半就做好了。

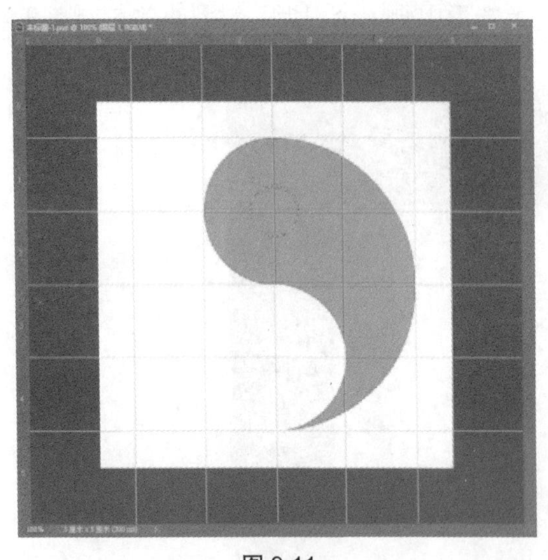

图 9-11

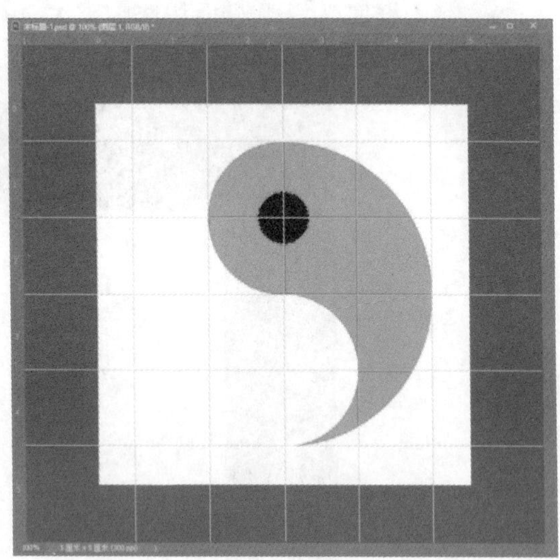

图 9-12

11．复制图层 1 得到图层 1 副本后使用快捷键 Ctrl+T 旋转图形，得到如图 9-13 所示效果。

12．关闭图层 1 的“眼睛”后，在图层 1 副本中选择魔棒工具，在红色区域中单击得到选区，如图 9-14 所示。

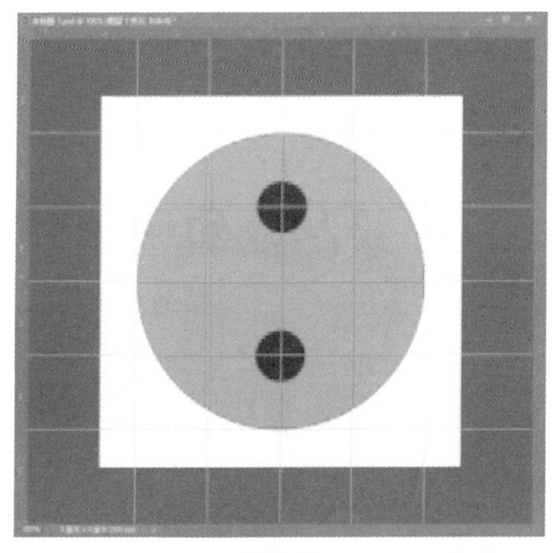
图 9-13

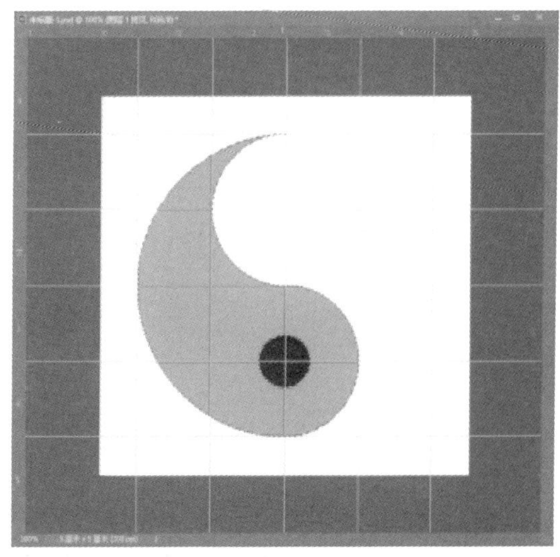
图 9-14

13．使用油漆桶工具将红色区域填充黑色，然后单击反选选项或者使用快捷键 Shift+Ctrl+I 得到黑色小圆形的选区，并用油漆桶工具在选区中填充红色，得到如图 9-15 所示效果，然后按 Ctrl+D 组合键取消选区。

14．显示图层 1 后就得到了太极阴阳图，如图 9-16 所示。

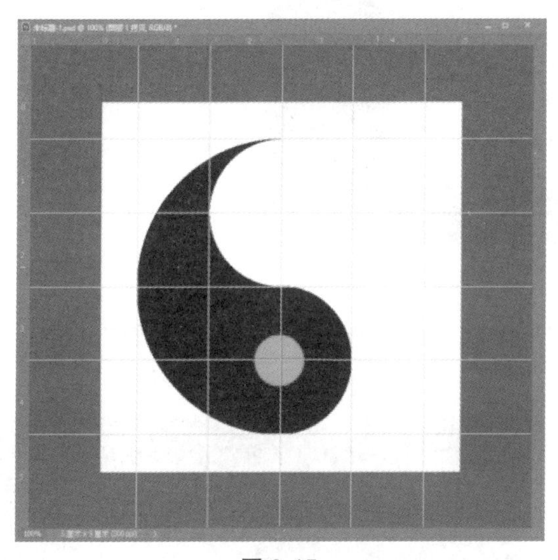
图 9-15

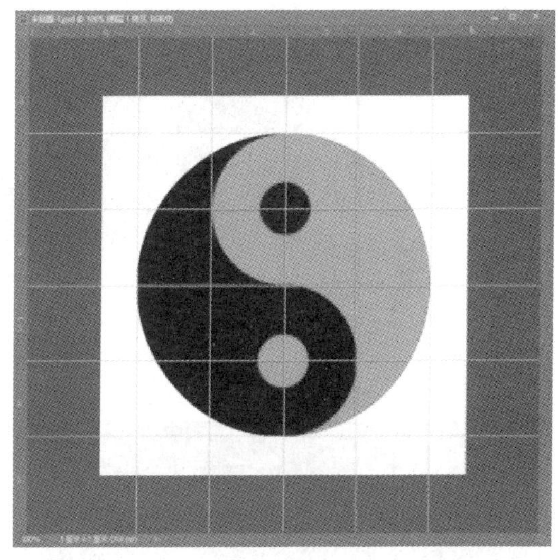
图 9-16

15．用选择工具把参考线去掉，或者选择菜单栏中的“视图”—“清除参考线”，把参考线去掉，得到较好的效果，最后保存文件。

实验 10　Adobe Photoshop 绘制梦幻城堡

梦幻城堡

1．从素材包中打开背景，如图 10-1 所示。

图 10-1

2．打开素材包中的“草丛”素材，如图 10-2 所示，直接使用移动工具将其拖曳至背景图，调整其位置在背景的下方，如图 10-3 所示。

图 10-2

图 10-3

3．接下来要在图上添加条纹装饰，从文件中打开“光束.png”“光束 1.png”素材，使用移动工具将其直接拖曳到背景中，然后进行位置的调整，如图 10-4 所示。

图 10-4

4．接下来将房子放到背景图中，打开“房子”素材，如图 10-5 所示，使用套索工具中的多边形套索工具，如图 10-6 所示，沿着房子的边缘，在每一个拐角点单击鼠标左键确认，形成一个死循环，当形成死循环时光标将会出现一个圈，意思是已形成死循环，如图 10-7 所示。

图 10-5

图 10-6

图 10-7

5. 然后按 Ctrl+C 组合键复制该图，到背景图上按 Ctrl+V 组合键粘贴，调整它的大小，按住 Shift 键可以等比例缩放，然后观察它的效果图，如图 10-8 所示。

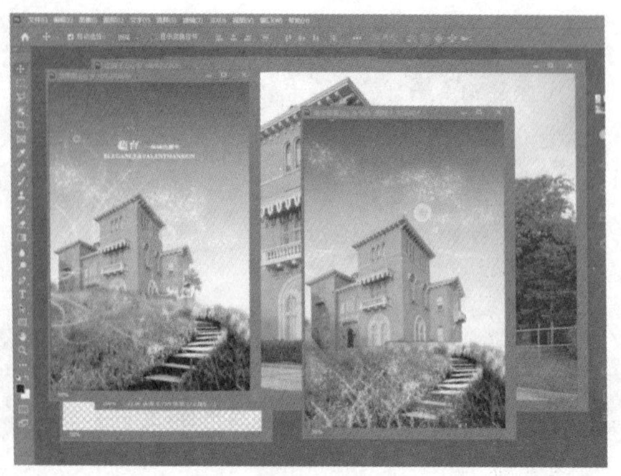

图 10-8

6. 接下来需要将草地盖住房子，调整房子所在图层的顺序就可以完成，如图 10-9 所示。

图 10-9

7. 使用文字工具，如图 10-10 所示，在合适的地方输入需要的字，可以使用 Ctrl+T 组合键调整它的大小，如图 10-11 所示。

图 10-10

图 10-11

实验 11　Adobe Photoshop 绘制楼盘户型图

楼盘户型图

1．打开 PS，在主界面左侧单击“打开”按钮，依次选择“平面原始图.jpg”“图案 1.jpg～图案 7.jpg”“效果图.jpg”，如图 11-1 所示。

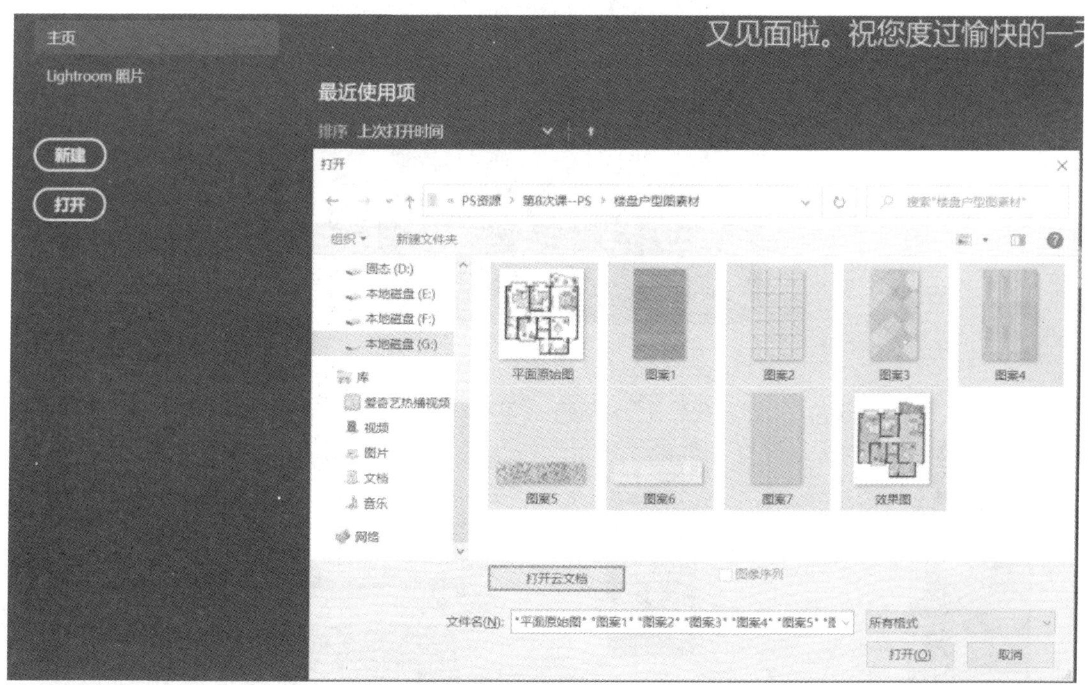

图 11-1

2．选择“图案 1.jpg”，单击“编辑”，选择下拉列表中的“定义图案”，在打开的对话框中单击“确定”按钮，如图 11-2 所示。其他图案 2.jpg～图案 7.jpg 的图案按照同样的方法操作。

3．选择“平面原始图.jpg”，使用魔棒工具，如图 11-3 所示，选择“添加到选区”，按效果图依次单击图中的区域，细小的地方按住 Alt 键+滚轮放大后选中。

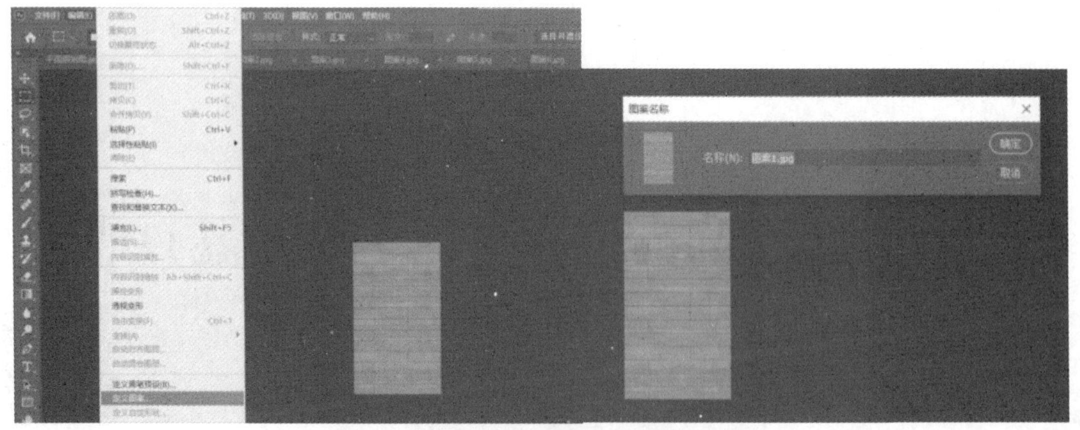

图 11-2

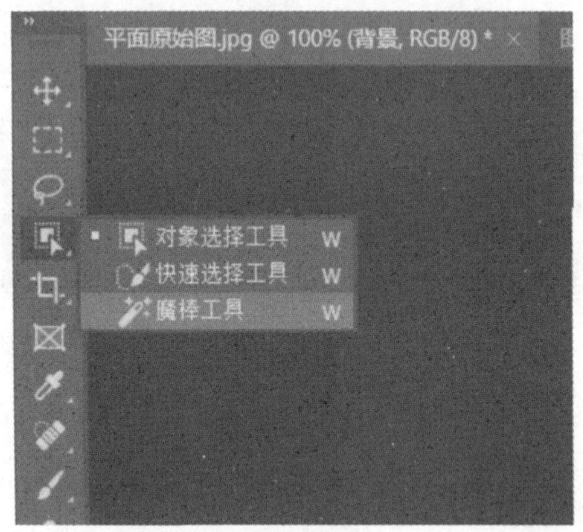

图 11-3

4．新建图层，并命名为“图案 4”，单击菜单栏中的“编辑”，选择“填充”，如图 11-4 所示，如图 11-5 所示进行设置，单击“确定”按钮。

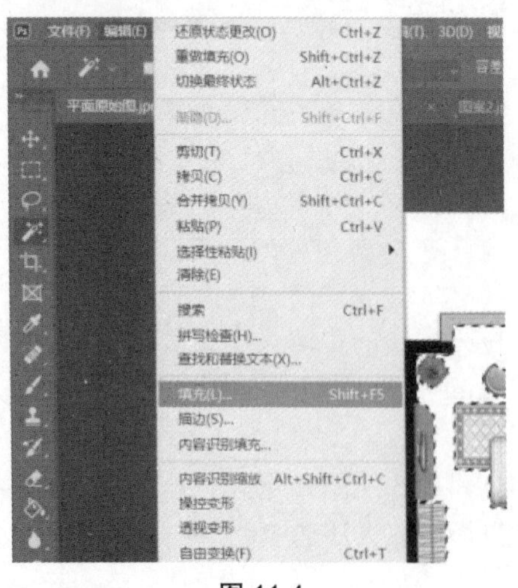

图 11-4

图 11-5

5．新建图层，并命名为“图案 6”。先选中矩形选框工具，再选择“从选区减去”，然后选择如图 11-6 所示区域，单击背景图层，再次选择魔棒工具，选择“从选区添加”，选出图 11-7 中的区域，再次选择矩形选框工具，选择“从选区减去”，细小的地方可以用鼠标滚轮+Alt 键放大后再选择，改变容差值也可以呈现更好的效果，最终选出图案 6 覆盖的地方。再填充图案 6 即可。

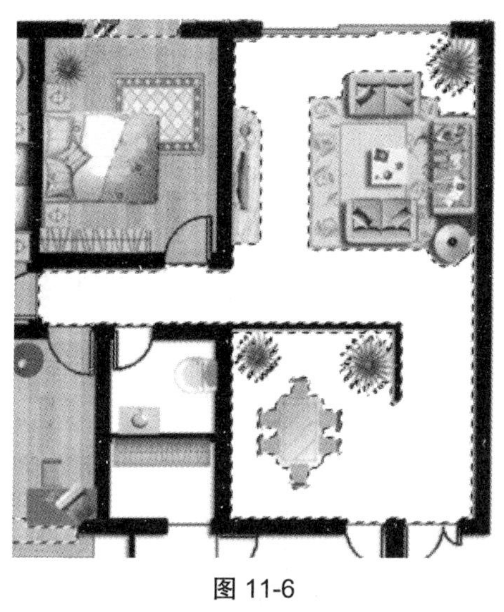

图 11-6

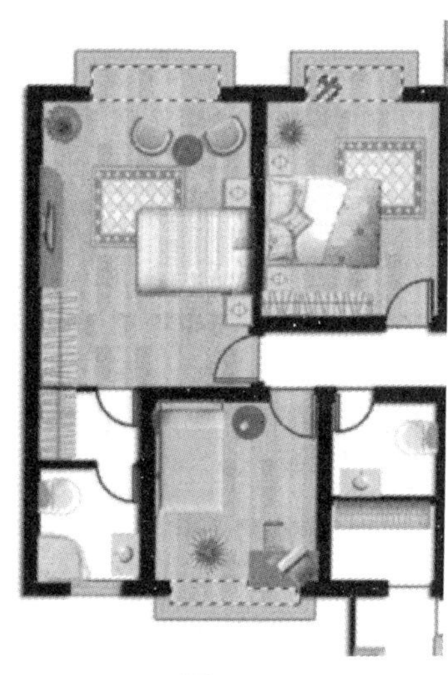

图 11-7

6．新建图层，并命名为“图案 2”，按步骤 5 的方法选出图案 2 覆盖的地方。在“编辑”菜单下选择“填充”，图案 2 即可，如图 11-8 所示。

7．剩下的部分也用上面的方法，按照效果图来选择区域并填充相应的图案就可以完成。最后的效果如图 11-9 所示。

图 11-8

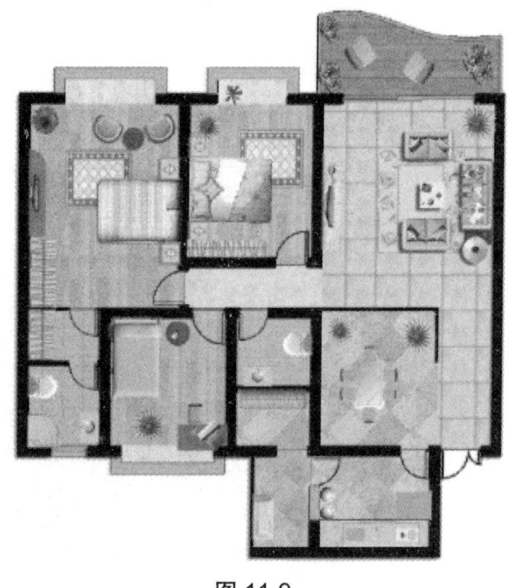

图 11-9

实验 12 Adobe Photoshop 绘制玻璃杯抠图

玻璃杯抠图

1．用 PS 打开玻璃杯素材、素材背景和效果图，复制粘贴（快捷键 Ctrl+J）玻璃杯素材背景图层，如图 12-1 所示。

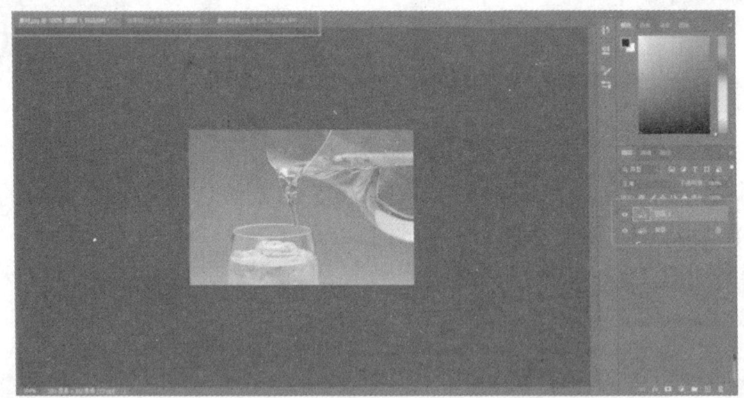

图 12-1

2．运用磁性套索工具抠出玻璃杯，如图 12-2 所示（或者用其他选取工具）

图 12-2

3．使用 Ctrl+J 组合键复制粘贴出图层 2，如图 12-3 所示。

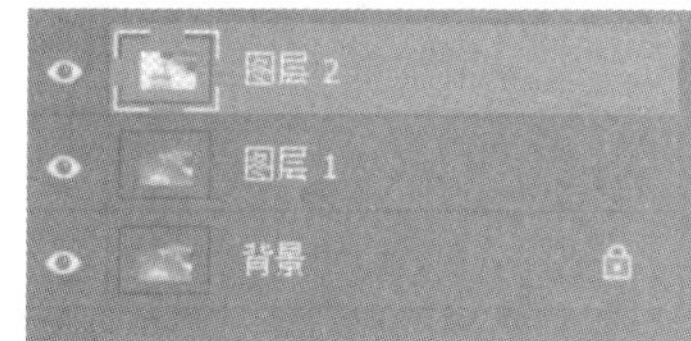

图 12-3

小提示：运用 Alt+鼠标滚轮、空格键+鼠标拖动配合选区加减法可使抠图更为方便美观。在一些难以处理又不可忽视的地方还可以用上橡皮擦。

4．选中图层 2，打开通道面板，按住 Ctrl 键再单击通道蓝建立选区，如图 12-4 所示。

图 12-4

小提示：运用通道选取会附有透明效果

5．使用 Ctrl+C、Ctrl+V 组合键把素材中的选区部分复制粘贴到素材背景，并按 Ctrl+T 组合键进行缩放，如图 12-5 所示。

图 12-5

6．将图层 2 进行去色，选择菜单栏中的“图像”—“调整”—“去色”，如图 12-6 所示，效果如图 12-7 所示。

7．选中图层 2，单击蒙版，对照效果图用画笔工具进行修饰，如图 12-8 所示。

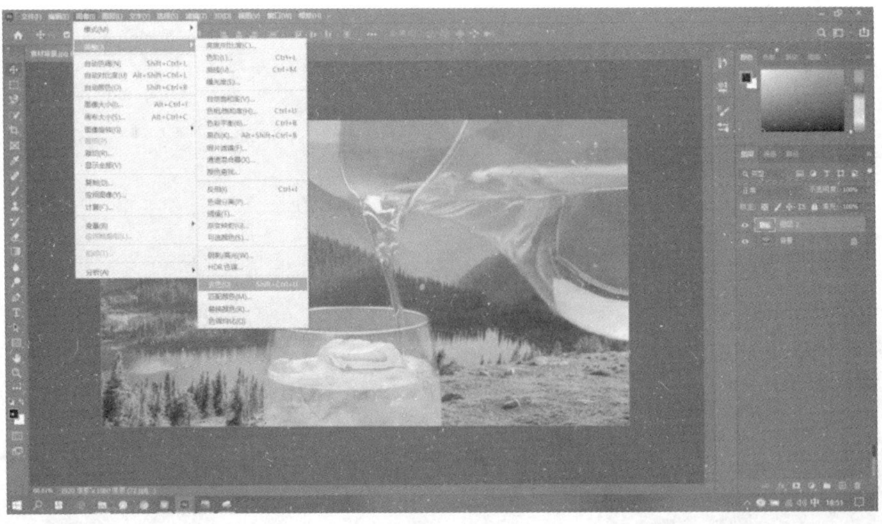

图 12-6

> 小提示：蒙板用黑白灰实现透明效果，黑遮白显。

图 12-7

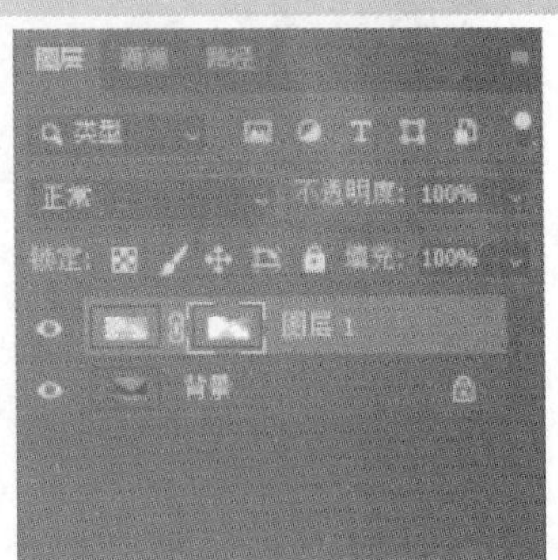

图 12-8

8．最终结果如图 12-9 所示。

图 12-9

实验 13　Adobe Photoshop 制作签名

制作签名

1．在 PS 中打开需要制作的电子签名的素材，如图 13-1 所示。

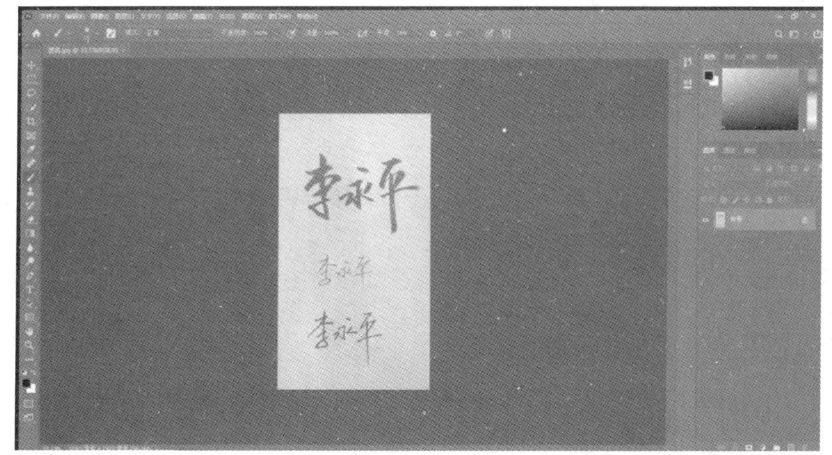

图 13-1

2．用矩形选框工具框选出你想要的签名，按 Ctrl+C 组合键复制选区内容，如图 13-2 所示。

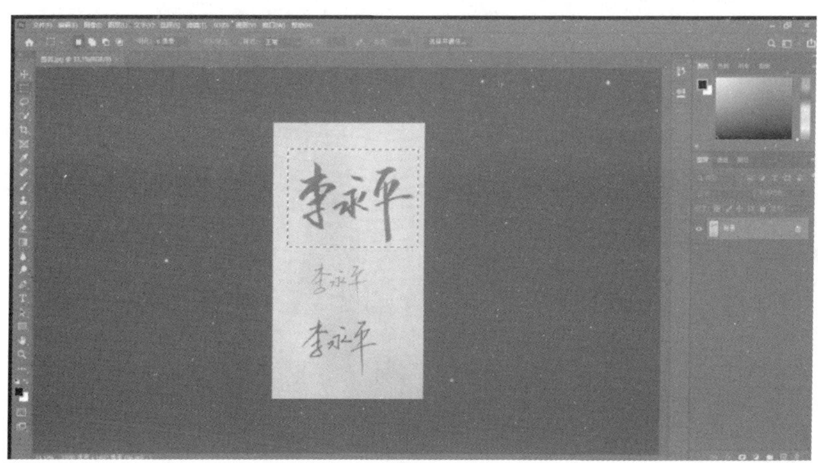

图 13-2

3．按 Ctrl+N 组合键新建一个文件，选择“剪贴板”，单击“创建”按钮，如图 13-3 所示。创建完成后在新的文件中按 Ctrl+V 组合键将内容粘贴进去，如图 13-4 所示。

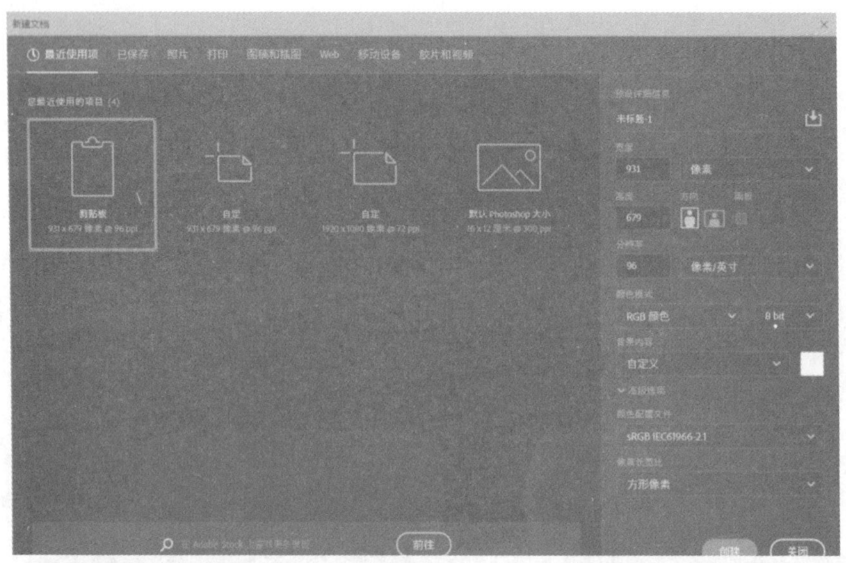

图 13-3

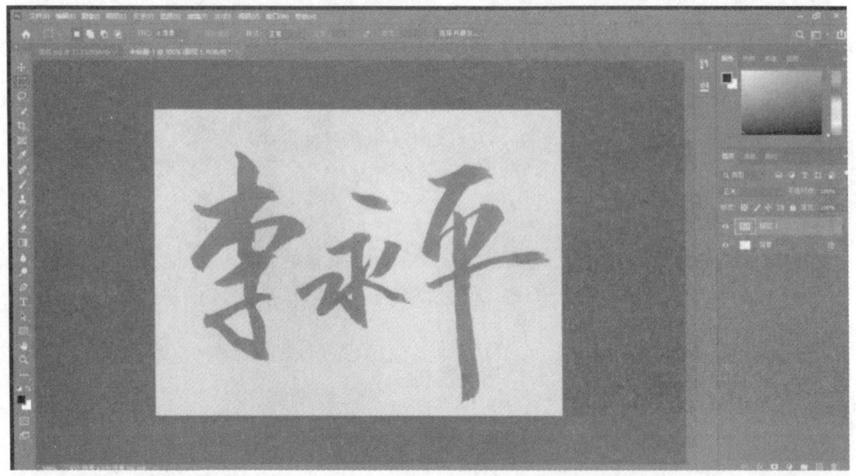

图 13-4

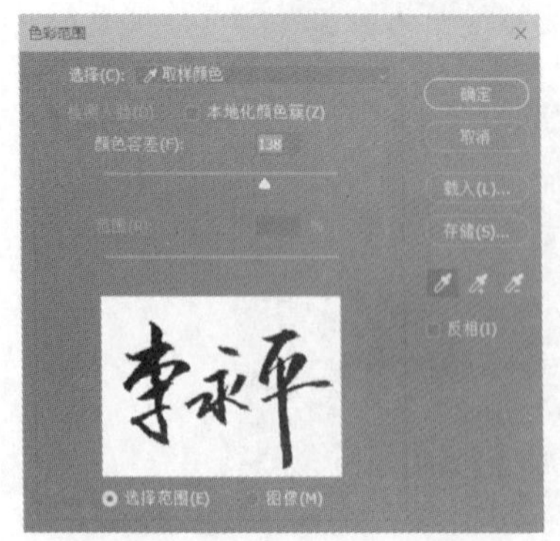

图 13-5

4．选择菜单栏中的“选择”—“色彩范围”，打开“色彩范围”对话框，如图 13-5 所示，用吸管工具单击背景，调整颜色容差，使签名和背景对比鲜明，单击“确定”按钮后我们就能快速地将背景选中，如图 13-6 所示。

5．按 Delete 键将背景删除留下签名，如图 13-7 所示。再单击背景图层前的小眼睛将背景图层隐藏就能得到效果图片，如图 13-8 所示。

6．最后选择菜单栏中的“文件”—“存储为”将文件保存类型改为 PNG 格式即可，如图 13-9 所示。

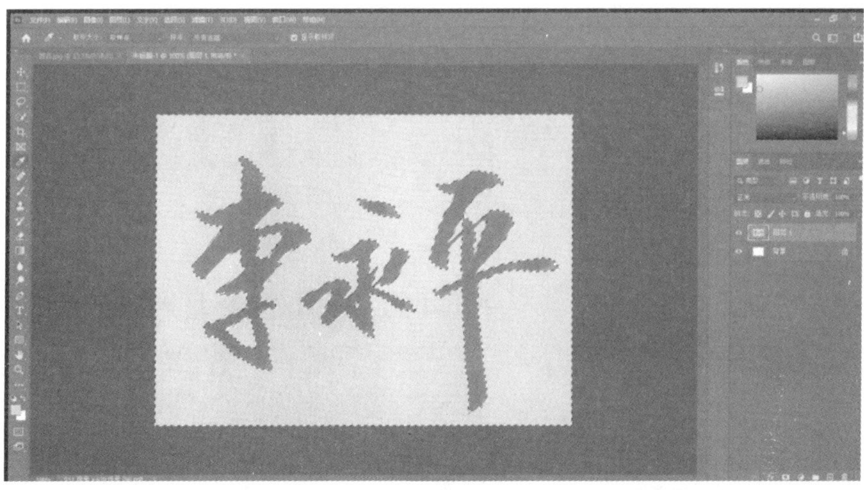

图 13-6

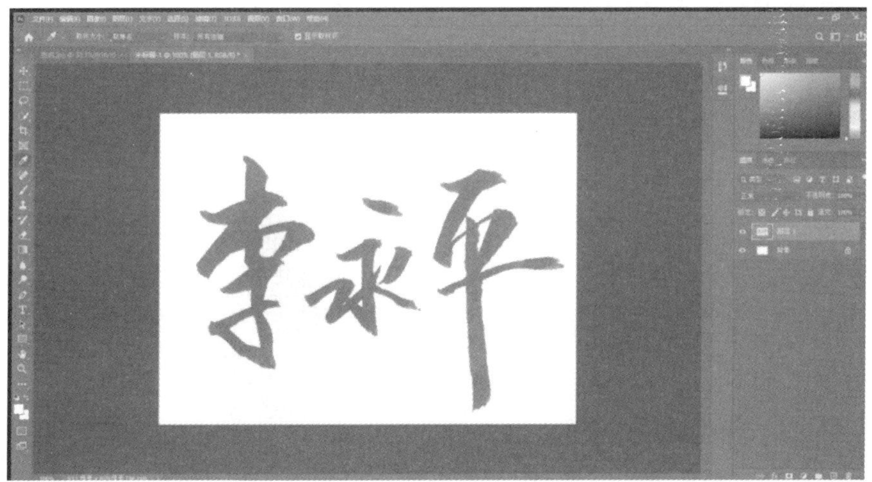

图 13-7

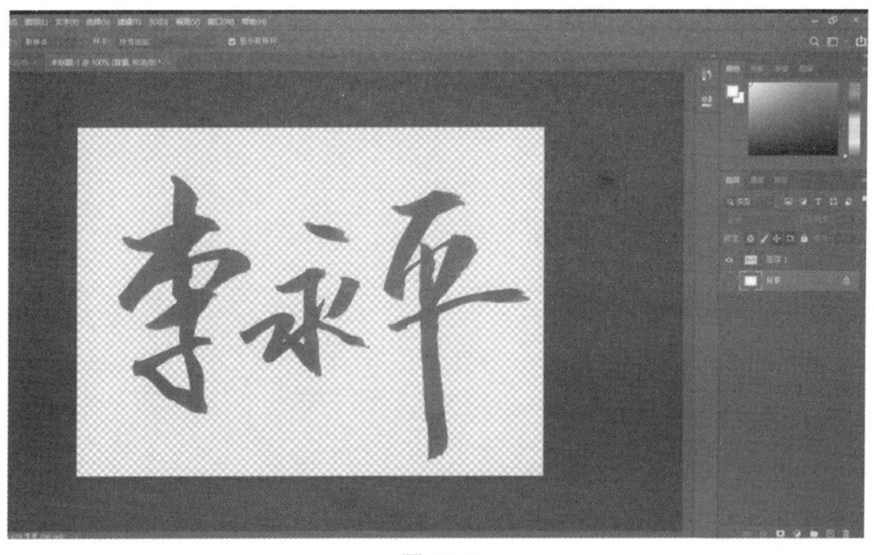

图 13-8

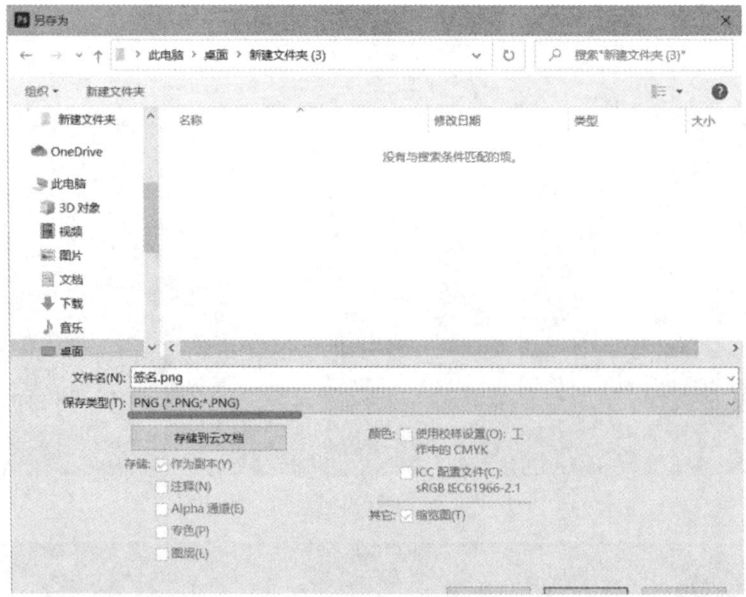
另存为
此电脑 › 桌面 › 新建文件夹 (3)
搜索"新建文件夹 (3)"
组织 ▾
新建文件夹
新建文件夹
OneDrive
此电脑
3D 对象
视频
图片
文档
下载
音乐
桌面
名称
修改日期
类型
大小
没有与搜索条件匹配的项。
文件名(N): 签名.png
保存类型(T): PNG (*.PNG;*.PNG)
存储到云文档
存储: 作为副本(Y)
注释(N)
Alpha 通道(E)
专色(P)
图层(L)
颜色: 使用校样设置(O): 工作中的 CMYK
ICC 配置文件(C): sRGB IEC61966-2.1
其它: 缩览图(T)

图 13-9

实验 14　Adobe Photoshop 绘制跃出纸面的海豚

跃出纸面的海豚

1．打开 Photoshop，新建画布，大小为 579 像素×435 像素。

2．使用圆角矩形工具画出白色矩形，描边为黑色 1 像素，并命名为“矩形 1”，复制一层，并命名为“阴影”，颜色填充为#6b6b6b，对矩形与阴影进行扭曲，效果参考效果图，放置阴影上一层。

3．把阴影矩形调整为黑色，选择菜单栏中的“滤镜”－“模糊”－“高斯模糊”，在打开的对话框中将半径设为 3，如图 14-1 所示，放于底层。

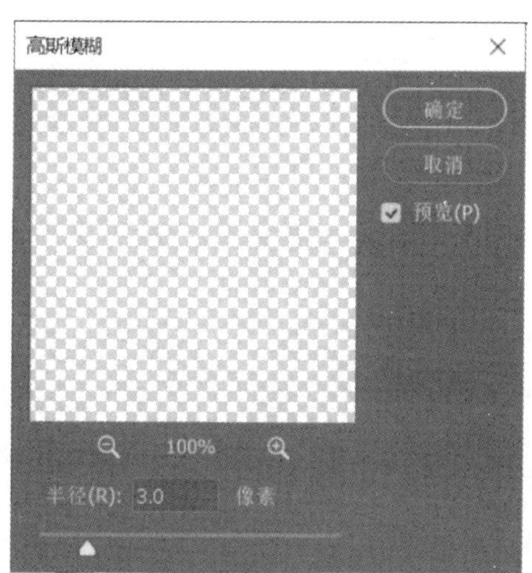

图 14-1

4. 使用套索工具扣出海豚，复制一层，并命名为“海豚”。

5．复制圆角矩形，并命名为“矩形 2”，将其中心缩小，放置在图片 1 的下方。

6．复制海豚图层，并命名为“海豚阴影”，给海豚图层添加图层蒙版，擦掉多余部分，效果参考效果图。

7．海豚阴影填充颜色为#6b6b6b，按 Ctrl+T 组合键再使用扭曲做出阴影效果，效果参考效果图。

8．保存命名为“跃出纸张的海豚”。

实验 15　Adobe Photoshop 绘制琴键上的小人

1．导入 4 张素材，如图 15-1 所示。

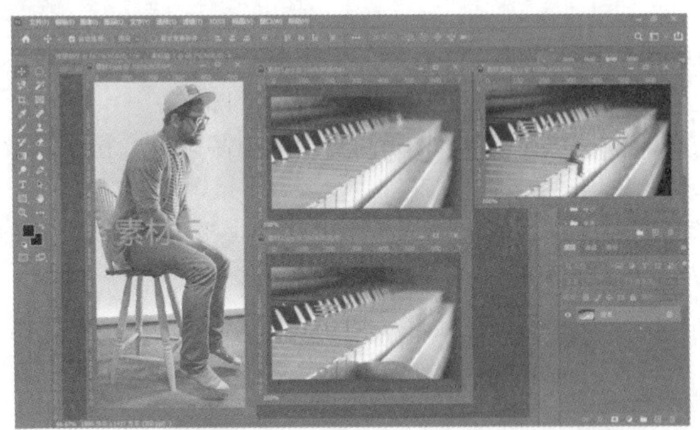

图 15-1

2．首先进行素材一和素材二的合并。选择移动工具把素材二拖曳到素材一中，调整位置直至两个素材重合，如图 15-2 所示。

图 15-2

3. 在“图层一”中选择“添加矢量蒙版”。在激活的状态下，选择黑色的画笔工具进行涂抹，形成如图 15-3 所示的样子。

图 15-3

4. 接下来进行抠图的操作，把素材三中的人物扣下来。选择磁性套索工具，根据人物的轮廓选择人物，如图 15-4 所示。

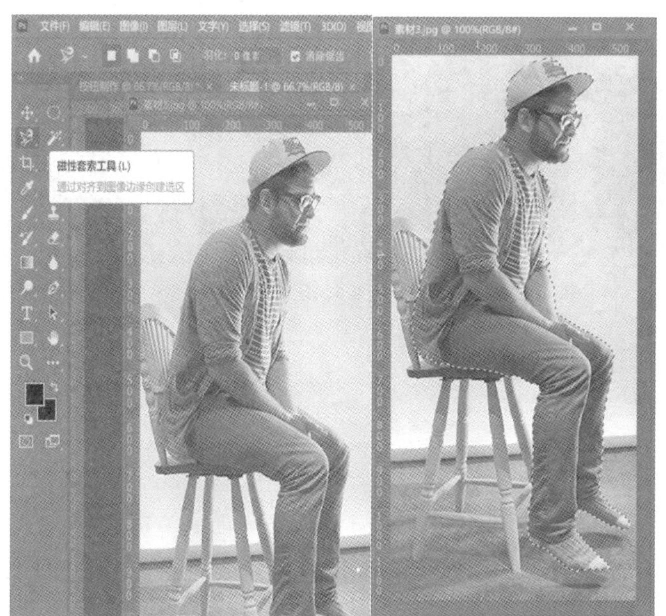

图 15-4

5. 选中人物范围之后，按 Ctrl+C 组合键复制，再选择素材一，按 Ctrl+V 组合键复制。按 Ctrl+T 组合键调整人物大小至合适尺寸，放置到合适位置，如图 15-5 所示。

6. 最后处理人物下方的阴影，新建一个“图层三”，把“图层三”移动到“图层二”的下方。选择画笔工具，再选择黑色填充色，在人物的下方进行涂抹。选择菜单栏中的“滤镜”—“模糊”—“镜头模糊”，单击“确定”按钮，修改图层的不透明度，效果如图 15-6 所示。

图 15-5

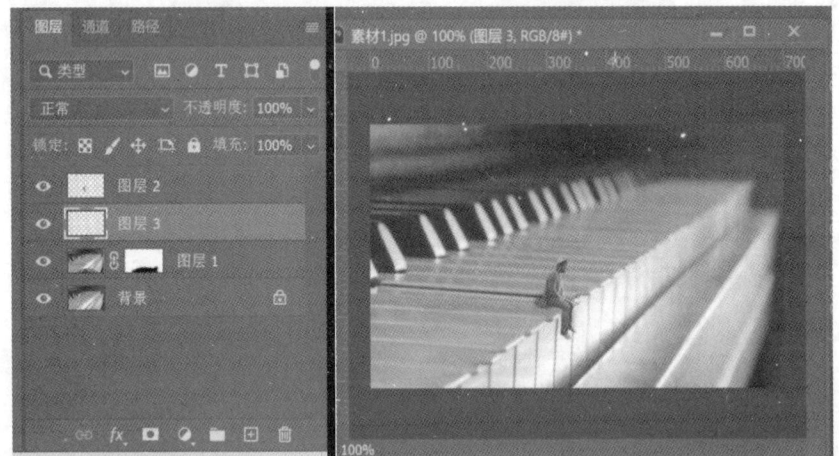

图 15-6

实验 16　Adobe Photoshop 绘制亭子

亭子

1．在 PS 中打开效果图和将要操作的图片，如图 16-1 所示。

图 16-1

2．将要操作的照片图层进行复制，得到背景 1，如图 16-2 所示。

图 16-2

3．选中图层背景 1，单击菜单栏中的“图像”—“调整”—“曲线”如图 16-3 所示，接着在打开的对话框中拉动曲线，如图 16-4 所示，调整亮度，效果如图 16-5 所示。

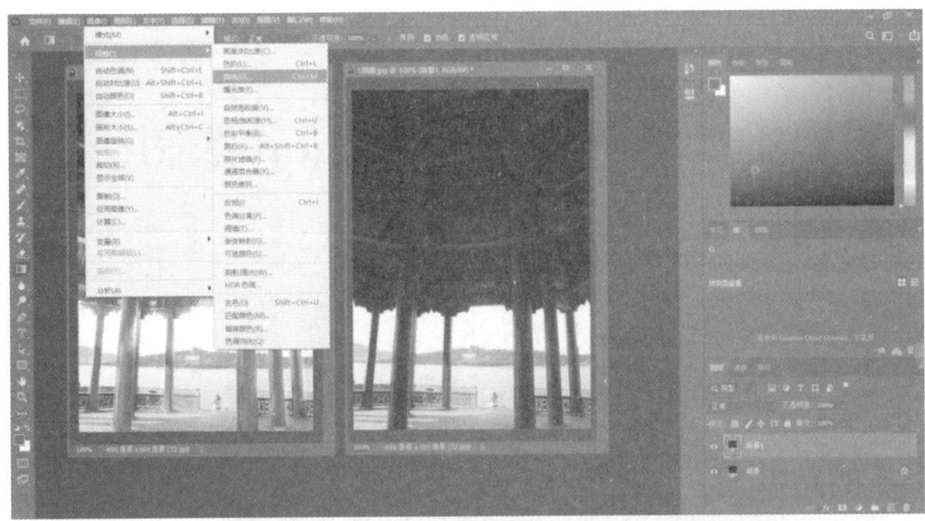

图 16-3

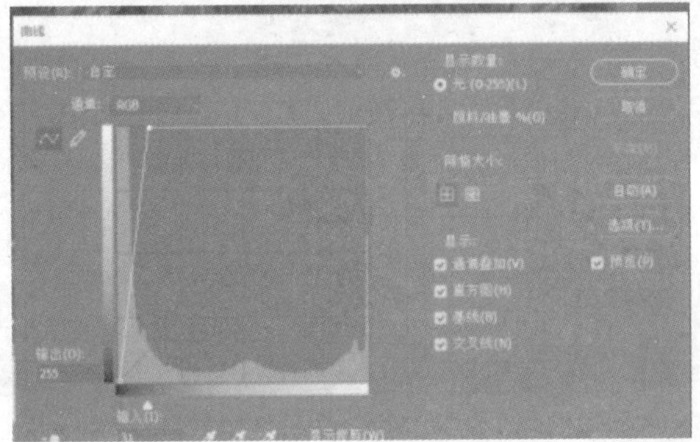

图 16-4

图 16-5

4．接着在背景 1 中添加蒙版，在工具栏中选中渐变工具，单击图片向下拉动，如图 16-6 所示，降低图片底部亮度，完成图片，如图 16-7 所示。

图 16-6

图 16-7

实验 17　Adobe Photoshop 绘制蓝天与荷花

蓝天与荷花

1．打开需要处理的图片，复制一个图层，如图 17-1 所示。

图 17-1

2．选中图层 1，在菜单栏中选择“图像”—“调整”—“曲线”，在打开的对话框中进行调整，如图 17-2 所示。

图 17-2

3．再复制背景图层，并命名为图层 2，如图 17-3 所示。

图 17-3

4．隐藏图层 1，选中图层 2，选择菜单栏中的“图像”—“调整”—“亮度/对比度”，在打开的对话框中进行调整，如图 17-4 所示。

5．显示图层 1，并在图层 1 新建一个蒙版，如图 17-5 所示。

图 17-4

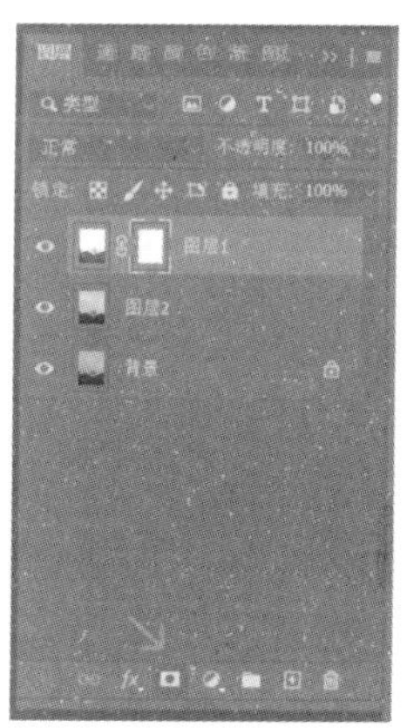

图 17-5

6．在蒙版中，使用魔棒工具，选中天空部分，再使用黑色油漆桶工具填充，如图 17-6 所示。

图 17-6

7．最后使用模糊工具对荷花边缘做半透明处理，如图 17-7 所示。

图 17-7

实验 18　Adobe Photoshop 绘制阴阳太极图

绘制阴阳太极图

1．打开 PS，按 Ctrl+N 组合键新建文件，设置宽度为 5cm，高度为 5cm，分辨率为 300 像素，如图 18-1 所示。

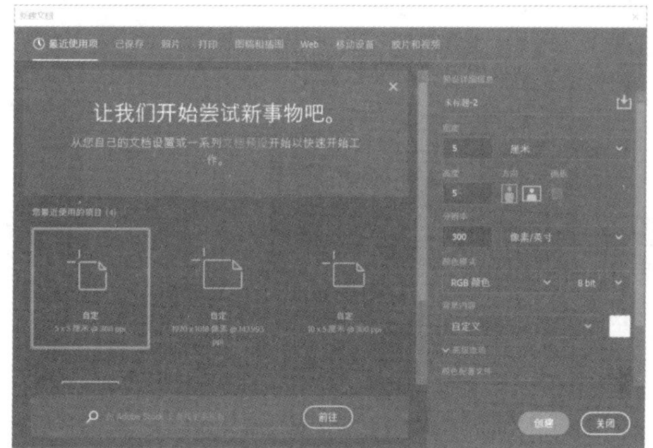

图 18-1

2．使用标尺工具（快捷键为 Ctrl+R），拖出标尺，由上至下位置为 0.5cm、1.5cm、2.5cm、3.5cm、4.5cm；由左至右位置为 0.5cm、1.5cm、2.5cm、3.5cm、4.5cm，如图 18-2 所示。

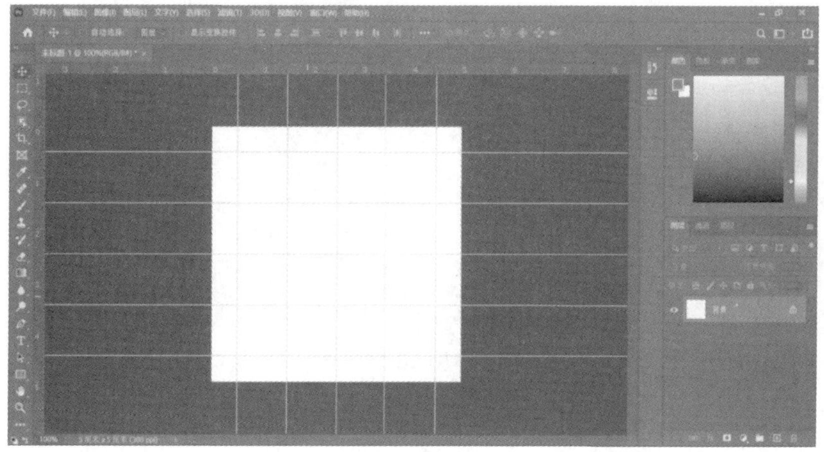

图 18-2

3．使用椭圆工具，修改其属性为“路径”，路径操作属性为合并形状，如图 18-3 所示。

图 18-3

4．从左上角两个标尺的交点为起点，右下角两个标尺的交点为终点，画一个圆，如图 18-4 所示。

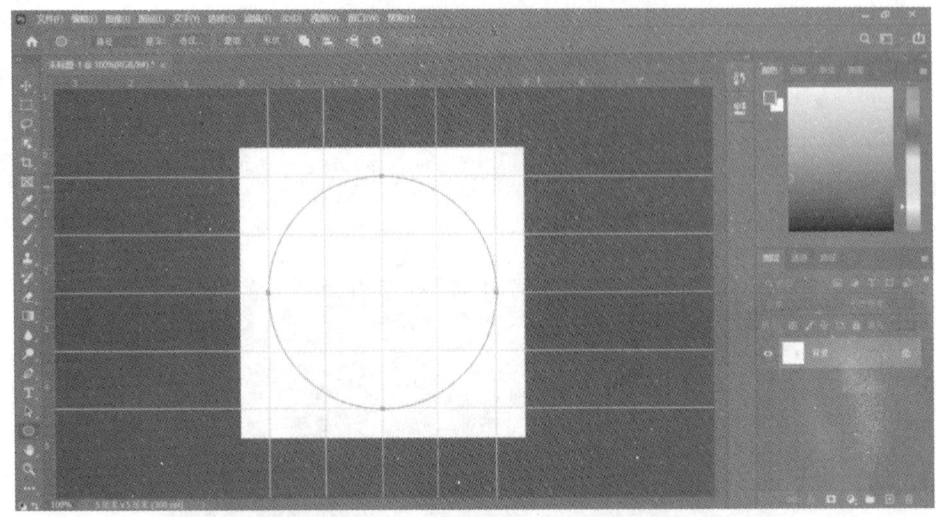

图 18-4

5．使用矩形工具，修改其属性为路径，路径操作属性为减去顶层形状。相对半圆画一个矩形，如图 18-5 所示。

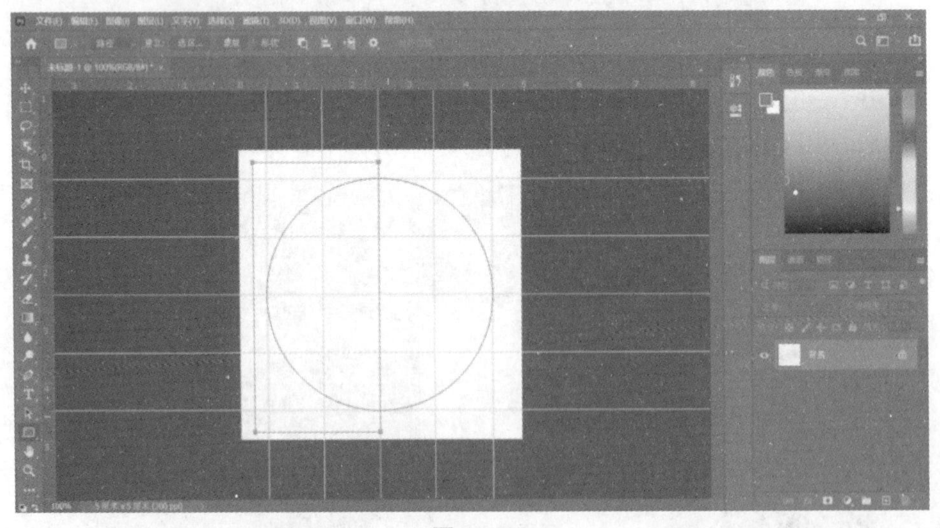

图 18-5

6．使用路径选择工具，框选两个路径，在属性栏的路径操作属性中，使用“合并形状组件”，减去一半的圆。

7．用同样的方法，使用椭圆工具，修改路径操作为“合并形状”，画一个圆，再用路径选择工具选中两个路径，在路径操作属性中，使用“合并形状组件”，如图 18-6 所示。

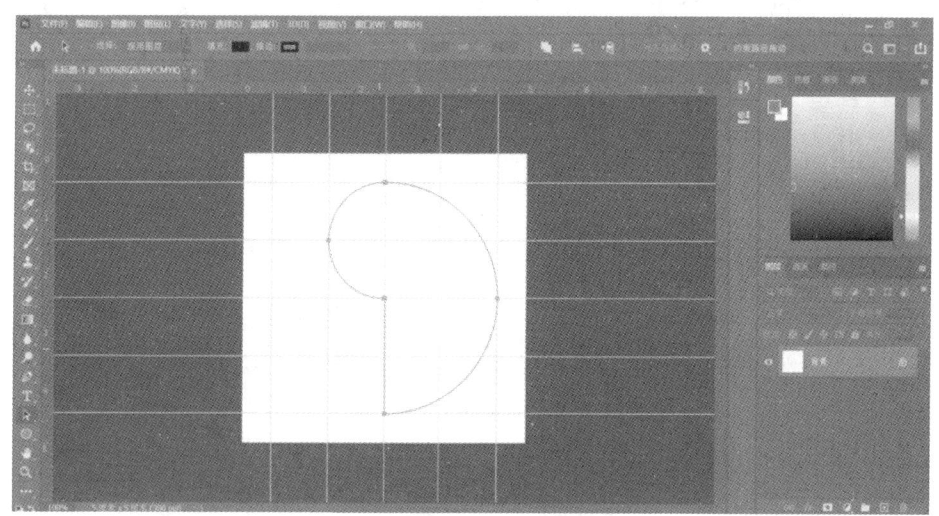

图 18-6

8．在下方也同样画个圆，其路径操作为“减去顶层形状”，再用路径选择工具选中两个路径，在路径操作属性中，使用“合并形状组件”，如图 18-7 所示。

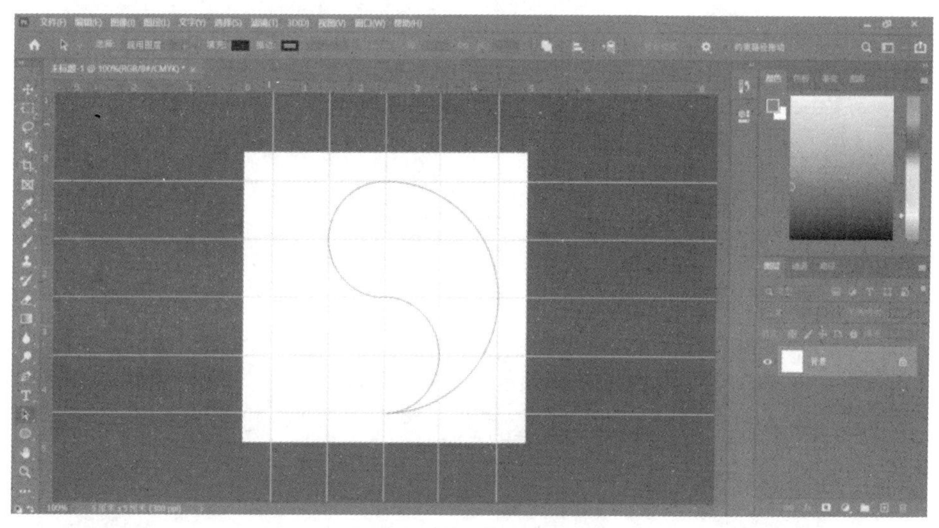

图 18-7

注意：合并形状组件前，要保证底下的路径操作为“合并形状”，要减去的部分为“减去顶层形状”，再合并形状组件。

9．选中路径，右击，选择“建立选区”，新建图层，并填充为黑色。再复制图层，旋转 180 度，调整位置并进行拼合，形成太极的形状，如图 18-8 所示。

10．使用椭圆工具，新建图层，绘制两个小圆，如图 18-9 所示。

11．添加描边，使用椭圆工具，调整其属性为路径，绘制一个和太极图同样大小的圆。选择画笔工具，调整画笔预设为“硬边画笔”，大小为 10px。新建图层，按下 Enter 键（或者在路径面板按下“使用画笔描边路径”）即可，如图 18-10 所示。

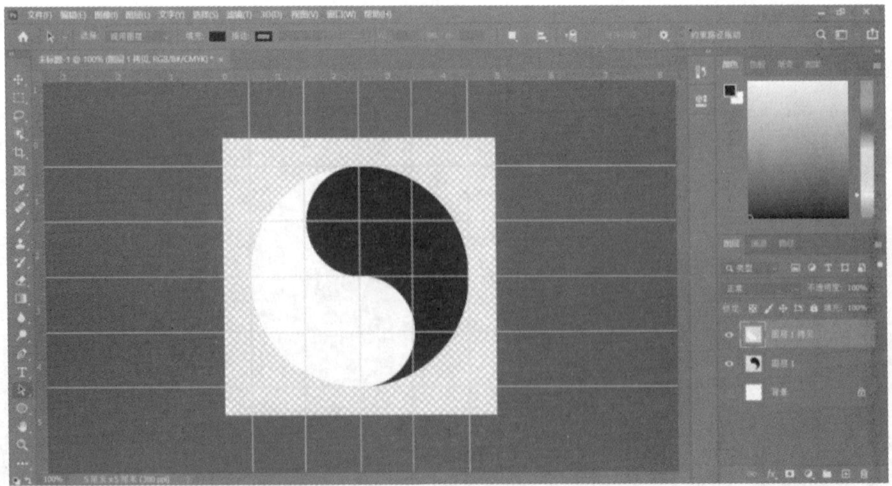

图 18-8

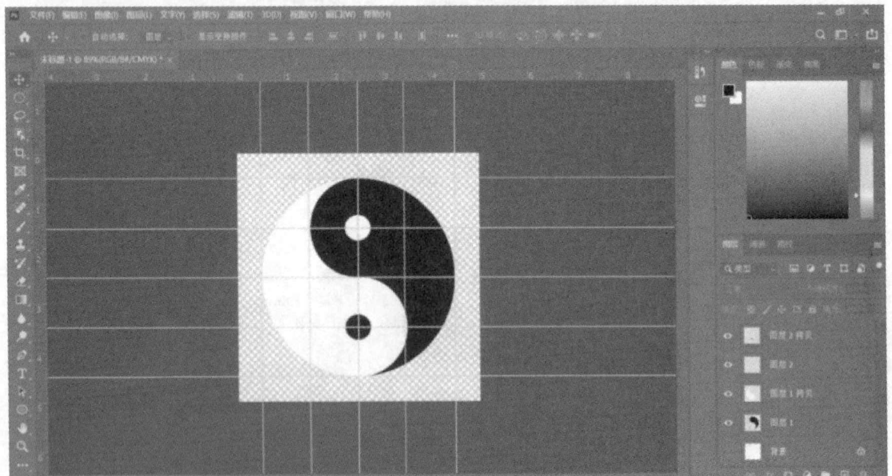

图 18-9

图 18-10

实验 19　Adobe Photoshop 绘制心形

绘制心形

1．新建 PS 文档，设置如图 19-1 所示。

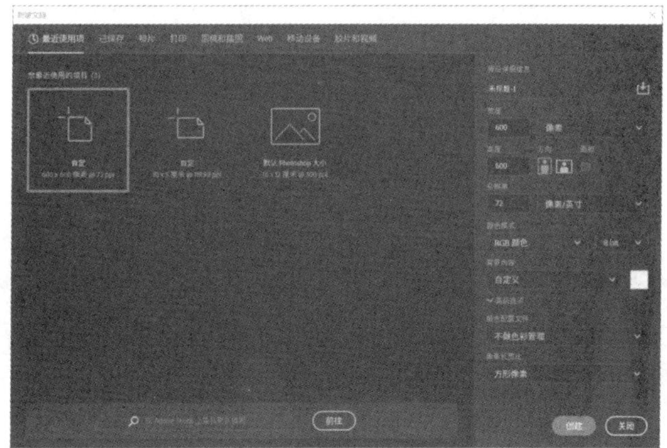

图 19-1

2．选择菜单栏中的“视图”－“标尺”，如图 19-2 所示。

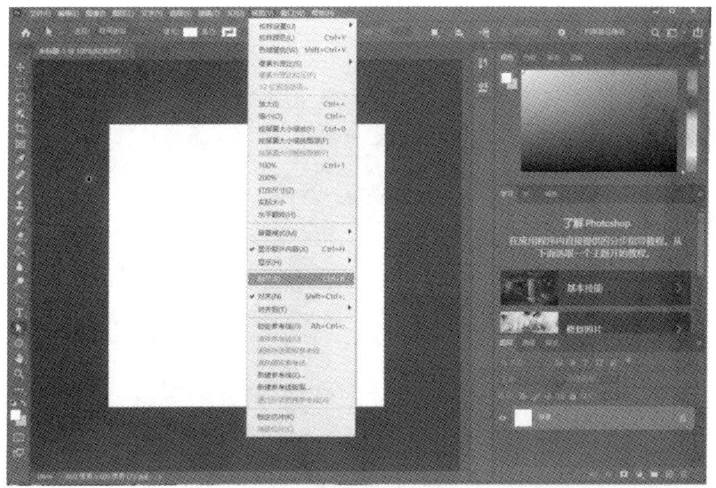

图 19-2

3．将辅助线拖至页面中，如图 19-3 所示。

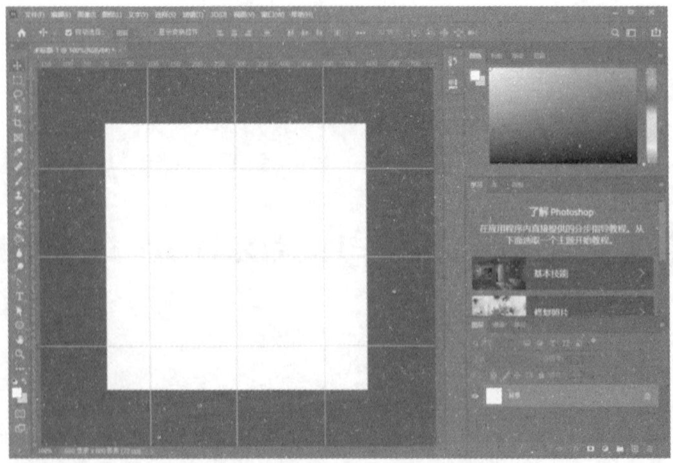

图 19-3

4．选择椭圆工具，按住 Shift 键，绘制椭圆路径，如图 19-4 所示。

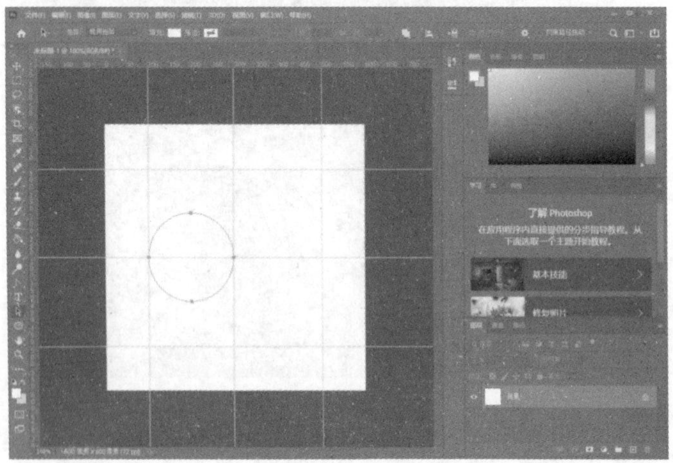

图 19-4

5．使用组合键 Ctrl+C、Ctrl+V，复制路径并移动，如图 19-5 所示。

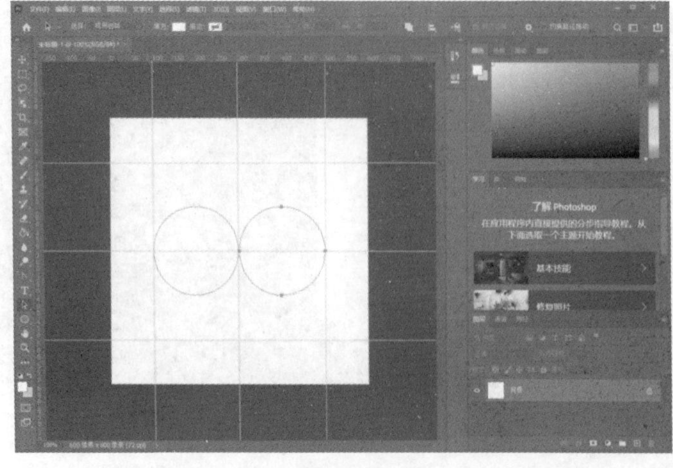

图 19-5

6．使用直接选择工具，选中锚点并下拉，如图 19-6 所示。同理，对右侧圆进行同样的操作，如图 19-7 所示。

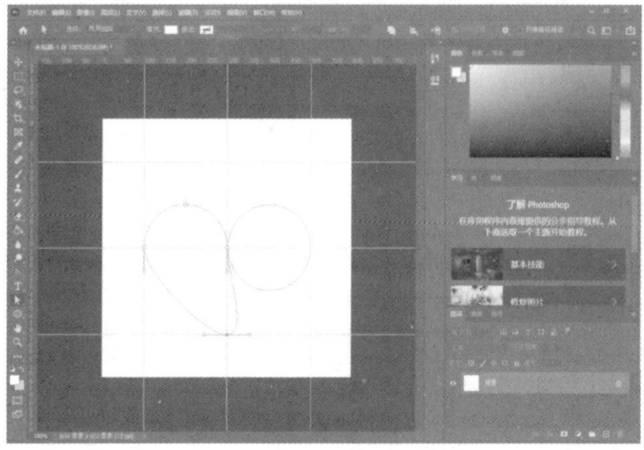

图 19-6

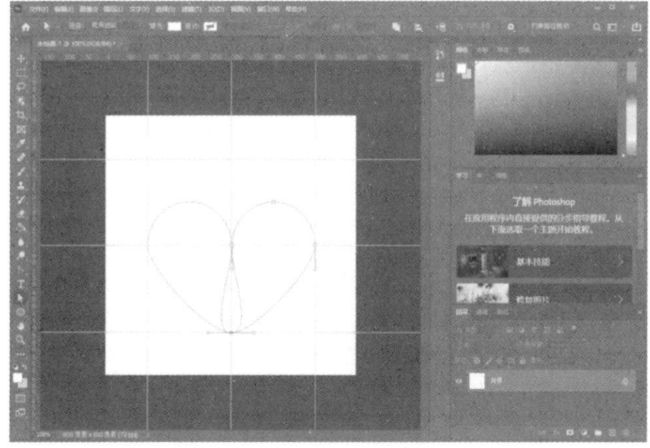

图 19-7

7．使用路径选择工具，选中两个图形，如图 19-8 所示，然后合并形状组件，如图 19-9 所示。

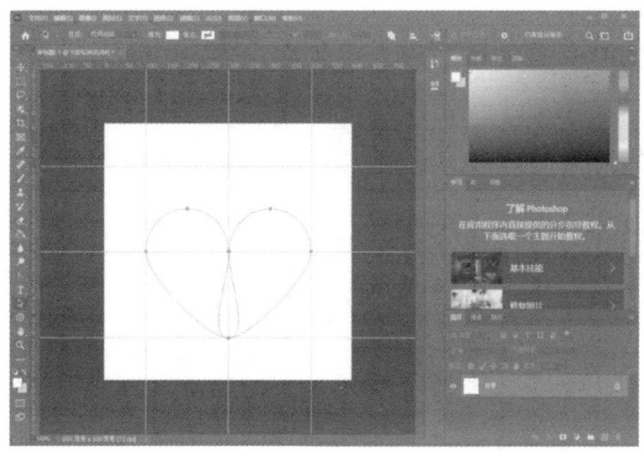

图 19-8

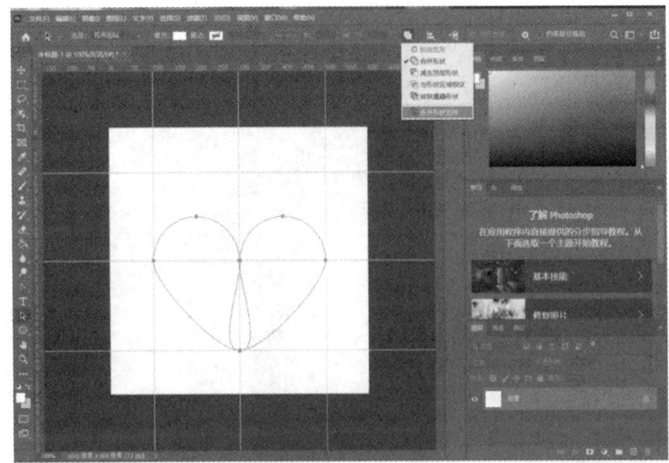

图 19-9

8．保存文件。

实验 20　Adobe Photoshop 绘制魔幻线条

绘制魔幻线条

1．打开 PS，新建一个合适大小的“练习使用钢笔工具”文件（例中为“默认 Photoshop 大小”），如图 20-1 所示。选择钢笔工具，可以看到有各种不同的功能，如图 20-2 所示。我们下面来练习使用其中的一些工具。

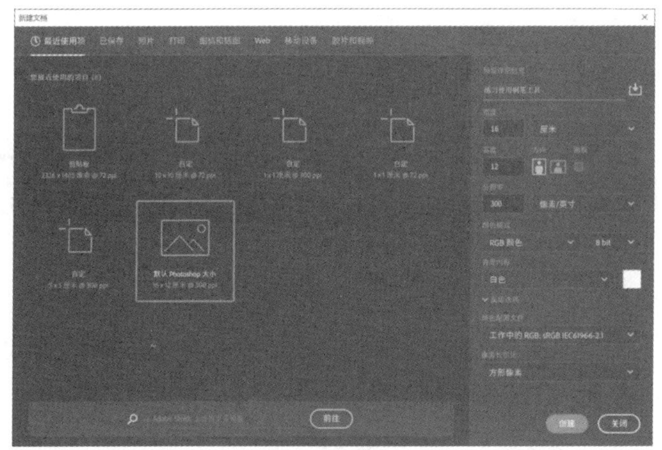
图 20-1

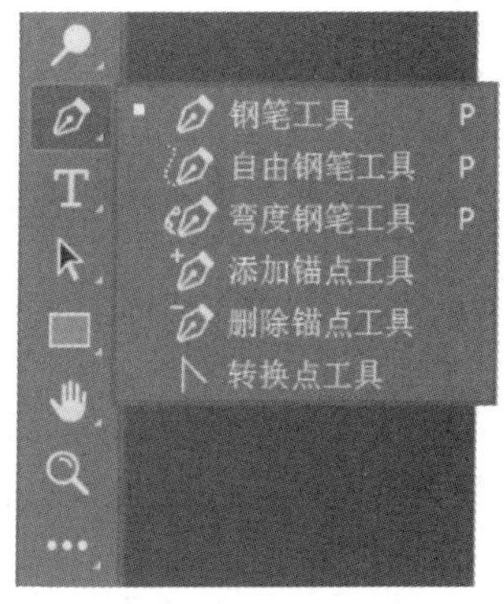

图 20-2

2．用钢笔工具，在合适的位置单击，创建 3 个锚点。如果要绘制曲线，则可长按左键拖拽曳，如锚点 4，如图 20-3 所示。

3．锚点的添加与删除。选择添加锚点工具，在路径上单击即可添加锚点。同样有快速单击和按住左键拖曳的区别，如 1、2 中新建点 5 和 2、3 中的新建点 6，如图 20-4 所示。

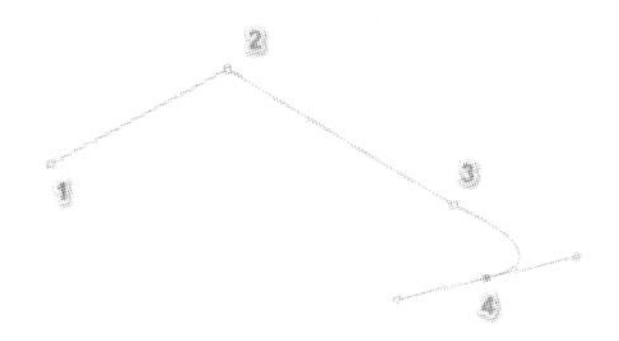

图 20-3

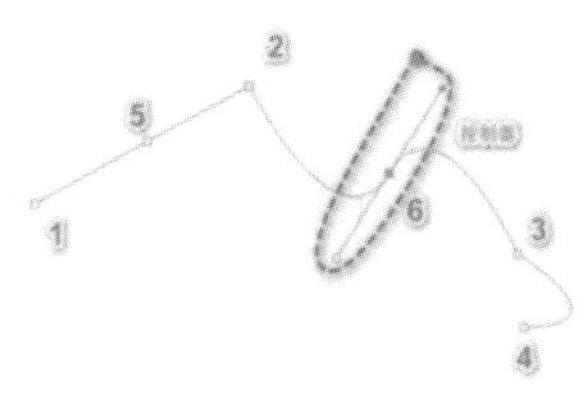

图 20-4

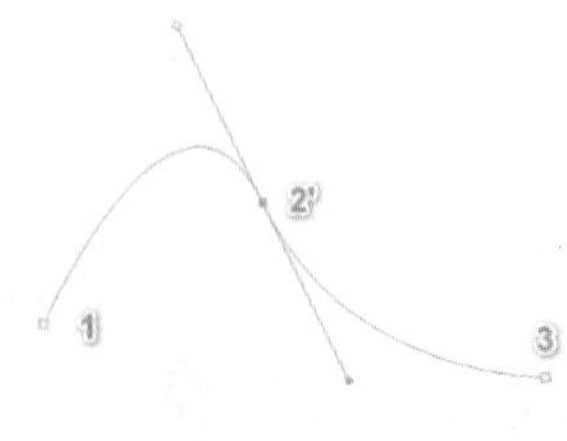

图 20-5

4．锚点的删除和转化。选择删除锚点工具，单击锚点 4、5、6，删掉锚点。再选择转换点工具，单击锚点 2，按住左键拖曳，将刚刚的直线点 2 转为曲线点 2’，最终效果如图 20-5 所示。

5．选择画笔工具，选择合适的画笔参数（本例中画笔大小为 40，硬度、不透明度、流量均为 100%，颜色为红色）。然后右击路径，选择“描边路径”，如图 20-6 所示。在弹出的对话框中，勾选“模拟压力”，则可描绘出此种笔触粗细有差异的描边，如图 20-7 所示。

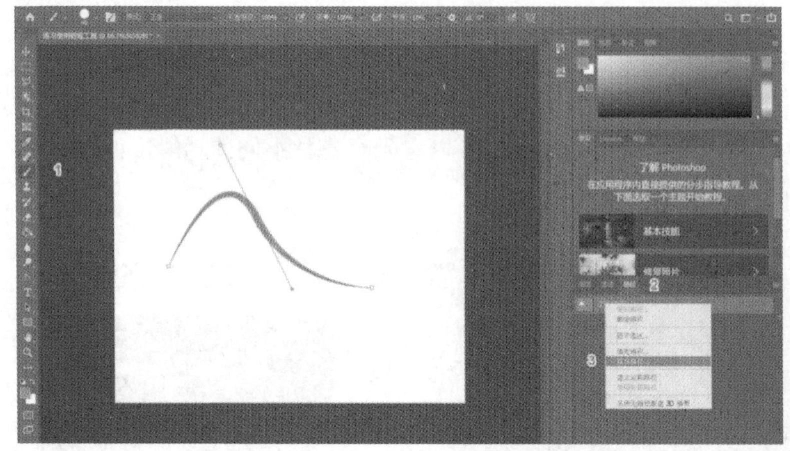

图 20-6

图 20-7

6．在任意非画布区单击，锚点和控制器消失。用魔棒工具选中刚刚得到的图形（实际操作时，为了选中笔触细小的部分，应适当调大容差），单击菜单栏中的“编辑”－“定义画笔预设”，如图 20-8 所示，在打开的对话框中设置“名称”为“魔幻画笔”，如图 20-9 所示。

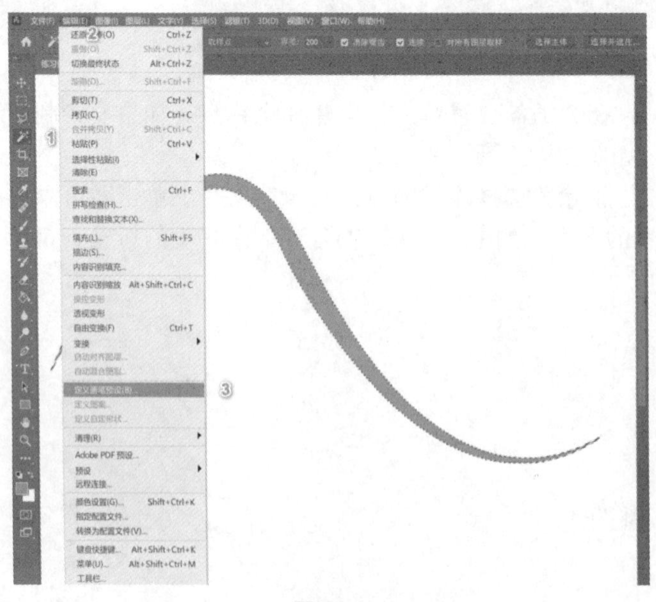

图 20-8

图 20-9

7. 新建一个合适大小、题为“魔幻画笔”的文档（本例仍为“默认 Photoshop 大小”），用油漆桶工具将背景涂为黑色，如图 20-10 所示。

图 20-10

8. 选择画笔工具，在上方选框中选择魔幻画笔。将前景色设为红色。可适当调整画笔大小（本例为 800 像素）。拖动绘制，可得效果图，如图 20-11 所示。

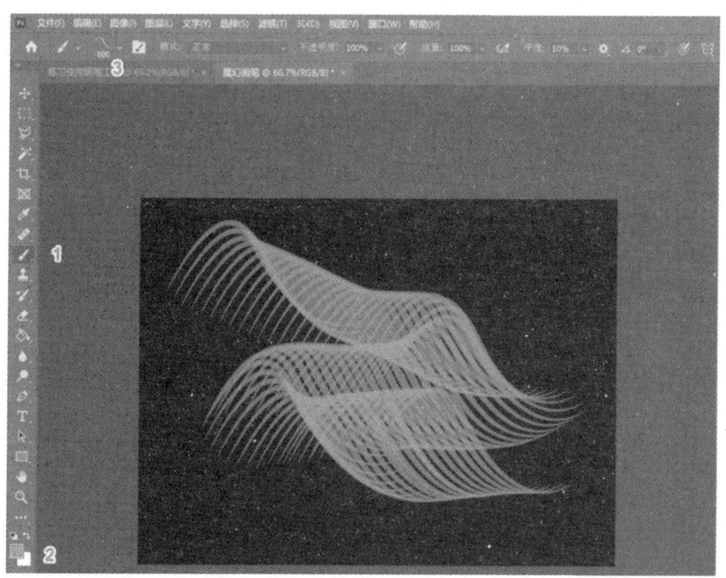

图 20-11

9．改变画笔工具设置，可以得到不同的艺术效果。单击画笔设置按钮（见图 20-12）即可打开“画笔设置”面板。读者可以自行尝试每种设置的改变对画笔的影响。这里给出一例，在“颜色动态”中，将“色相抖动”调整为 50%，如图 20-12 所示，在“散布”中，将数量设为 10，数量抖动设为 60%，确定即可。

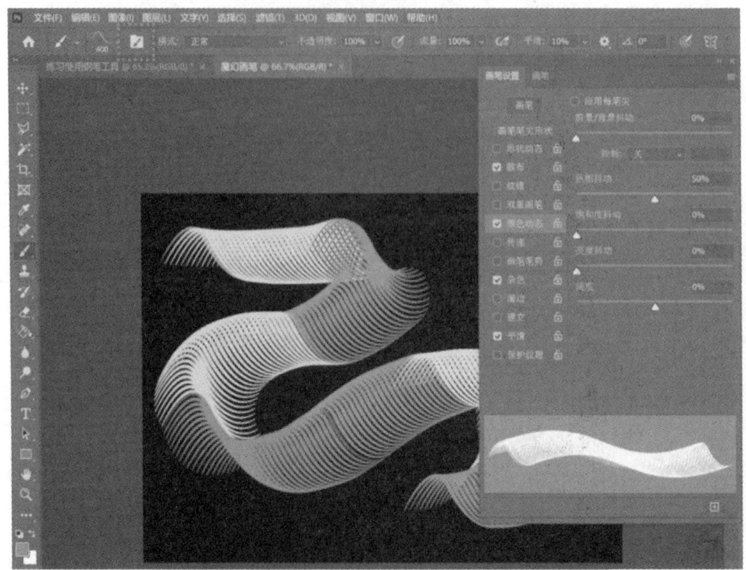

图 20-12

实验 21　Adobe Photoshop 制作印章

制作印章

1．打开 PS，新建一个白色背景的 PS 文档，高、宽设为 5cm，如图 21-1 所示。

2．选择椭圆工具，如图 21-2 所示，按住 Shift 键从画布选出一个 500*500 的圆形（按 Shift+Alt 组合键可以使圆形从中间放大）。

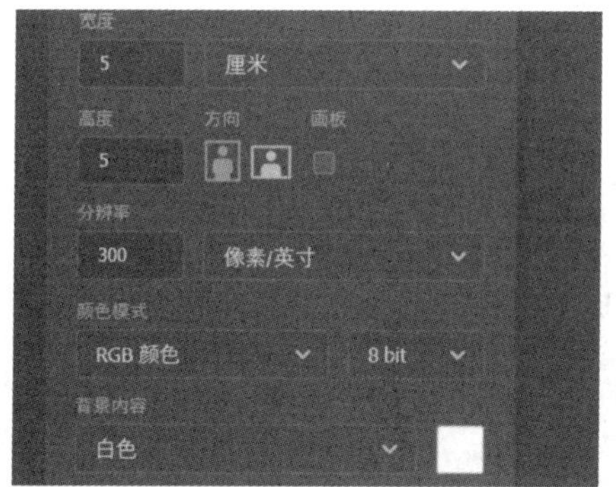

图 21-1

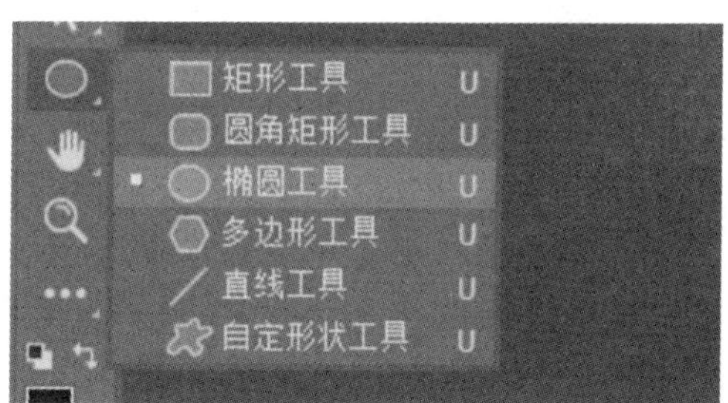

图 21-2

3．选择路径选择工具，单击圆，修改属性为垂直水平居中，如图 21-3 所示，效果如图 21-4 所示。

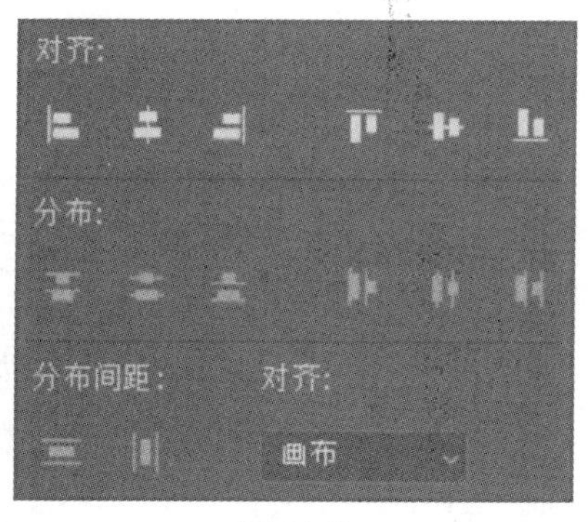

图 21-3

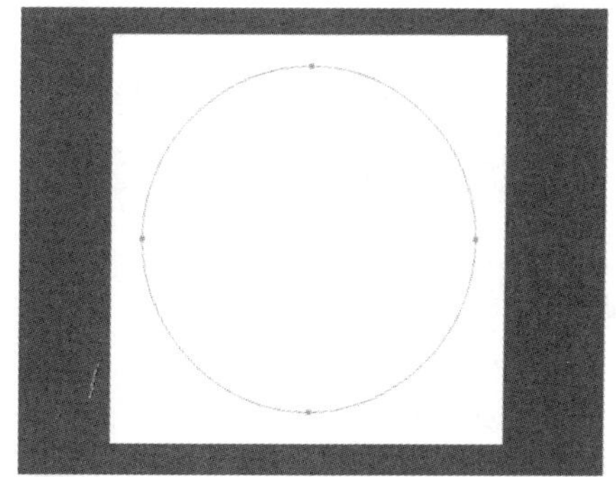

图 21-4

4．新建图层，选择画笔工具，然后修改属性，前景色改为红色（#ff0000），如图 21-5 所示。

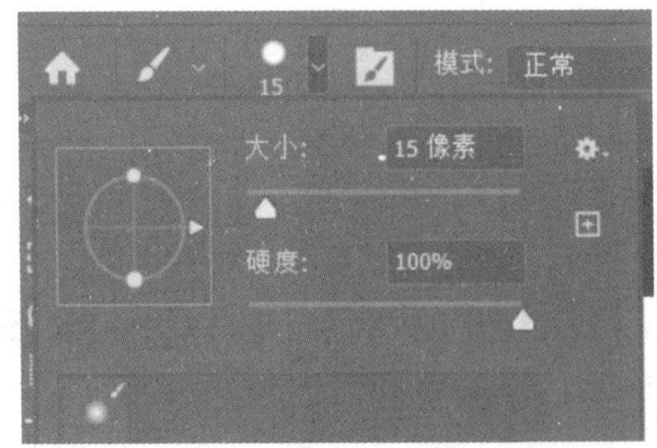

图 21-5

5．选择路径面板，右击，选择“描边路径”，如图 21-6 所示，在打开的对话框中设置工具为“画笔”，如图 21-7 所示。

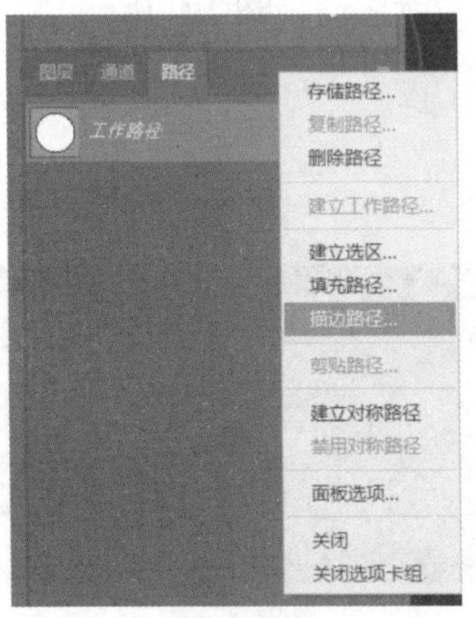

图 21-6

描边路径
工具: 画笔
模拟压力
确定
取消

图 21-7

6．选择路径选择工具，按 Ctrl+T 组合键选择路径，按住 Alt 键缩小路径，如图 21-8 所示。

7．选择横排文字工具，当路径上的光标变为组合箭头时单击，输入“宁波财经学院”，如图 21-9 所示。

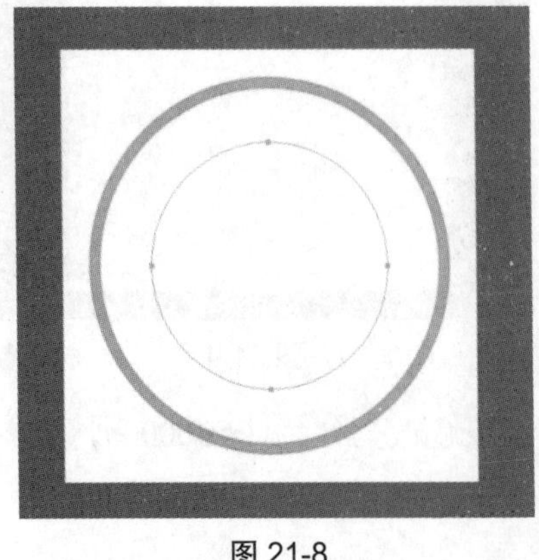
图 21-8

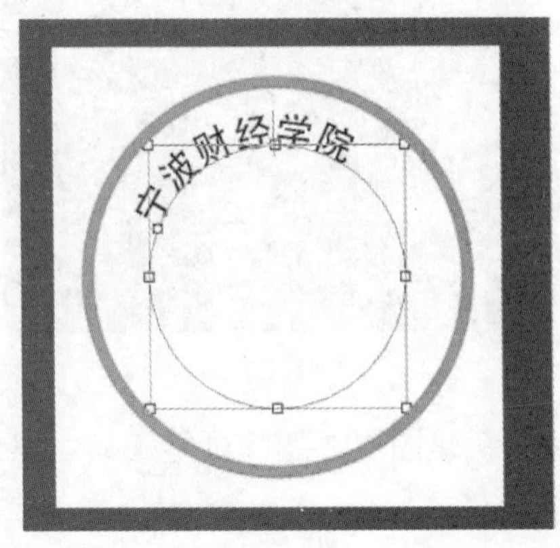

图 21-9

8. 全选文字（快捷键为 Ctrl+A），单击“字符”面板，修改文字属性，如图 21-10 所示。

9. 选择“路径”面板，选中“宁波财经学院”文字路径，按 Ctrl+T 组合键旋转路径，如图 21-11 所示。

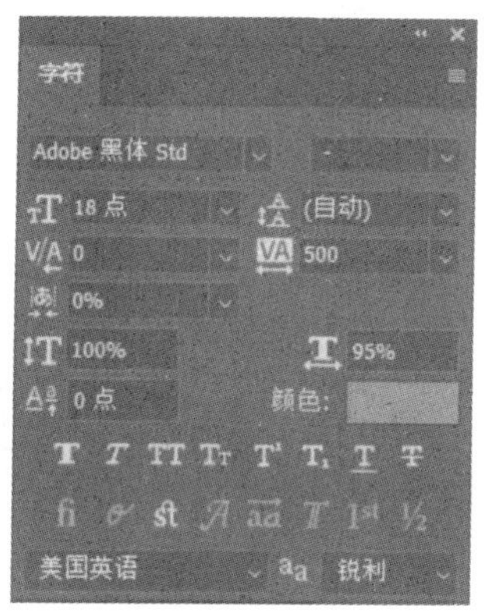

图 21-10

图 21-11

10. 选择多边形工具，插入五角星，如图 21-12 所示。

11. 新建图层，将五角星转化为选区（快捷键为 Ctrl+Enter），选择填充工具，填充为红色，按 Ctrl+D 组合键取消选区，并按 Ctrl+T 组合键调整大小及合适位置，如图 21-13 所示。

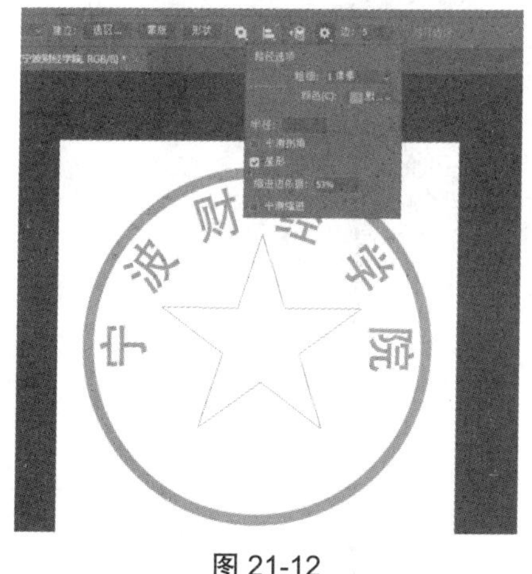

图 21-12

图 21-13

12. 保存文件。

实验 22　Adobe Photoshop 绘制人物文字

绘制人物文字

1．打开 PS，选择“科比”素材与“字母”素材并打开（字母素材也可以自己制作），利用横排文字工具做出如图 22-1 所示效果，保存为“字母.jpg”。

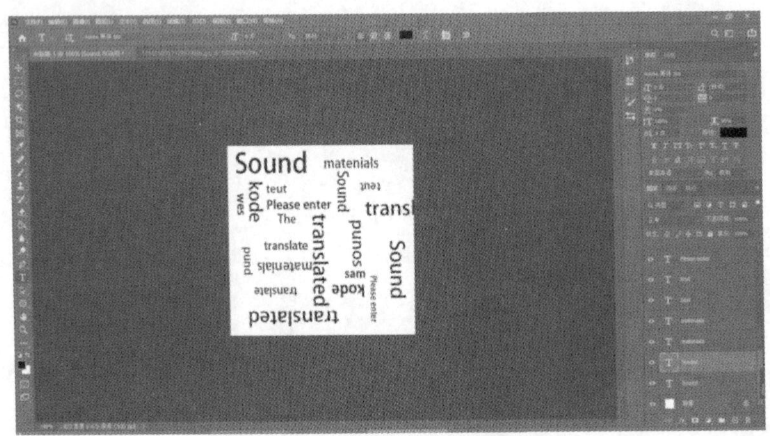

图 22-1

2．选择“科比”素材，依次选择菜单栏中的“滤镜”—“模糊”—“添加高斯模糊”，在打开的对话框中进行设置，使最终效果更明显，如图 22-2 所示。

3．再对“字母”进行处理，使用魔棒工具选取黑色字母部分（记得取消魔棒工具的“连续”选项）。效果如图 22-3 所示。

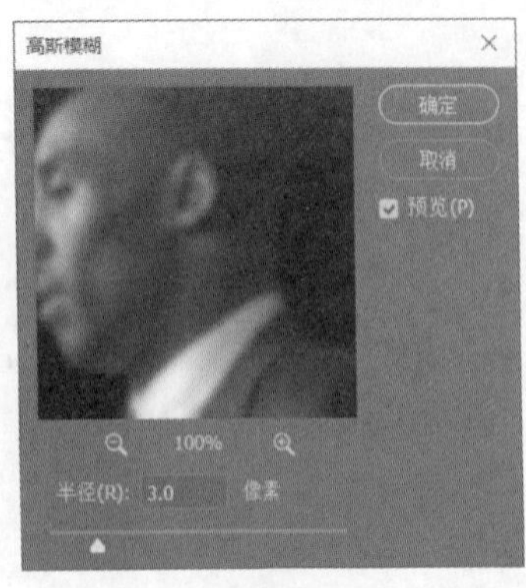

图 22-2

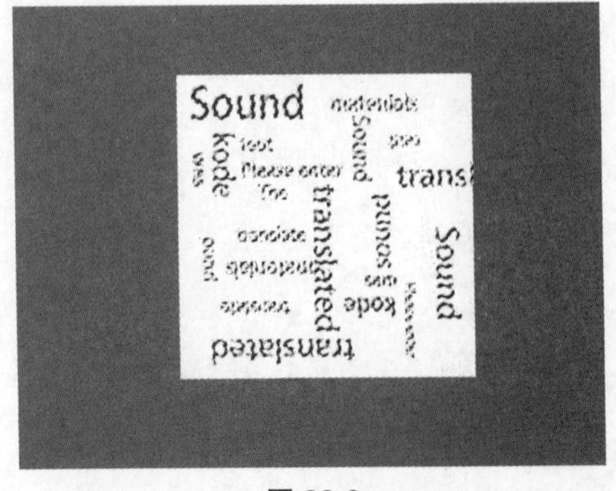

图 22-3

4．按 Ctrl+Shift+I 组合键进行反选，再按 Delete 键删除白色背景，得到如图 22-4 所示的效果（删除前要将图层进行解锁，双击图层即可）。

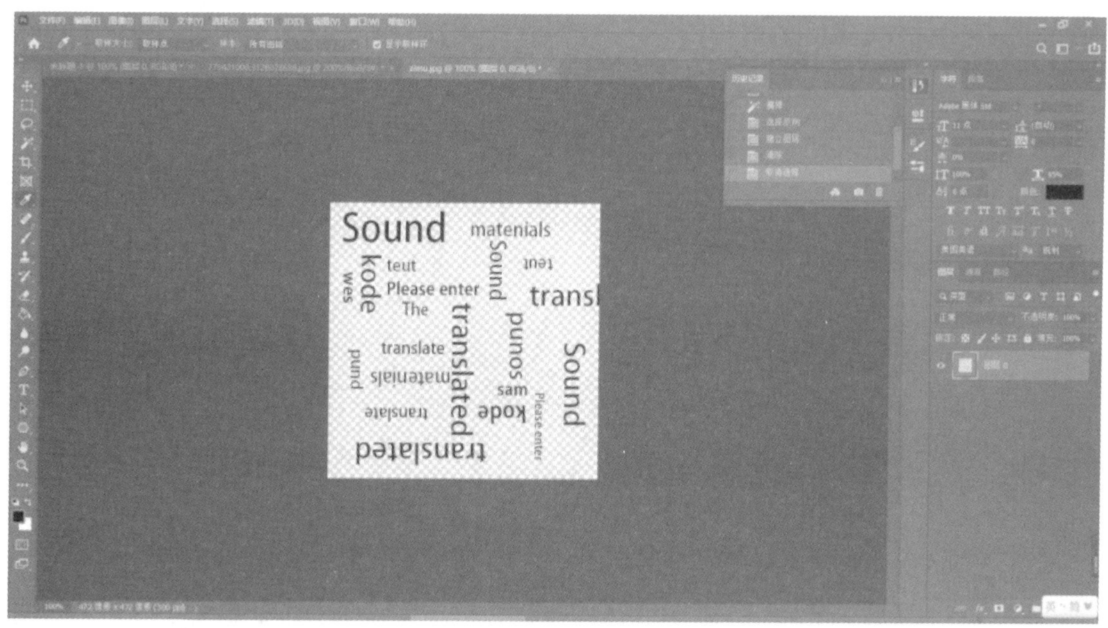

图 22-4

5．再将字母进行反相操作，依次选择菜单栏中的“图像”—“调整”—“反相”，也可以使用快捷键 Ctrl+I 进行反相操作，最终得到白色字母，使用移动工具，将其拖到科比素材中，如图 22-5 所示。

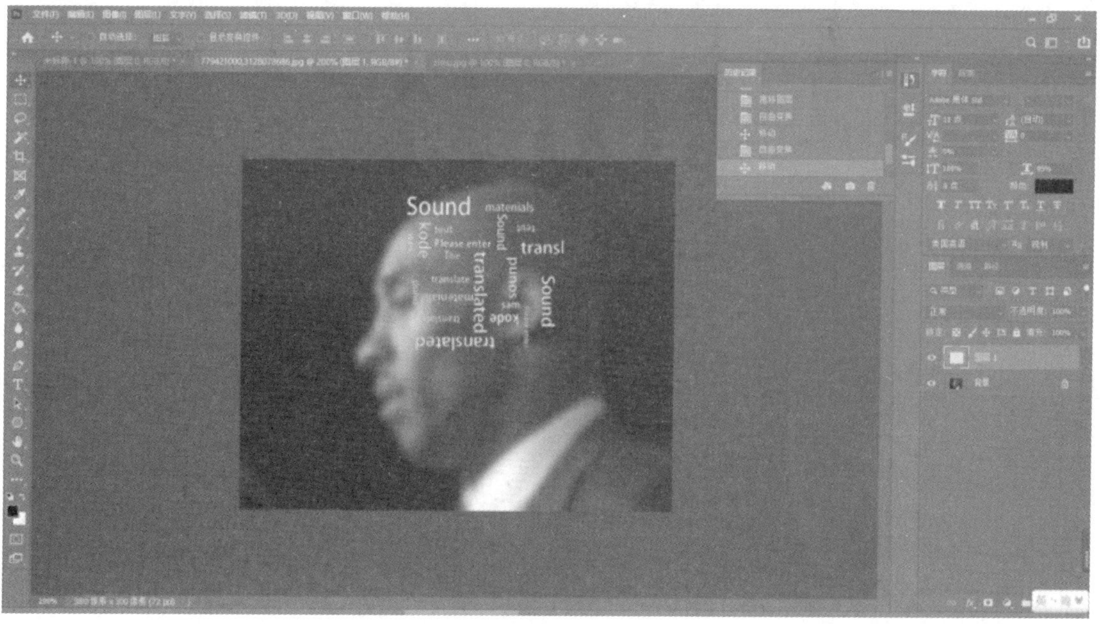

图 22-5

6．选择字母图层，将其多复制几层，最后将其合并为一个图层，达到如图 22-6 所示效果。

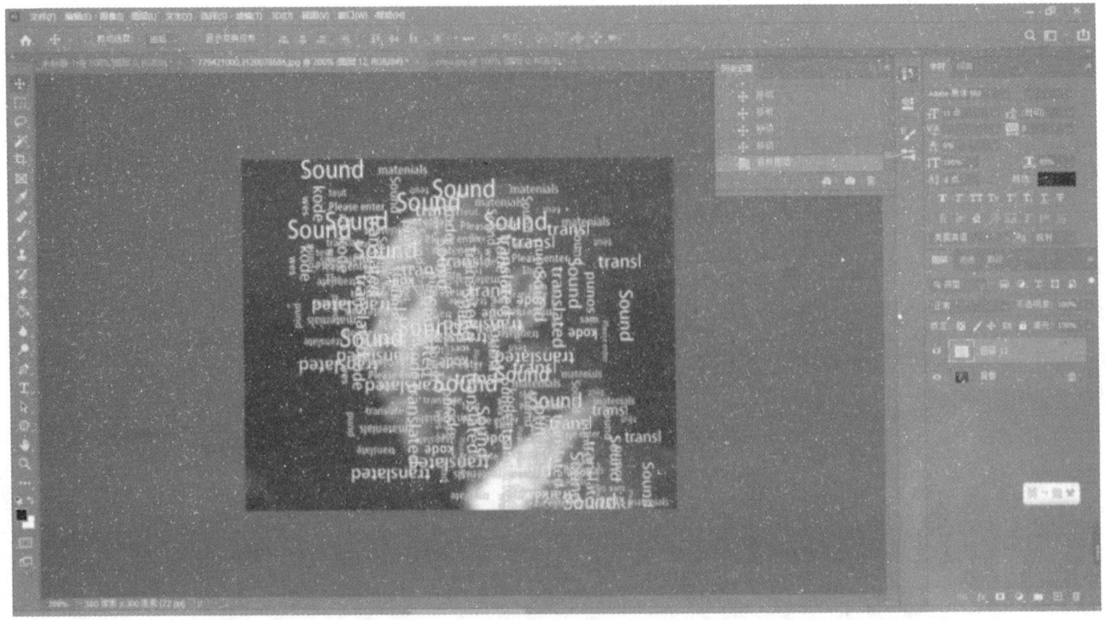

图 22-6

7．为了使效果更好看，我们可以为字母图层添加“滤镜”—“扭曲”—“波浪”的效果（可以使用“置换”，达到扭曲效果，方法不唯一），效果如图 22-7 所示。

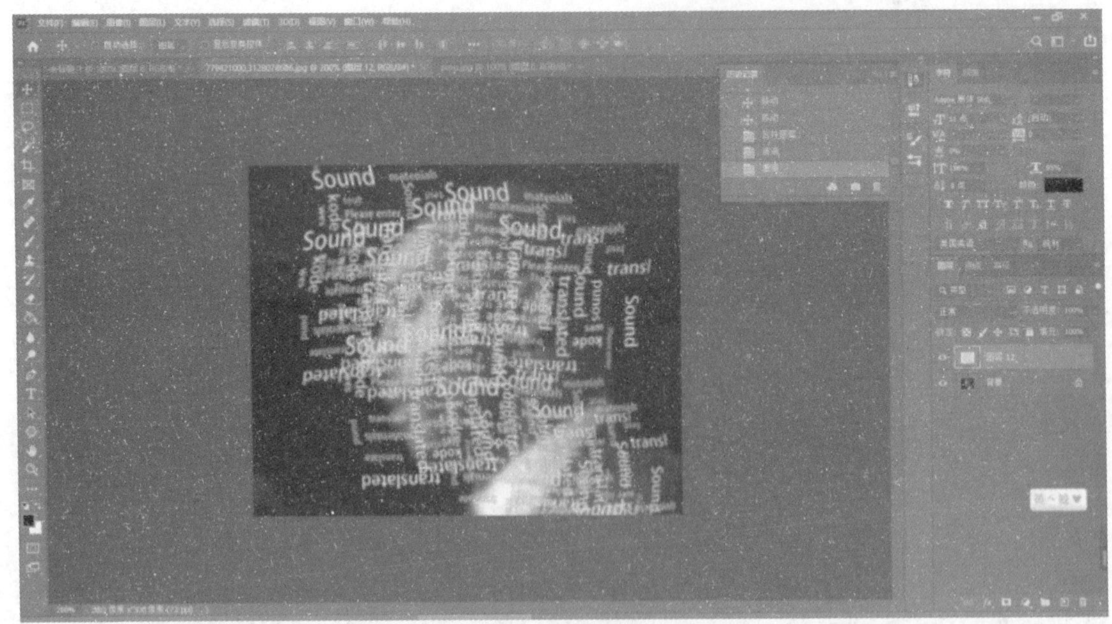

图 22-7

8．按住 Ctrl 键再单击字母图层缩览图，快速选中字母，并且隐藏该图层，如图 22-8 所示。

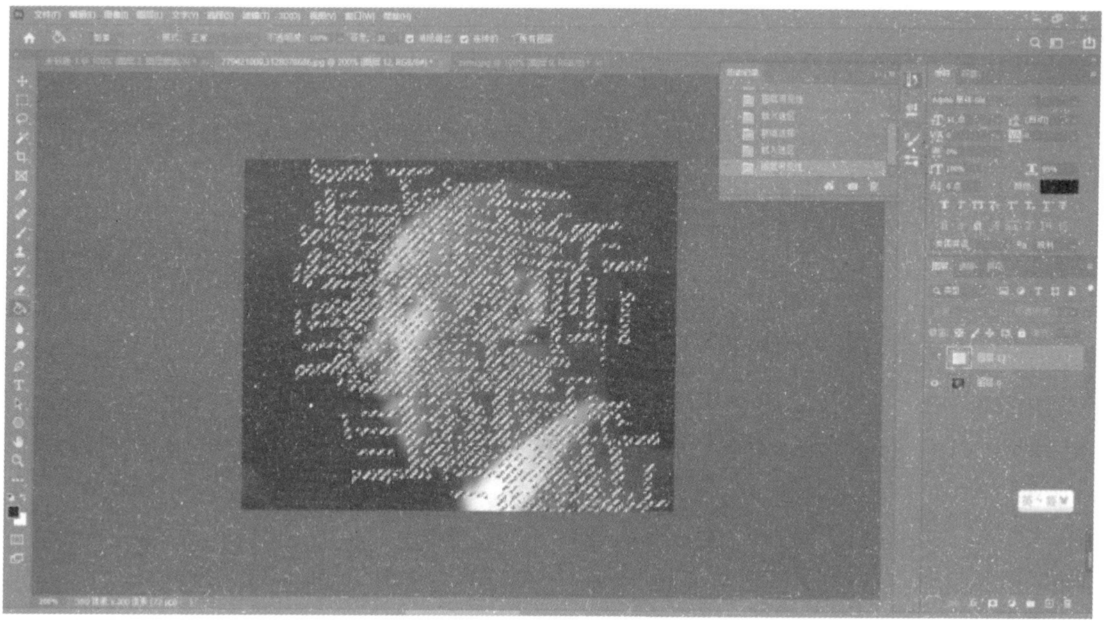

图 22-8

9．选中并解锁“科比”图层，并且为其添加图层蒙版（右下角选择“添加图层蒙版”），如图 22-9 所示。

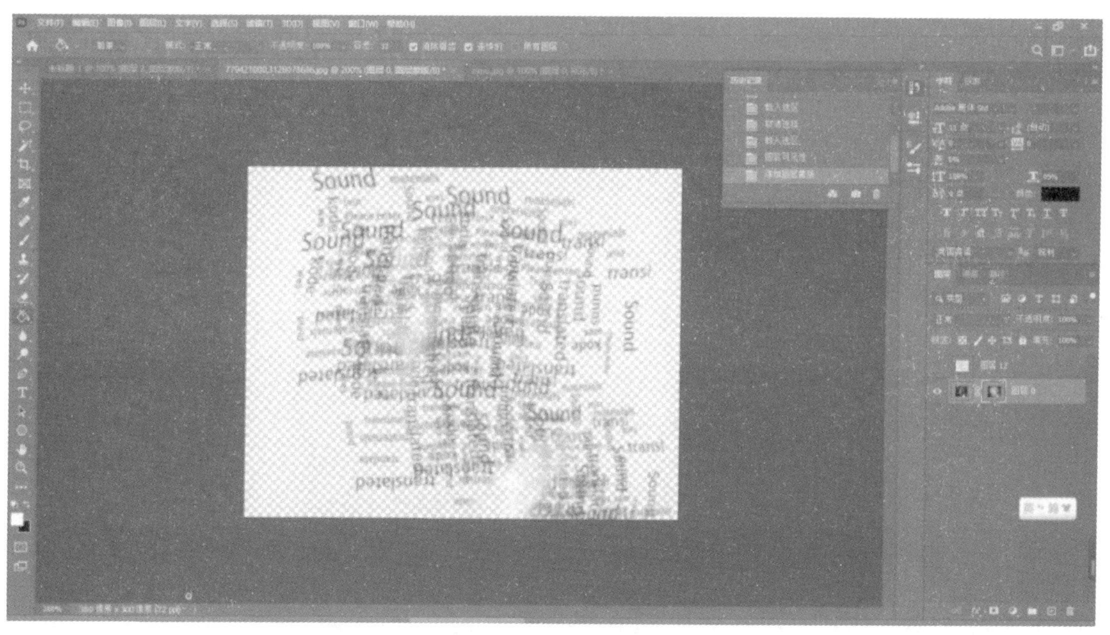

图 22-9

10．新建一个图层，并填充黑色，放置于“科比”图层下方，达到如图 22-10 所示效果。

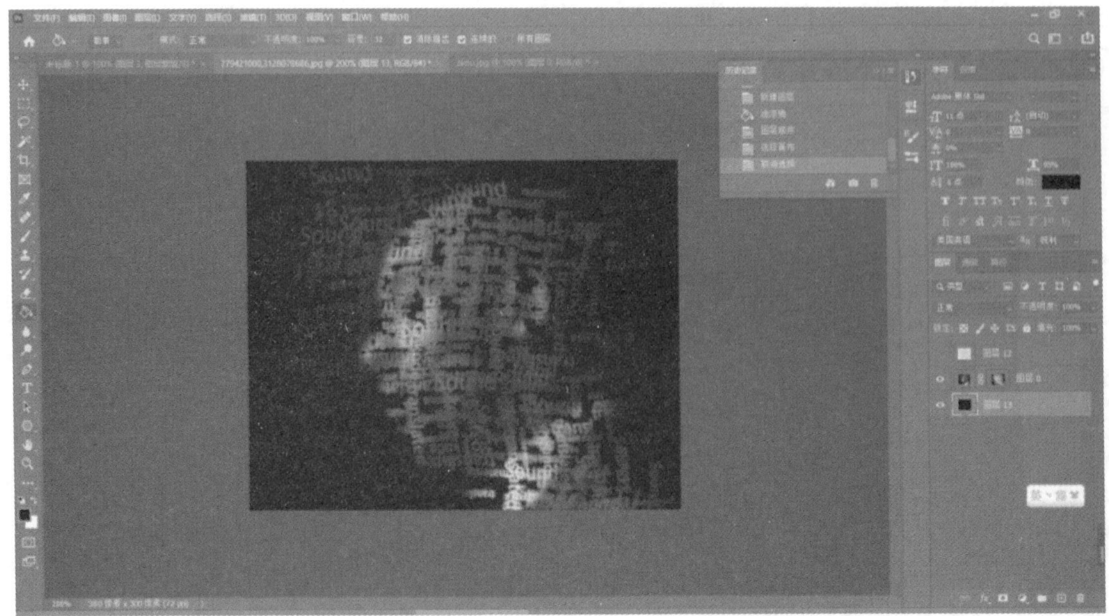

图 22-10

11．保存 PSD 文件，并另存为 JPG 格式文件。

实验 23　Adobe Photoshop 毛发抠图

毛发抠图

1．把需要处理的图在 PS 中打开，如图 23-1 所示。

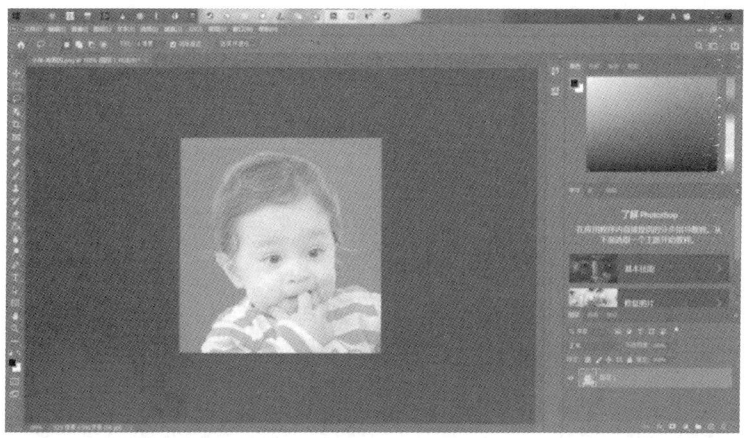

图 23-1

2．在左侧选择套索工具，沿图案边缘进行大概的抠图（要注意虚线的首尾相连），如图 23-2 所示。

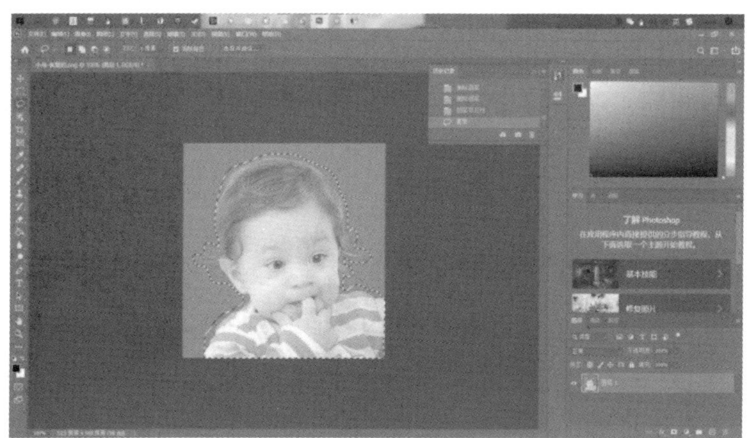

图 23-2

3．在右侧的属性中，将边缘检测拉到适宜大小，并将下方的输出中设置展开属性，勾选“净化颜色”，设置为50%左右，单击“确定”按钮，如图23-3所示。

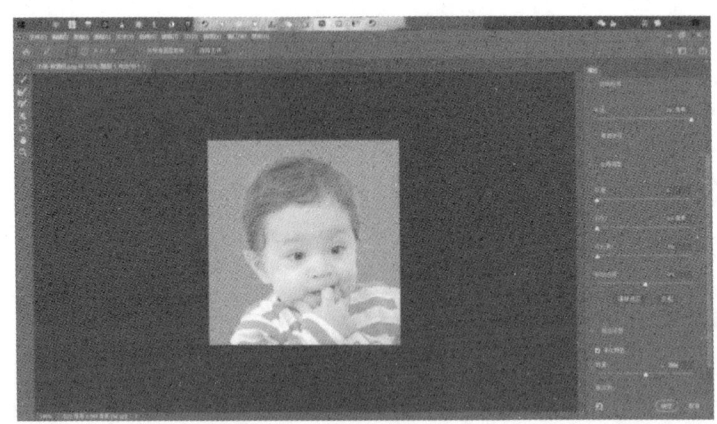

图23-3

小提示：如果哪一步有误，可以用Ctrl+Z快捷键撤销。

4．如果需要修改背景颜色，可以单击右下角的拷贝图标，如图23-4所示，再单击右下角的加号新建图层。

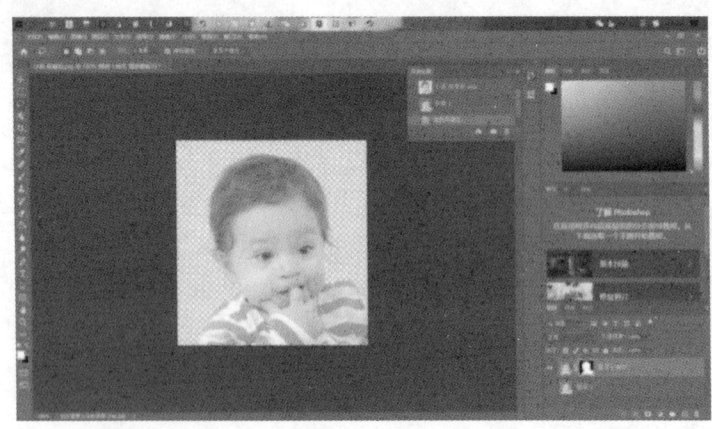

图23-4

5．拖动新图层，如图23-5所示，用填充工具将背景色改为需要的颜色，就完成了。

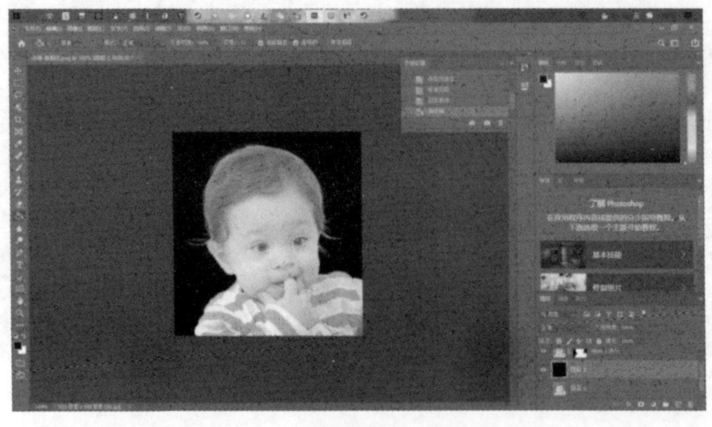

图23-5

实验 24　Adobe Photoshop 烟花制作方法

烟花制作方法

1．打开 PS，新建 10cm×10cm，分辨率为 300 像素，颜色模式为 RGB 颜色模式的文件，如图 24-1 所示。

2．填充黑色把背景变成黑色，依次选择菜单栏中的“滤镜”—“杂色”—“添加杂色”，在打开的对话框中，按图 24-2 所示进行设置。

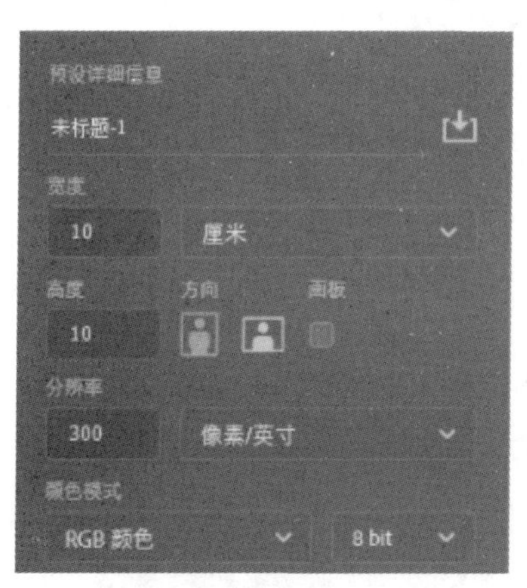

图 24-1

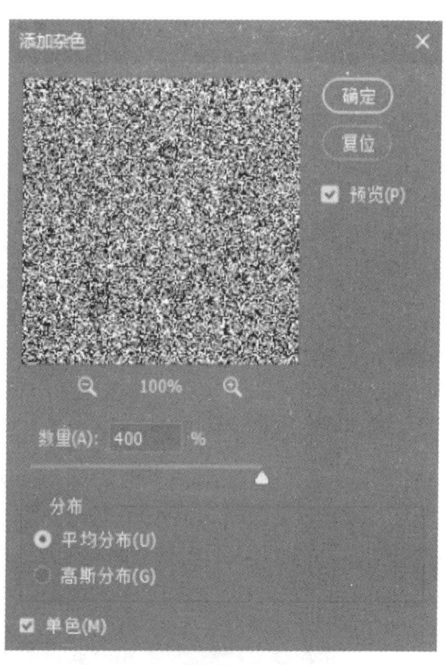

图 24-2

3．依次选择菜单栏中的“滤镜”—“模糊”—“高斯模糊”，在打开的对话框中设置 2.0 像素，然后依次选择菜单栏中的“图像”—“调整”—“阈值”，达到如图 24-3 所示效果即可。

依次选择菜单栏中的“滤镜”—“风格化”—“风”，在打开的对话框中进行设置，如图 24-4 所示。可以按 Alt+Ctrl+F 组合键再添加几次风的效果，达到图 24-5 所示的效果。

图 24-3

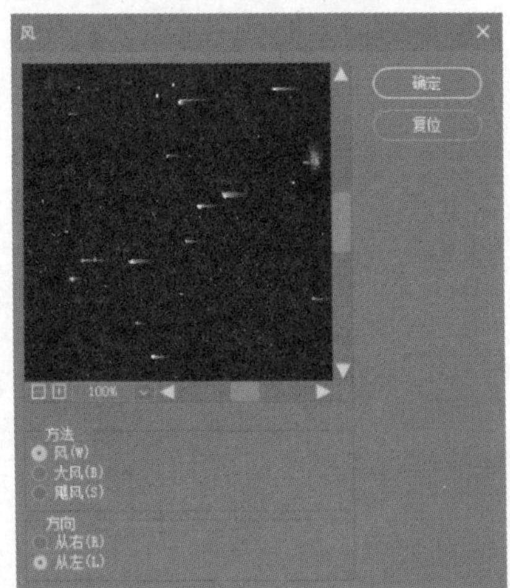

图 24-4

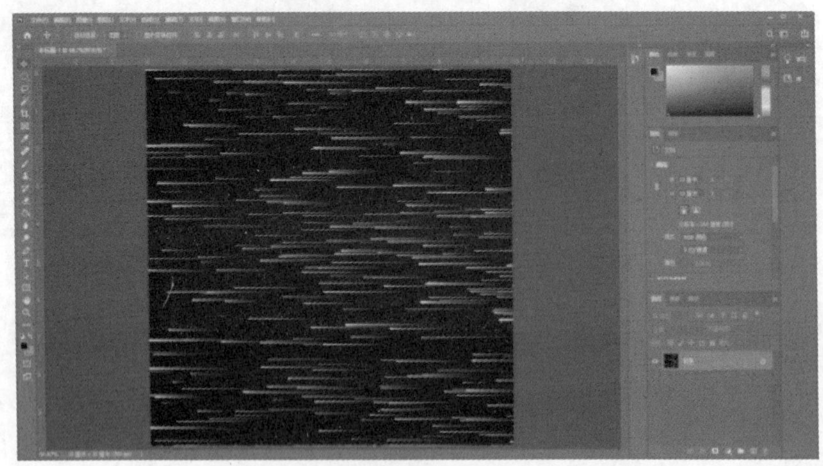

图 24-5

4．依次选择菜单栏中的“图像”—“图像旋转”—“逆时针 90 度”。然后依次选择菜单栏中的“滤镜”—“扭曲”—“极坐标”，在对话框中进行设置后得到图 24-6 所示效果。

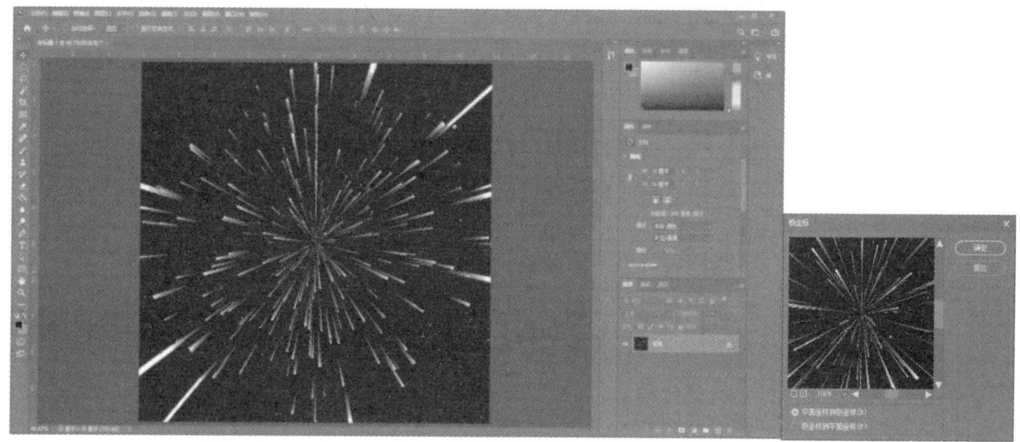

图 24-6

5．新建图层，再使用渐变工具，选择径向渐变，在新图层上画一道渐变，如图 24-7 所示。

图 24-7

6．调整颜色模式为“颜色”，得到烟花效果，如图 24-8 所示。

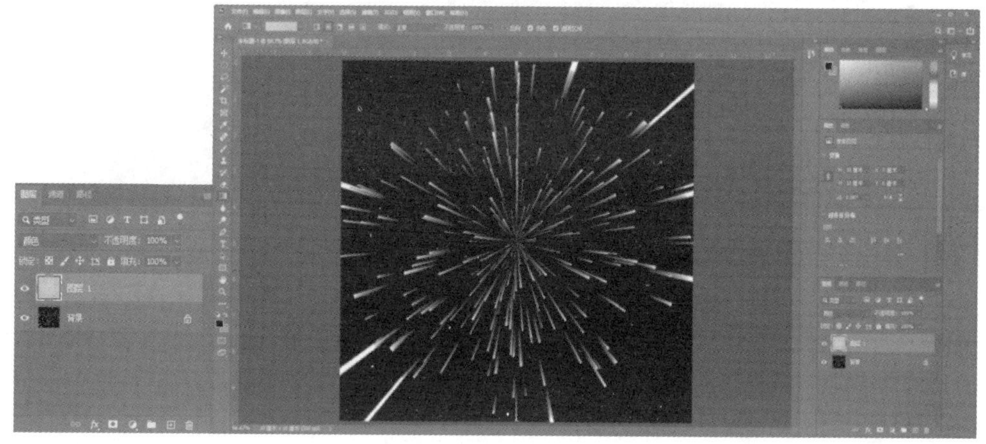

图 24-8

7．保存 PS 文件。

实验 25　Adobe Photoshop 图章改文字

图章改文字

1．利用文字工具、修补工具及仿制图章工具修改图中的文字，如图 25-1 所示。

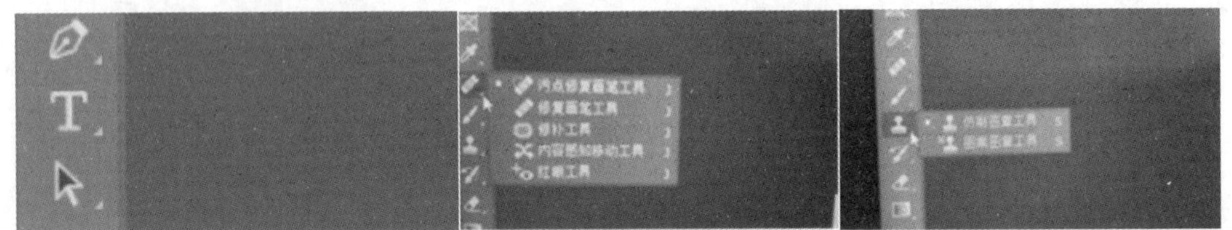
图 25-1

2．首先新建一个文本，输入“张三”，然后修改它的字体，和原文相同，使用 Ctrl+T 组合键调整它的文字，使它与原文字保持一致，如图 25-2 所示。

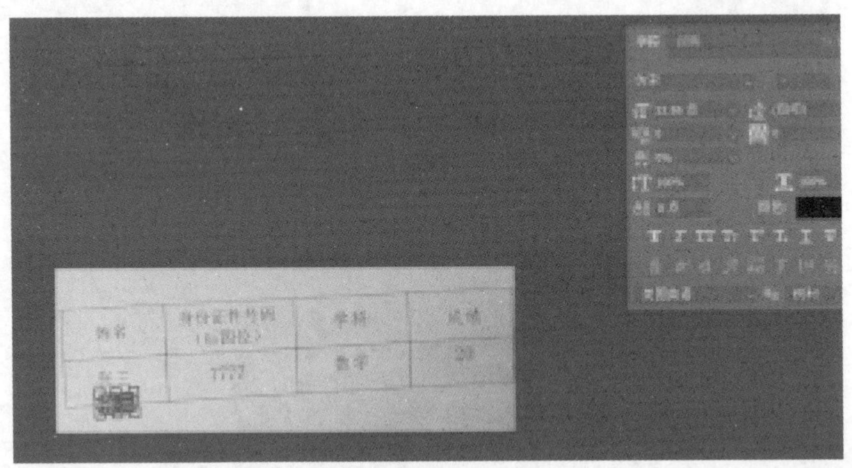
图 25-2

3．修改图层的背景内容，假设将“张三”改为“里斯”、“20”改为“100”，通常情况下使用的是仿制图章工具，单击仿制图章工具，然后在需要放置空白的地方按 Alt 键，使光标变成中间十字外面两圈的样子，如图 25-3 所示。然后在需要的地方进行涂抹，注意不要涂抹过多，如图 25-4 所示。

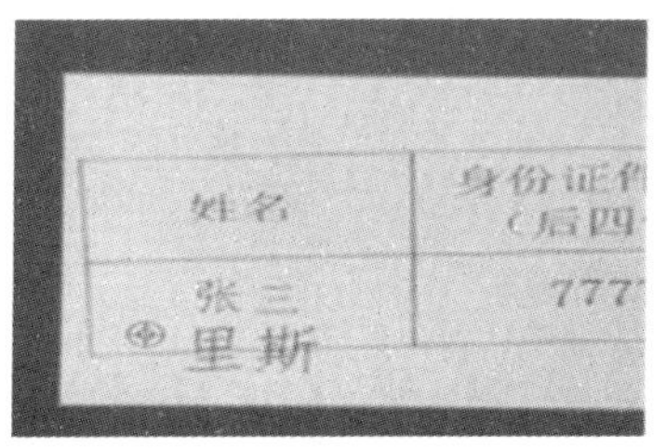

图 25-3

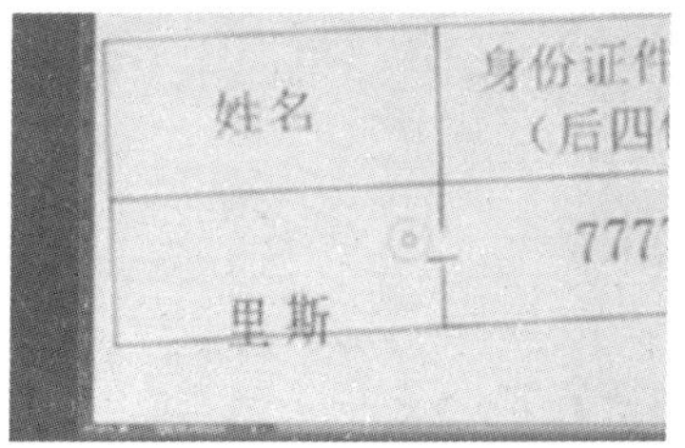

图 25-4

4. 进行仿制处理。仿制是将某个区域完全一样地放到另一个地方，以“姓名”为例，如图 25-5 所示。

5. 采用污点修复工具也能做到同样的效果，污点修得工具可以用来去除图像中的 Logo、水印，如图 25-6 所示。

6. 具有同样作用的工具还有修补工具，它的使用与仿制图章工具类似，在空白的地方按 Alt 键，然后进行修复，其他修补内容工具、感知移动工具也同样能够使用，红眼工具在摄影作品中用得较多，如图 25-7 所示。

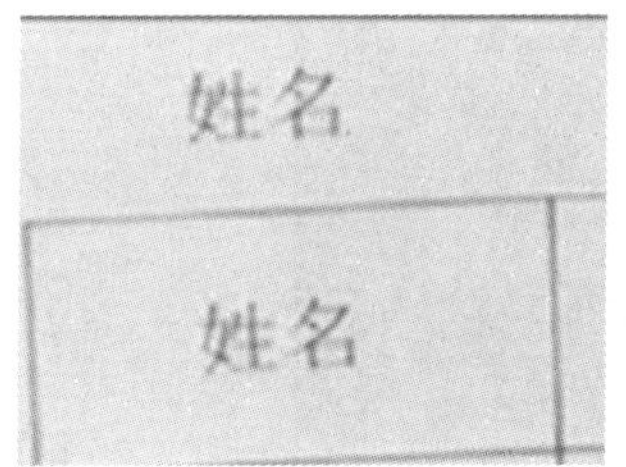

图 25-5

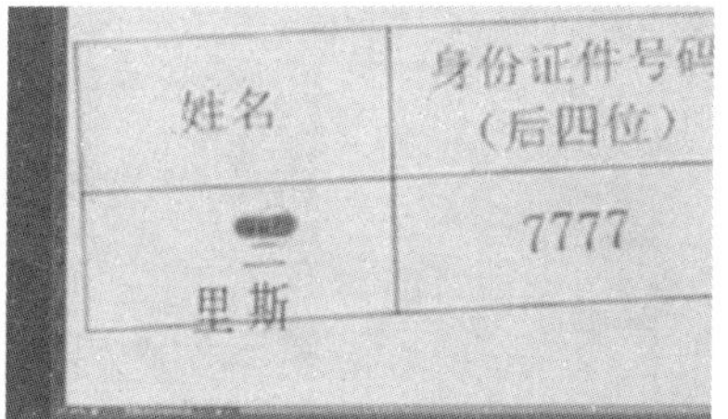

图 25-6

图 25-7

实验 26　Adobe Photoshop 头发细节抠图

头发细节抠图

1．在 PS 中打开“小孩 2.jpg”素材，如图 26-1 所示。

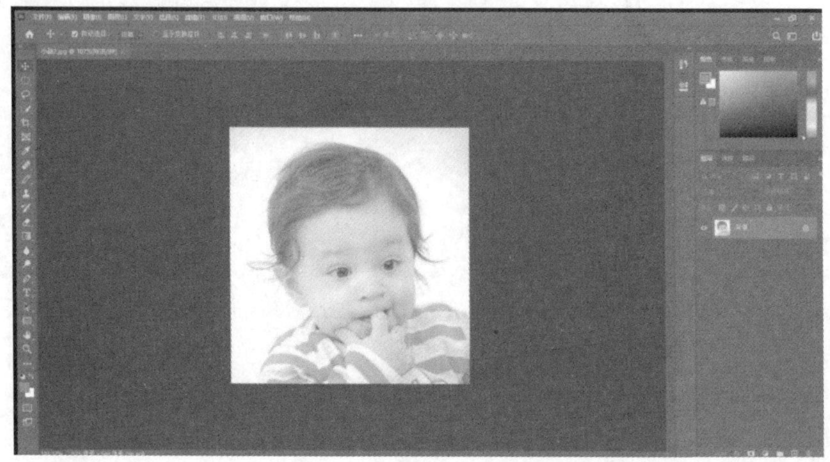

图 26-1

2．先用快速选择工具选中白色背景，再选中套索工具，如图 26-2 所示，然后选择“从选区减去”，如图 26-3 所示，将左下角的衣服从选区中减去，如图 26-4 所示。

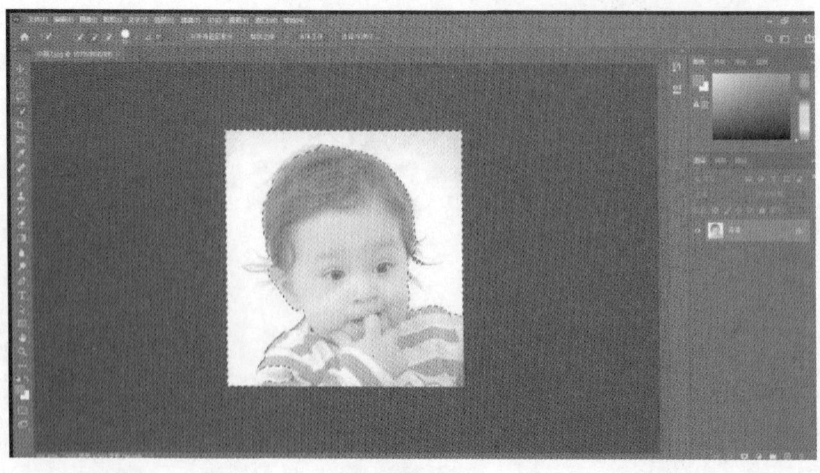

图 26-2

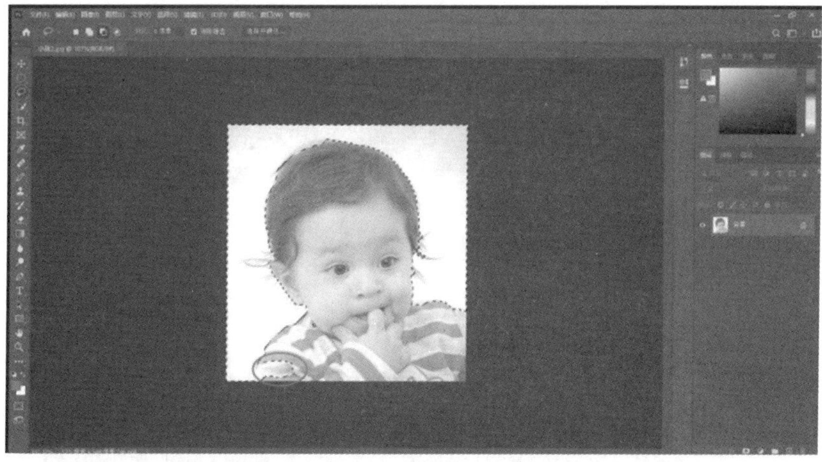

图 26-3

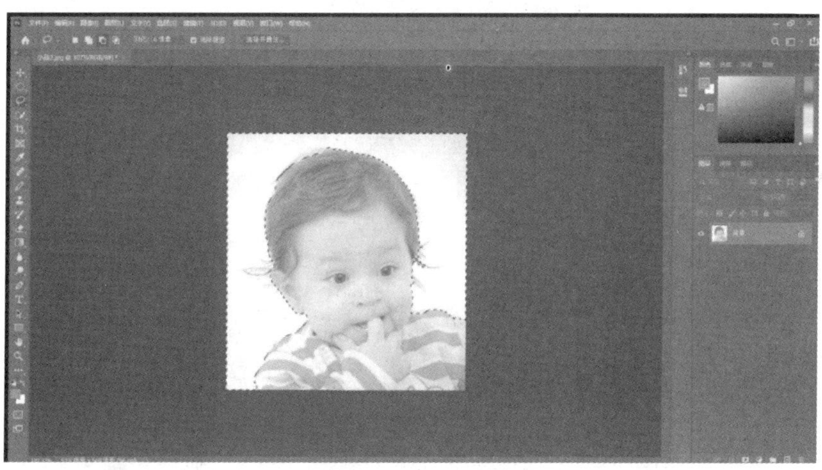

图 26-4

3．按 Ctrl+Shift+I 组合键将选区反选，再按 Ctrl+J 组合键将选区内容复制一层，再复制“背景”图层，然后隐藏原先的“背景”图层，如图 26-5 所示。

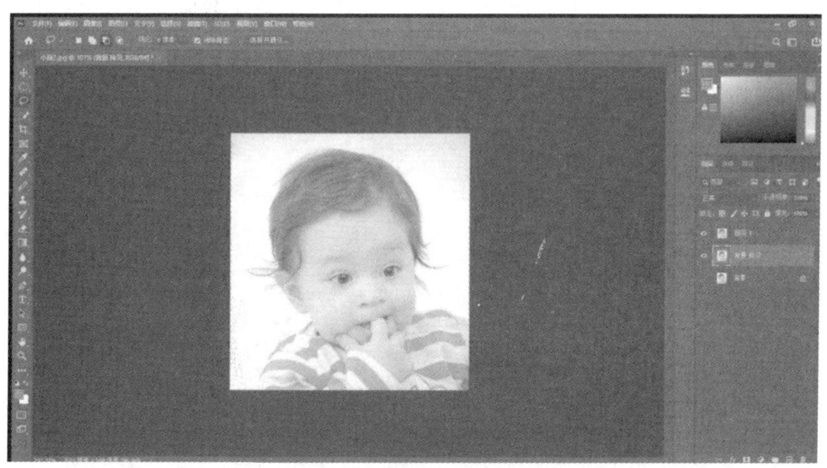

图 26-5

4．将“图层 1”隐藏，选中“背景 拷贝”图层打开通道，如图 26-6 所示。

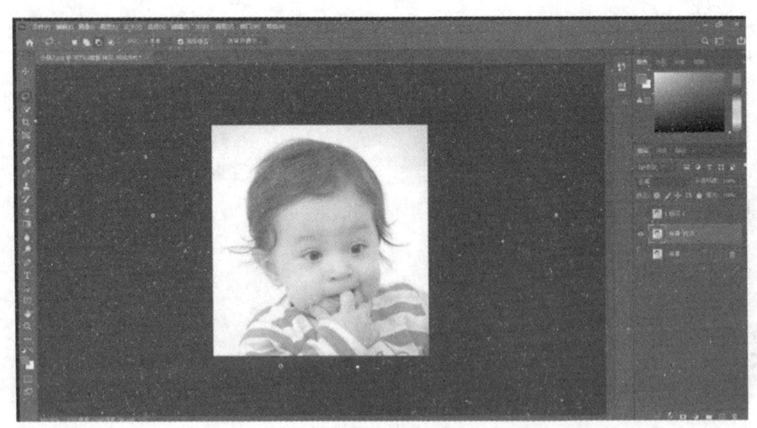

图 26-6

5．在通道中我们分别单击“红”“绿”“蓝”三个通道，发现“蓝”通道的头发丝和背景差异最明显，所以将“蓝”通道进行复制，如图 26-7 所示。

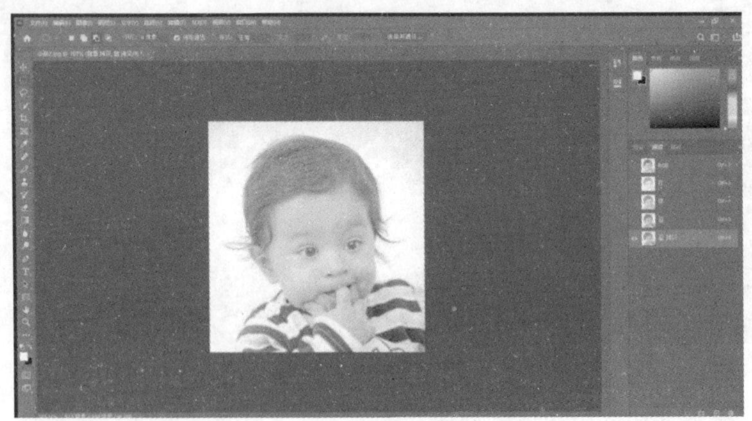

图 26-7

6．我们使用套索工具尽可能地将小孩的头发选中，如图 26-8 所示，再将其进行反选并填充为白色，如图 26-9 所示。

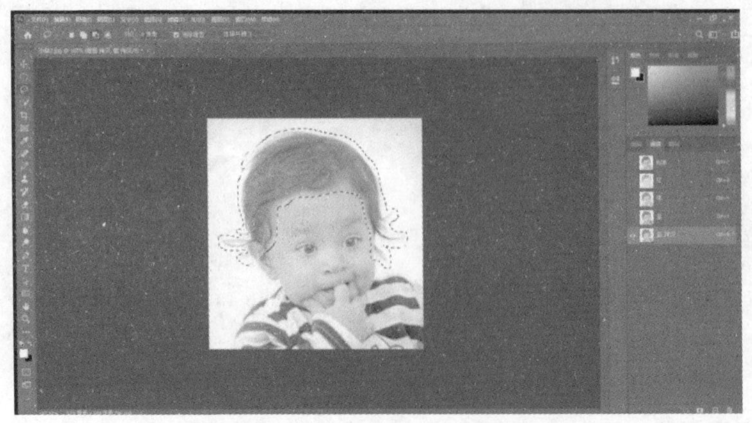

图 26-8

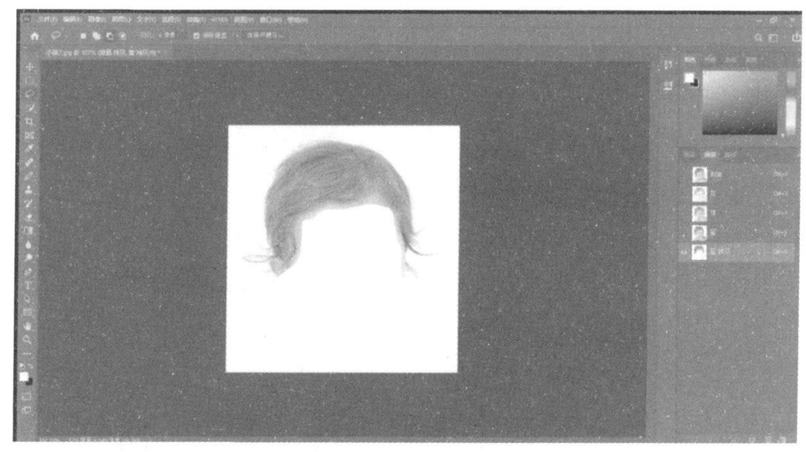

图 26-9

7．依次选择菜单栏中的“图像”—“调整”—“反相”，如图 26-10 所示，再选择菜单栏中的“图像”—“调整”—“色阶”，打开“色阶”对话框，按图 26-11 所示进行设置，使发丝的细节更加明显，如图 26-12 所示。

图 26-10

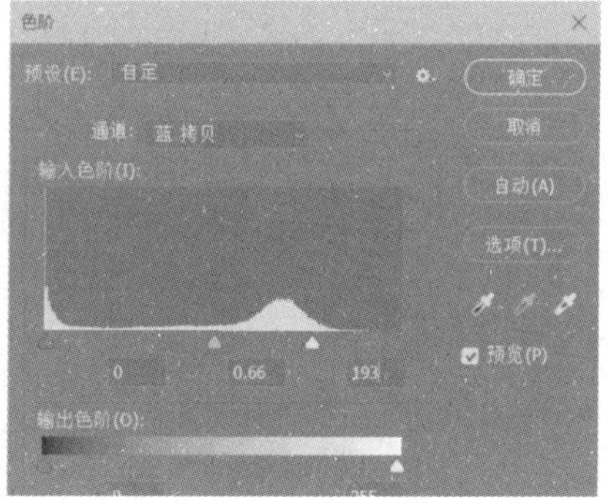

图 26-11

图 26-12

8．单击“将通道作为选区载入”，再单击“RGB”通道后回到“背景 拷贝”图层。按 Ctrl+J 组合键复制头发，如图 26-13 所示，更换“图层 1”与“图层 2”的位置，显示“图层 1”隐藏“背景 拷贝”图层，如图 26-14 所示。

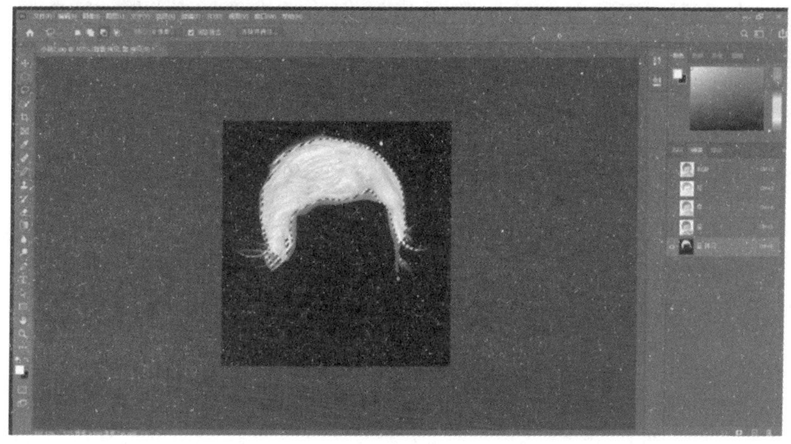

图 26-13

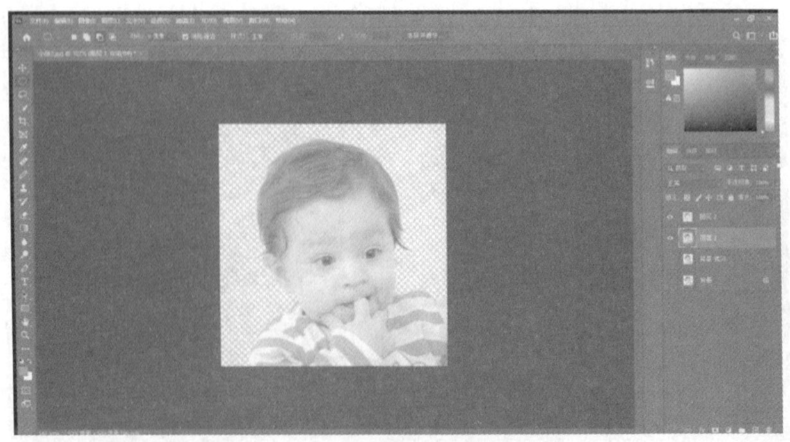

图 26-14

9．在“图层 1”的下面新建一个纯色的图层，如图 26-15 所示。

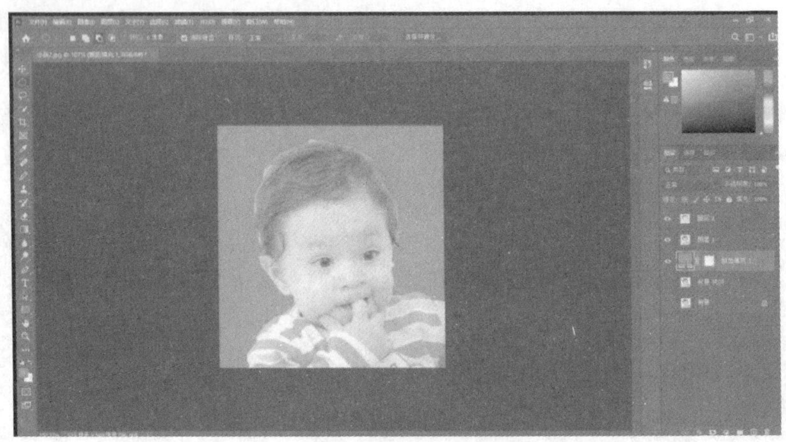

图 26-15

10．最后使用橡皮擦工具在“图层 1”上将边缘的白色擦掉，然后更改“颜色填充”图层的颜色，再将白色部分用橡皮擦工具进行擦除，这样我们就成功地将头发细节给扣了出来，如图 26-16 所示。

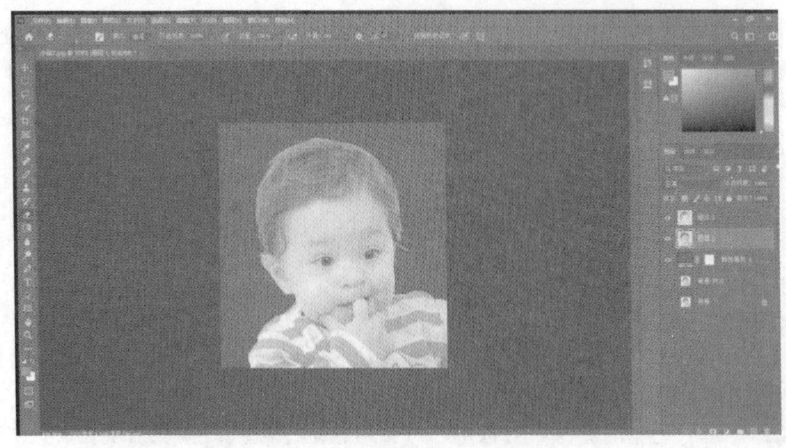

图 26-16

实验 27　Adobe Photoshop UI 设计拟物化图标绘制

1．打开 PS，新建一个白色背景的 PS 文档，大小为 1024 像素×1024 像素，如图 27-1 所示。

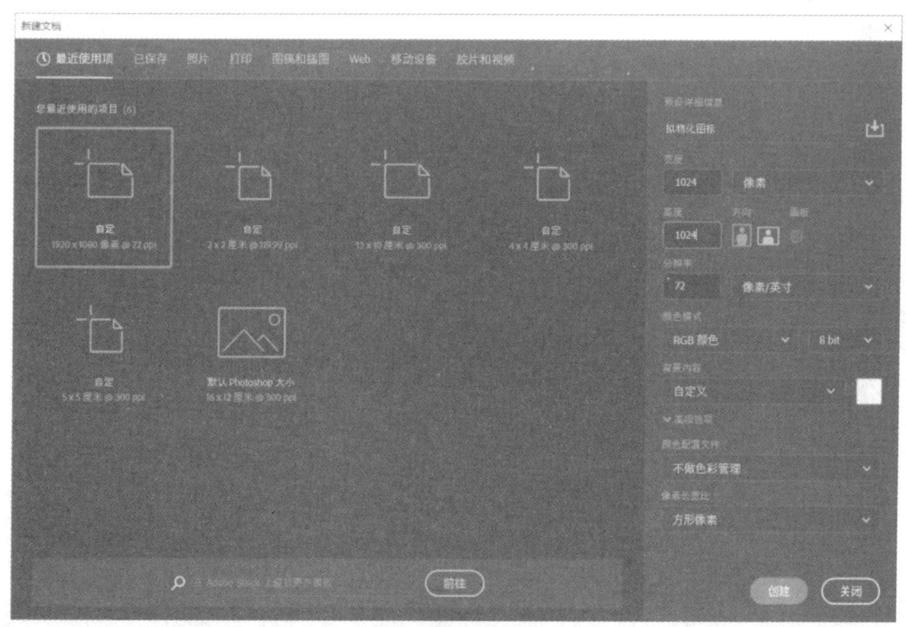

图 27-1

2．选择圆角矩形工具，设置其粗细为 1 像素，大小为 1024 像素×1024 像素，如图 27-2 所示。

3．在“填充”一栏中为其设置为灰色，取消描边，并且复制一层，如图 27-3 所示。

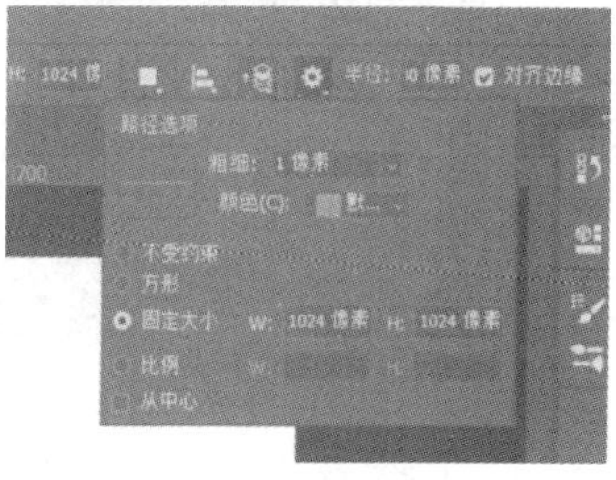

图 27-2

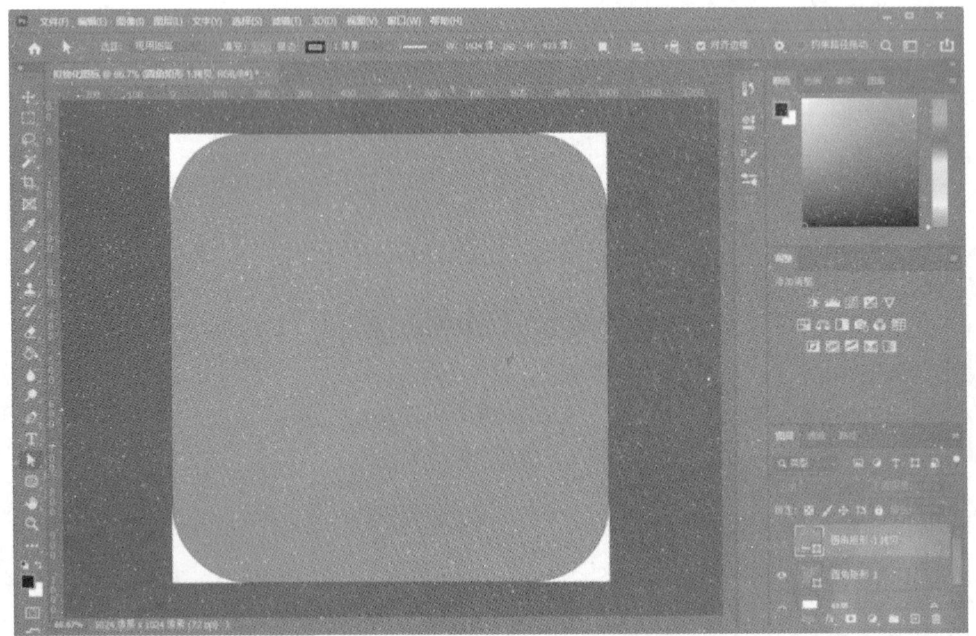

图 27-3

图 27-4

4．选择直接选择工具，如图 27-4 所示，选中下半部分的 4 个锚点，将其向上移动（按住 Shift 键选择锚点，再向上拖动最下面的锚点），并且填充亮灰色，达到如图 27-5 所示的效果即可。

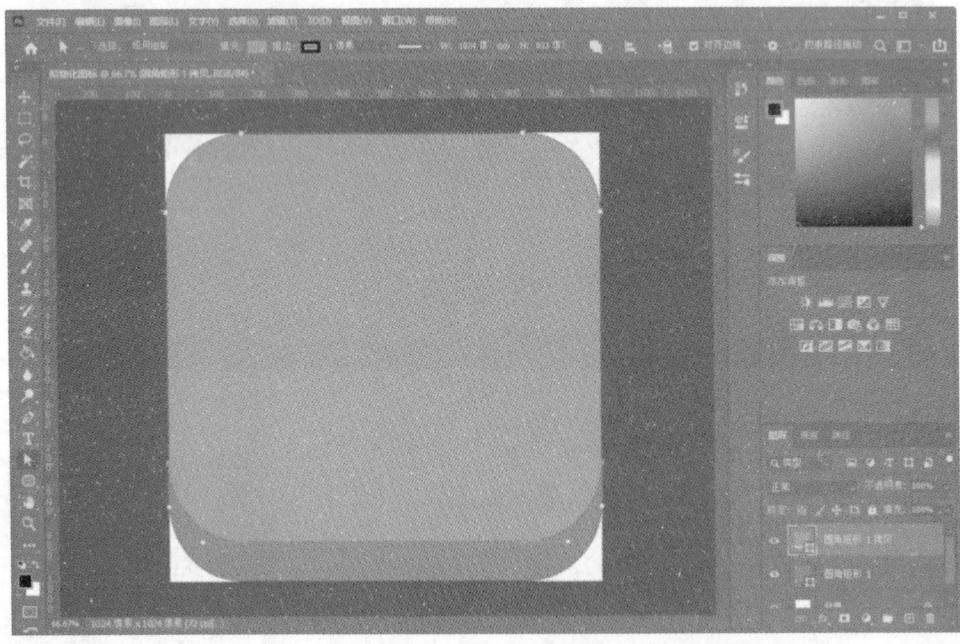

图 27-5

5．选中“圆角矩形 1 拷贝”和“圆角矩形 1”图层，再复制此两个图层，然后等比例缩小 80%，填充不一样的颜色，如图 27-6 所示。

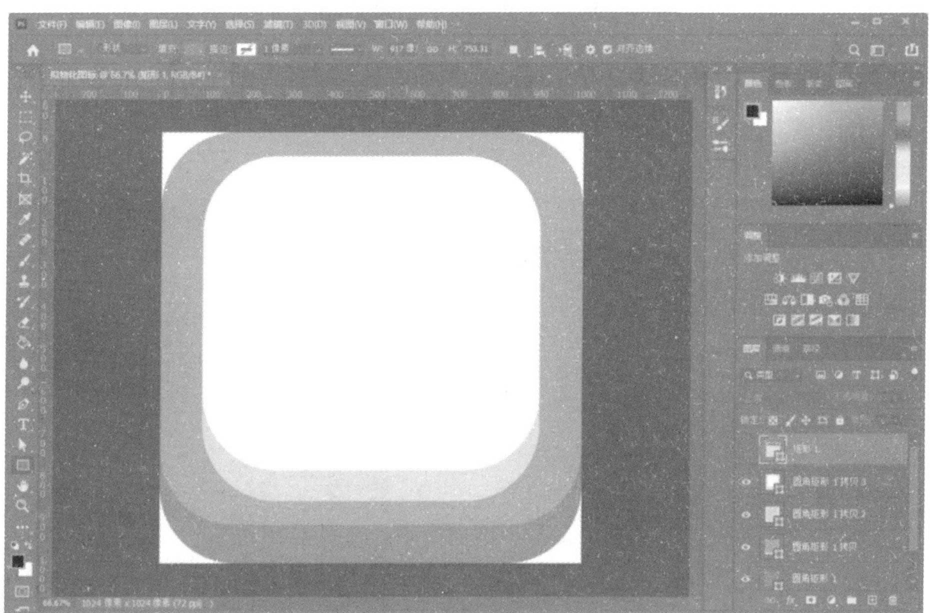

图 27-6

6．选择矩形工具，在圆角矩形的上半部分画一个矩形，然后选中这两个图层，如图 27-7 所示。

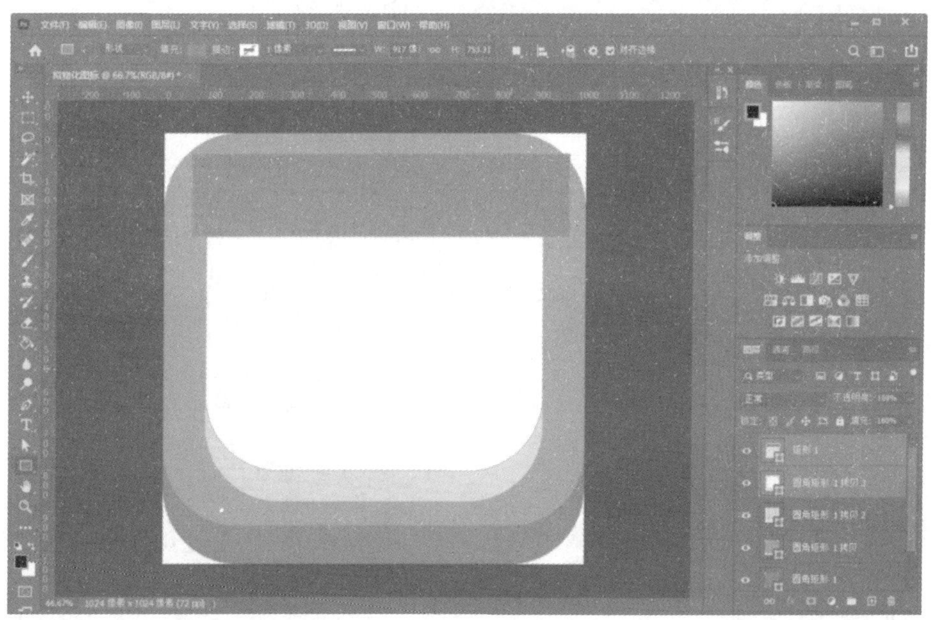

图 27-7

7．选中“与形状区域相交”，如图 27-8 所示，按 Ctrl+C 组合键复制路径。

8．单击“矩形”图层，按 Ctrl+V 组合键，得到半个圆角矩形，为其填充红色，如图 27-9 所示。

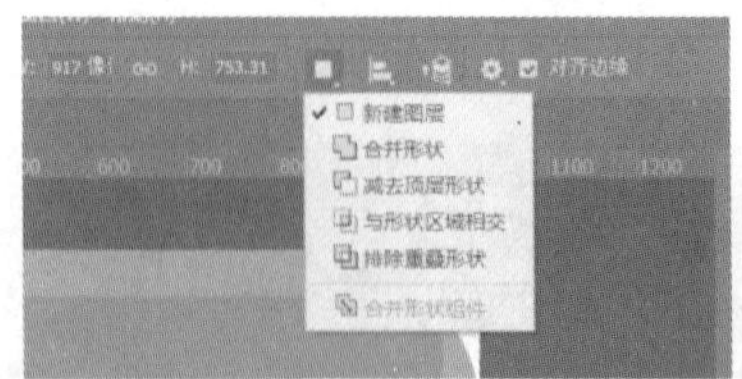

图 27-8

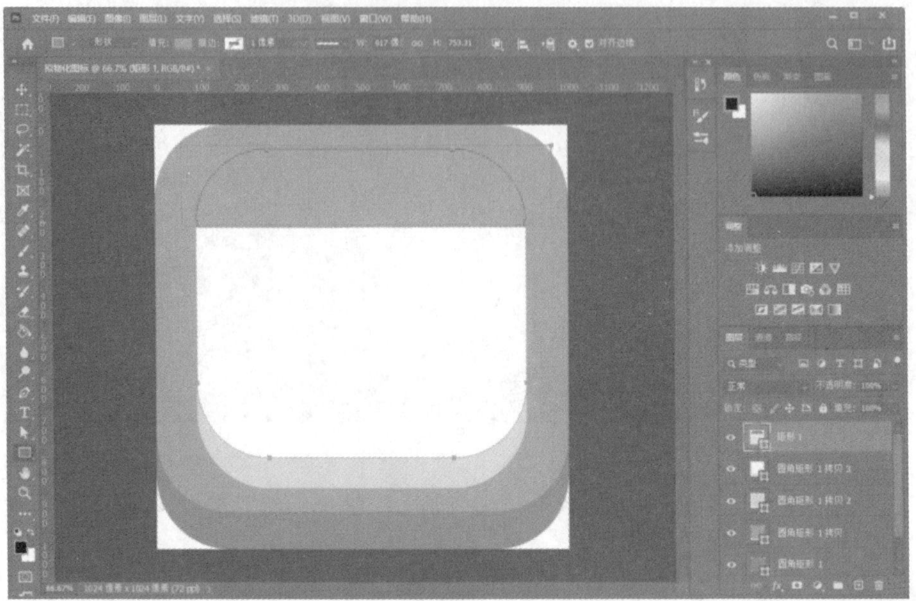

图 27-9

9．我们为其添加装饰物“扣带”，选择圆角矩形工具，设置半径为 30px，大小如图 27-10 所示，然后再复制一个。

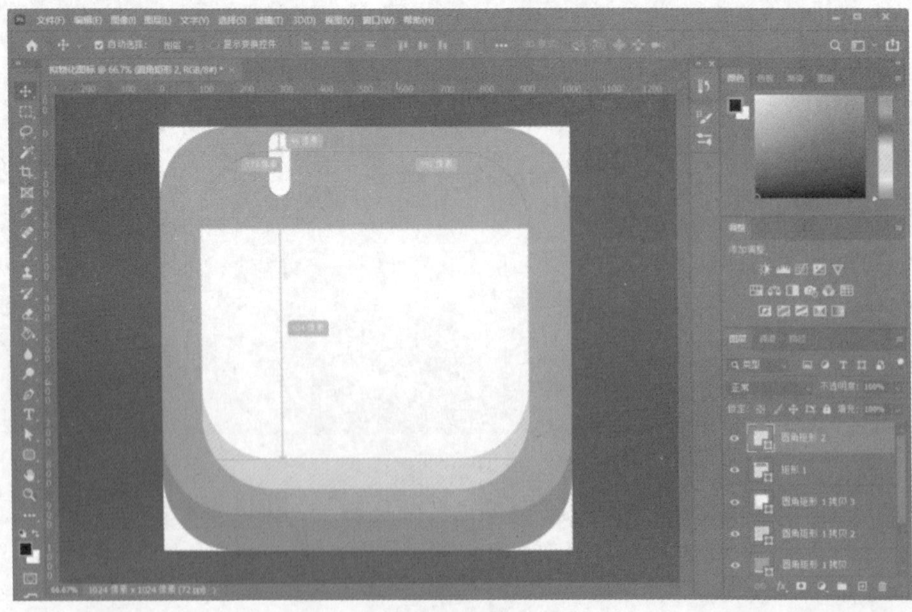

图 27-10

10．在“扣带”下，我们再使用椭圆工具添加一个阴影，如图 27-11 所示。

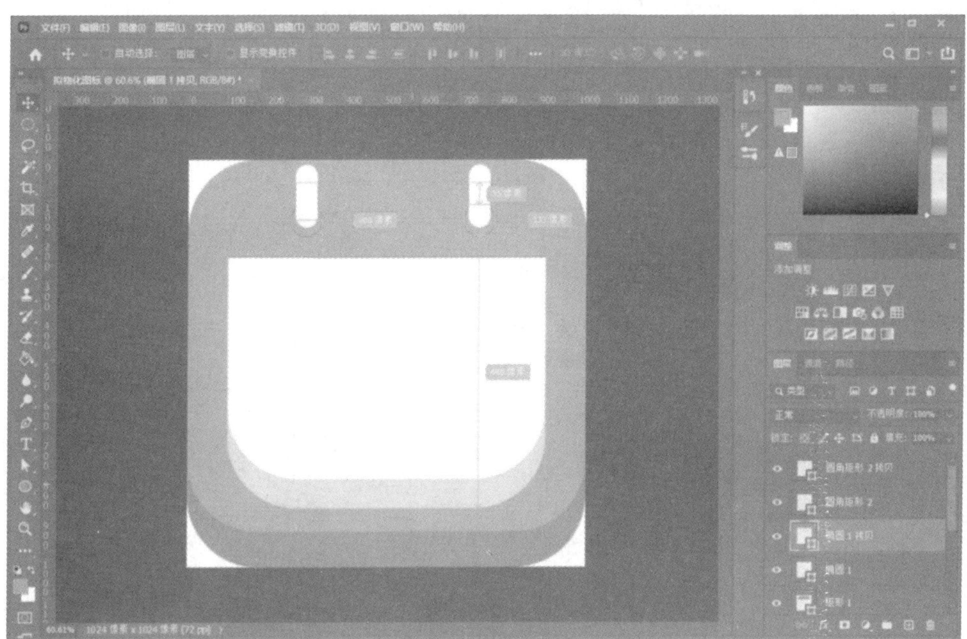

图 27-11

11．新建图层，选择横排文字工具，输入“FEB”，设置颜色为白色，字号为 120，字体为“Arial Rounded MT Bold”，如图 27-12 所示。

图 27-12

12．再选择横排文字工具，输入“24”，设置颜色为黑色，大小参考效果图，字体为“Arial Rounded MT Bold”，如图 27-13 所示。

图 27-13

13．接下来为其设置样式，首先对“FEB”进行设置，双击该图层，在打开的对话框中进行如图 27-14 所示设置。同样地，对“24”图层进行设置，如图 27-15 所示。

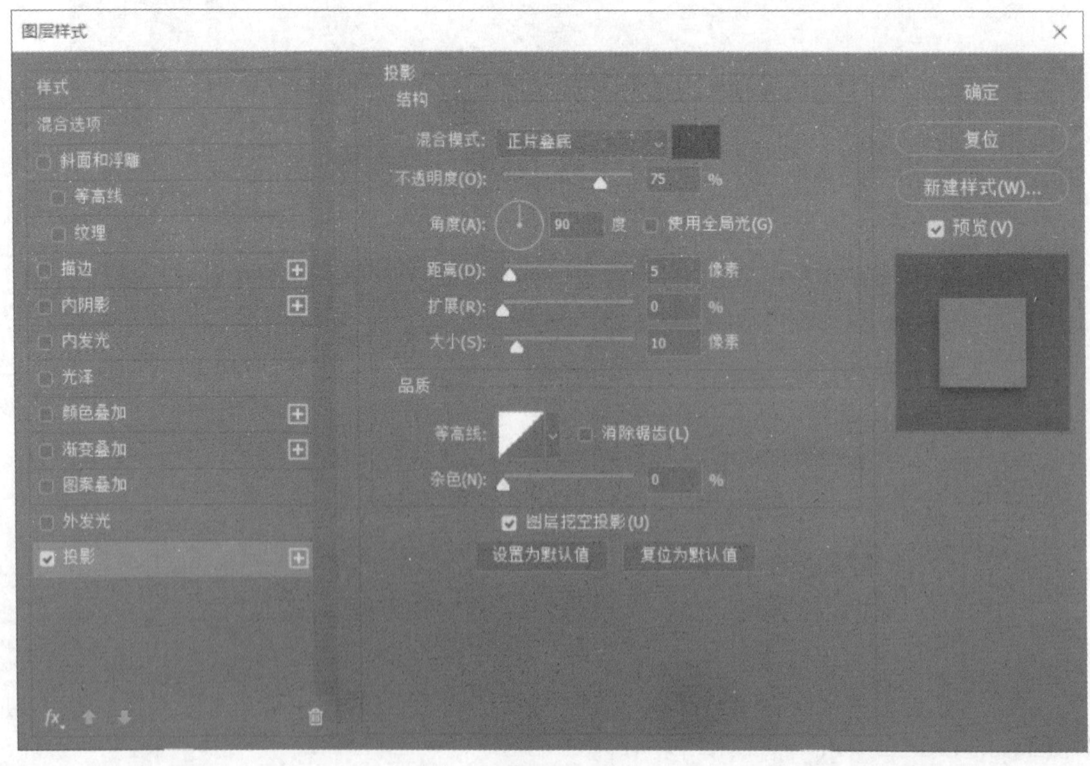

图 27-14

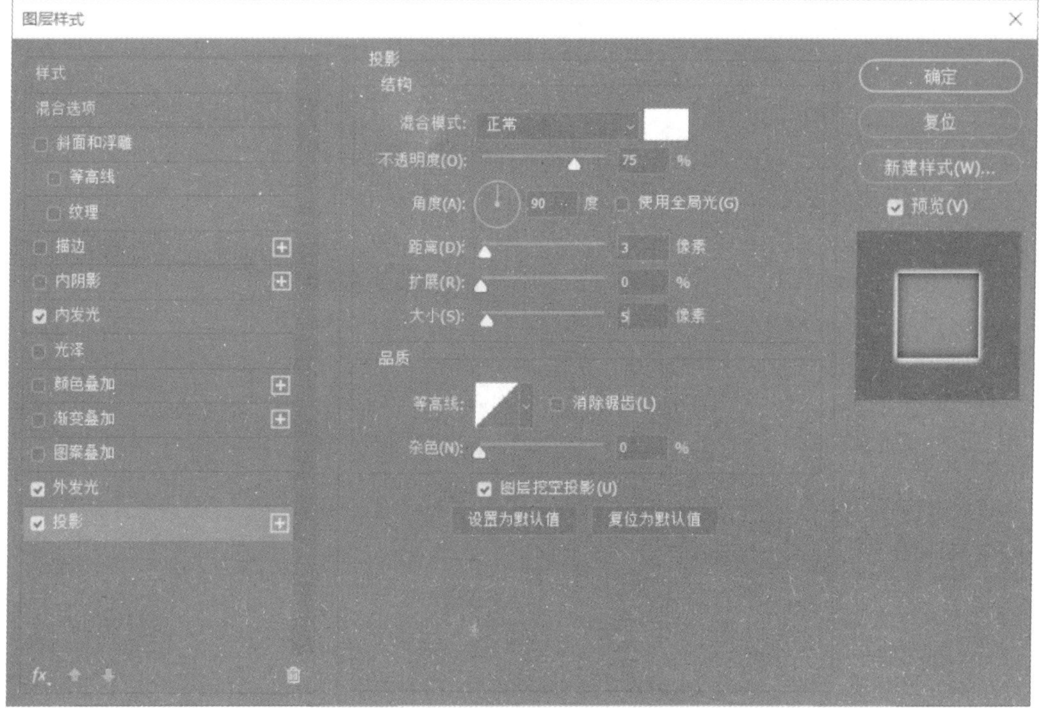
图层样式
样式
混合选项
斜面和浮雕
等高线
纹理
描边
内阴影
内发光
光泽
颜色叠加
渐变叠加
图案叠加
外发光
投影
投影
结构
混合模式:
正常
不透明度(O):
75
%
角度(A):
90
度
使用全局光(G)
距离(D):
3
像素
扩展(R):
0
%
大小(S):
5
像素
品质
等高线:
消除锯齿(L)
杂色(N):
0
%
图层挖空投影(U)
设置为默认值
复位为默认值
确定
复位
新建样式(W)...
预览(V)

（a）

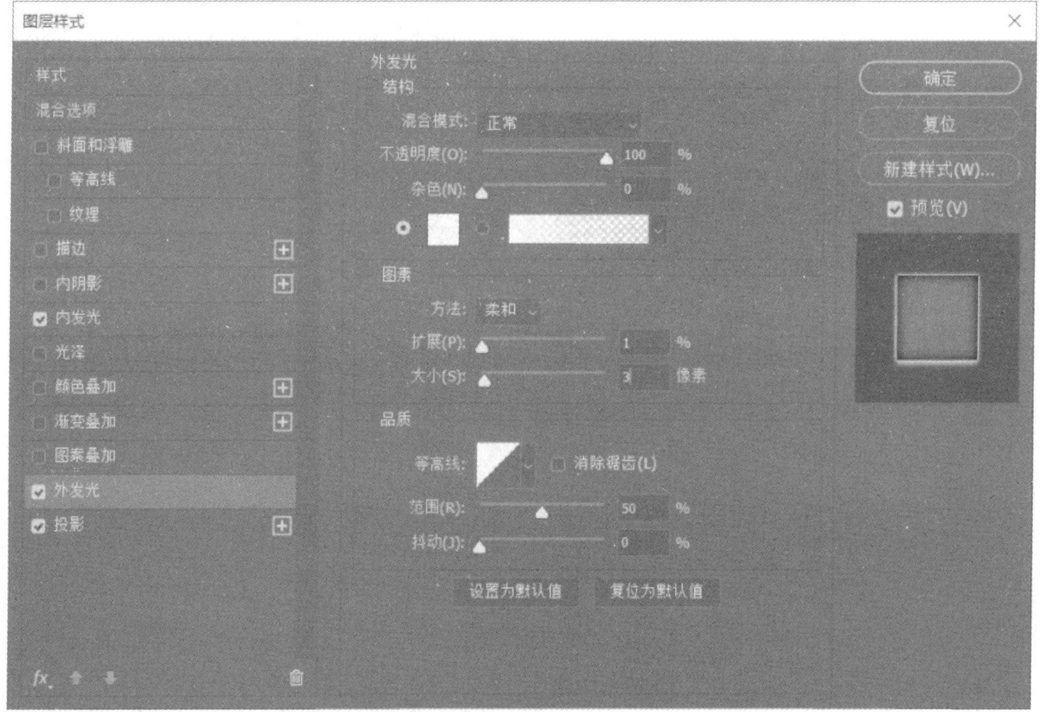
图层样式
样式
混合选项
斜面和浮雕
等高线
纹理
描边
内阴影
内发光
光泽
颜色叠加
渐变叠加
图案叠加
外发光
投影
外发光
结构
混合模式:
正常
不透明度(O):
100
%
杂色(N):
0
%
图素
方法:
柔和
扩展(P):
1
%
大小(S):
3
像素
品质
等高线:
消除锯齿(L)
范围(R):
50
%
抖动(J):
0
%
设置为默认值
复位为默认值
确定
复位
新建样式(W)...
预览(V)

（b）

图 27-15

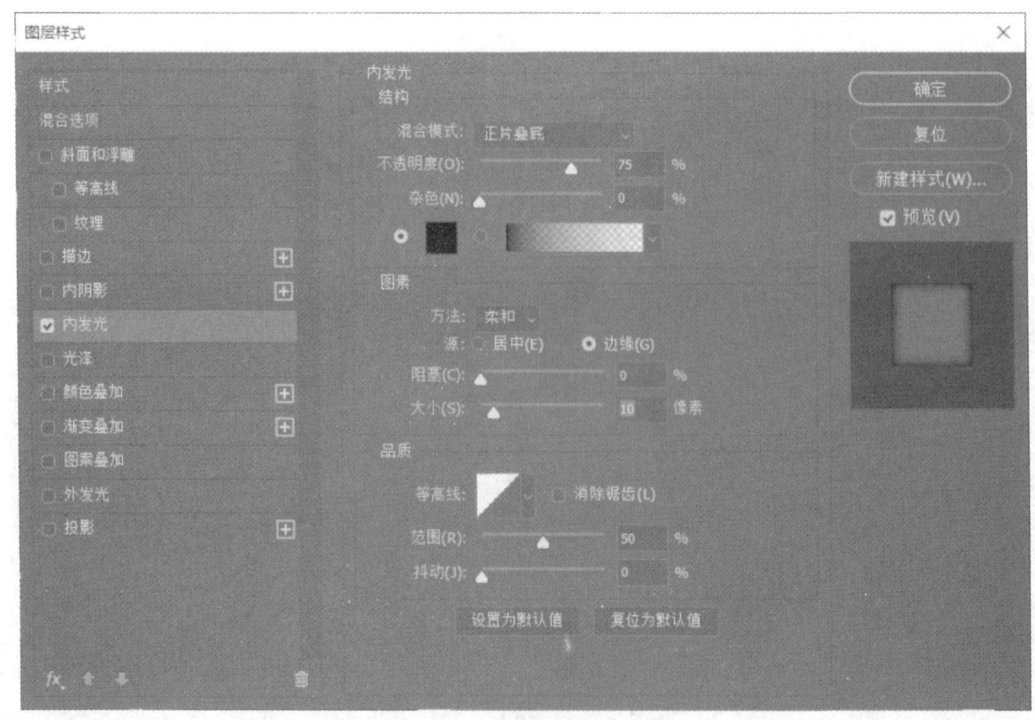

（c）

图 27-15（续）

14．为“红色圆角矩形”图层设置样式，如图 27-16 所示，其中渐变效果可打开“渐变编辑器”对话框进行设置，如图 27-17 所示。

图 27-16

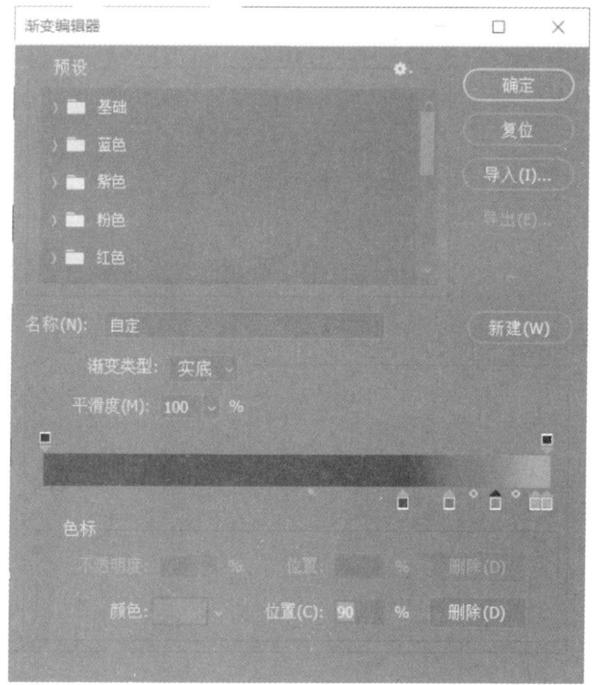

图 27-17

15. 为“扣带”图层添加图层样式，如图 27-18 所示。

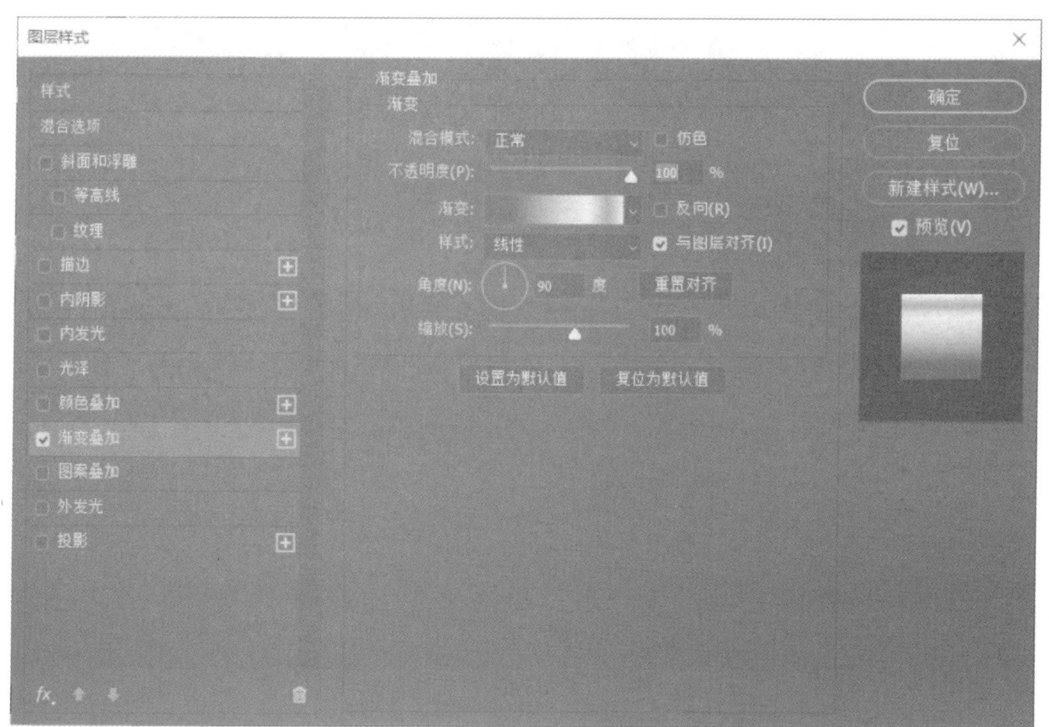

（a）

图 27-18

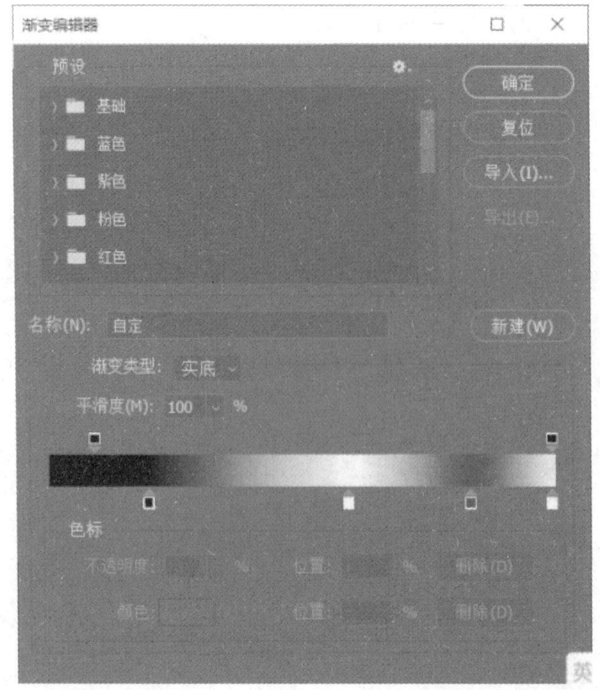

渐变编辑器
预设
基础
蓝色
紫色
粉色
红色
确定
复位
导入(I)...
导出(E)...
名称(N):
自定
新建(W)
渐变类型:
实底
平滑度(M):
100
%
色标
不透明度:
%
位置:
%
删除(D)
颜色:
位置:
%
删除(D)

（b）

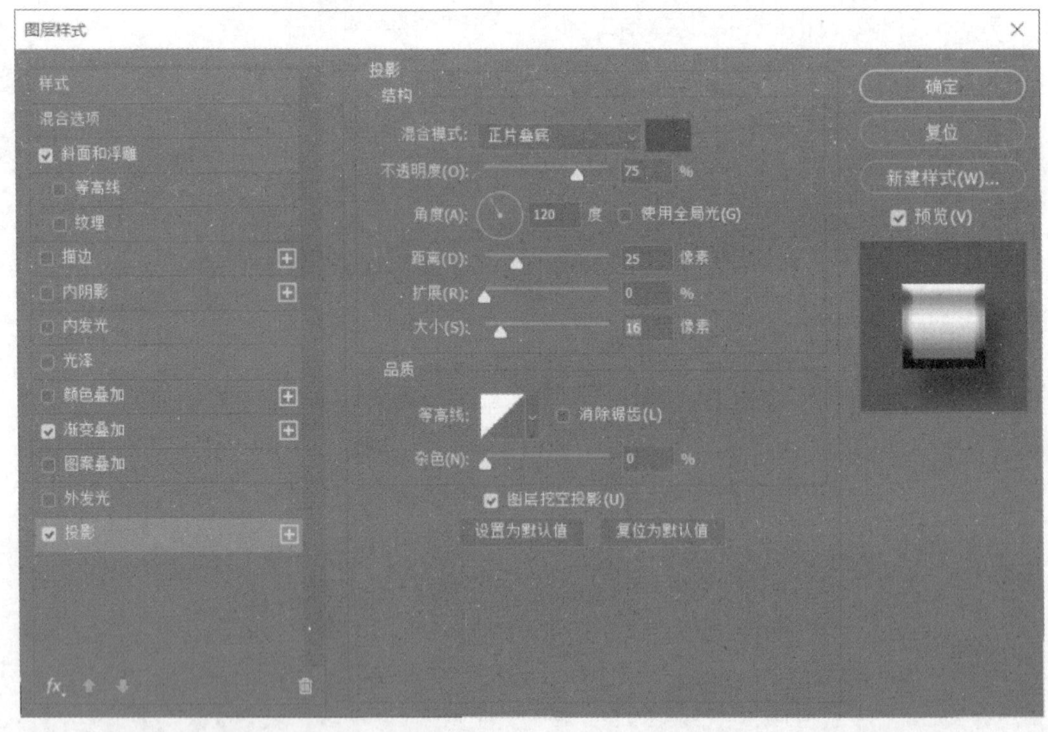

图层样式
样式
混合选项
斜面和浮雕
等高线
纹理
描边
内阴影
内发光
光泽
颜色叠加
渐变叠加
图案叠加
外发光
投影
投影
结构
混合模式:
正片叠底
不透明度(O):
75
%
角度(A):
120
度
使用全局光(G)
距离(D):
25
像素
扩展(R):
0
%
大小(S):
16
像素
品质
等高线:
消除锯齿(L)
杂色(N):
0
%
图层挖空投影(U)
设置为默认值
复位为默认值
确定
复位
新建样式(W)...
预览(V)

（c）

图 27-18（续）

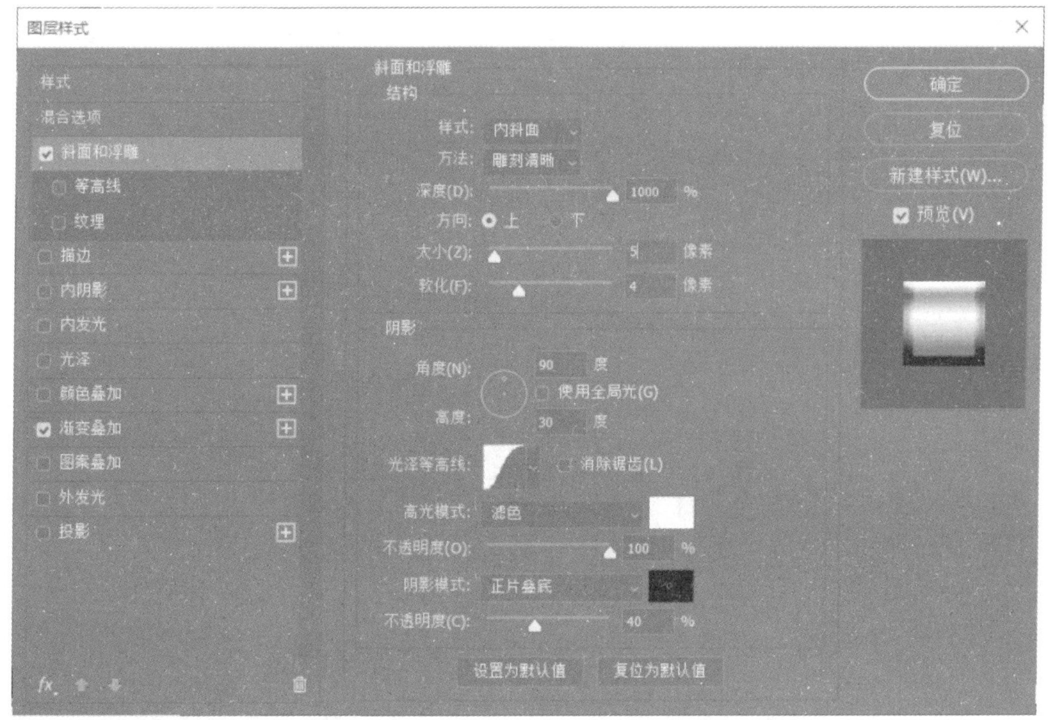

（d）

图 27-18（续）

16．右击“扣带”图层，选择“拷贝图层样式”，然后右击“扣带 拷贝”图层，选择“粘贴图层样式”，如图 27-19 所示。

图 27-19

17．然后我们选择扣带后的“阴影”图层（两个圆），为它设置图层样式，如图 27-20 所示，同样也将样式复制到另外一个圆上。

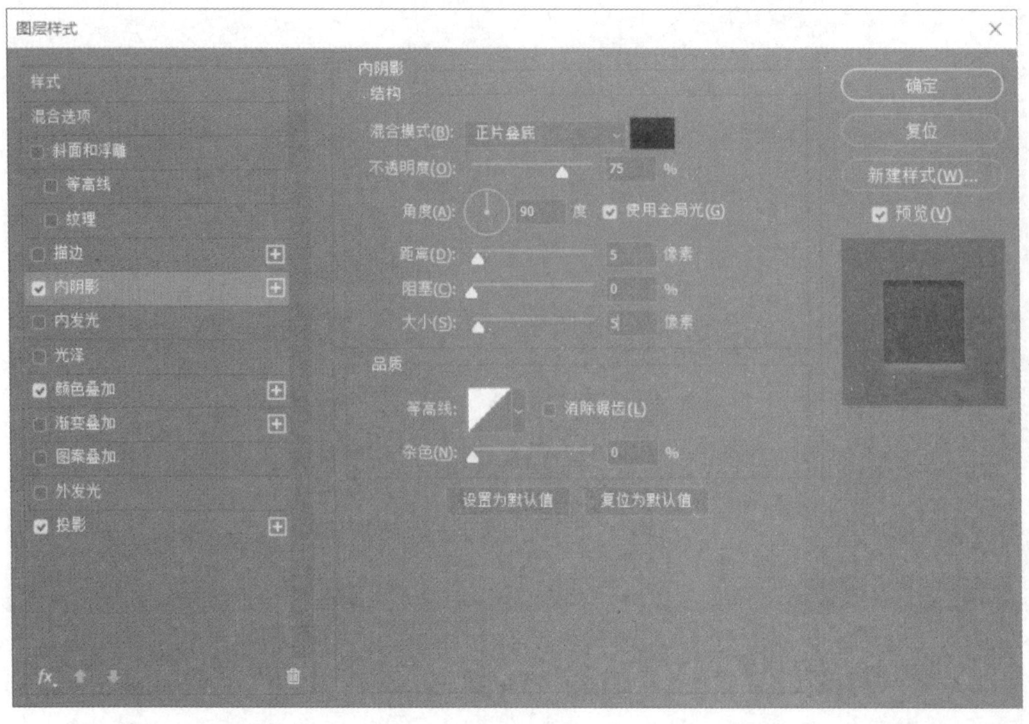

（a）

（b）

图 27-20

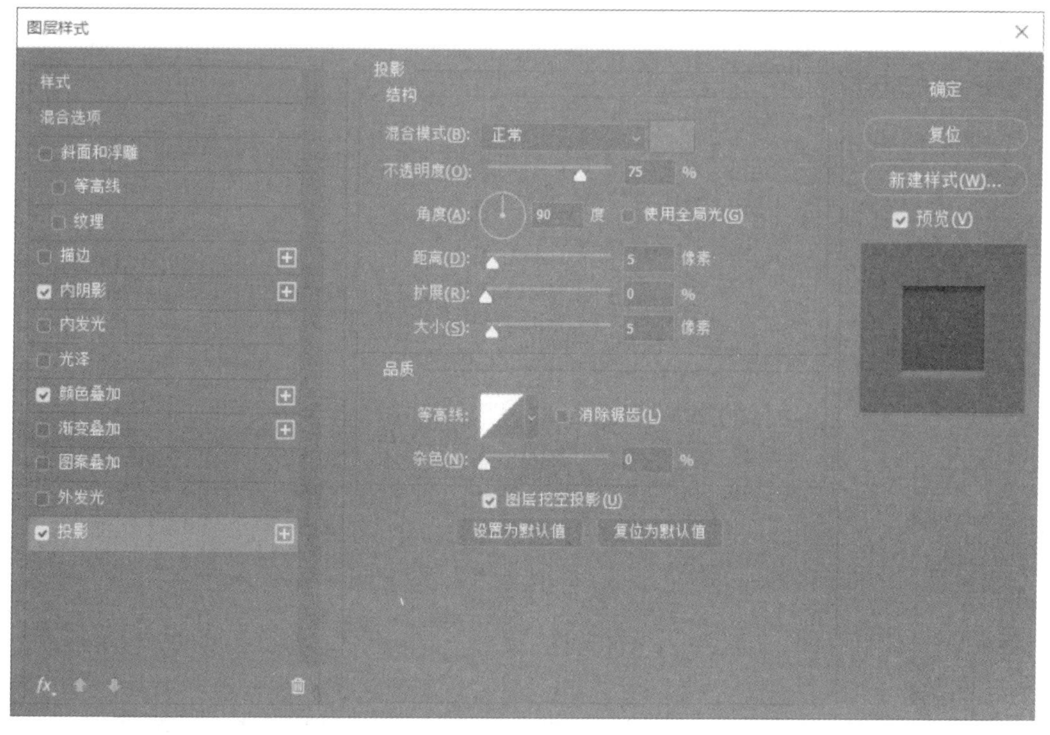

（c）

图 27-20（续）

18．我们为“24”后的背景图层添加渐变背景效果，如图 27-21 所示，然后再添加“投影”图层样式，同时粘贴给下一层的背景，如图 27-22 所示。

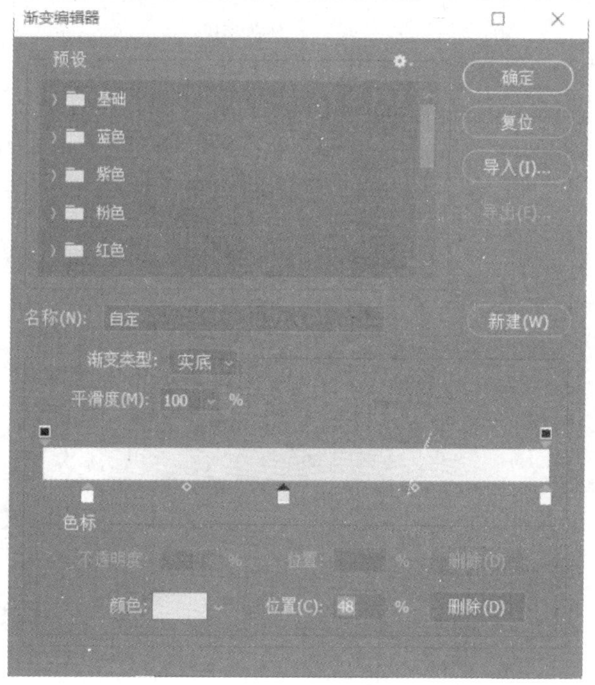

图 27-21

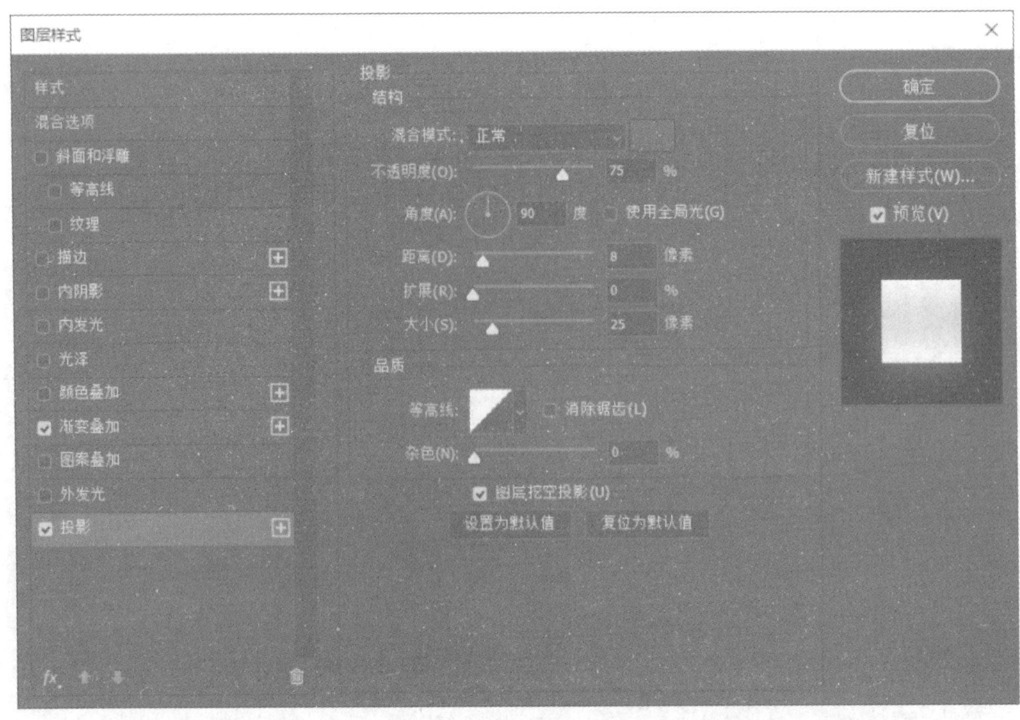

图 27-22

19．我们重新调整下一图层背景的样式（外发光颜色为深棕色），如图 27-23 所示，效果如图 27-24 所示。

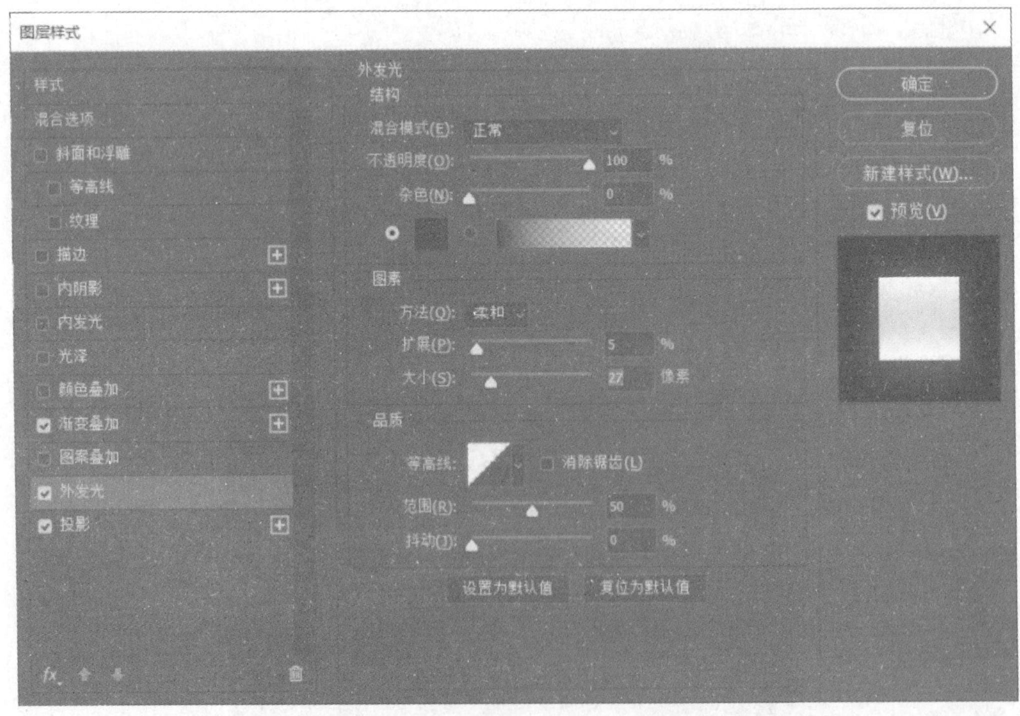

（a）

图 27-23

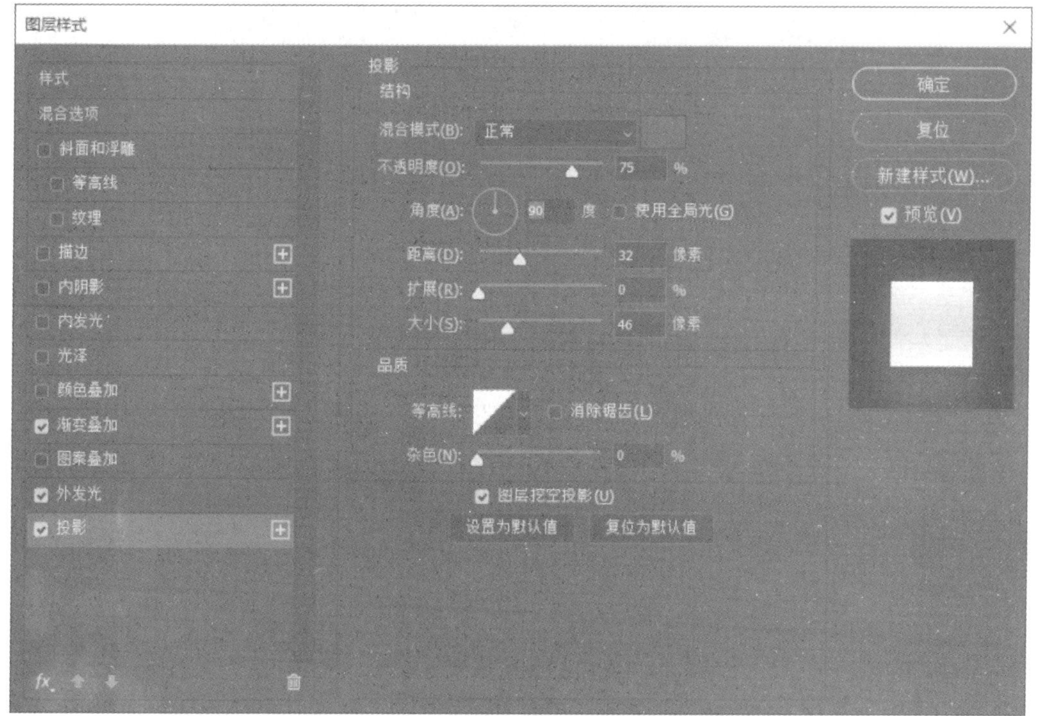

（b）

图 27-23（续）

图 27-24

20．对“24”的背景图层多复制几次，通过上下移动调整它们的位置，达到重叠的效果（注意图层顺序），如图 27-25 所示。

图 27-25

21．接下来为倒数第二个圆角矩形设置图层样式，同时复制样式给最后一层背景，如图 27-26 所示。

（a）

图 27-26

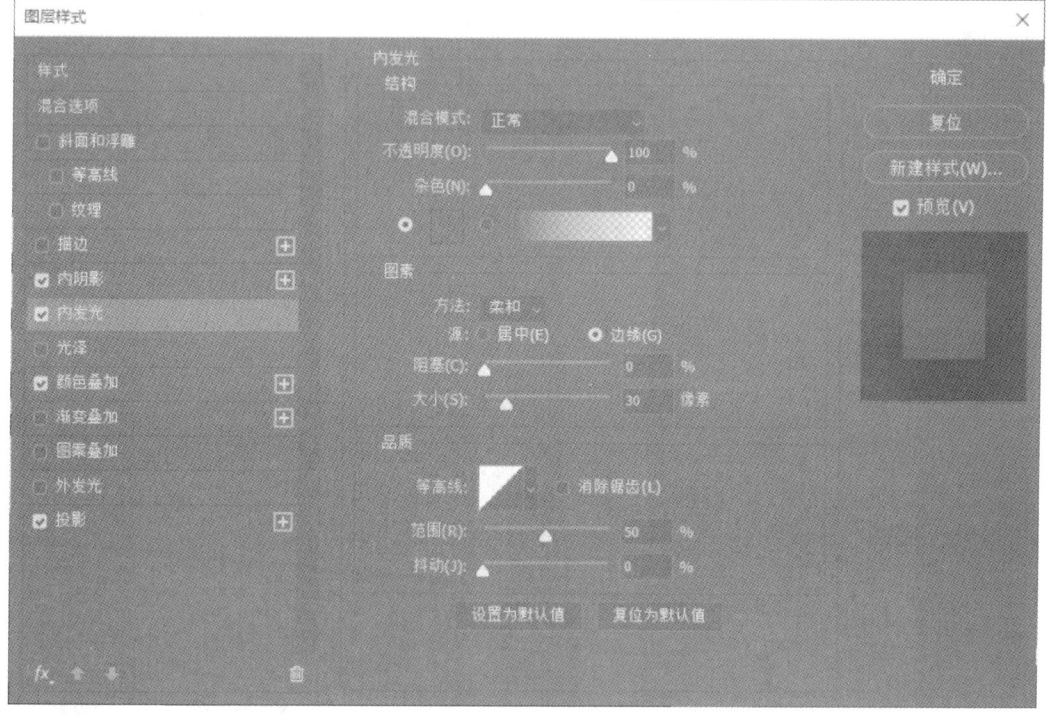
图层样式
样式
混合选项
斜面和浮雕
等高线
纹理
描边
内阴影
内发光
光泽
颜色叠加
渐变叠加
图案叠加
外发光
投影
fx
内发光
结构
混合模式: 正常
不透明度(O): 100 %
杂色(N): 0 %
图素
方法: 柔和
源: 居中(E) 边缘(G)
阻塞(C): 0 %
大小(S): 30 像素
品质
等高线: 消除锯齿(L)
范围(R): 50 %
抖动(J): 0 %
设置为默认值
复位为默认值
确定
复位
新建样式(W)...
预览(V)

(b)

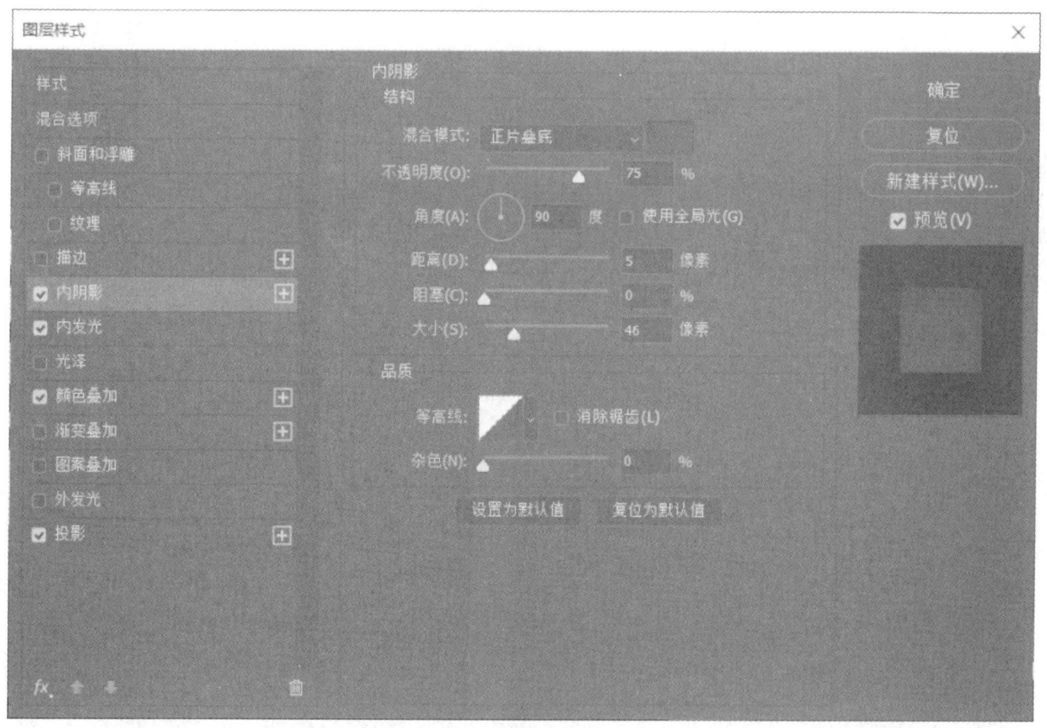
图层样式
样式
混合选项
斜面和浮雕
等高线
纹理
描边
内阴影
内发光
光泽
颜色叠加
渐变叠加
图案叠加
外发光
投影
fx
内阴影
结构
混合模式: 正片叠底
不透明度(O): 75 %
角度(A): 90 度 使用全局光(G)
距离(D): 5 像素
阻塞(C): 0 %
大小(S): 46 像素
品质
等高线: 消除锯齿(L)
杂色(N): 0 %
设置为默认值
复位为默认值
确定
复位
新建样式(W)...
预览(V)

(c)

图 27-26（续）

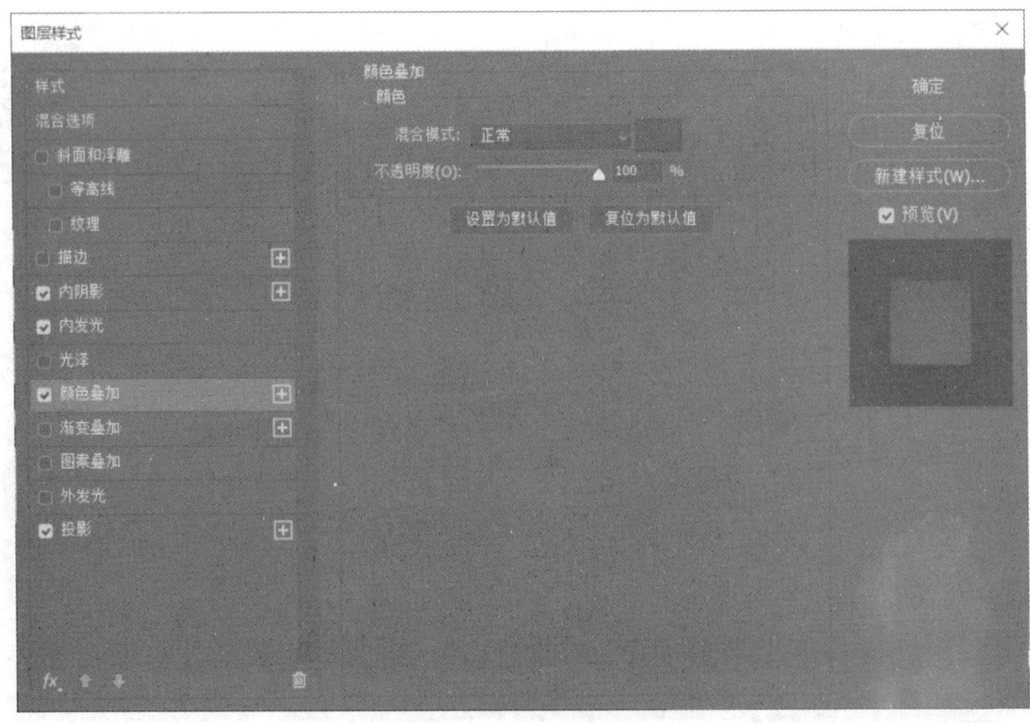

(d)

图 27-26（续）

22．取消最后一层的“投影”效果，并且修改“内阴影”效果，如图 27-27 所示，效果如图 27-28 所示。

图 27-27

图 27-28

23．可以自行搜索一个“木纹”的素材，如图 27-29 所示，放置于背景上。

图 27-29

24．按住 Ctrl 键再单击最后一个圆角矩形的缩略图，返回到“木纹”图层上，添加图层蒙版，并将图层样式复制给“木纹”（不显示颜色叠加），如图 27-30 所示。

25．拟物化图标完成，保存文件。

图 27-30

实验 28　Adobe Animate 彩虹文字

彩虹文字

1．选择菜单栏中的“文件”—“新建”，新建一个“高级”里面的“HTML5 Canvas”，单击“创建”按钮，如图 28-1 所示。

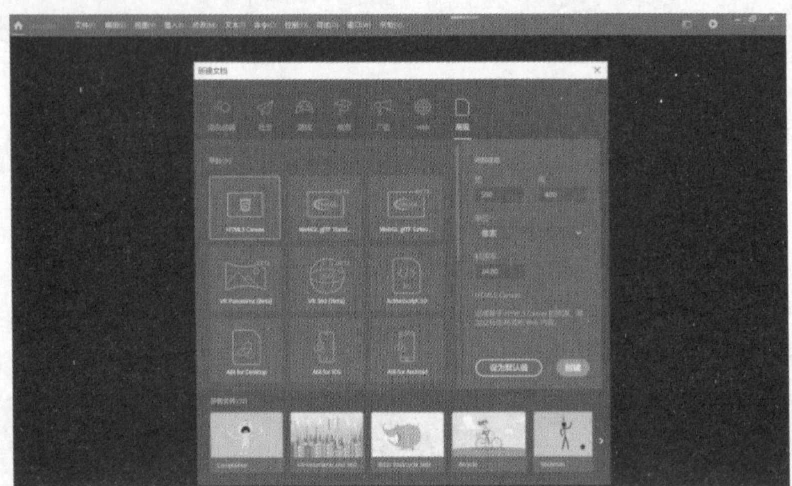

图 28-1

2．选择文字工具，单击白色区域，再输入“彩虹文字”如图 28-2 所示。

图 28-2

3．在右侧的属性栏中修改文字的大小和位置，如图 28-3 所示。

图 28-3

4．选中文字的状态下，依次选择菜单栏中的“修改”—“转换为元件”，执行两次，打散文字，如图 28-4 所示。然后将填充颜色改为彩色，如图 28-5 所示。

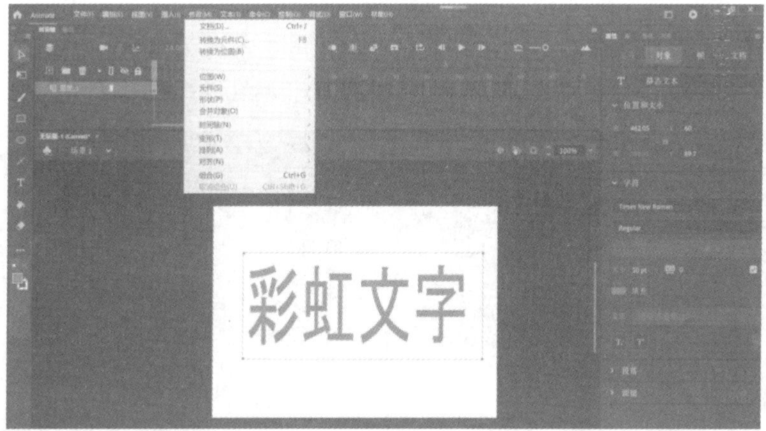

图 28-4

图 28-5

5．先选择油漆桶工具，再选择彩色，然后按住字的最左边一直拖曳到最右边，就可以形成如图 28-6 所示的效果。

图 28-6

6．新建一个图层，按 Ctrl+C 组合键复制图层一的内容，再按 Ctrl+Shift+V 组合键在图层二的原位置粘贴，然后隐藏锁定图层二，修改图层一的颜色为黑色，然后按键盘上面的方向盘，向右和向下各按两下，然后解除图层二的隐藏，如图 28-7 所示。

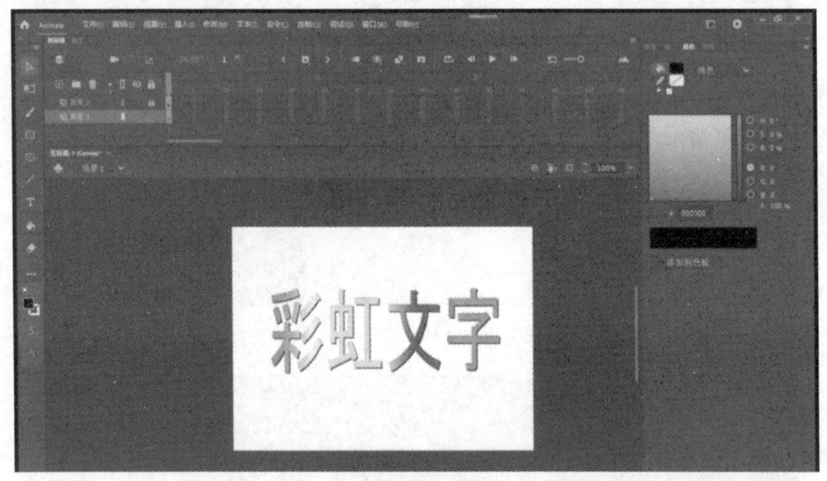

图 28-7

7．保存文件即可。

实验 29　Adobe Animate 立体文字

立体文字

1．打开 AN（Adobe Animate 的缩写），创建空白文件，在空白文档中，输入文字，如图 29-1 和图 29-2 所示。

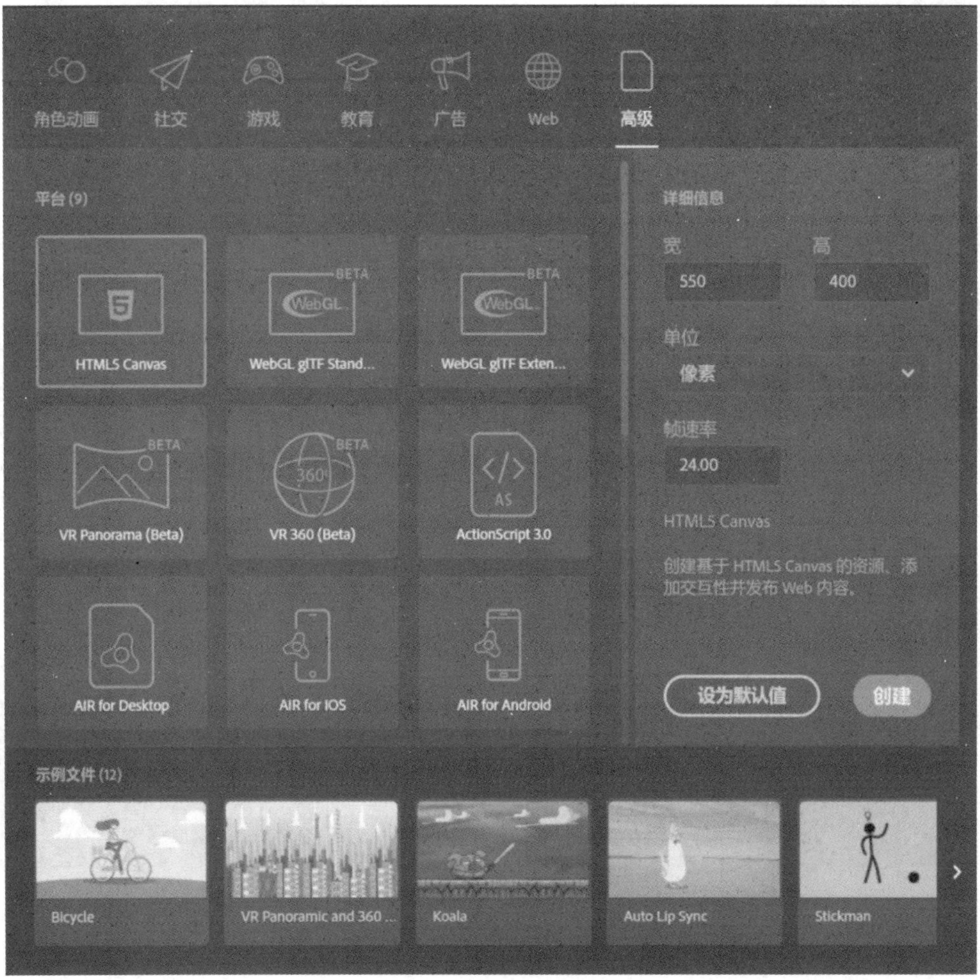

图 29-1

图 29-2

2. 在右侧工具栏中，修改字体为宋体，如图 29-3 所示。

图 29-3

3. 右击图层 1，选择“插入图层”，插入图层 2，如图 29-4 所示。

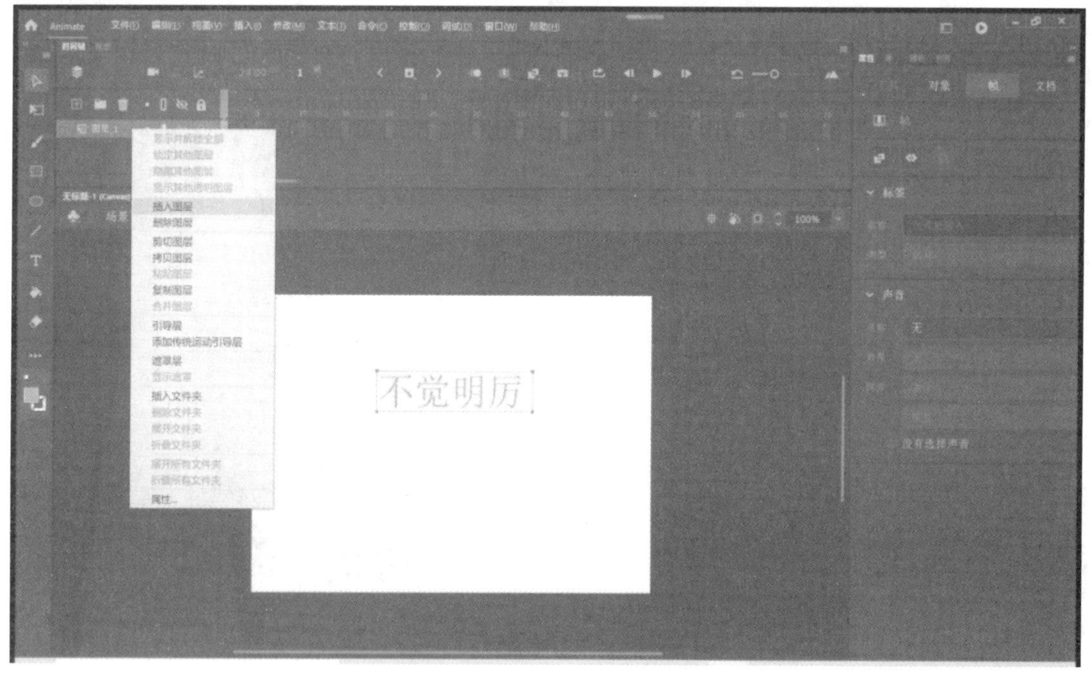

图 29-4

4．在图层 1 中选择文字，按 Ctrl+B 组合键选择分离，再次按 Ctrl+B 组合键进行分离，如图 29-5 所示，按 Ctrl+C 组合键进行复制，接着将图层 1 锁定，在图层 2 中按 Ctrl+V 组合键粘贴，如图 29-6 所示，并对文字位置进行调整，图层 2 锁定隐藏，打开图层 1，如图 29-7 所示。

图 29-5

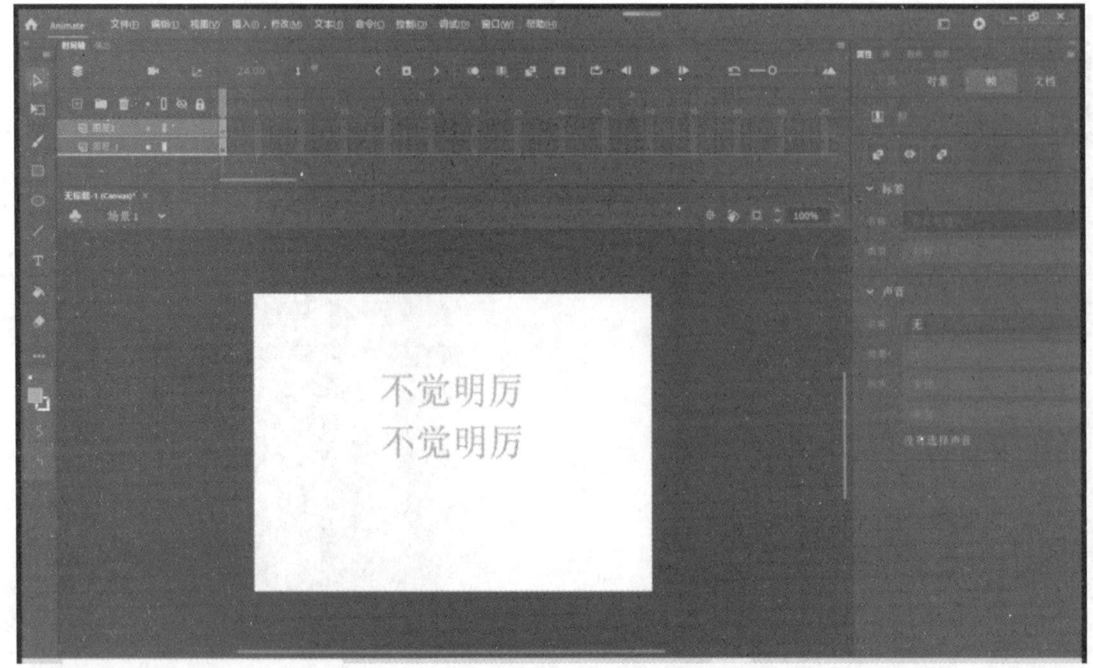

图 29-6

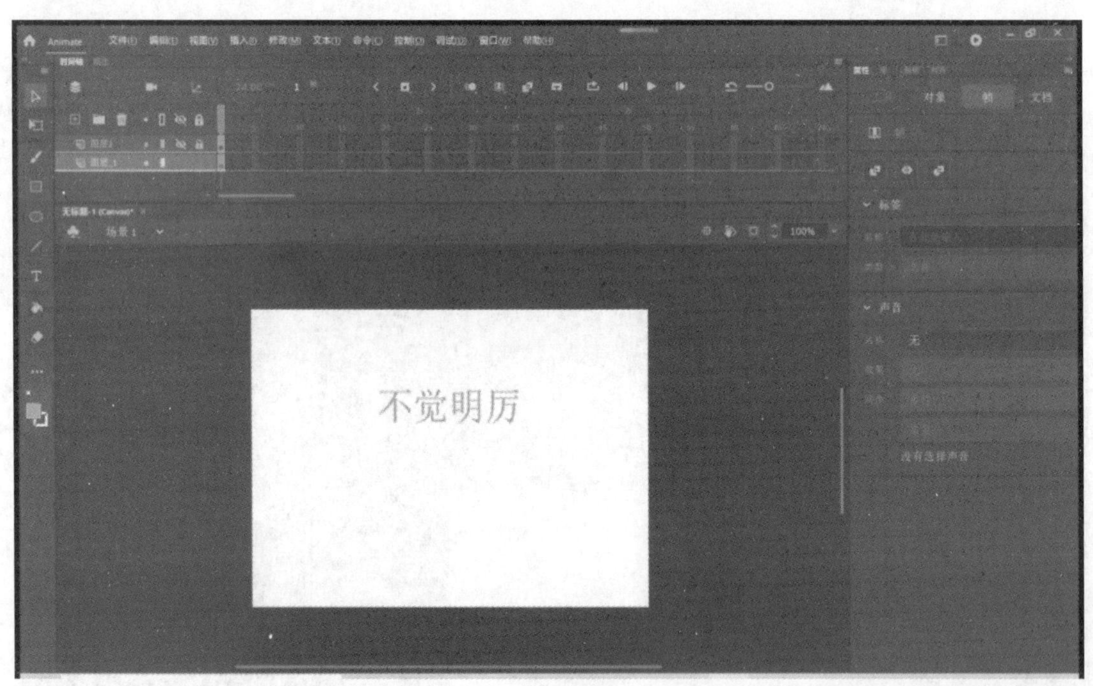

图 29-7

5．在图层 1 中，用颜料桶工具把文字填充成黑色，再把图层 2 显示出来，如图 29-8 所示，然后用墨水瓶工具对文字边缘进行填充，同时可以加大笔触，使文字更加立体，如图 29-9 所示。

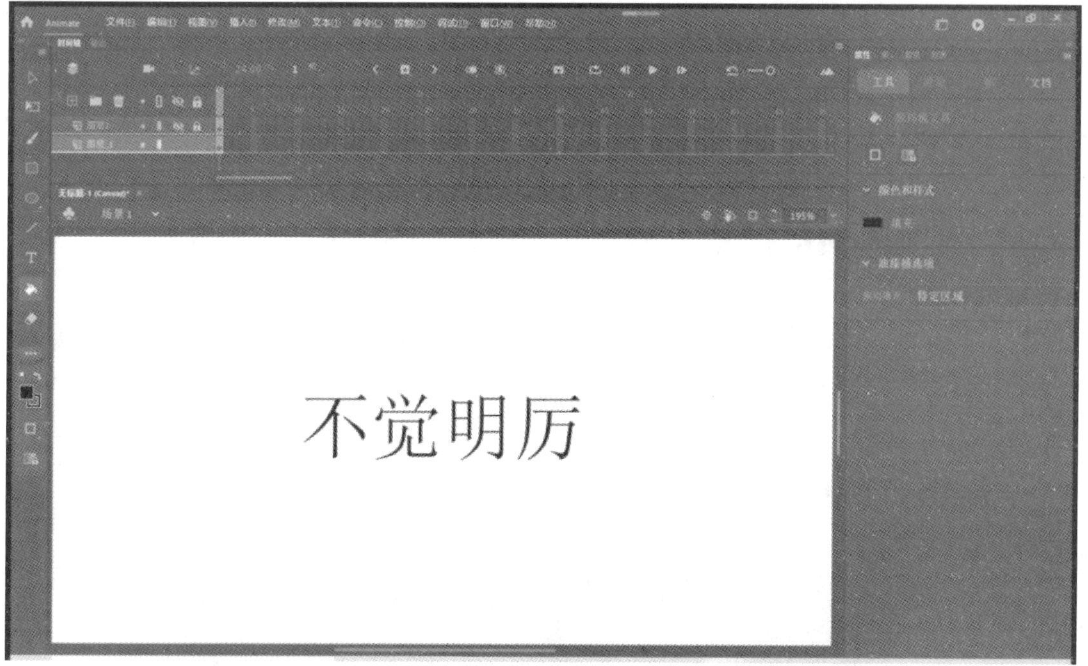

图 29-8

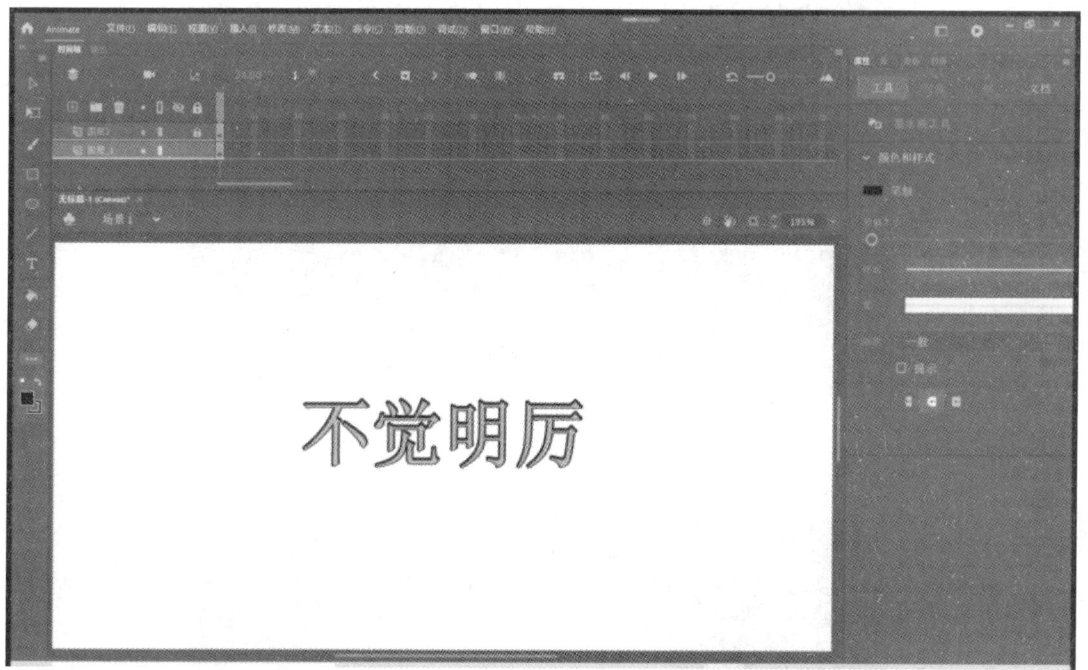

图 29-9

实验 30　Adobe Animate 五一大促销

五一大促销

1．新建一个宽 550 像素，高 400 像素的图层，如图 30-1 所示。

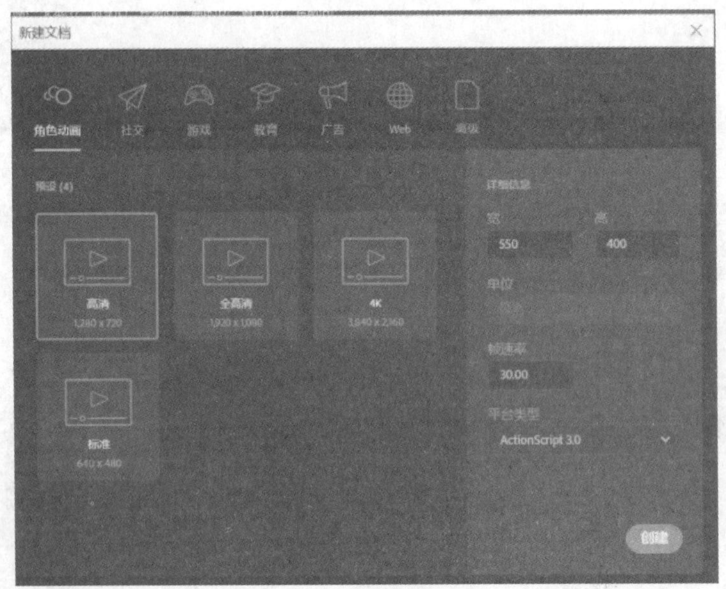

图 30-1

2．选用文本工具，输入“五一大促销”，调整字体、大小、颜色等，如图 30-2 所示。

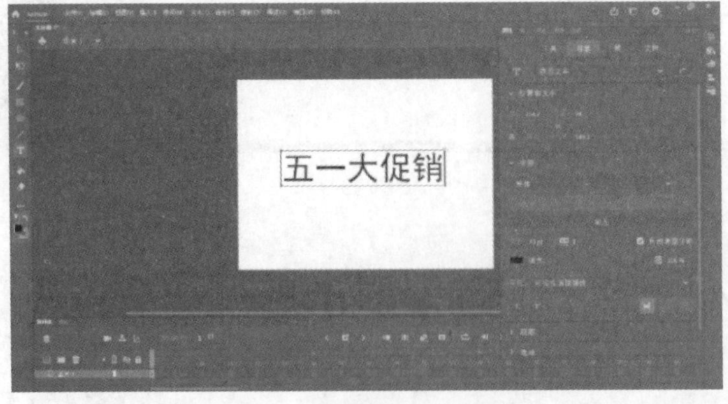

图 30-2

3．使用选择工具选中文字，按两次 Ctrl+B 组合键进行打散分离，如图 30-3 所示。

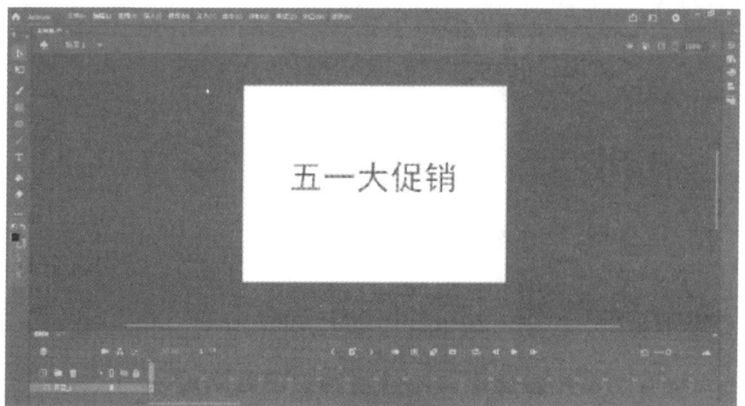

图 30-3

4．使用任意变形工具选中“五”字，按住 Shift 键等比例稍作放大，并移到下方空白处，如图 30-4 所示。

图 30-4

5．使用部分选取工具选中“五”字，按住 Shift 键选中右下角的两个锚点，将光标移至锚点（此时鼠标箭头右下角出现空心小矩形），按住向右拉长至合适位置，如图 30-5 所示。

图 30-5

6．使用选择工具将其移回上方合适位置，如图 30-6 所示。

图 30-6

7．再次使用部分选取工具处理“促销”两字，使其部分文字与“五”字的突出笔画接触，如图 30-7 所示。

图 30-7

8．使用钢笔工具在“五”字最上方的横中间添加一个锚点，之后使用部分选取工具拉出三角形，如图 30-8 所示。

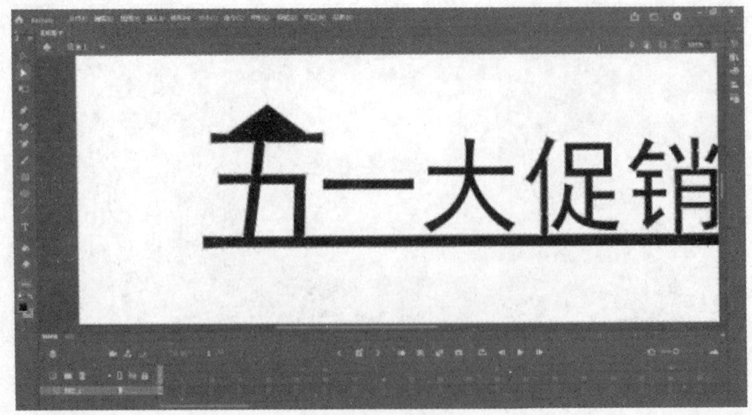

图 30-8

9．使用删除锚点工具删除两边的锚点，如图 30-9 所示。

图 30-9

10．使用任意变形工具，将光标移至右下角出现顺时针旋转标志，进行调整，如图 30-10 所示。

图 30-10

11．将“大”字删除，使用矩形工具绘制出两条短横，然后使用任意变形工具旋转、调整，如图 30-11 所示。

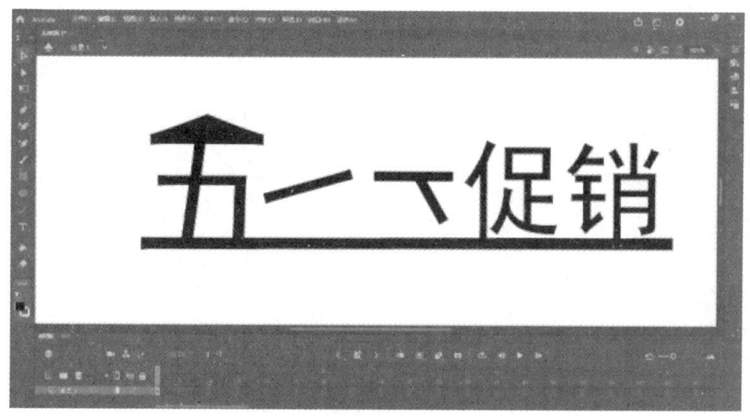

图 30-11

12．绘制出一个箭头或者导入一个箭头，进行缩放调整，移动至合适位置，如图 30-12 所示。

图 30-12

实验 31　Adobe Animate 吃豆子

吃豆子

1．打开 AN，按 Ctrl+N 组合键新建文件，设置宽度为 550 像素，高度为 400 像素，如图 31-1 所示。

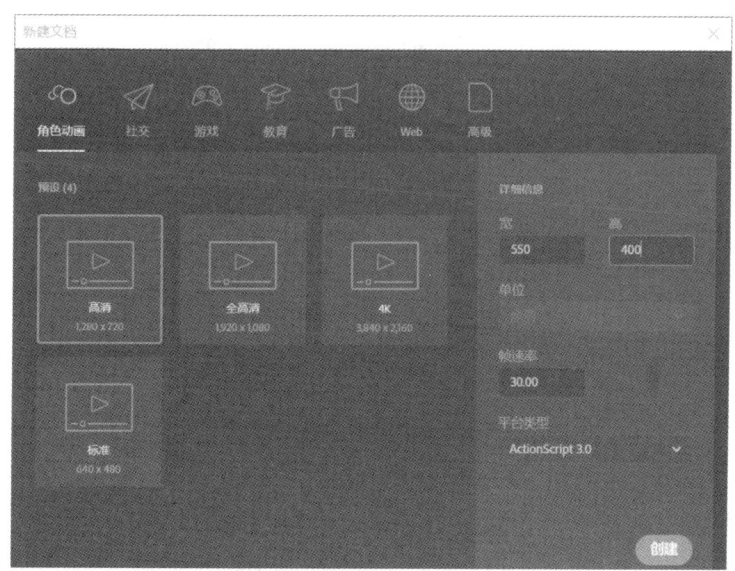

图 31-1

2．使用椭圆工具绘制两个圆，作为脸和眼睛，将脸填充为红色，眼睛填充为黑色，按 Q 键适当调整脸的大小，如图 31-2 所示。

3．使用直线工具，将笔触修改为 1，用来绘制嘴巴，注意要采用与脸部的红色区别较大的颜色，如图 31-3 所示。选中嘴巴的红色部分，按下 Delete 键删除，再将两侧的线删除，如图 31-4 所示。

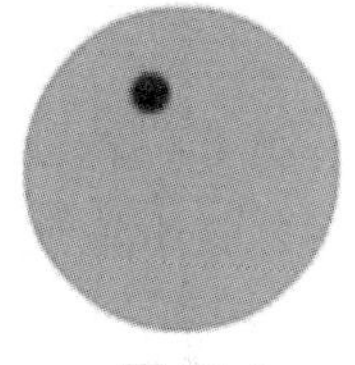

图 31-2

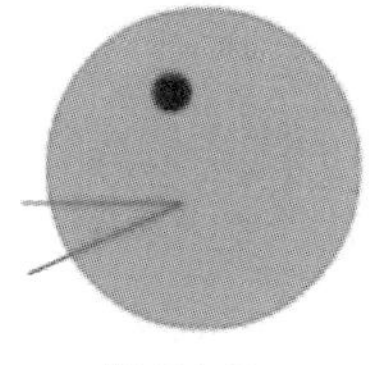

图 31-3

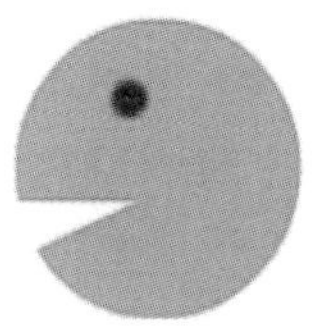

图 31-4

4．选中整张脸，按 Ctrl+C 组合键复制，再按 Ctrl+V 组合键粘贴出一张脸，再用同样的方法，用直线工具将嘴巴扩大，如图 31-5 所示。

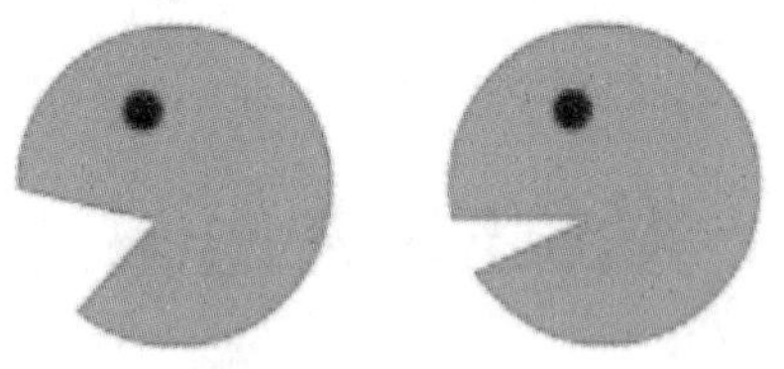

图 31-5

5．依次选中两张脸，分别按 F8 键将其转换为元件，并设置名称为“闭嘴”“张嘴”，即可在库中，找到两个元件，如图 31-6 所示。

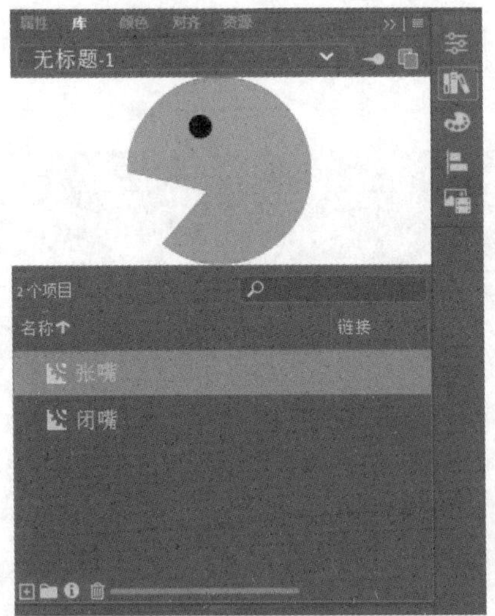

图 31-6

6．再使用椭圆工具绘制一排黄色的豆子，注意绘制的方法，先绘制出一个黄色的椭圆，选中后，再同时按下 Alt+Shift 组合键即可从水平方向复制出一个相同的圆，如图 31-7 所示。

图 31-7

7．在时间轴内添加关键帧。在第 5 帧处插入关键帧，将“闭嘴”元件向前移动一点，不碰到豆子。在第 10 帧处插入关键帧，将“闭嘴”元件向前移动，临近豆子边上，选中“闭嘴”元件，右击，选择“交换元件”，将其变为“张嘴”元件。在第 15 帧处插入关键帧，将“张嘴”元件向前移动，覆盖豆子，并删除豆子。在第 20 针处插入关键帧，将“张嘴”元件向前移动，不碰到豆子，并转换元件为“闭嘴”元件，以此不断地循环重复操作即可，如图 31-8 所示。

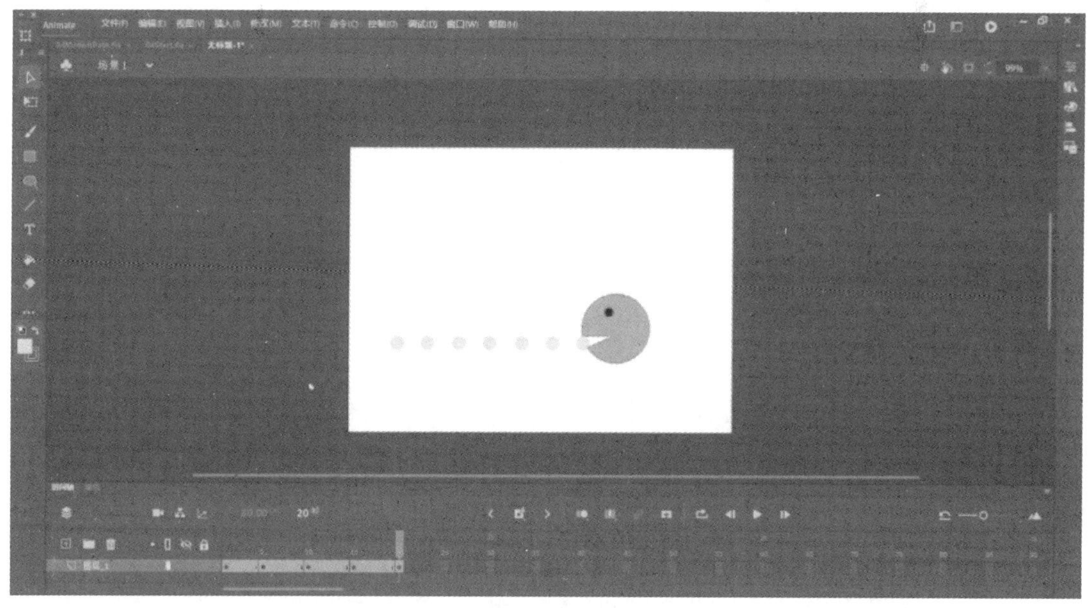

图 31-8

实验 32　Adobe Animate 倒计时

1．打开 AN，新建文档，设置宽度为 1280 像素，高度为 720 像素，如图 32-1 所示。将 FPS 的值改为 1，如图 32-2 所示。

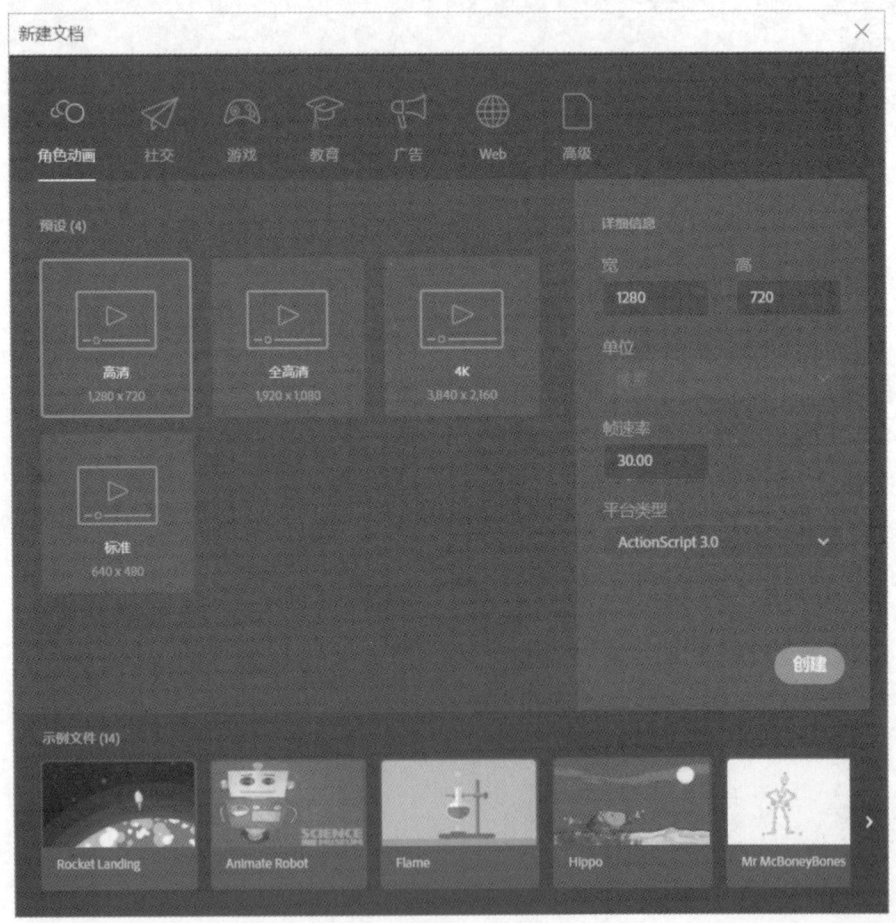

图 32-1

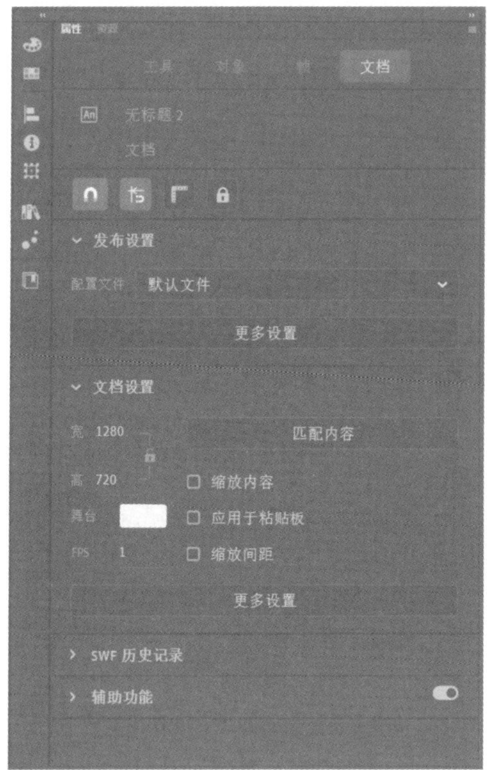

图 32-2

2. 使用文字工具，输入数字“9”，并改变大小，如图 32-3 所示。

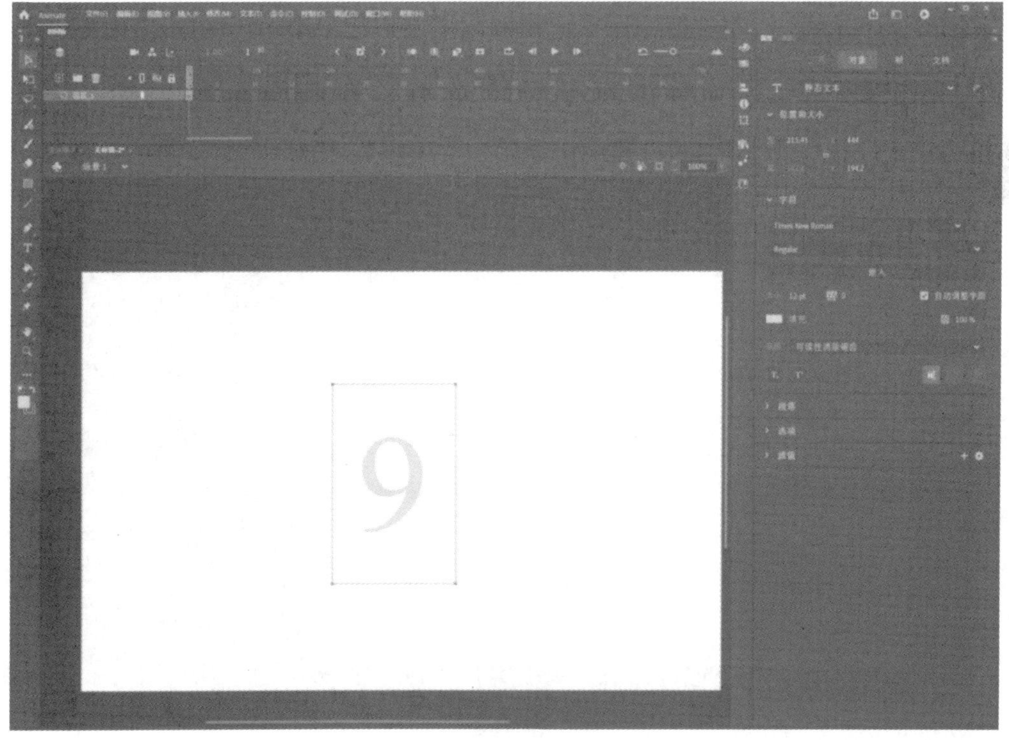

图 32-3

3．新建图层 2，并将图层 2 移动至图层 1 的下方，如图 32-4 所示。

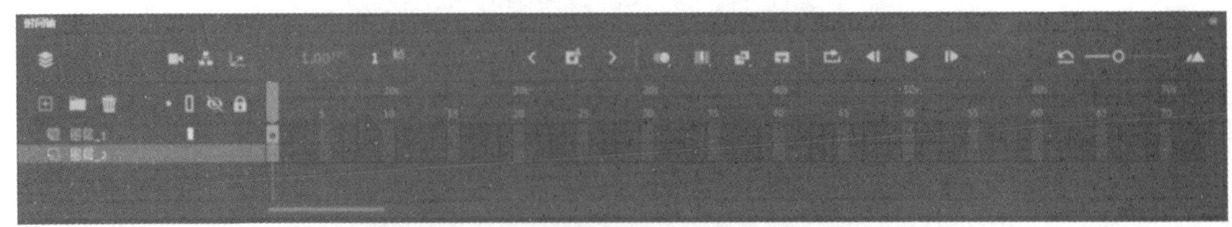

图 32-4

4．使用椭圆工具绘制圆形，如图 32-5 所示。

5．改变数字“9”的颜色，如图 32-6 所示。

6．右击时间轴，选择“插入关键帧”，新建关键帧，将“9”数字改为“8”数字，如图 32-7 所示。

图 32-5　　图 32-6　　图 32-7

7．重复 6 步骤，输入“7”“6”“5”“4”“3”“2”“1”“0”，如图 32-8 所示。

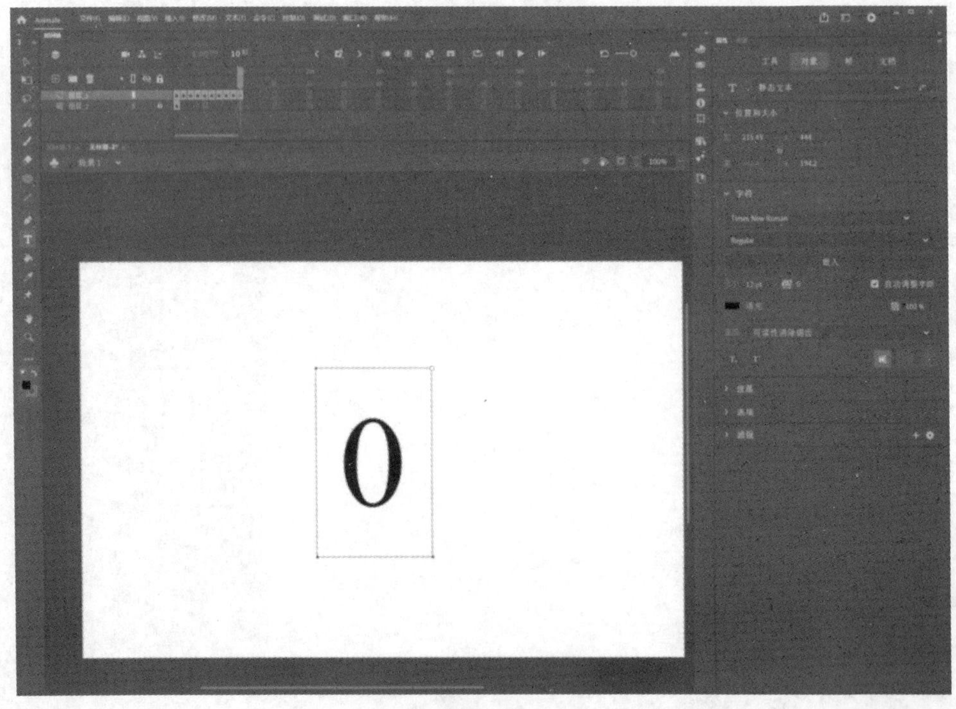

图 32-8

8．在“图层 2”的第 10 帧处插入帧，如图 32-9 所示。

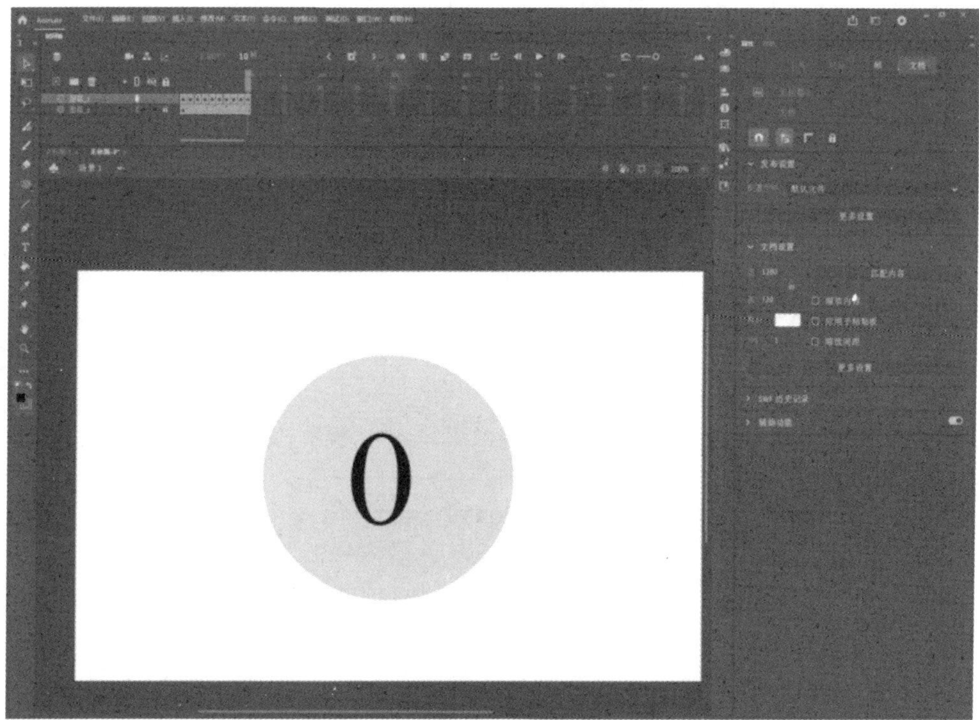

图 32-9

9．保存文件。

实验 33　Adobe Animate 跳动的音符

跳动的音符

1．打开 AN，创建一个标准大小的（640 像素×480 像素）文件，如图 33-1 所示。

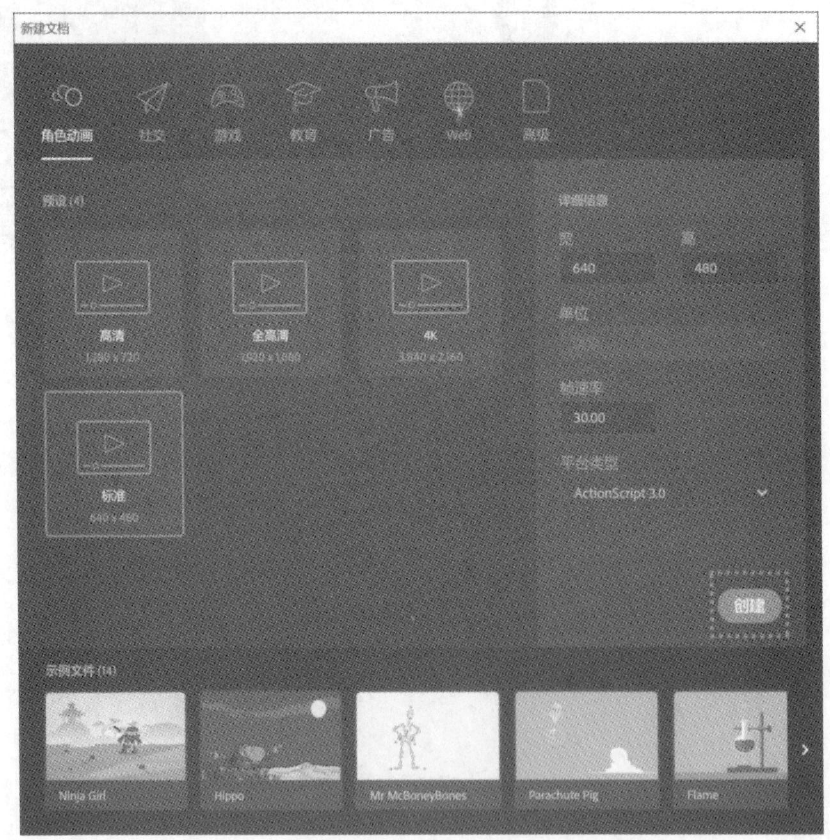

图 33-1

2．单击菜单栏中的工作区按钮，选择“传统”模式。如果觉得画布太大，可适当调整缩放比例，如图 33-2 所示。

3．选择直线工具，在合适位置绘制一个面上无色、描边为橙色、笔触大小为 2 的直线，如图 33-3 所示。

4．在两秒钟处右击，选择“插入关键帧”，创建关键帧，如图 33-4 所示。

图 33-2

图 33-3

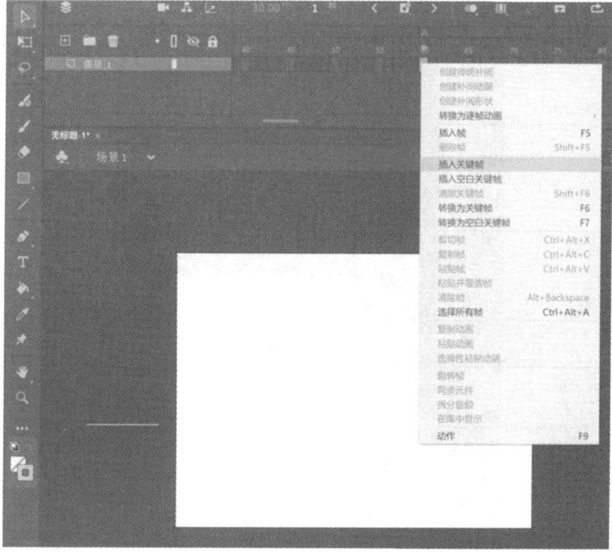

图 33-4

5．选择任意变形工具，单击刚刚创建的直线。按住 Alt 键拖动，可实现单向缩放，如图 33-5 所示。右击 1～2s 中间位置，选择“创建补间形状”，创建补间形状，如图 33-6 所示。

图 33-5

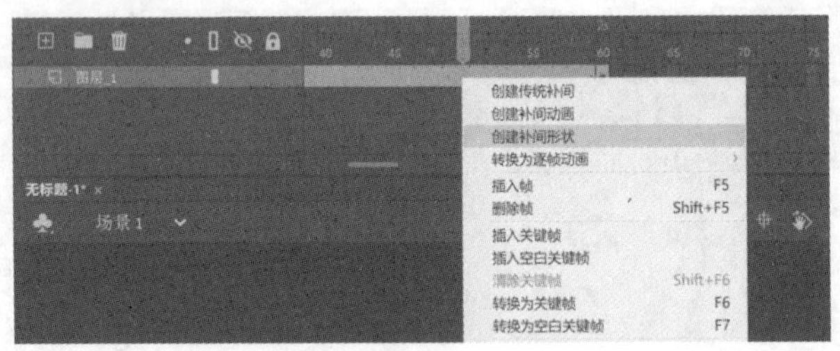

图 33-6

6．单击新建图层，建立图层 2。选择椭圆工具，在图层 2 的第 1 帧的合适位置创建一个橙色填充、无描边的正圆。再用任意变形工具，选中该圆，适当调整大小，并注意与原来的直线相切，如图 33-7 所示。

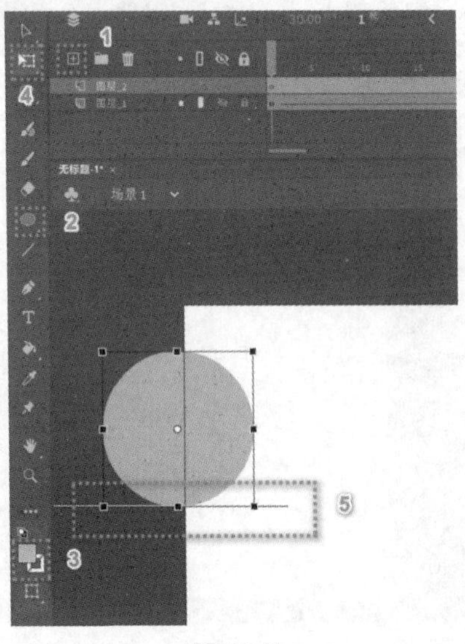

图 33-7

7．在图层 2 的第 60 帧处插入关键帧，仍然选择任意变形工具，将其移动到直线末端，按住 Shift 键等比例缩小。然后创建补间形状。这样，我们可以得到一个直线延伸、圆形沿直线缩小的动画，如图 33-8 所示。

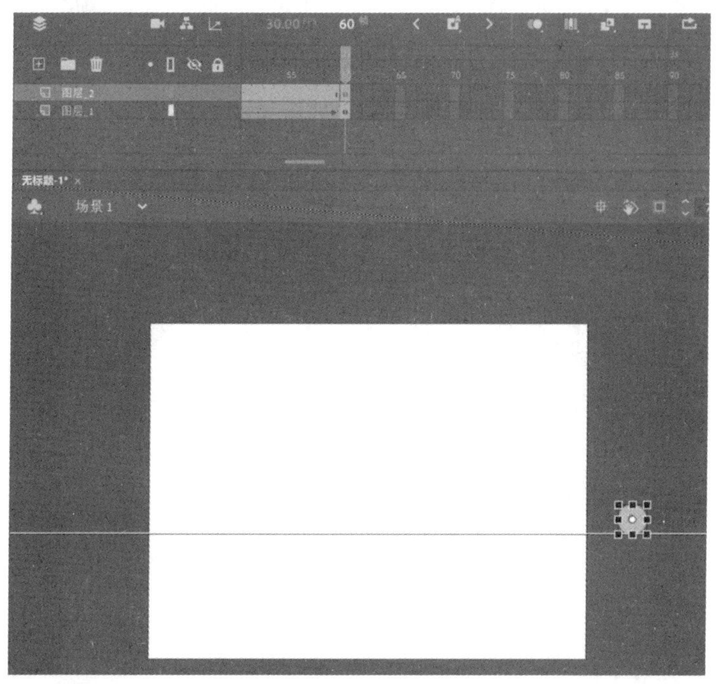

图 33-8

8．在图层 1 的 3s 处插入关键帧，复制直线并移动到合适位置，构成五线谱（如果图层 1 锁定，要先解锁再进行后续操作，另外，选中直线后按住 Alt 键拖动即可完成复制）。绘图结束后，对图层 1 的 2～3s 的部分进行创建补间形状，如图 33-9 所示。

图 33-9

9．单击新建图层，建立图层 3。在图层 3 的第 3s 处插入关键帧，并在五线谱上方合适位置处，绘制一个橙色填充、无描边的圆，如图 33-10 所示。

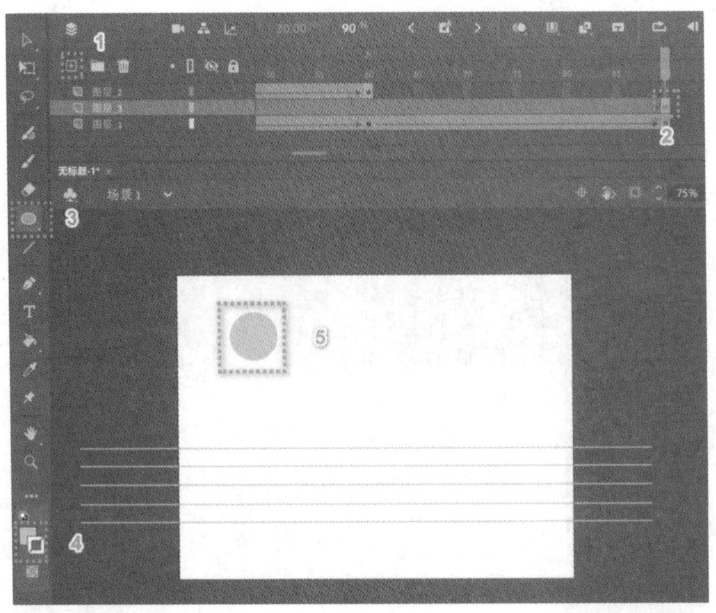

图 33-10

10．依次选择菜单栏中的“文件”—“导入”—“导入到舞台”，如图 33-11 所示，将音符矢量图标导入到舞台，如图 33-12 所示。注意：由于缩放大小问题，导入后音符图标可能在视野范围之外，应拖动寻找。

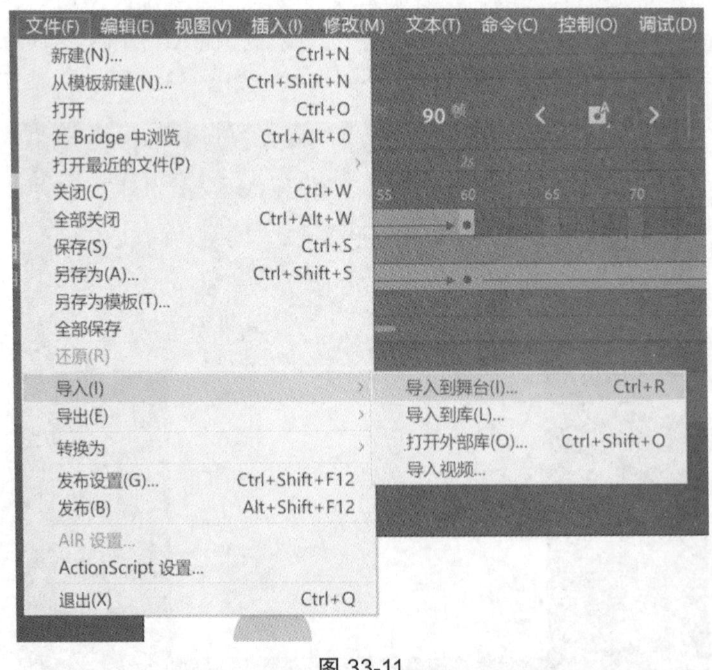

图 33-11

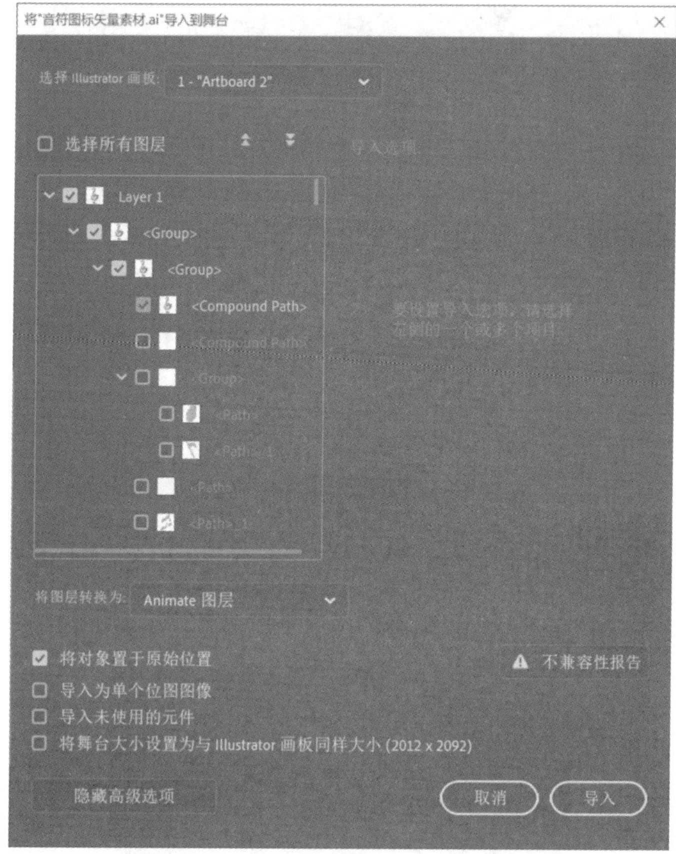

图 33-12

11．将音符拖动到合适位置，缩放到合适大小，如图 33-13 所示。

图 33-13

12．锁定图层 1 和图层 2，按 Ctrl+C 组合键复制音符图标后，删除因导入而新建的 Layer_1，再将音符图标粘贴在图层 3 中，如图 33-14 所示。

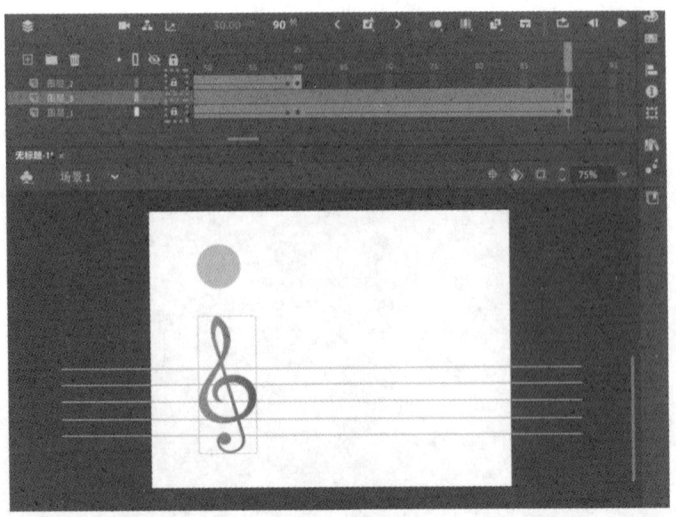

图 33-14

13．保持选中音符的状态，多按几次 Ctrl+B 组合键进行分离，直到不能再分离为止（也就是说，菜单栏中的“修改”—“分离”选项呈现灰色，如图 33-15 所示）。

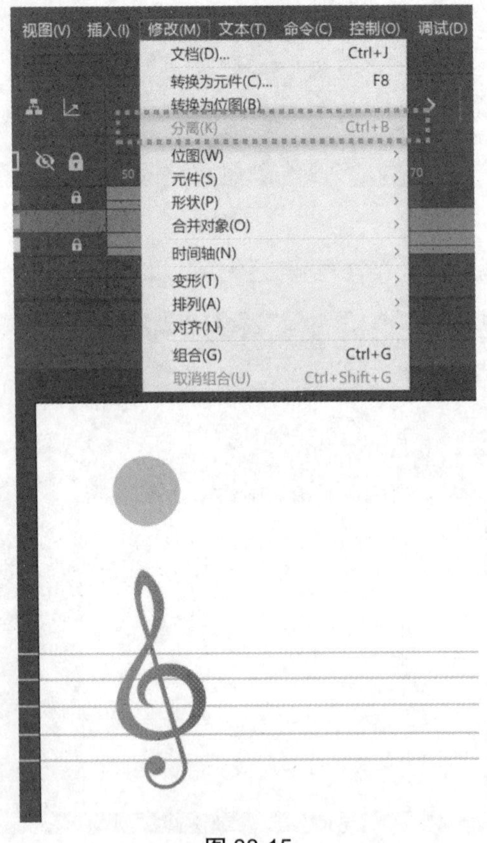

图 33-15

14．在图层 3 的第 4s 的位置创建关键帧，如图 33-16 所示，并删除橙色圆。回到第 3s 处，删除音符，如图 33-17 所示。

图 33-16

图 33-17

15．图层 3 的第 3s 到第 4s 之间创建补间形状，如图 33-18 所示。

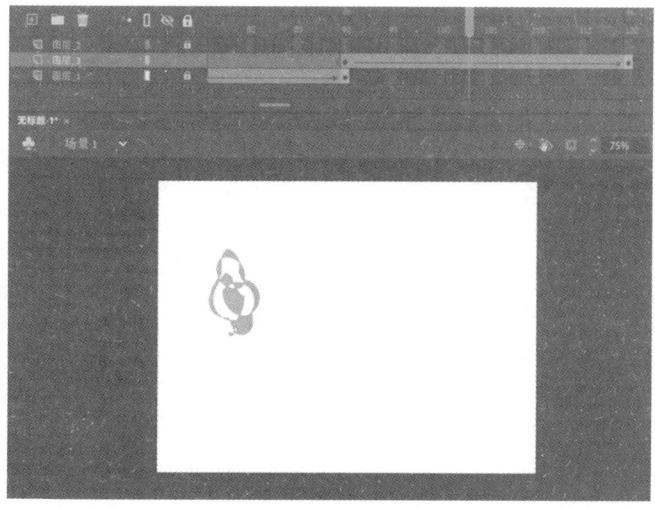

图 33-18

16．在图层 1 的第 4s 处插入帧，可以看到音符线的延长，如图 33-19 所示。

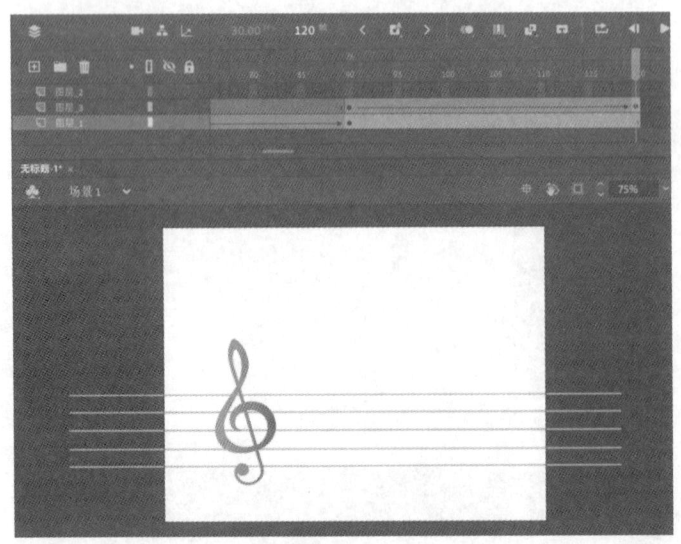

图 33-19

17．测试影片，大功告成。读者也可以重复上述操作，多放置几个音符。

实验 34　Adobe Animate 中国

中国—补间动画

1．打开 AN，新建一个文档，我们选择预设中的“标准”（640 像素×480 像素），单击“创建”按钮，如图 34-1 所示。

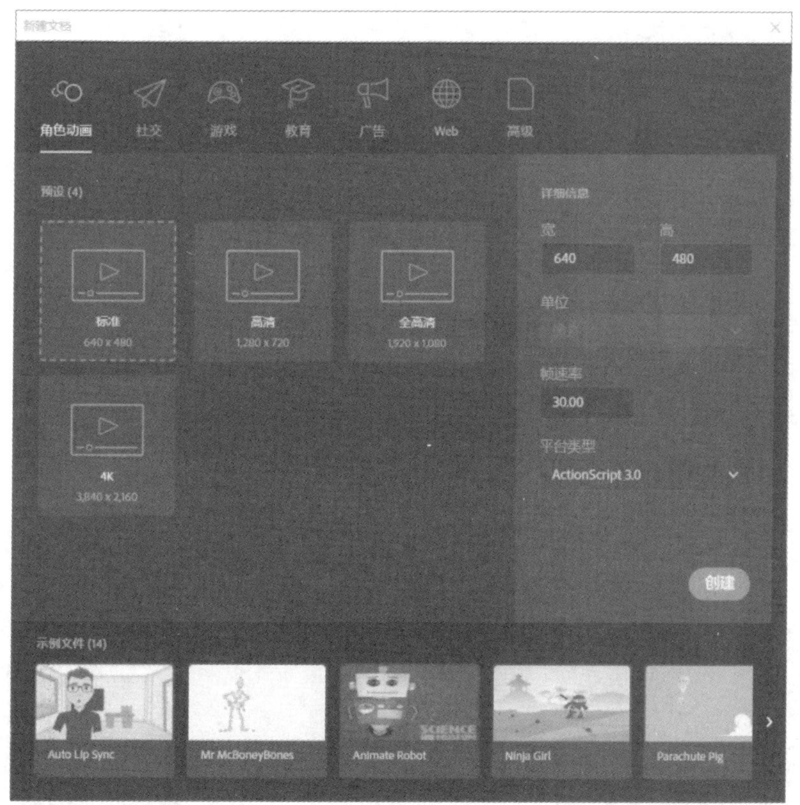

图 34-1

2．选择文本工具，输入“中国”，然后修改文字属性，设置大小为 90px，填充为红色，如图 34-2 所示。

3．我们将文字进行分离（按 Ctrl+B 组合键或者右击，选择“分离”），再逐一将其转化为“元件”（右击，选择“转化为元件”或按 F8 键），分别命名为“中”“国”，如图 34-3 所示。

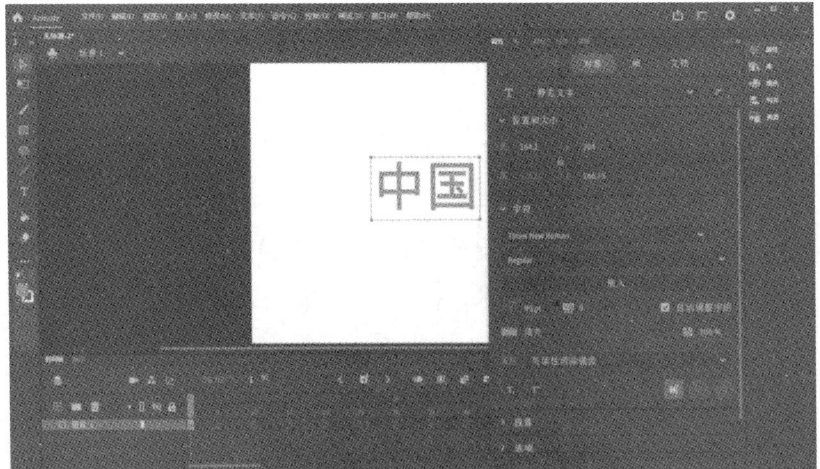

图 34-2

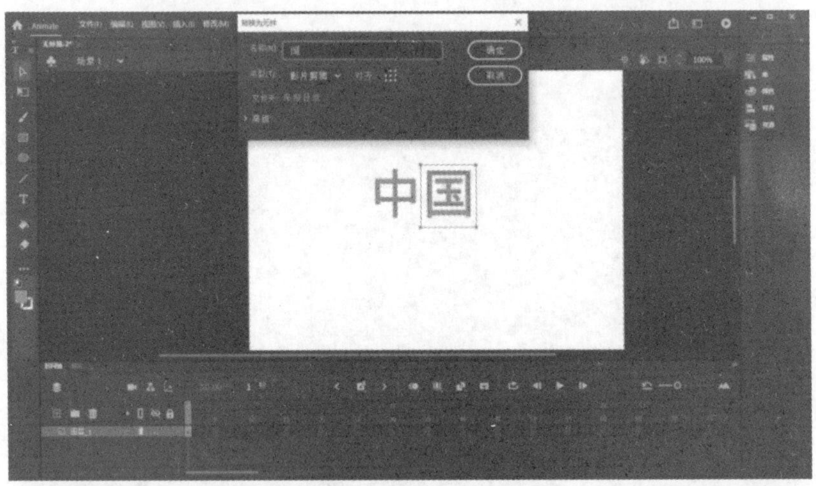

（a）

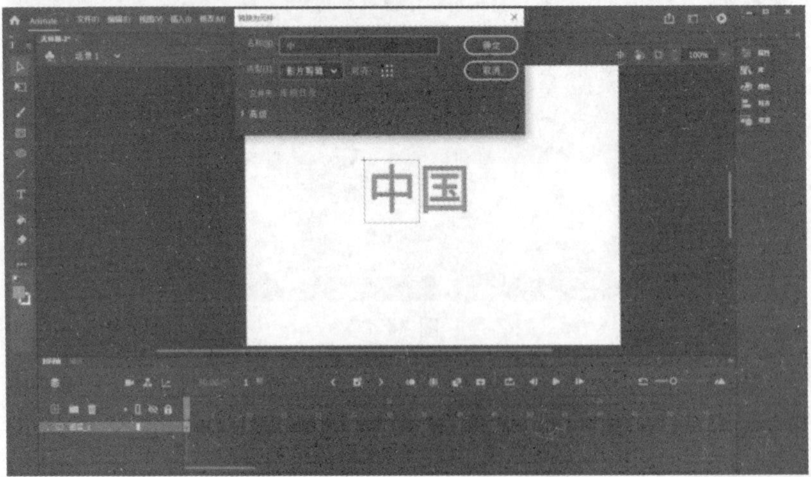

（b）

图 34-3

4．再选择文本工具，输入大写“Q”，在属性“字符”中修改文字样式为“Wingdings”，颜色为蓝色，最终得到一个“飞机”的图案，创建并命名为“飞机”元件，如图 34-4 和图 34-5 所示。

图 34-4

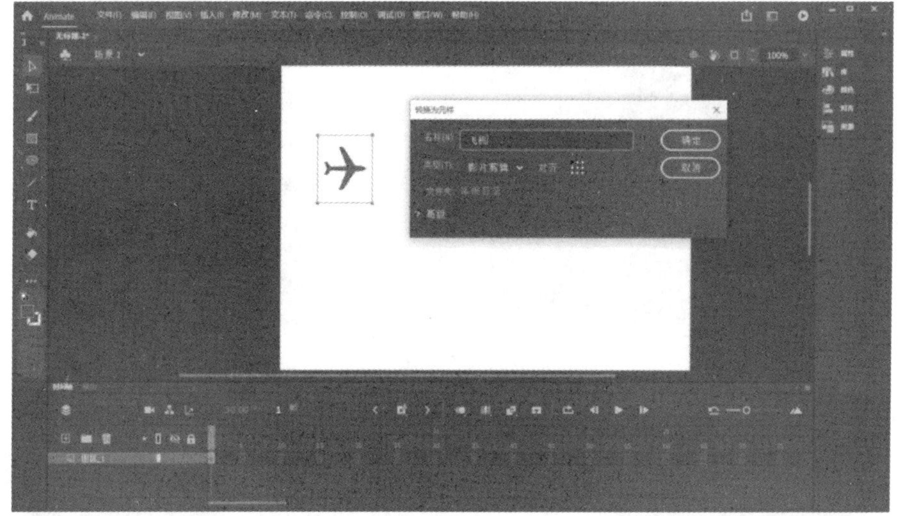

图 34-5

5．准备工作完成了，删除场景上的文字，在库中选择“中”，将其拖入场景中，如图 34-6 所示。

6．新建一个图层，把“国”元件拖入场景中；再新建一个图层，把“飞机”元件也拖入场景中，将“飞机”图层复制一层，并排列它们的位置，如图 34-7 所示。

7．在图层 1 和图层 3 的第 15 帧处将其“转换为关键帧”，选择图层 3 的第 15 帧处把飞机平移到“中”字上，并且在图层 3 的时间轴上“创建传统补间动画”，如图 34-8 所示。

8．选择图层 1 并且将第 1 帧到第 15 帧之间的帧清除（拖动选中，右击，选择“清除帧”），在第 30 帧处再次将其“转化为关键帧”，如图 34-9 所示。

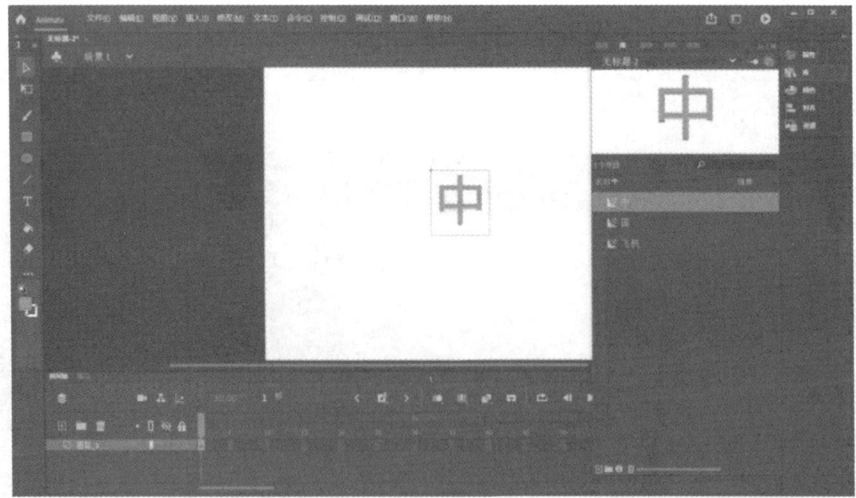

图 34-6

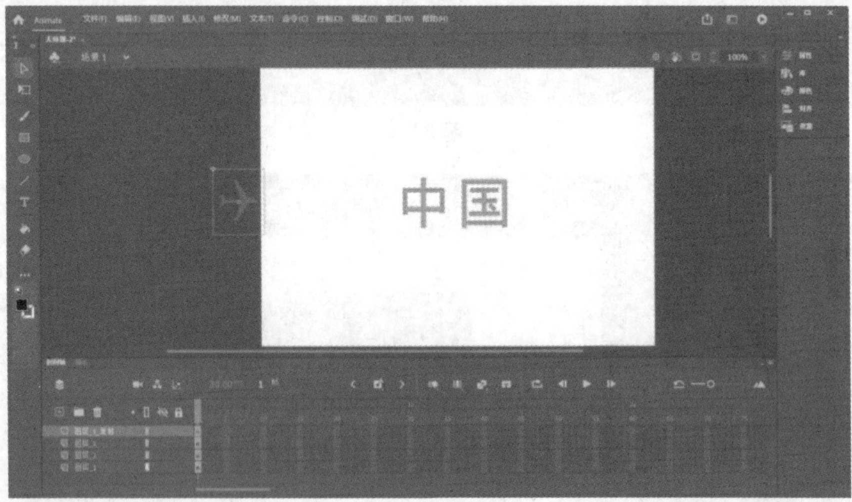

图 34-7

图 34-8

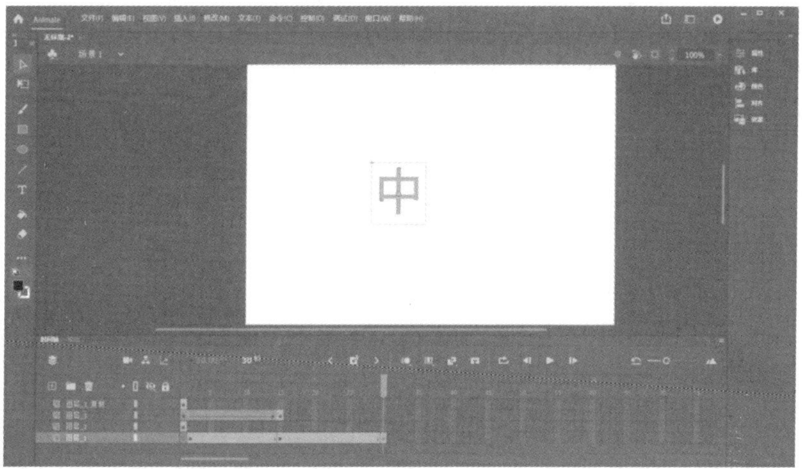

图 34-9

9．选择图层 1，在第 15 帧处和第 30 帧处修改色彩效果，即修改“Alpha”属性（0～100）并且创建传统补间动画，达到渐隐的效果，如图 34-10 和图 34-11 所示。

图 34-10

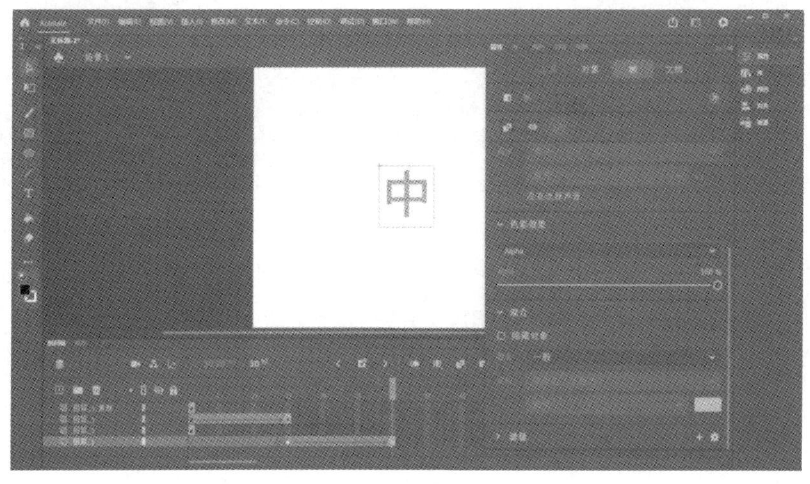

图 34-11

10．选中“图层 3-复制”图层，将第 30 帧转化为关键帧，再将第 45 帧转化为关键帧；选择“图层 2”，将第 45 帧转化为关键帧，如图 34-12 所示。

图 34-12

11．清除图层 2 的第 45 帧之前的场景（保留第 45 帧）（定位在第 1 帧，按 Delete 键或者右击，选择“清除帧”），选择“图层 3 复制”，在第 45 帧处将飞机元件平移到“国”字上，并创建传统补间动画，如图 34-13 所示。

图 34-13

12．在图层 2 的第 60 帧处，创建传统补间动画，并且修改第 45 帧和第 60 帧的色彩效果，即修改“Alpha”属性（0～100），如图 34-14 所示。

13．在图层 1 的第 60 帧处创建传统补间动画，播放调试场景，完成后保存文件，如图 34-15 所示。

（a）

（b）

图 34-14

图 34-15

实验 35　Adobe Animate 飞机转圈

飞机转圈

1．打开 AN，新建一个文档，我们选择预设中的“标准”（640 像素*480 像素），单击“创建”按钮，如图 35-1 所示。

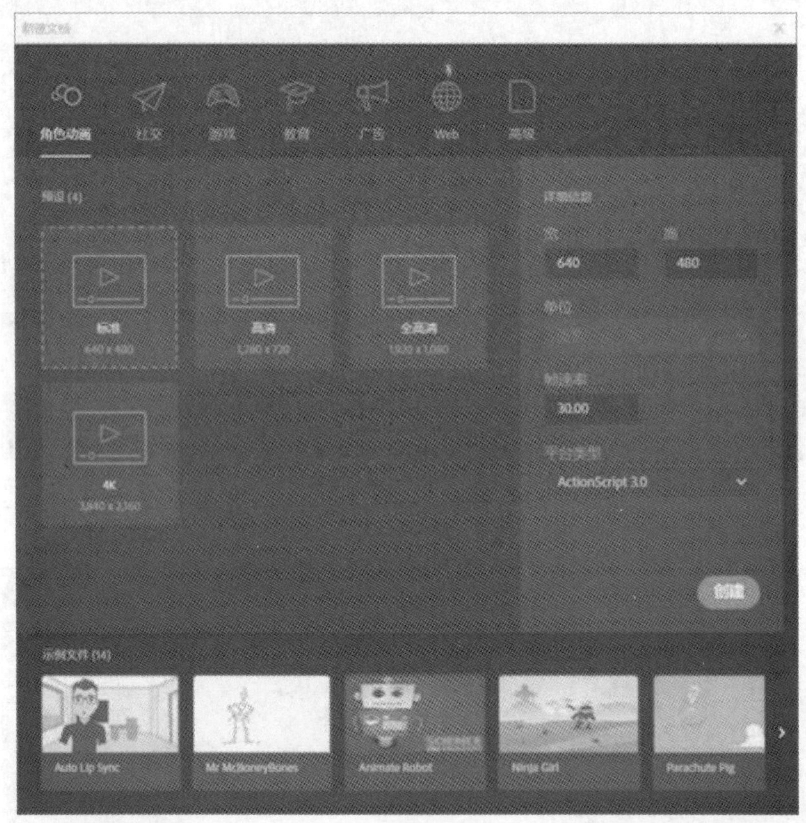

图 35-1

2．再选择文本工具，输入大写“Q”，在属性“字符”中修改文字样式为“Wingdings”，颜色为自定，最终得到一个“飞机”的图案，创建并命名为“飞机”元件，如图 35-2 所示。

3．新建一个图层，使用钢笔工具，在场景上画出飞机的飞行路径，如图 35-3 所示。

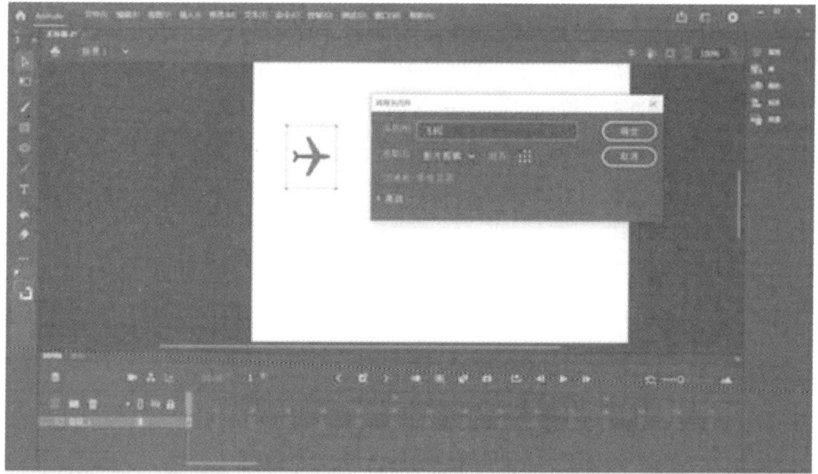

图 35-2

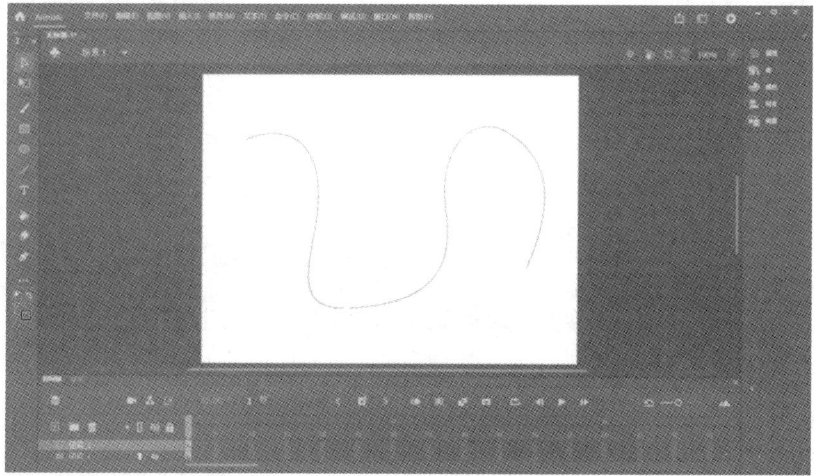

图 35-3

4．把飞机放置于路径的起始点，飞机中心对准路径，如图 35-4 所示。

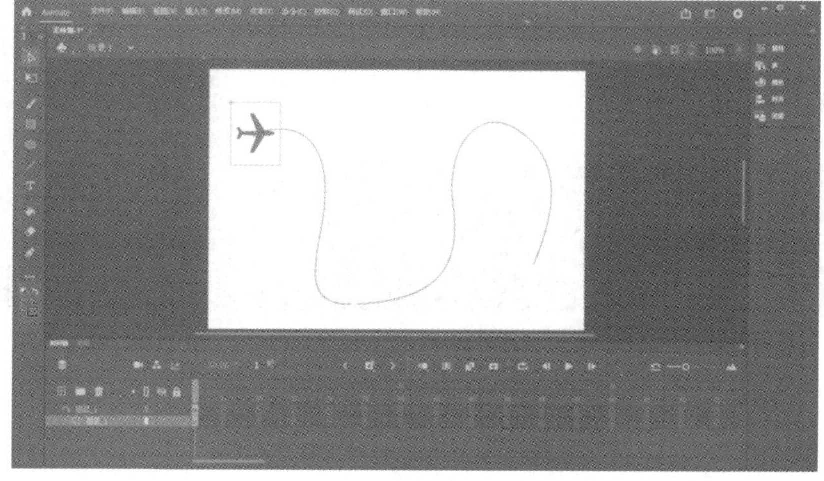

图 35-4

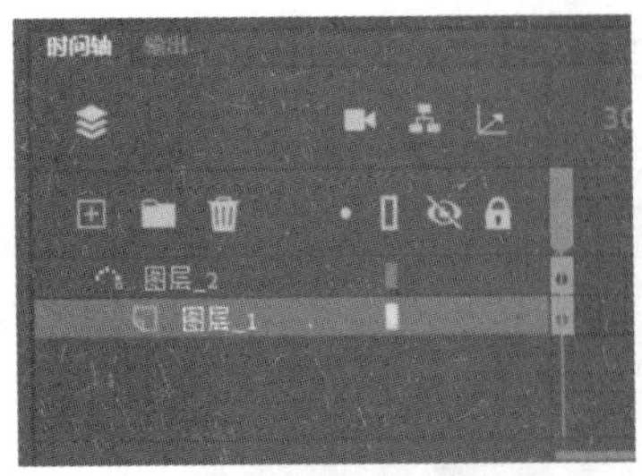

图 35-5

5．在“图层 2（路径）”上右击，选择“引导层”，再把图层 1（飞机）拖动到图层 2（路径）下后方，图标变为效果图时就有效了，如图 35-5 所示。

6．在图层 1 和图层 2 的第 35 帧处创建传统补间动画，在图层 2 的第 35 帧处将飞机移动到路径末端，并且创建传统补间，如图 35-6 所示。

7．在图层 2 的时间轴合适的地方上插入各个关键帧，使用任意变形工具来调整飞机的方向，如图 35-7 所示。

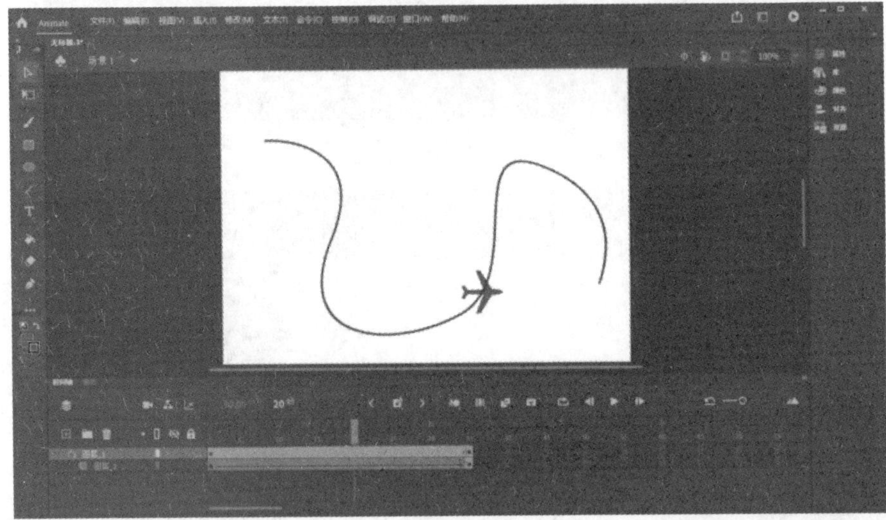

图 35-6

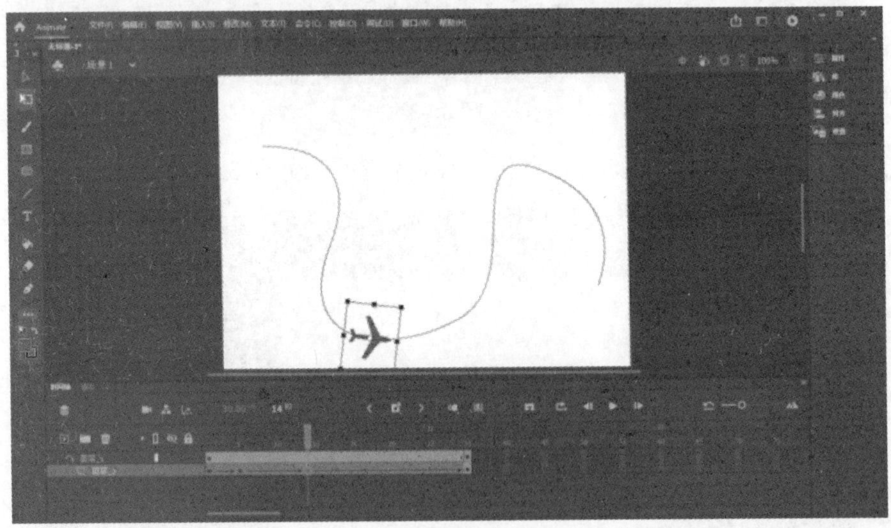

（a）

图 35-7

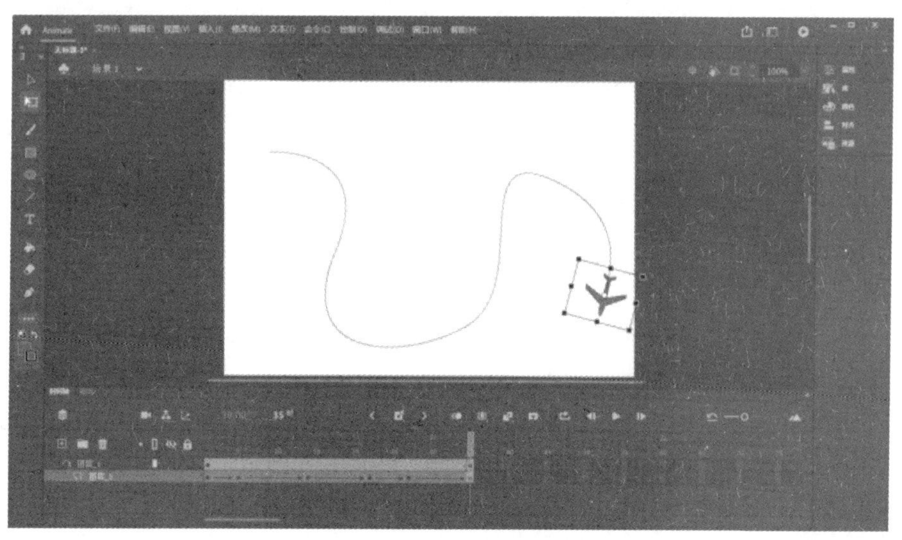

（b）

图 35-7（续）

8．飞机转圈的动画完成，播放调试场景，最后保存文件。

实验 36　Adobe Animate 纸飞机

纸飞机

1．打开 AN，新建一个任意大小的文档，并插入一个图层，如图 36-1 所示。

图 36-1

2．在图层 1 中，使用线条工具绘制小飞机，如图 36-2 所示。

图 36-2

3．使用油漆桶工具给两边填充上不同的颜色，如图 36-3 所示。

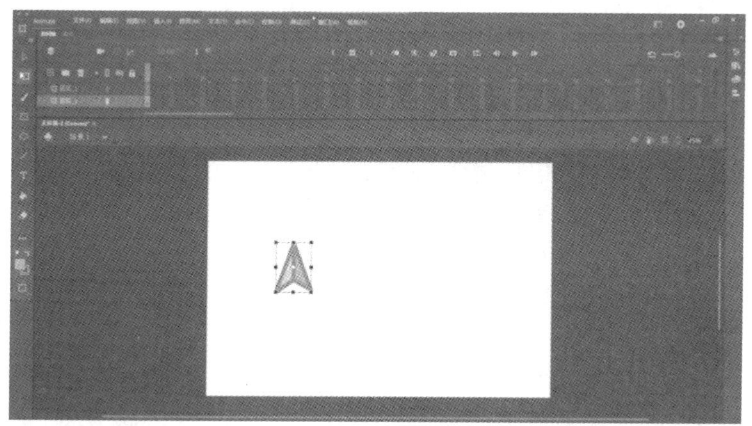

图 36-3

4．按下 Q 键选中，将其调整为适当大小后按 F8 键，将其转换为元件，如图 36-4 所示，然后在图层 1 将其删除。

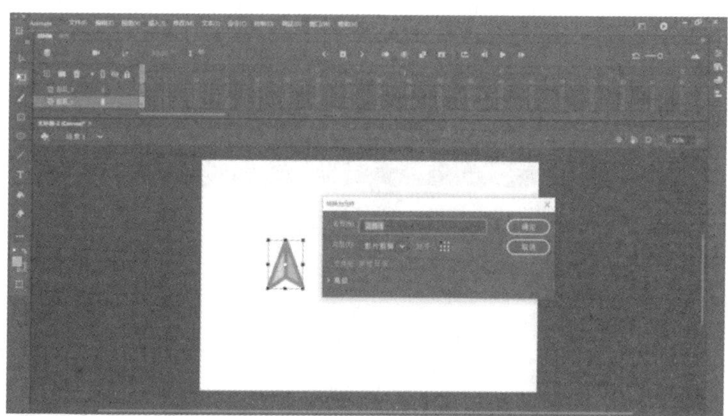

图 36-4

5．在图层 2，使用椭圆工具+Shift 键画一个正圆（内部不要填充颜色），再使用橡皮擦工具，略微擦去一点，让图形有起点和终点（为了看得清楚，图中擦去较多），如图 36-5 所示。

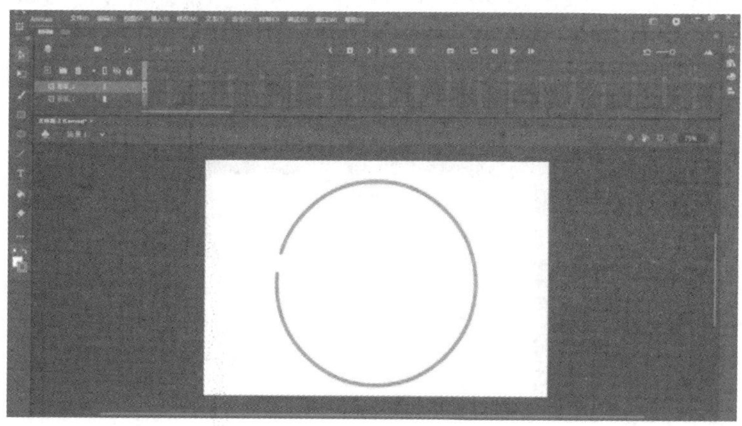

图 36-5

6．回到图层 1，在右侧库中找到元件，放入图层 1 中，将其中心与起点对齐，如图 36-6 所示。

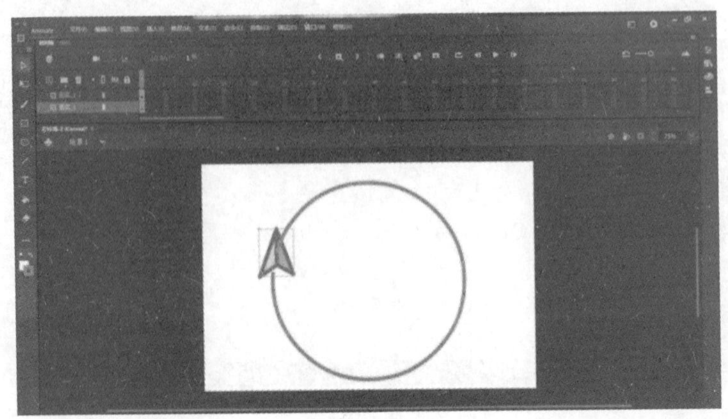

图 36-6

7．在时间轴选中第 48 帧，将图层 1、图层 2 的第 48 帧一起转为关键帧，并将元件的中心拖至第 48 帧上圆的终点，再选中时间轴上图层 1 的任意一帧，创建传统补间，如图 36-7 所示。

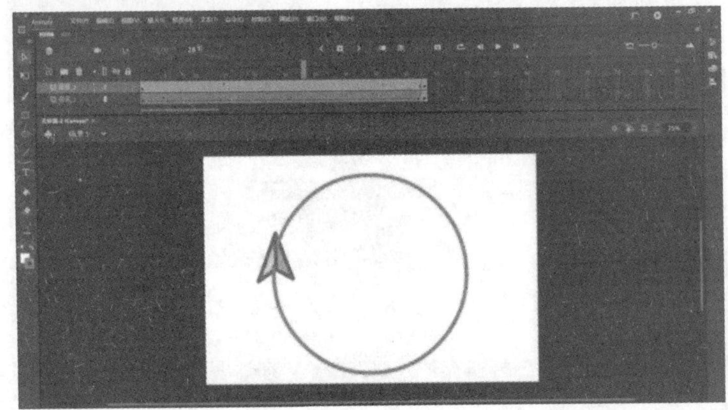

图 36-7

8．右击图层 2，将其选为引导层，长按图层 1，将其向上拖动，在图层 2 下方出现一条黑线后，向右拖动一些，松开鼠标，图层 2 图标变为图 36-8 中样式即为成功。

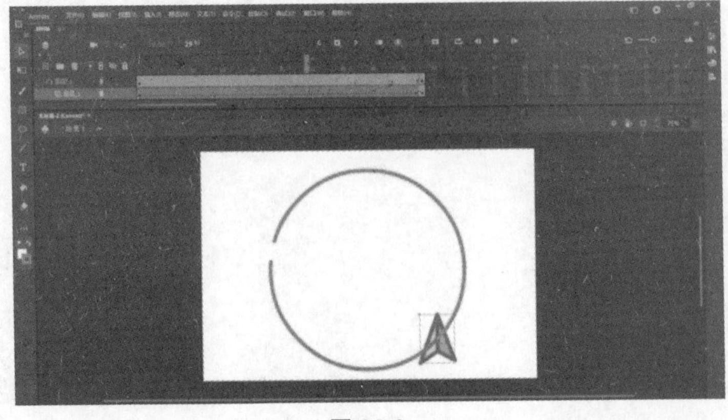

图 36-8

9．在右侧属性中，勾选“调整到路径”，即可将纸飞机头部转向飞行方向，如图 36-9 所示。

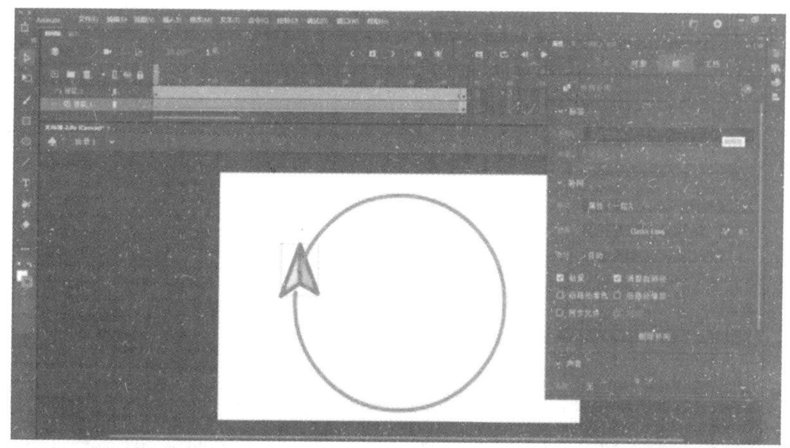

图 36-9

10．插入图层 3，将其放置于图层 1 的下方，将原图层 2 的轨迹复制到图层 3 中，再使用画笔工具，将圆修补好，如图 36-10 所示。

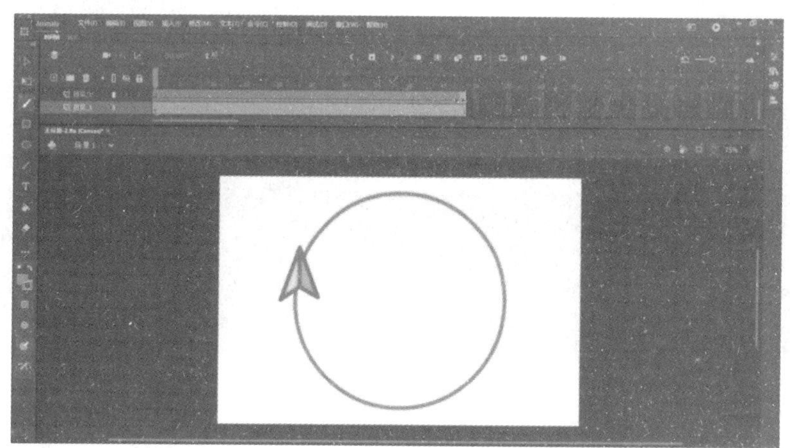

图 36-10

11．可以使用 Ctrl+回车键在浏览器中预览作品。

实验 37　Adobe Animate 闪亮的文字

闪亮的文字

1. 打开 AN，新建一个文件，并输入一排文字，如图 37-1 所示。

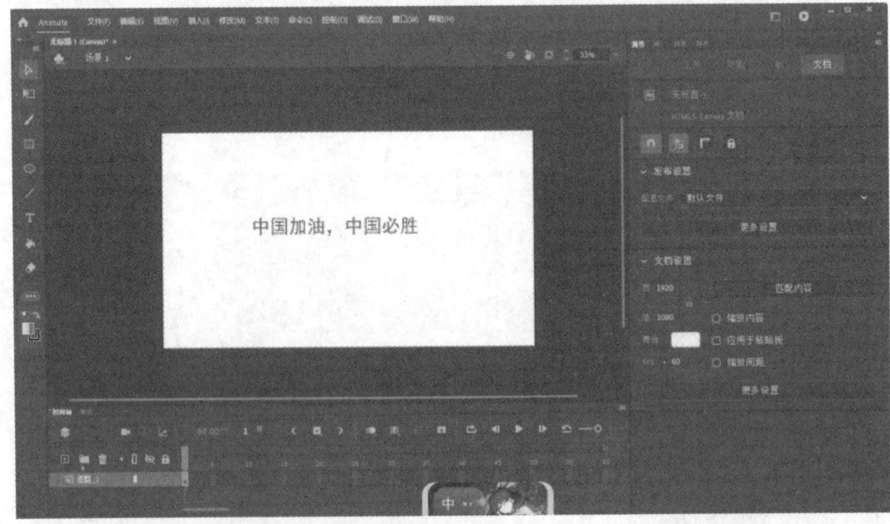

图 37-1

2. 利用前面所学知识把文字颜色变成彩虹色，如图 37-2 所示。

中国加油，中国必胜

图 37-2

3. 插入一个图层，使用矩形工具在文字旁画一个长方形，将第 70 帧转换为关键帧，在图层 1 中同样将第 70 帧转换为关键帧，如图 37-3 所示。

4. 将第 50 帧转换为关键帧，然后把长方形移到文字的右边，如图 37-4 所示。

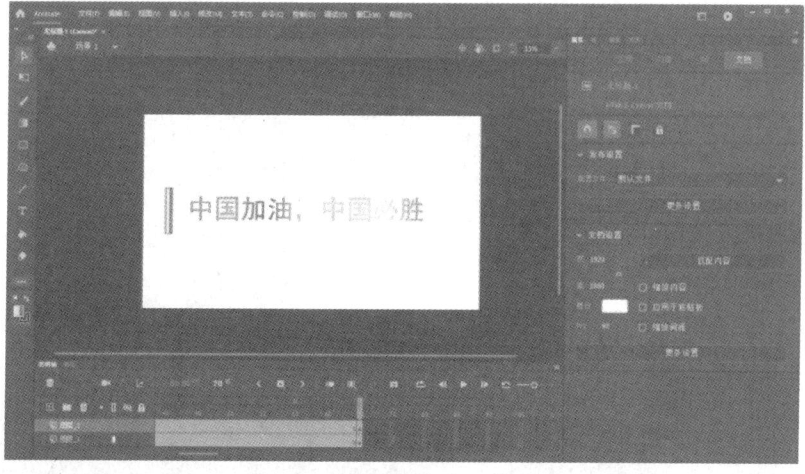

图 37-3

图 37-4

5．分别在第 50 帧之前和第 70 帧之前创建传统补间，再把图层 2 设置为遮罩层。

6．新建一个图层，把文字复制进去，并把该图层移到图层 1 的下面，如图 37-5 所示。

图 37-5

7．把文字改成黑色，分别将第 70 帧和第 75 帧转换为关键帧，然后分别在第 70 帧和第 75 帧处复制图层 1 到图层 3（快捷键 Ctrl+Shift+V），如图 37-6 所示。

图 37-6

8．保存文件。

实验 38　Adobe Animate 划过夜空的流星

划过夜空的流星

1．打开 AN，新建一个“HTML5 Canvas”的平台，如图 38-1 所示。

图 38-1

2．选择“文件”菜单下的“导入”，再选择“导入到库”，将素材“夜晚”导入，再在“库”中将素材拖出，如图 38-2 所示。

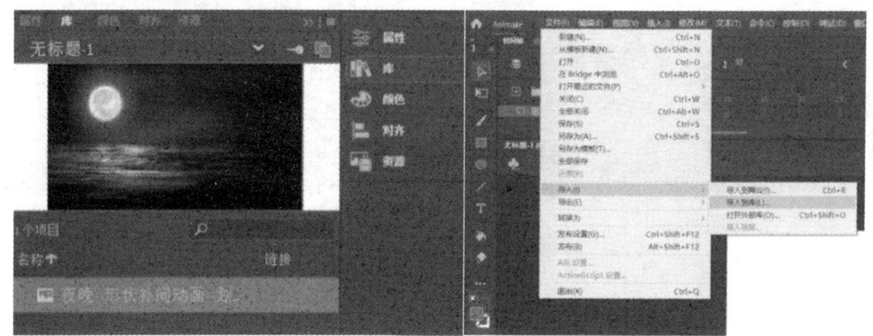

图 38-2

3．选择“属性”，设置大小（550，300）、位置（0，0），然后设置舞台大小与素材相一致，如图 38-3 所示。再选择任意变形工具，将素材翻成如图 38-4 所示样式。

图 38-3

图 38-4

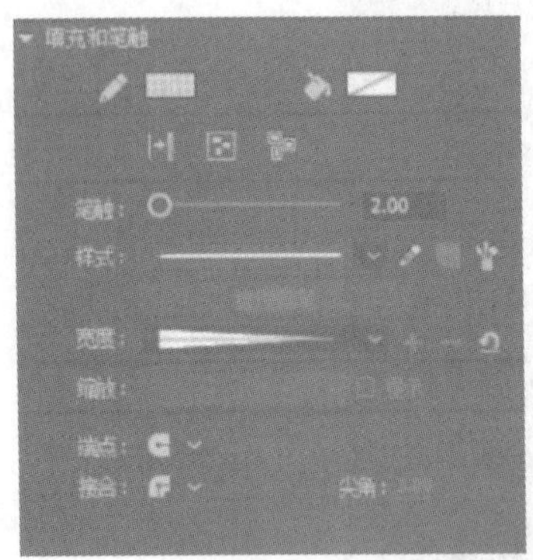

图 38-5

4．新建“图层 2”，在“图层 1”与“图层 2”的第 15 帧处插入帧，并将“图层 1”锁定。选择“图层 2”用钢笔工具绘制一条从左到右下的线，再用“选择工具”选中，并将其属性设置为透明度 100%，颜色为白色，笔触为 3，宽度为“宽度配置文件 4”，如图 38-5 所示。

5．右击第 15 帧，选择“转换为关键帧”。在关键帧为 0 帧时，利用 Ctrl 键将原本的钢笔轨迹调整成如图 38-6（a）所示形式，再在关键帧为 15 帧时，用同样的方法调整成如图 38-6（b）所示形式，并设第 15 帧处的属性为透明度为 60%，笔触为 2，如图 38-7 所示。

6．在“图层 2”的第 0～15 帧之间右击，选择“创建补间形状”，按 Enter 键即可预览，如图 38-8 所示。

（a）

（b）

图 38-6

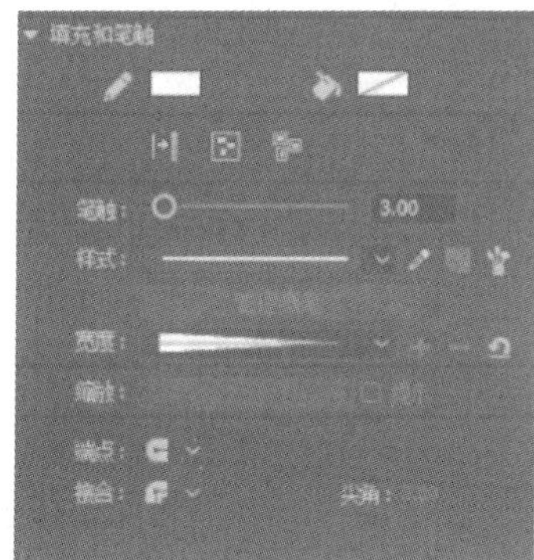
填充和笔触
笔触：
3.00
样式：
宽度：
端点：
接合：

图 38-7

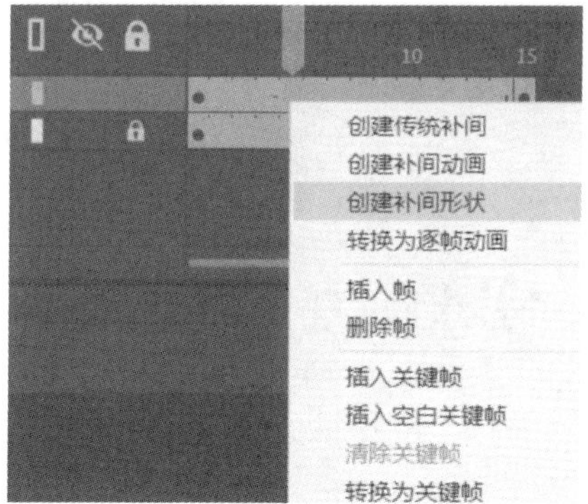
10
15
创建传统补间
创建补间动画
创建补间形状
转换为逐帧动画
插入帧
删除帧
插入关键帧
插入空白关键帧
清除关键帧
转换为关键帧

图 38-8

实验 39　Adobe Animate 旋转的立方体

旋转的立方体

图 39-1

1．新建画布，调好喜欢的填充颜色和笔触颜色，如图 39-1 所示。

2．用钢笔工具画好立方体的一面。按住 Ctrl 键可移动锚点，如图 39-2 所示。

3．选中图形，用填充工具（油漆桶）填充颜色，并取消笔触颜色，如图 39-3 所示。

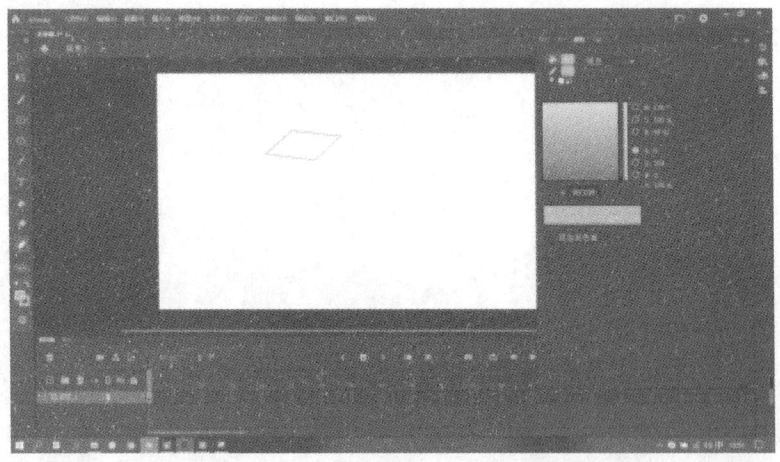

图 39-2

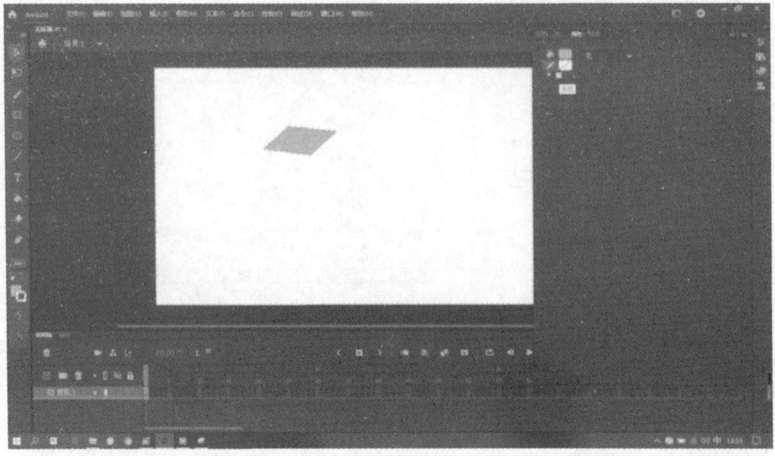

图 39-3

4．新建图层以相同的方法画出立方体的另外两面，如图 39-4 所示。画的途中可将前一图层锁定，取消填充以方便绘画，注意 4 个角要顺时针地画。

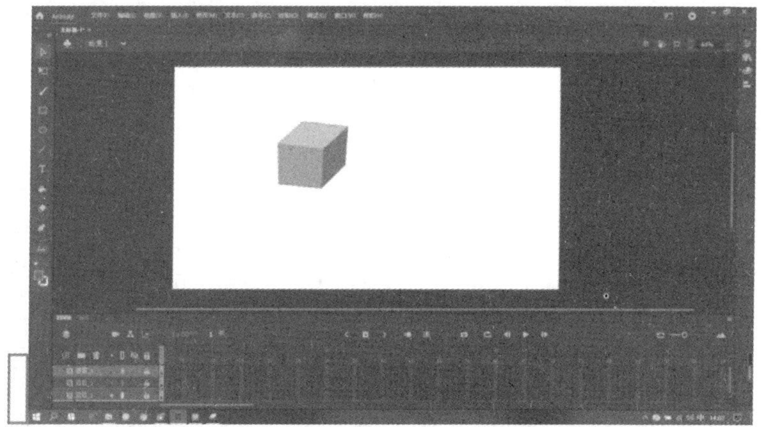

图 39-4

5．在第 20 帧处插入关键帧，如图 39-5 所示。

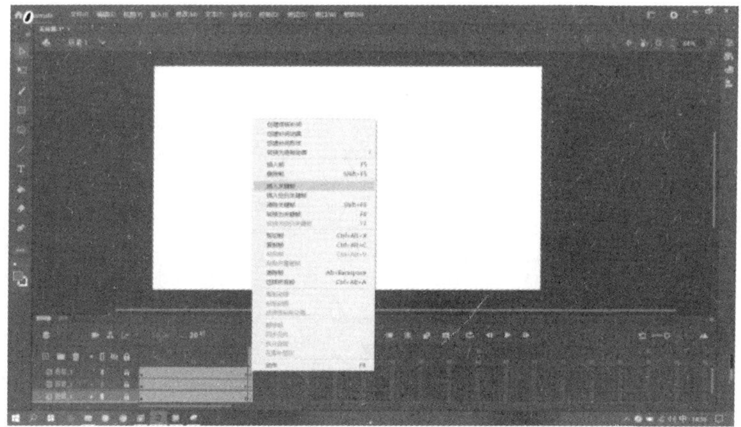

图 39-5

6．解除图层锁定，改变立方体的形状，如图 39-6 所示。

图 39-6

7．选中所有关键帧，右击，选择“创建补间形状”，如图 39-7 所示。

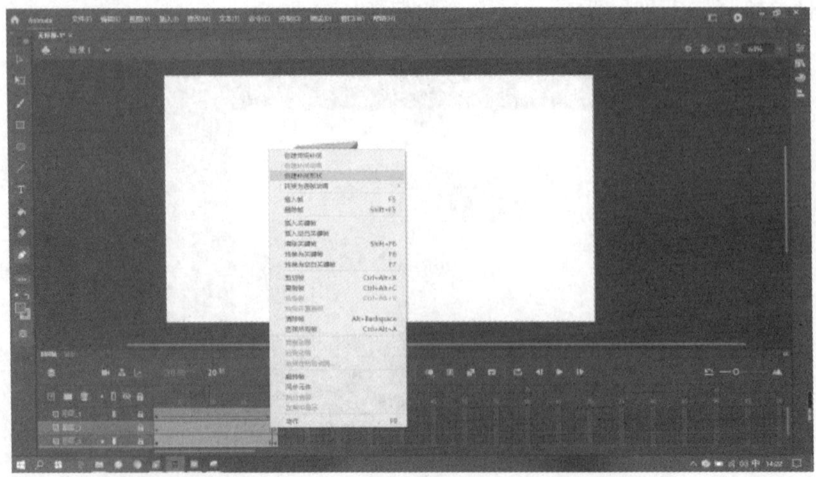

图 39-7

8．保存文件。按 Ctrl+回车键生成影片。

实验 40　Adobe Animate 颠簸行驶的汽车

颠簸行驶的汽车

1．先在 Photoshop 中分离出小车的各个部件，如图 40-1 所示。

图 40-1

2．打开 AN，新建一个默认文档，如图 40-2 所示。

图 40-2

3．在“文件”菜单下选择“导入”—“导入到舞台”（快捷键 Ctrl+R），把小车的各个部件导入到舞台，如图 40-3 所示。

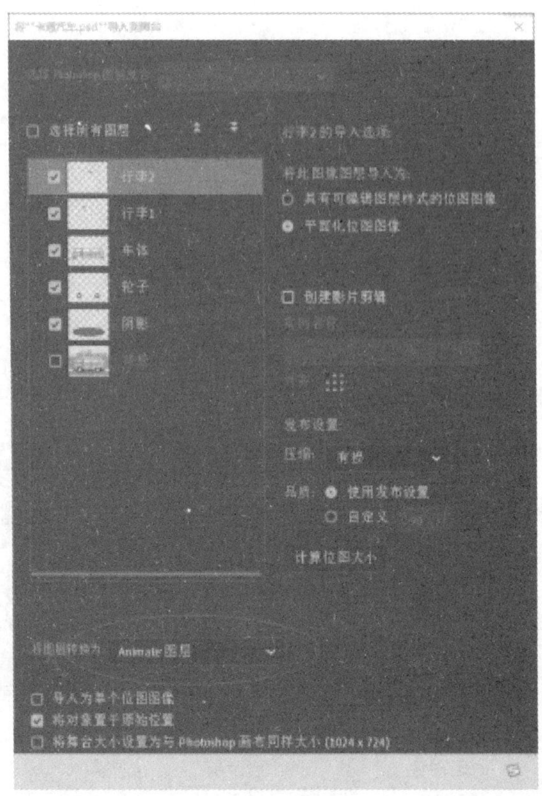

图 40-3

4．按住 Shift 键用任意变形工具将小汽车按比例缩小到合适大小，如图 40-4 所示，选中全部部位，在“修改”菜单下选择“分离”（Ctrl+B）。

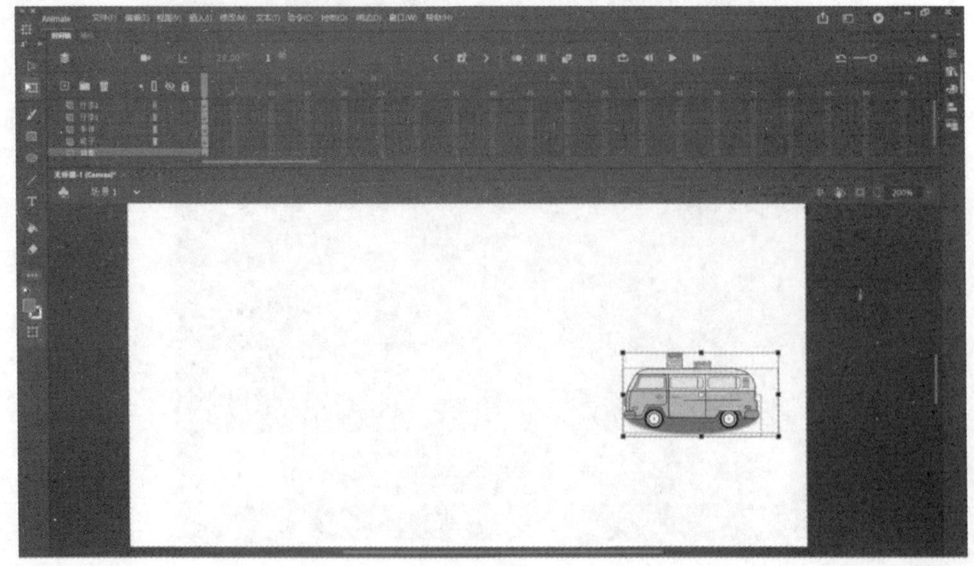

图 40-4

5．选中所有部件，然后在第 20 帧处插入关键帧，并把第 14 帧转换为关键帧。

6．选中车体图层，按住 Alt 键把小车向上拉升，左右适当缩小，阴影部分双向缩小，并调整轮胎与行李的位置，效果如图 40-5 所示。

图 40-5

7．选中全部图层，在时间轴上右击，选择“创建补间形状”。

8．选中全部图层，在时间轴上右击，选择“复制所有帧”，在“插入”菜单下选择“新建元件”，在打开的对话框中，选择“影片剪辑”，名称框中输入“来回跳动的小车”，如图 40-6 所示。

图 40-6

9．返回场景 1，新建一个空白图层，删除原有的所有图层，在舞台右侧拖入库中的小车元件，在第 40 帧处插入关键帧，并按住 Shift 键把小车元件平移到左侧，在中间创建传统补间动画，如图 40-7 所示。

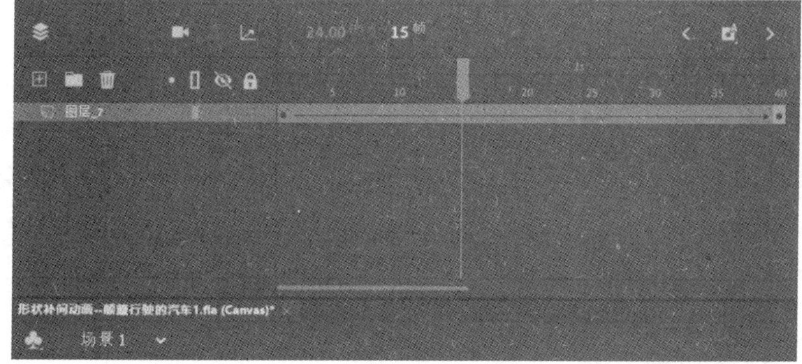

图 40-7

10．保存文件并命名为“颠簸行驶的汽车”。

实验 41　Adobe Animate 火影忍者

火影忍者

1．新建一个与图片大小相同的舞台，我们这里选用 850 像素×850 像素，并将图片放入舞台中，如图 41-1 所示。

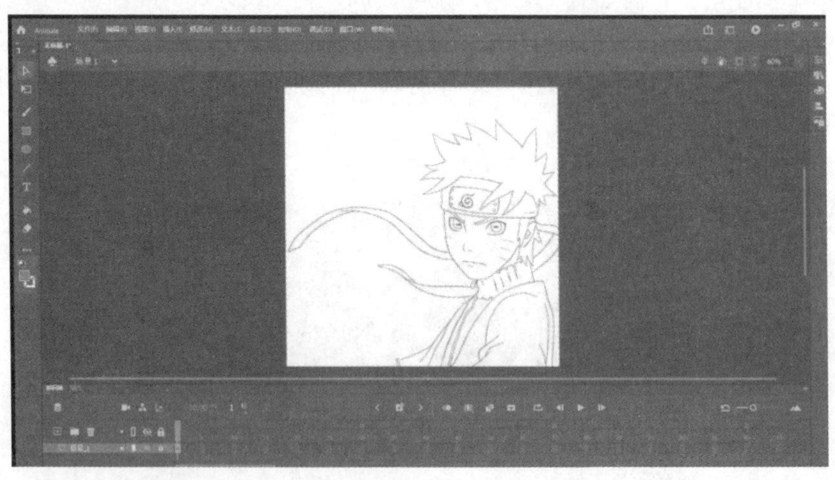
图 41-1

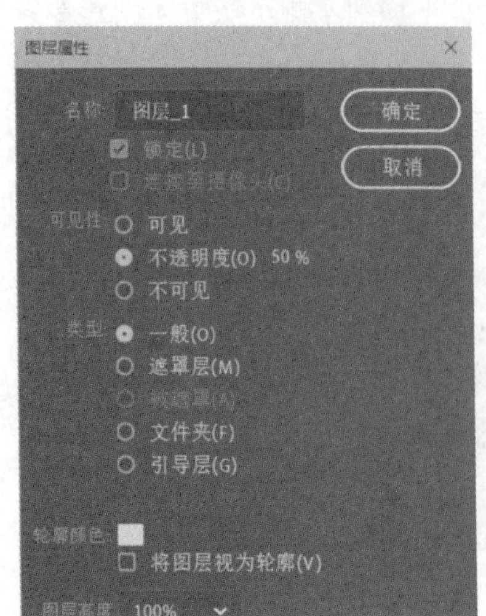

图 41-2

2．新建图层 2，鼠标右击图层 1，选择“属性”。将图层 1 的不透明度改为 50%，如图 41-2 所示，再将图层 1 进行锁定。

3．使用钢笔工具（快捷键 P）在图层 2 上绘制出如图 41-3 所示图形，按 Esc 键结束绘制，线条的大小、样式、颜色、宽可以在“属性”面板中进行调整。

4．使用选择工具（快捷键 V）将光标移动至线条边缘，当光标下方有个小弧线后按住鼠标，对线条进行拖动使线条与照片重合，如图 41-4 所示。

5．重复上面的操作慢慢地将整幅图片勾勒出来，如图 41-5 所示。

6．将用于取色的图片打开并放置到我们的舞台边上，如图 41-6 所示。

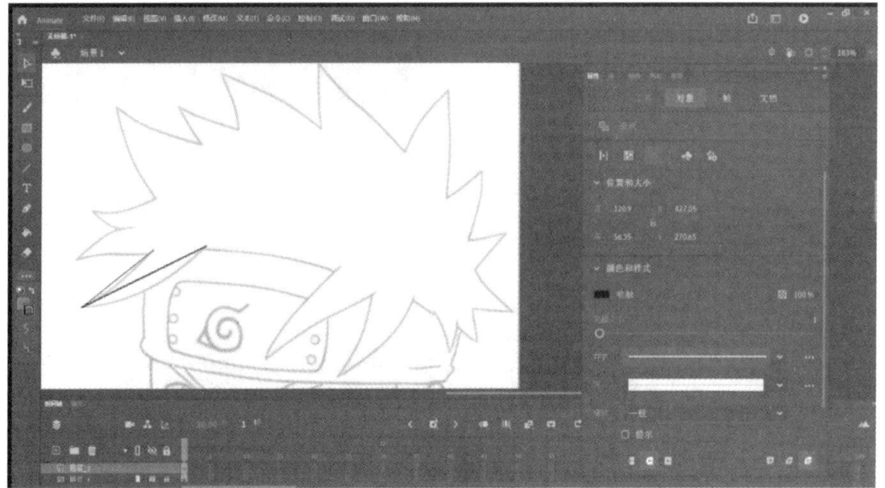

图 41-3

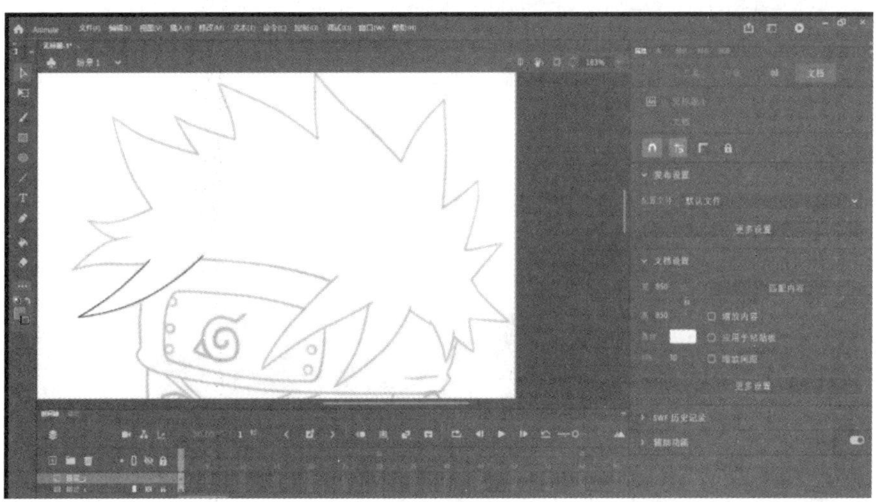

图 41-4

图 41-5　　　　图 41-6

7．使用颜料桶工具，颜色从取色图片上取得后单击对应的区域进行颜色填充，如图 41-7 所示。

图 41-7

8．像护额或者类似有颜色变化的地方进行颜色填充时，我们可以先用钢笔工具在颜色变化的地方画一条直线，如图 41-8 所示，之后在另一条边进行其他颜色的填充，如图 41-9 所示，填充完成后再用选择工具选中直线将直线删除即可，如图 41-10 所示。

图 41-8

图 41-9

图 41-10

9．这样我们的火影忍者就绘画完成了。

实验42 Adobe Animate行走的猴子

行走的猴子

1．打开含元件的素材文件，从“库”中将猴子的各个部分拖曳出来，按快捷键Ctrl+C和Ctrl+V复制粘贴摆好的右手。按住Ctrl键利用任意变形工具旋转复制好的右手，按如图42-1所示摆放，右脚也用同样的方法制作，摆放时不要直接挨着，方便后续调整。

2．用骨骼工具以猴子的身体为中心向四周拖曳，将猴子的身体连接起来，如图42-2所示。

图42-1　　图42-2

3．按住Ctrl键用选择工具对猴子身体的各个部分进行调整连接，注意拖曳身体时要看是否符合透视关系，如果不符合则右击要调整的部位，按需求选择“排列”下的选项。最后调整成如图41-3所示样式。

4．选择“Layer 1”和“骨架”图层，在第40帧处，右击，选择“转换为关键帧”。同样将第10帧处转换为关键帧，按图41-4（a）所示摆放。将第20帧也转换为关键帧，按图41-4（b）所示样子摆放。将第30帧转换为关键帧，如图41-4（c）所示摆放。

图 41-3

（a）　　（b）　　（c）

图 41-4

5．最后按 Enter 键即可预览。

实验 43　Adobe Animate 跟随鼠标移动方向的导弹

1．新建 HTML5 画布文件，将图片 missile 导入到库中，如图 43-1 所示。

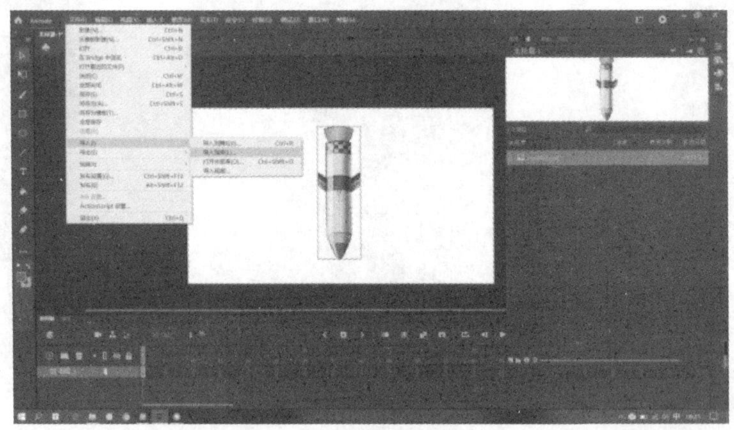

图 43-1

2．改变 missile 大小，右击 missile，将图片 missile 转换为元件，并命名为 Missile，如图 43-2 所示。

图 43-2

3．再将对象命名为 missile，如图 43-3 所示。

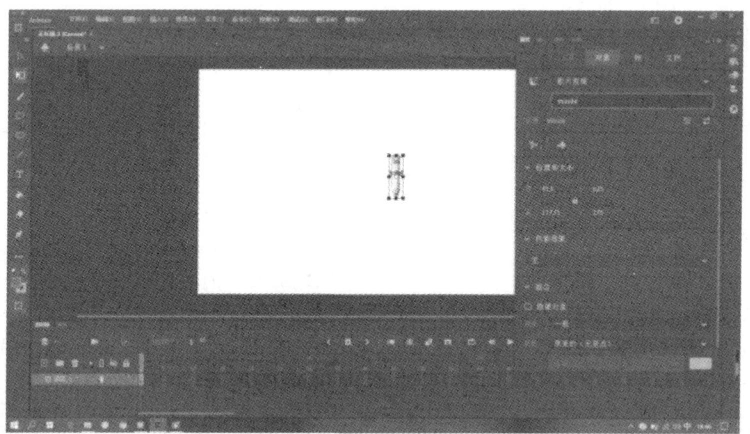

图 43-3

4．在场景 1 中，选中 missile 元件，打开“动作”面板，选择“使用向导添加”，如图 43-4 所示。

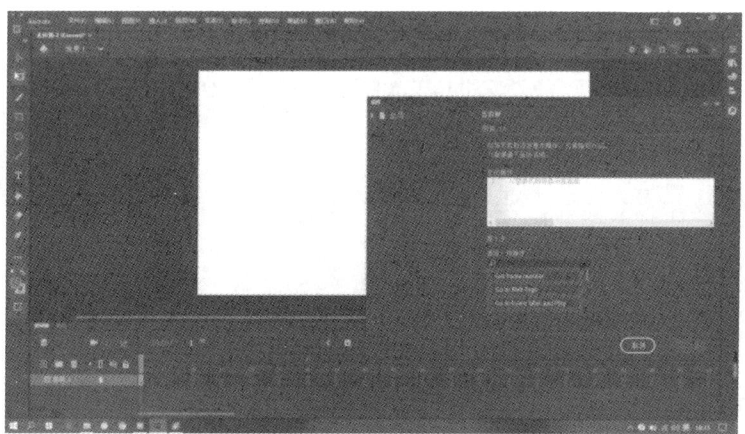

图 43-4

5．选择“Rotate the Object”—“missile”，单击“下一步”按钮，如图 43-5 所示。

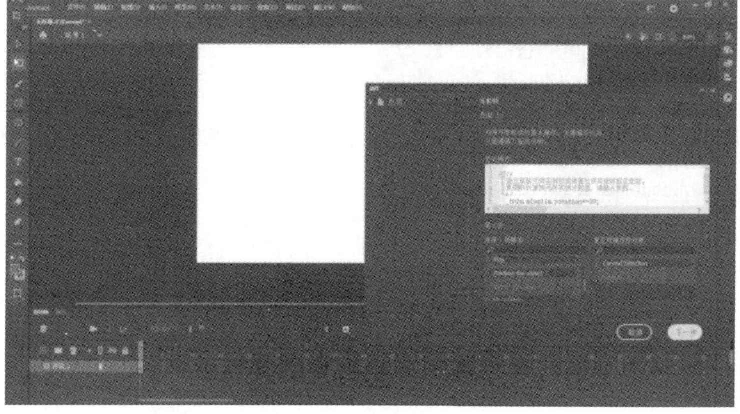

图 43-5

6．选择“on mouse click”—“missile”，单击“完成并添加”按钮，如图 43-6 所示。

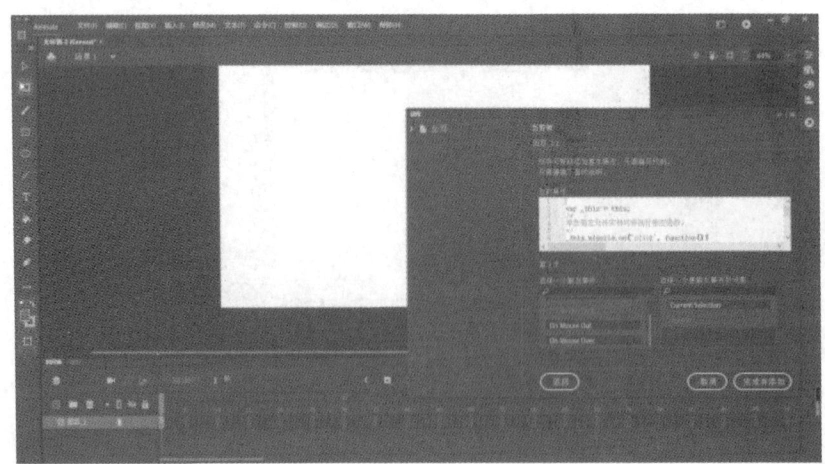

图 43-6

7．按 Ctrl+回车键，导出 HTML 预览，实现“鼠标点击导弹，导弹旋转”效果。

8．打开“动作”面板，在代码界面输入“跟随鼠标移动方向旋转的导弹”的代码，如图 43-7 所示。

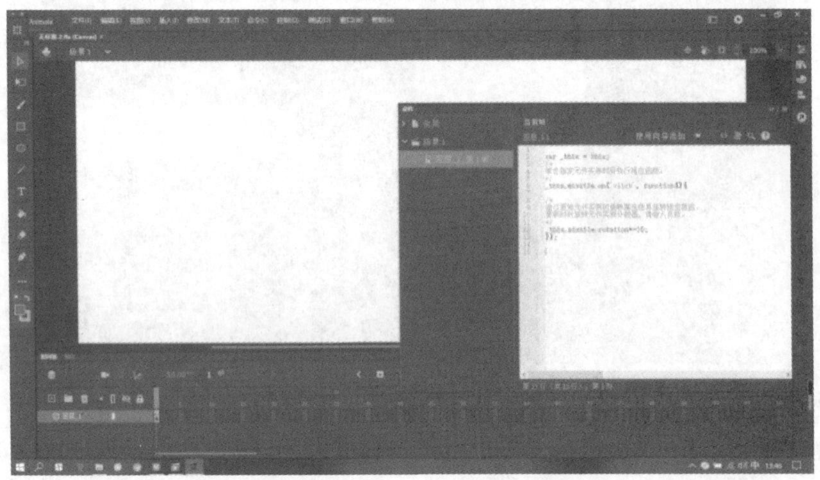

```
var _this = this;
/*单击指定元件实例时将执行相应函数。*/
stage.on('stagemousemove', function(e)
{
    var radians = Math.atan2(e.localY - _this.missile.y, e.localX - _this.missile.x);
    var degree  = radians* (180/Math.PI);
    _this.missile.rotation = degree - 90;
}
);
```

图 43-7

小提示：stage.on()；一鼠标跟随效果；
stagemousemove 一鼠标移动效果；
function(e) 一参数方程 e，此处获取鼠标移动的坐标值；
var 一声明参数；
Radians 一弧度值；
Math.atan2()；一求反余弦，两个参数 xy；
e.localY/e.localX 一鼠标的坐标；
_this.missile.y/_this.missile.x 一导弹的坐标；
Degree 一角度值；
Math.PI 一Π 值；
_this.missile.rotation 一导弹旋转。

小提示：在“发布设置”中勾选舞台居中，改变定位点位置，可使效果更为美观。

9．按 Ctrl+回车键，导出 HTML 预览，实现“跟随鼠标移动方向旋转的导弹”效果。

实验 44　Adobe Animate 输出 gif 动画

输出 gif 动画

1．当动画制作完成后单击“文件”—“导出”—“导出动画”，打开如图 44-1 所示界面。

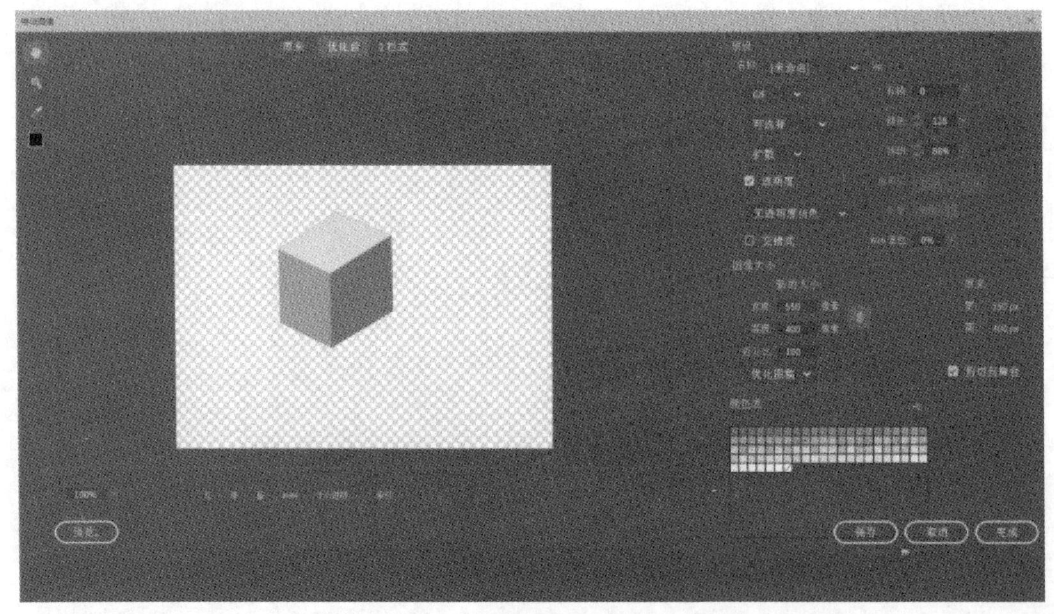

图 44-1

2．在“名称”中选择“GIF 128 Dithered”后保存即可，若保存后计算机中的图片查看工具无法显示，则可以右击，选择“打开方式”，再选用浏览器打开即可看到动画。

实验 45　Adobe Premiere Returning home

1．打开软件，选择“文件”—“新建”—“项目”，在打开的对话框中单击“确定”按钮。然后选择“文件”—“新建”—“序列”，选择“标准 48kHz”，单击“确定”按钮，如图 45-1 所示。

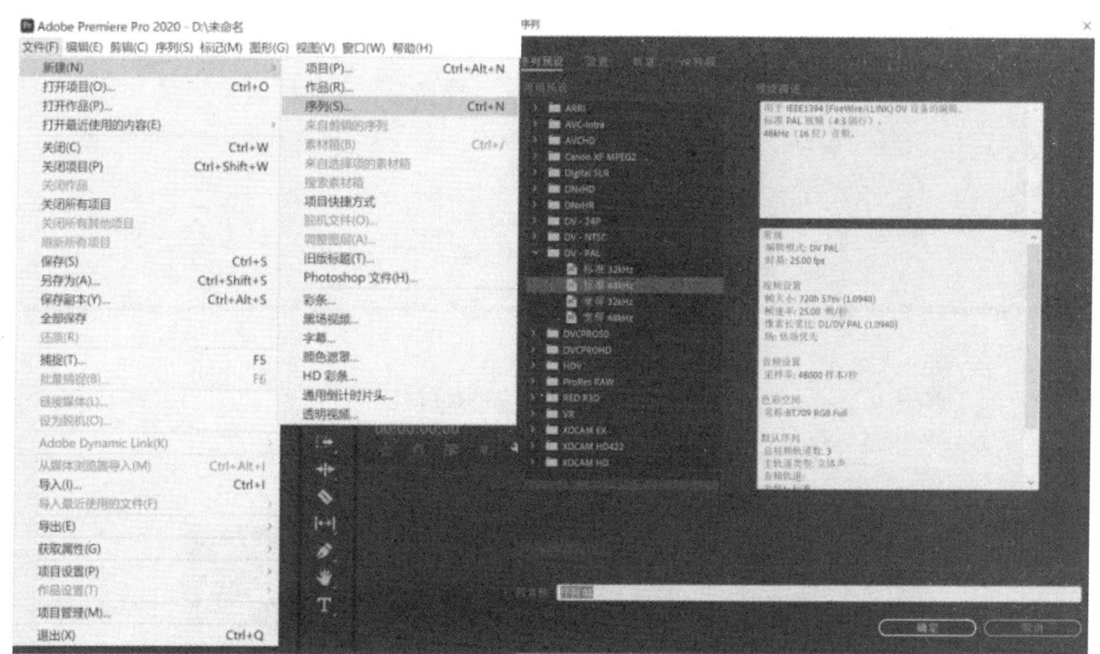

图 45-1

2．选择“文件”—“导入”，在打开的对话框中选择所需要的素材，单击“打开”按钮，如图 45-2 所示。

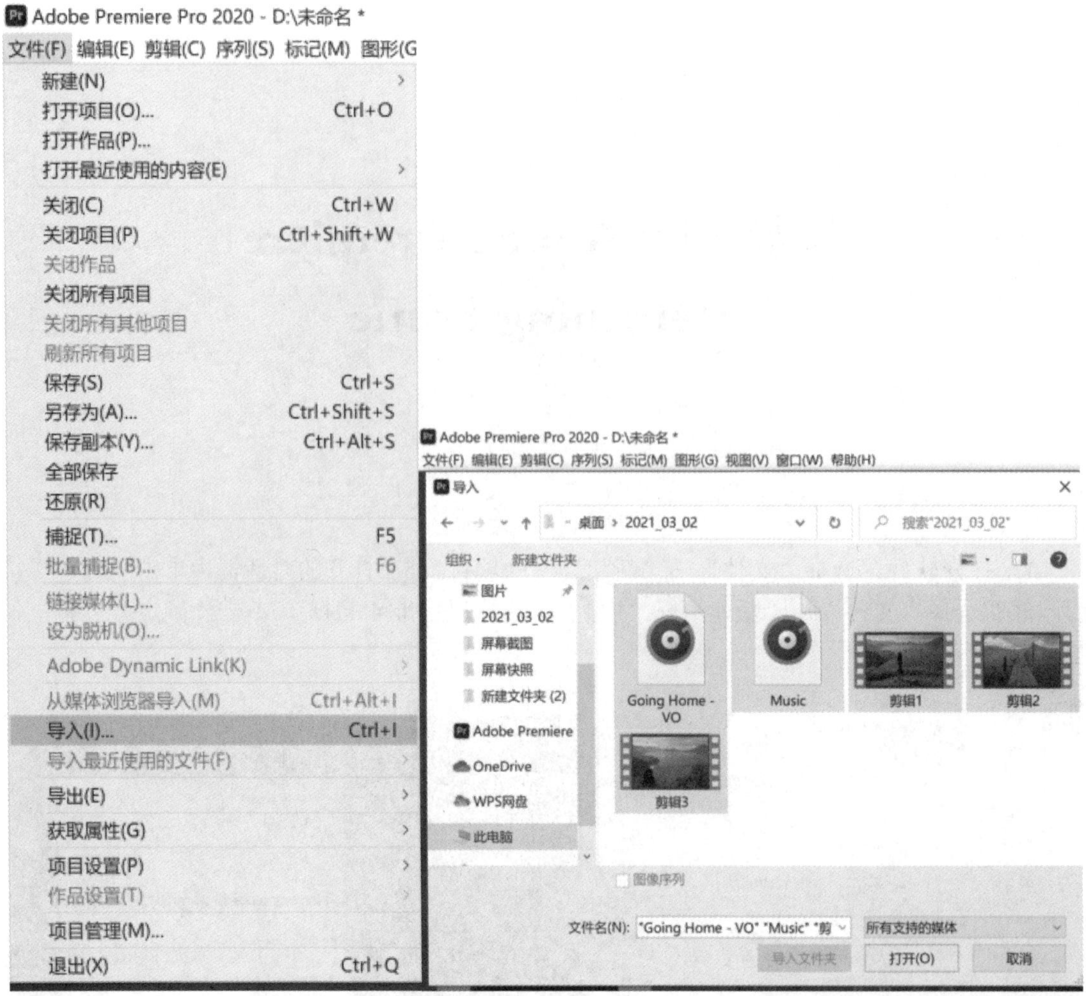

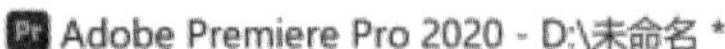

图 45-2

3．把“剪辑 1”拖曳到右侧“v1”轨道中，如果弹出“剪辑不匹配警告”对话框，则单击“更改序列设置”按钮，如图 45-3 所示。

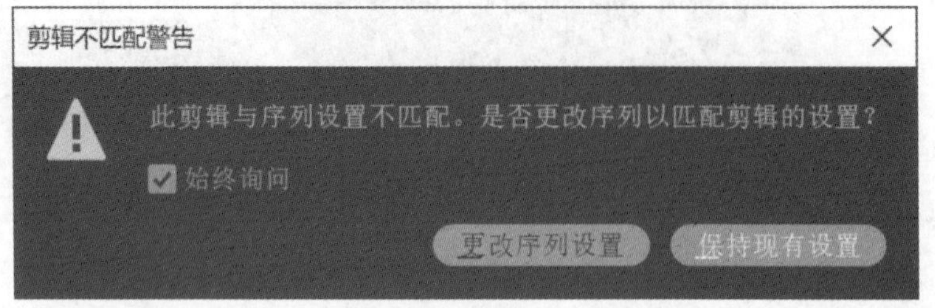

图 45-3

4．同样，把“剪辑 1”“剪辑 2”“剪辑 3”按照顺序拖曳到轨道中。如果发现在“A1”轨道中存在素材中的音频，选中该素材，右击，选择“取消链接”，就可以按键盘上的 Delete 键删除原素材的音频，效果如图 45-4 所示。

00:00:00:00
00:00
00:00:04:23
00:00:09:23
00:00:14:23
00:00:19:23
V3
V2
V1
A1
A2
A3
主声道
0.0

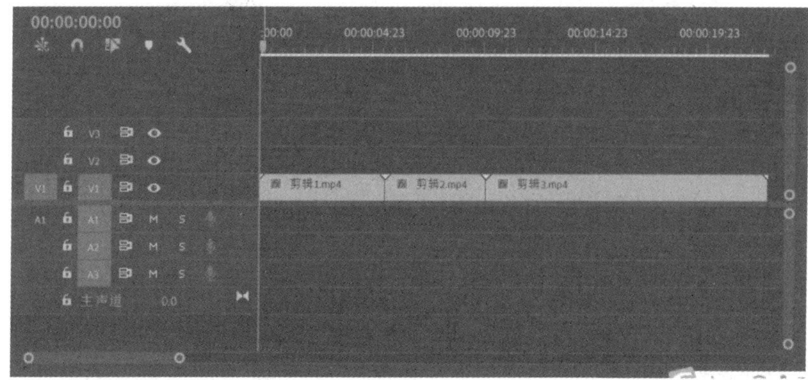

图 45-4

5．然后把两端音频分别拖曳到“A1”“A2”，如图 45-5 所示。

00:00:00:14
00:00
00:00:04:23
00:00:09:23
00:00:14:23
00:00:19:23
V3
V2
V1
A1
A2
A3
主声道
0.0

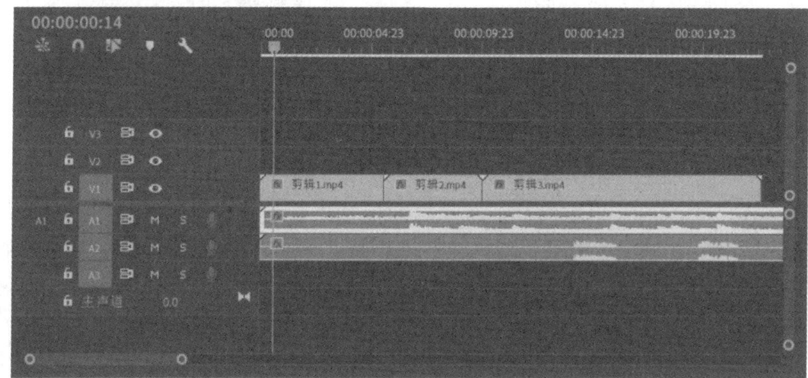

图 45-5

6．接下来增加片头的文字。选择“文件”—“新建”—“旧版标题”，如图 45-6 所示，单击“确定”按钮。

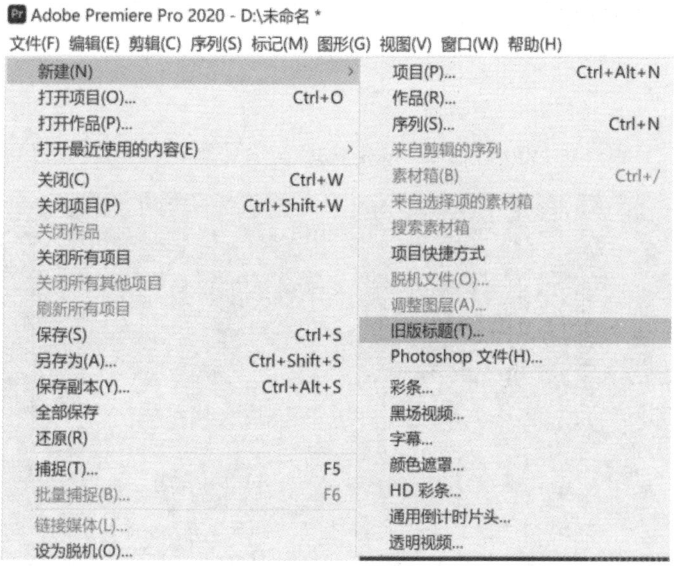

Adobe Premiere Pro 2020 - D:\未命名 *
文件(F) 编辑(E) 剪辑(C) 序列(S) 标记(M) 图形(G) 视图(V) 窗口(W) 帮助(H)
新建(N)
打开项目(O)... Ctrl+O
打开作品(P)...
打开最近使用的内容(E)
关闭(C) Ctrl+W
关闭项目(P) Ctrl+Shift+W
关闭作品
关闭所有项目
关闭所有其他项目
刷新所有项目
保存(S) Ctrl+S
另存为(A)... Ctrl+Shift+S
保存副本(Y)... Ctrl+Alt+S
全部保存
还原(R)
捕捉(T)... F5
批量捕捉(B)... F6
链接媒体(L)...
设为脱机(O)...
项目(P)... Ctrl+Alt+N
作品(R)...
序列(S)... Ctrl+N
来自剪辑的序列
素材箱(B) Ctrl+/
来自选择项的素材箱
搜索素材箱
项目快捷方式
脱机文件(O)...
调整图层(A)...
旧版标题(T)...
Photoshop 文件(H)...
彩条...
黑场视频...
字幕...
颜色遮罩...
HD 彩条...
通用倒计时片头...
透明视频...

图 45-6

7．输入“Returing Home”，选择“字体系列”为“Arial”，按住 Ctrl 键可对所写的字体进行移动。或者直接选择文字工具，在素材中直接输入“Returing Home”。在左侧“基本图形”中修改文本样式和大小，如图 45-7 所示。

（a）

（b）

图 45-7

8．直接拖曳“Returing Home”到原本存在的 3 个剪辑前面，调整位置如图 45-8 所示。

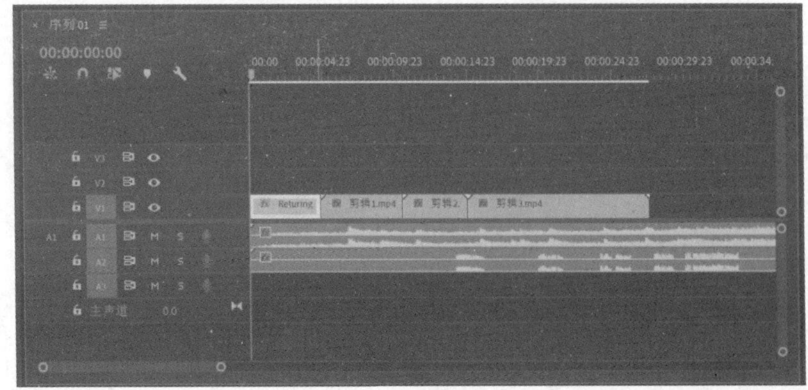

图 45-8

9．用波纹编辑工具裁剪“剪辑 3”的时间，如图 45-9 所示。

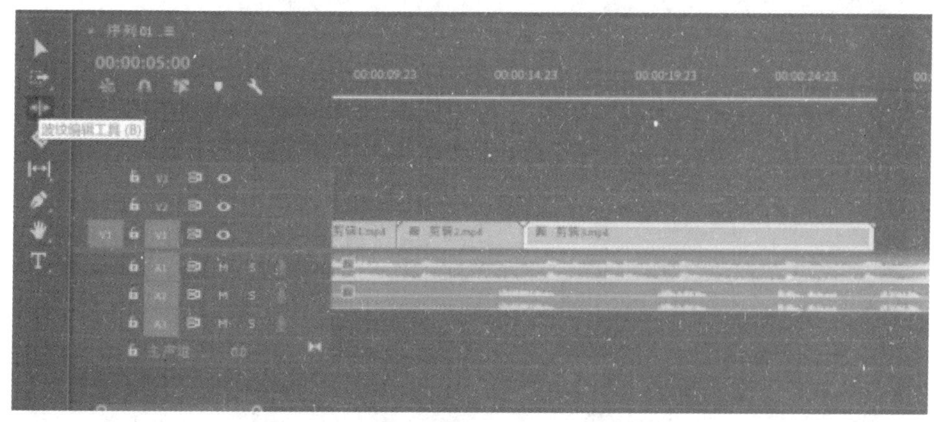

图 45-9

10．选择剃刀工具，对“A2”轨道中前面没有音频的部分进行切割，将它们分割成两个部分.如图 45-10 所示，把前面空白的部分删除，并把后面多余的全部删除。结果如图 45-11 所示。

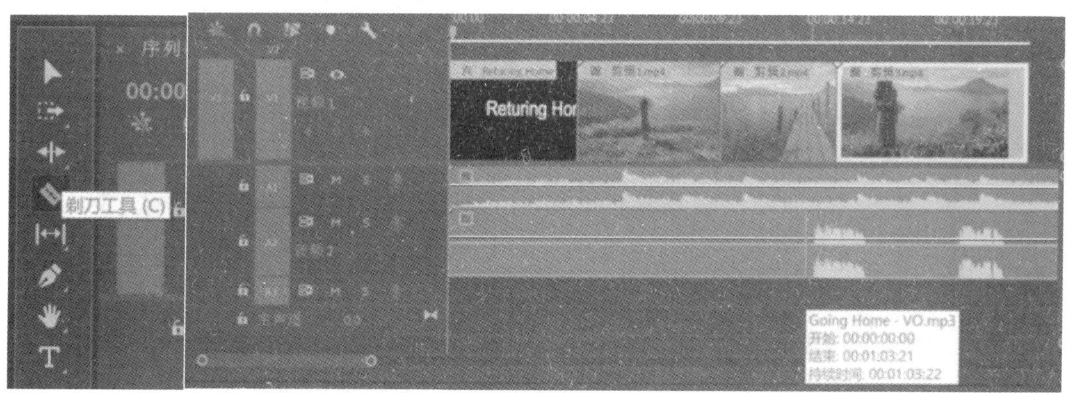

图 45-10

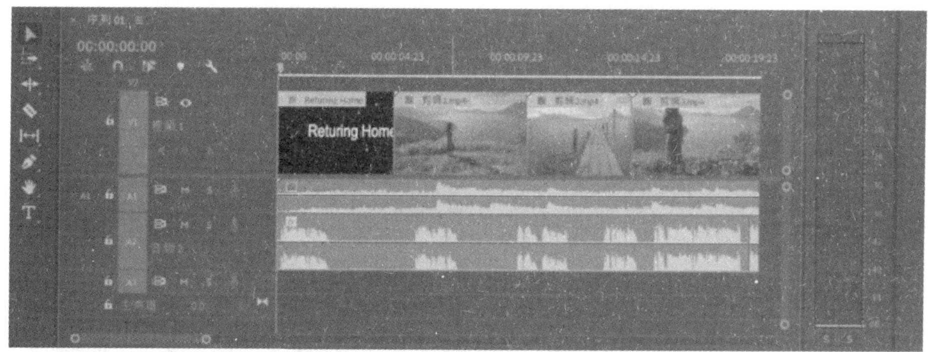

图 45-11

11．选择文字工具，在“剪辑 1”开头的左下角输入“Lake Atitlan Guatemala”，在左侧“基本图形”中修改文本样式和大小，如图 45-12 所示。

图 45-12

12．修改刚刚插入的文字的起止时间，让其存在于第 5 到第 7 秒间，如图 45-13 所示。

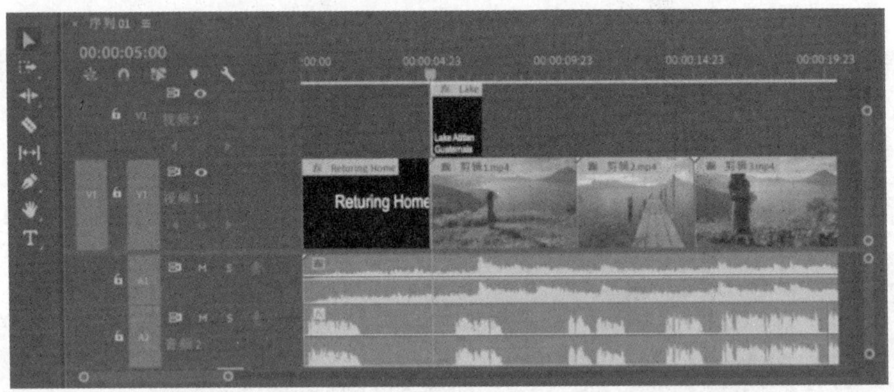

图 45-13

13．在效果中，选择“视频过渡”—“溶解”—“交叉溶解”，用鼠标左键将其拖曳到“V2”和“V1”素材中，如图 45-14 所示。双击修改持续时间为 2 秒，如图 45-15 所示。

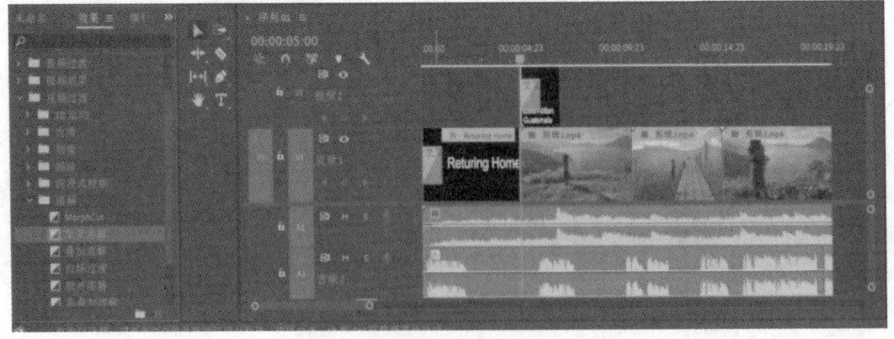

图 45-14

图 45-15

14. 选择“文件”—“导出”—“媒体”，导出格式选择“MPEG4”，单击“确定”按钮，即可导出，如图 45-16 所示。

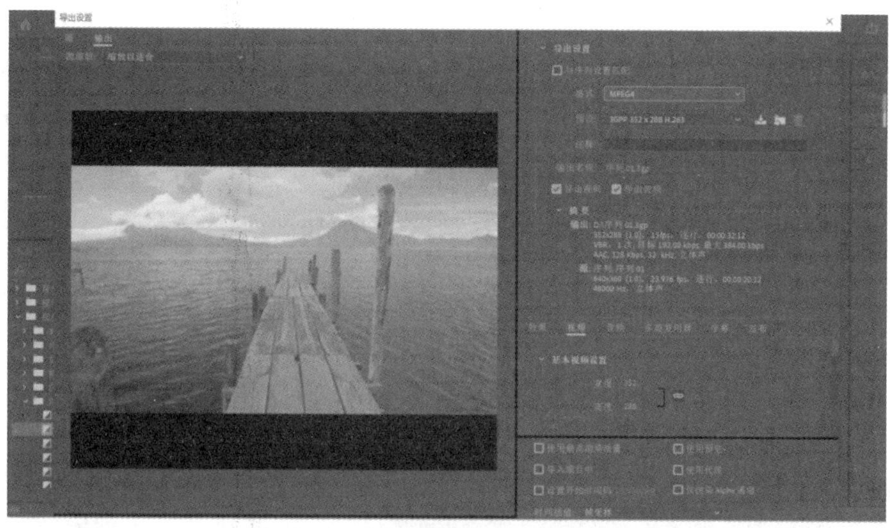

图 45-16

实验46　Adobe Premiere移动、贝塞尔曲线调整

移动、贝塞尔曲线调整1

1. 移动和贝塞尔曲线

（1）打开Pr，按Ctrl+Alt+N组合键新建项目，名称设为“第三次课移动、贝塞尔曲线调整”。然后按Ctrl+N组合键新建序列，参数采用默认设置，双击项目列表，导入Video中的素材，如图46-1所示。将瀑布素材放入时间轴，选择“更改序列设置”。

图46-1

（2）导入Graphics文件夹中的素材。选择第一个，单击“打开”按钮，选择“合并所有图层”。将其放入时间轴，延长播放时间至10s，如图46-2所示。

（3）双击画面中的“Beauty_Graphic”素材，将图片的定位点移动至左下角，如图46-3所示。

在0:00处，旋转添加关键帧，将其拖动至（−510，748），旋转−90°。

在4:00处，旋转添加关键帧，将其拖动至（710，748），旋转−90°。

在 8:00 处，旋转添加关键帧，旋转 0°，如图 46-4 所示。

图 46-2

图 46-3

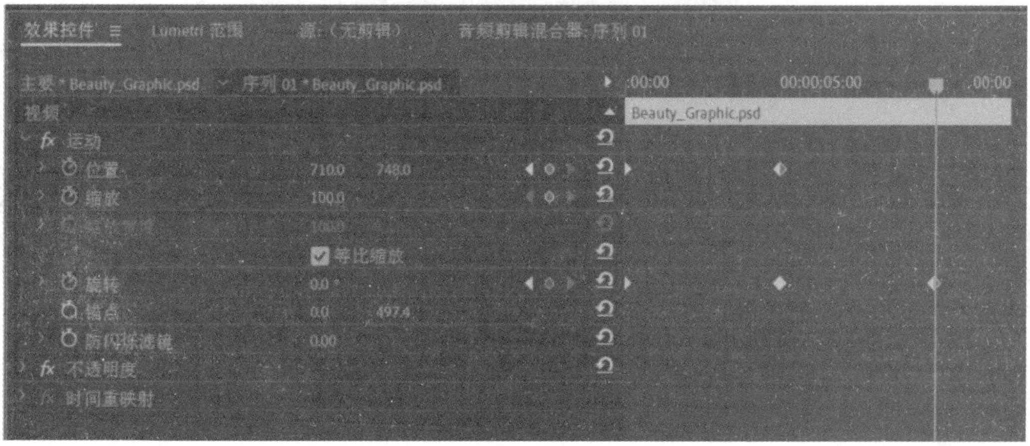

图 46-4

单击“旋转”按钮，缩放属性左侧的下拉箭头，调节右侧的贝塞尔曲线，即可调节旋转时或者位移时的速率，如何调整看个人喜好，如图 46-5 所示。

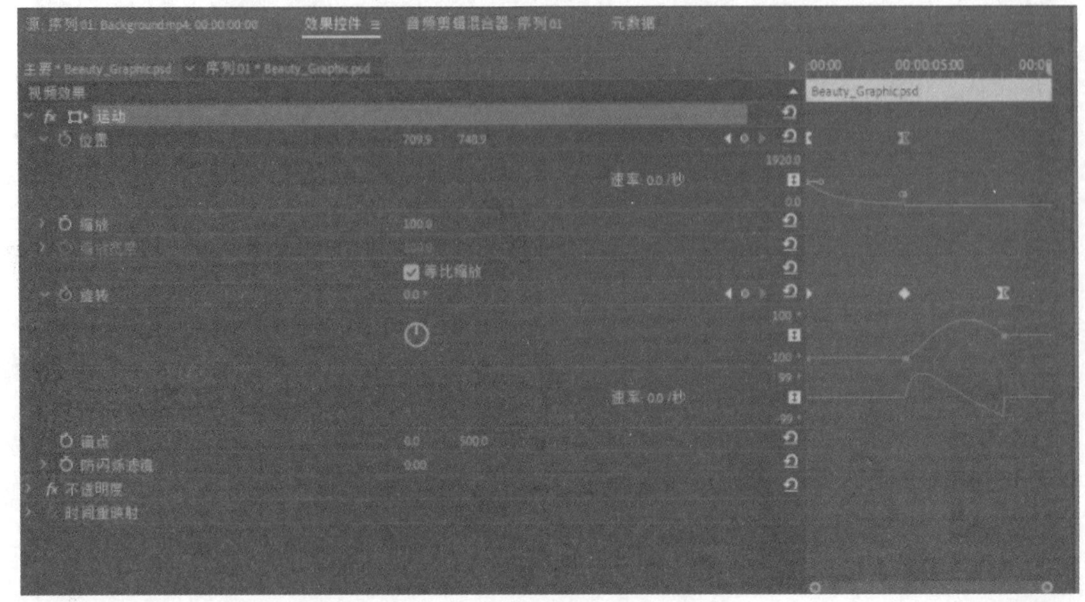

图 46-5

2. 批量处理运动效果

移动、贝塞尔曲线调整 2

（1）右击“效果控件”面板中的“运动”，选择“保存预设”，如图 46-6 所示。

图 46-6

（2）在“效果”面板中，单击“预设”下拉菜单，即可看到之前保存的运动效果，如图 46-7 所示。

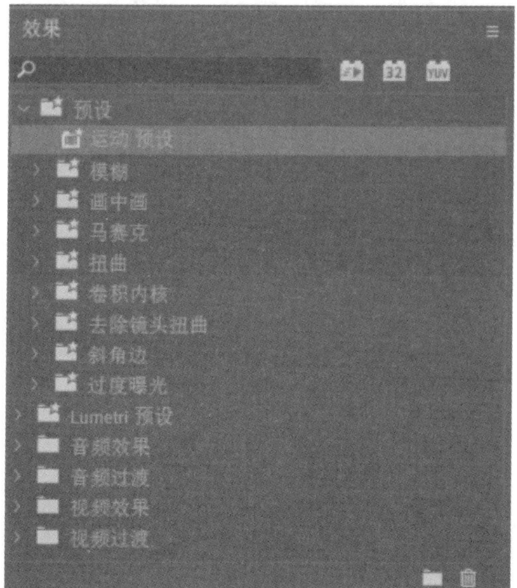
效果
预设
运动 预设
模糊
画中画
马赛克
扭曲
卷积内核
去除镜头扭曲
斜角边
过度曝光
Lumetri 预设
音频效果
音频过渡
视频效果
视频过渡

图 46-7

实验 47　Adobe Premiere 玫瑰花开

玫瑰花开

1．打开 Pr，新建项目，如图 47-1 所示。

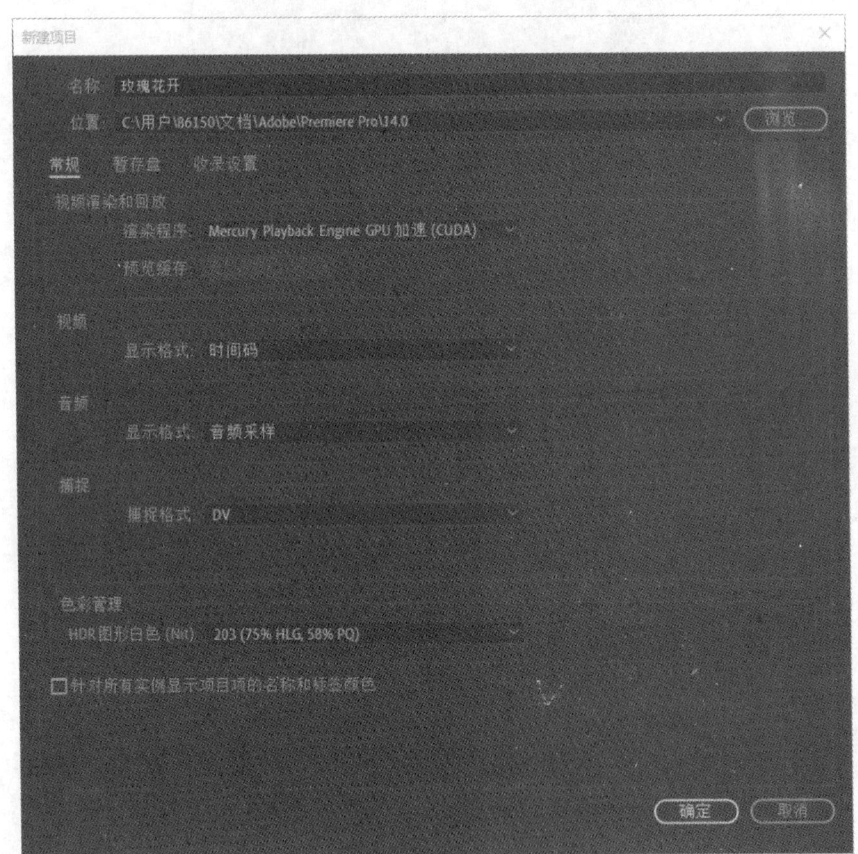

图 47-1

2．按 Ctrl+N 组合键，新建序列，如图 47-2 所示。

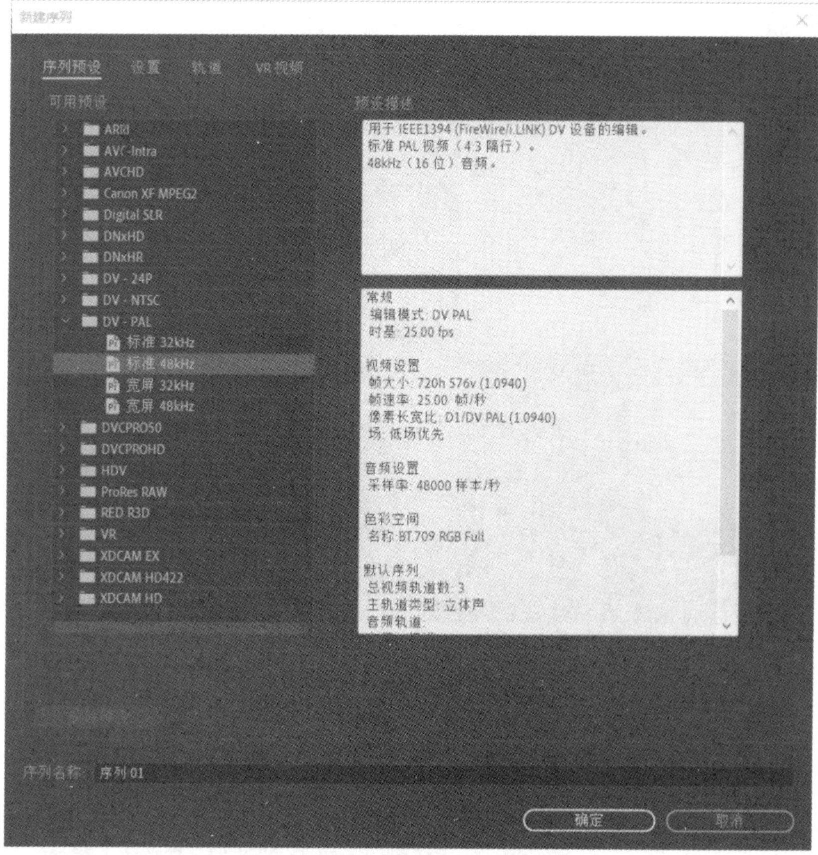

图 47-2

3．双击资源管理器，导入素材，如图 47-3 所示。

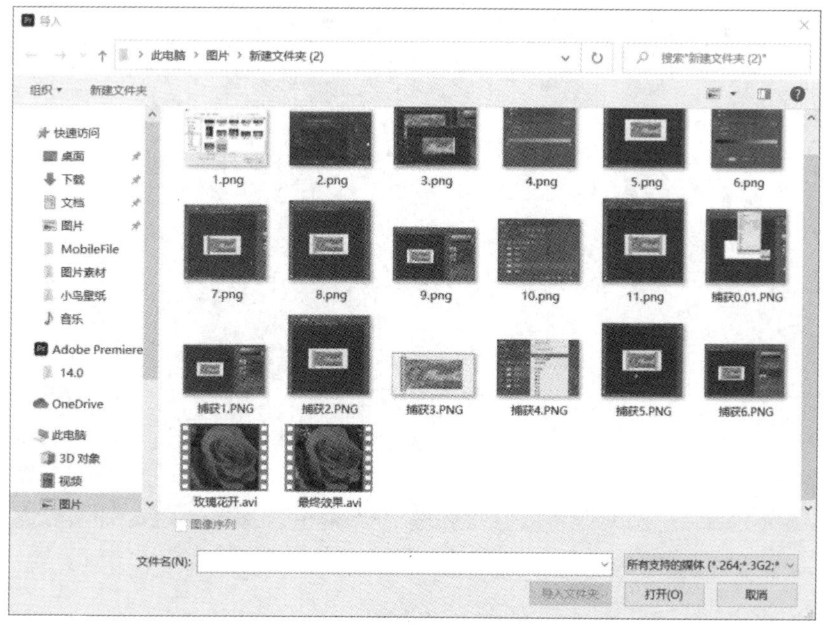

图 47-3

4. 单击“新建”—“旧版标题”，如图 47-4 所示。

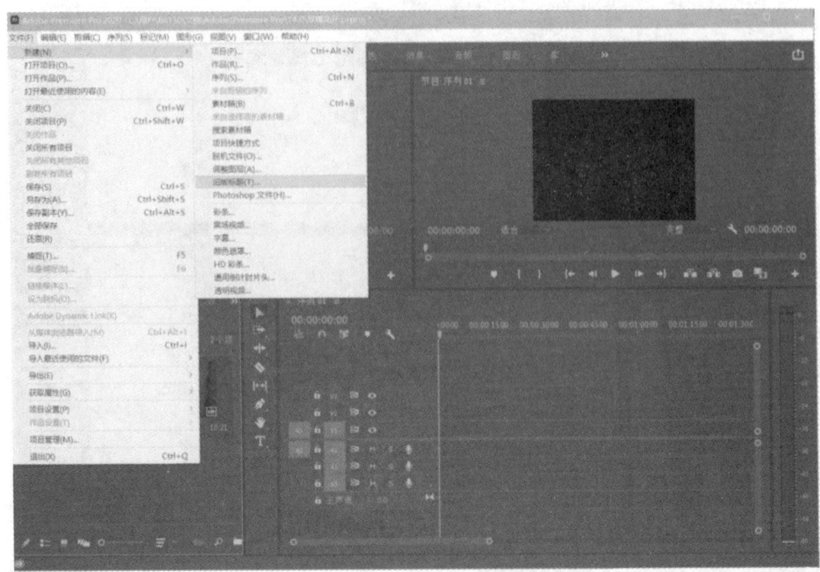

图 47-4

5. 输入“玫”，并修改大小、颜色，如图 47-5 所示。

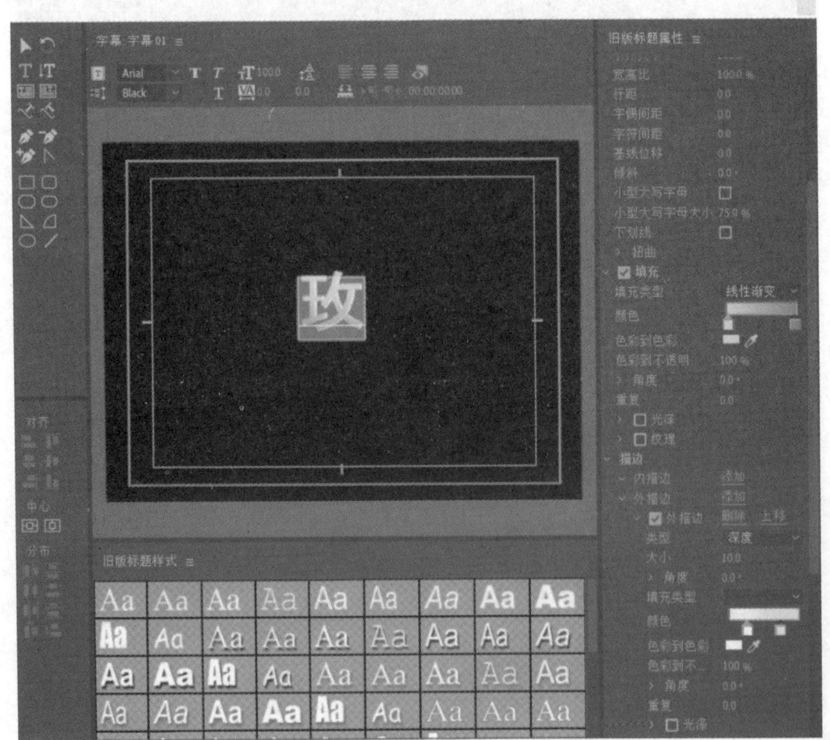

图 47-5

6. 右击该字母，选择“复制”，如图 47-6 所示。

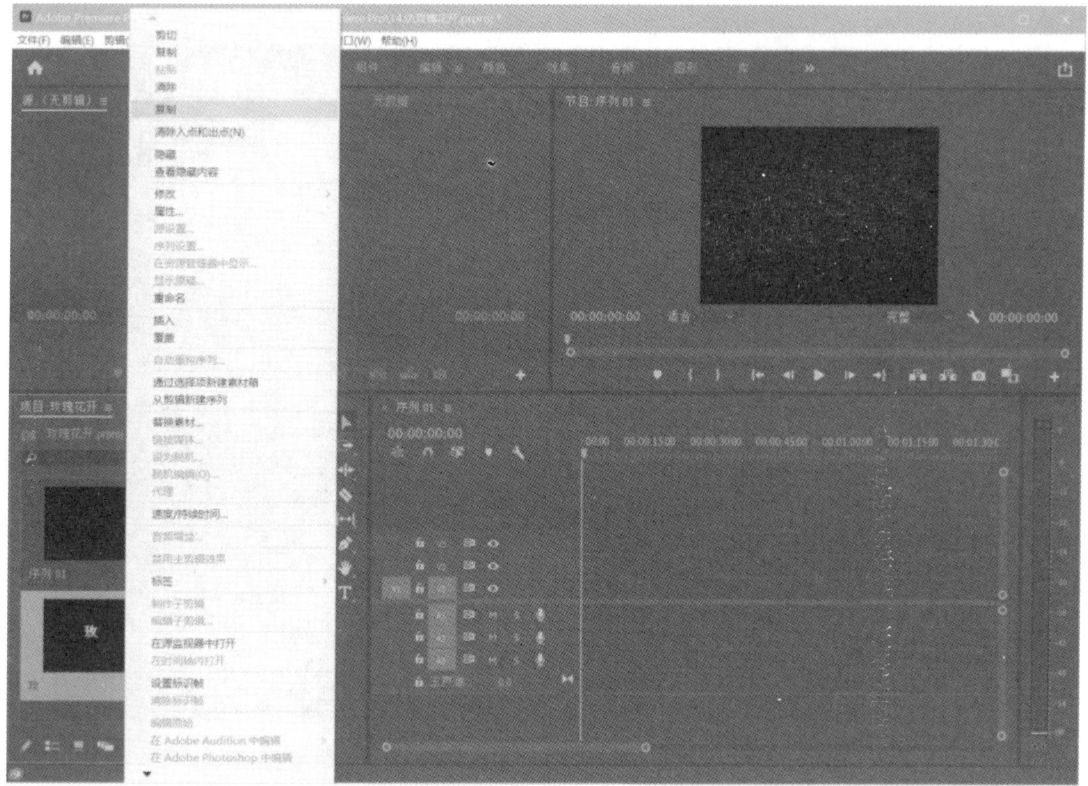

图 47-6

7．重复 5～6 步骤 3 次，将文字修改为“瑰”“花”“开”

8．将素材分别放入时间轴 1～5 上，如图 47-7 所示。

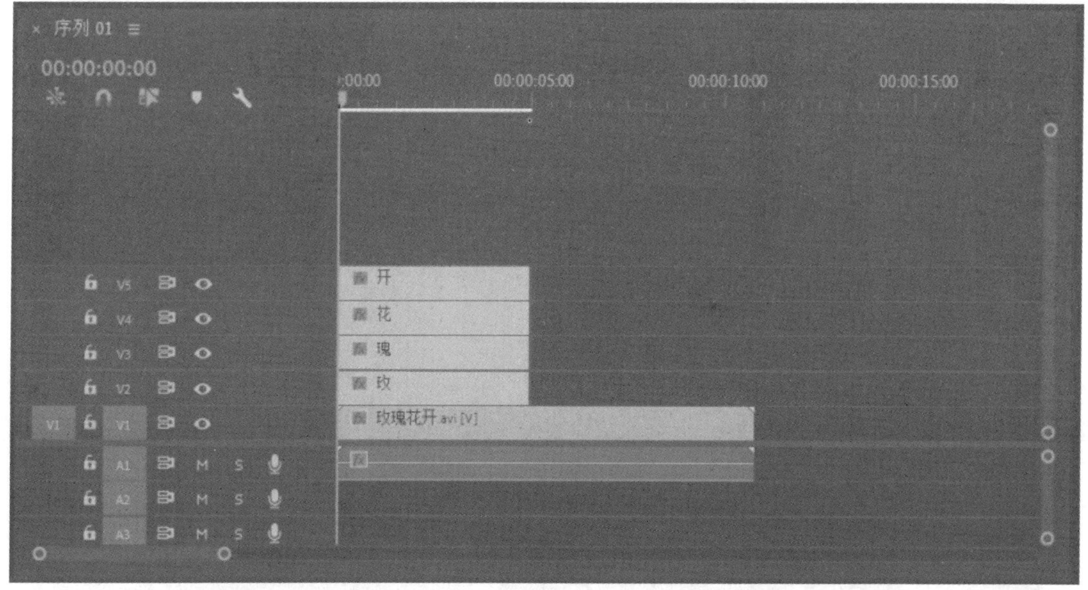

图 47-7

9．将时间轴上各字幕拉长，调整其时长为与视频时长相同，如图 47-8 所示。

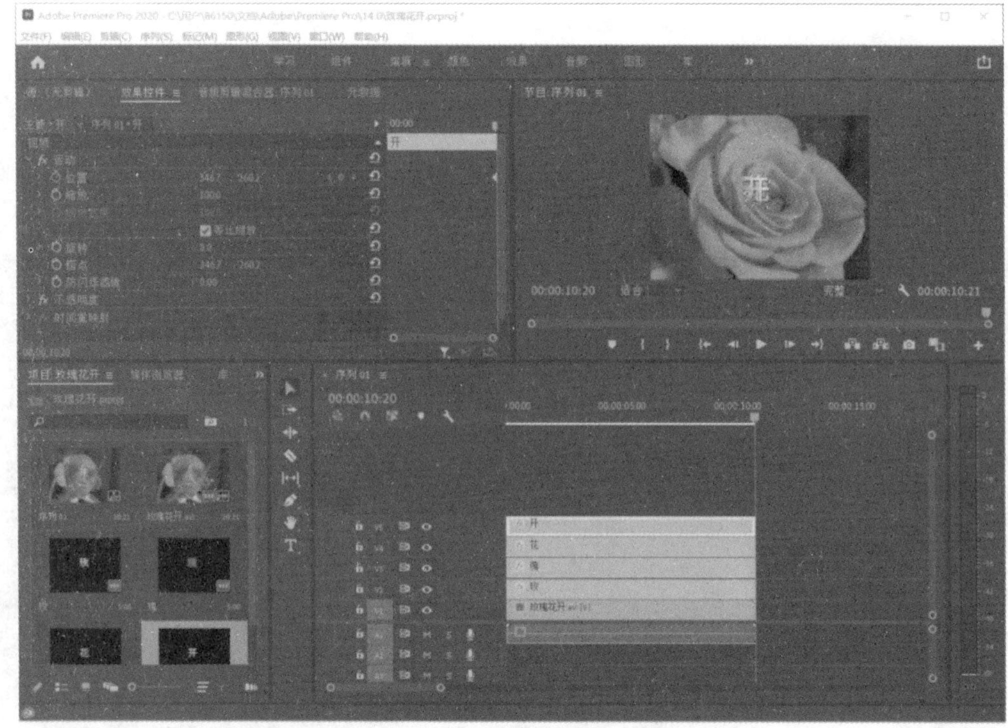

图 47-8

10．单击字幕，在效果控件中调整各字幕锚点，使锚点与文字中心点一致，如图 47-9 所示。

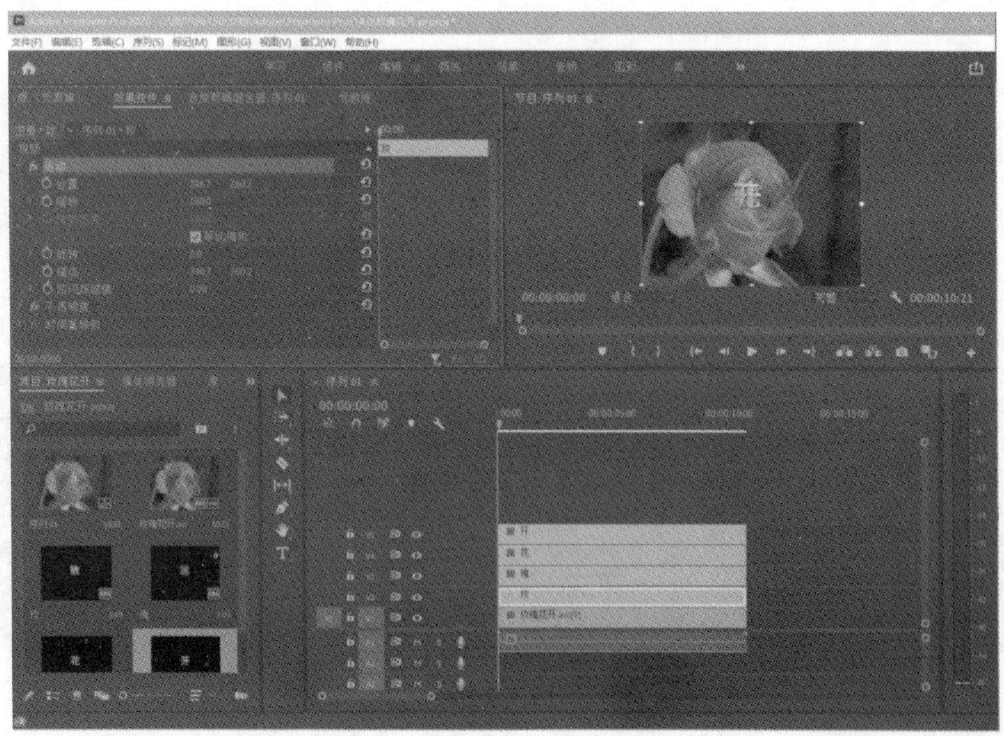

图 47-9

11．鼠标左键单击“转到出点”按钮，或按 Shift+O 组合键，如图 47-10 所示。

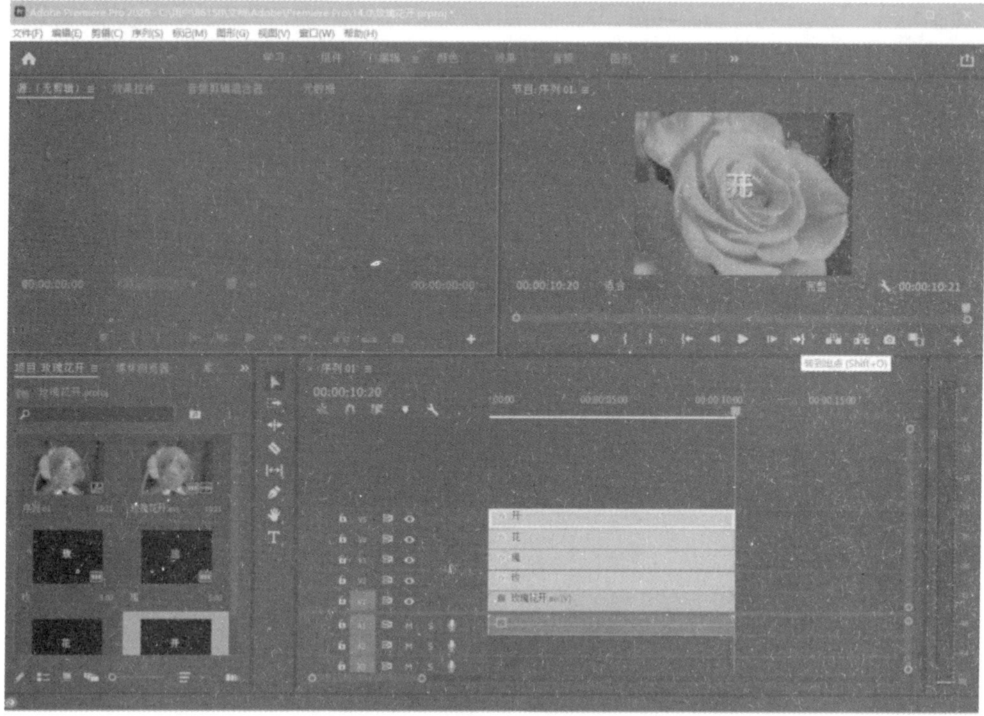

图 47-10

12．给每个字幕添加位置关键帧，如图 47-11 所示。

图 47-11

13．调整每个字幕的位置，如图 47-12 所示。

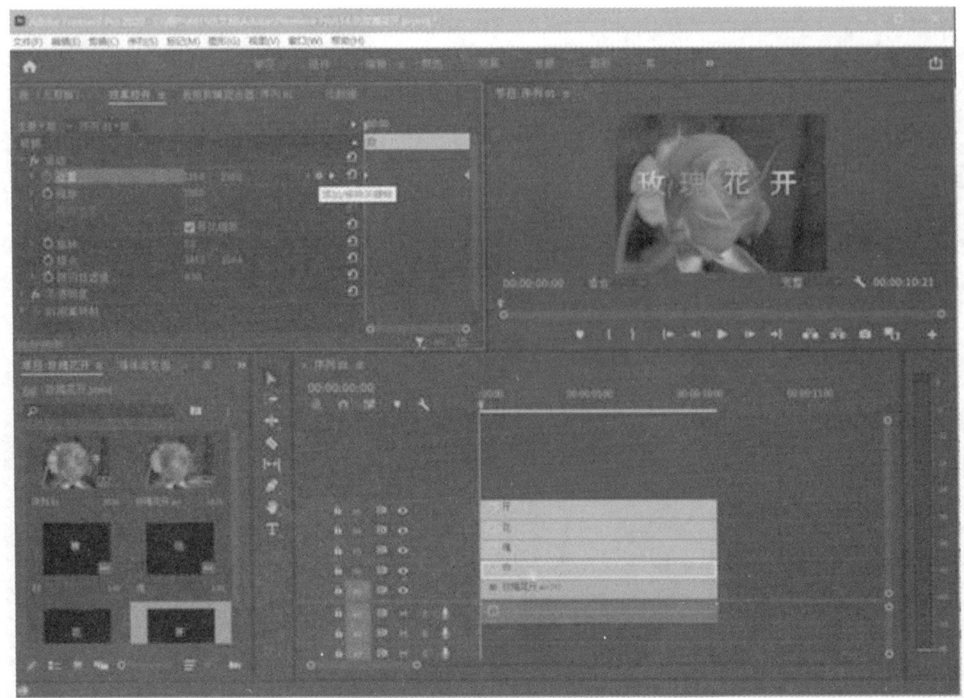

图 47-12

14．在视频开始处，给每个字幕添加关键帧。

15．改变每个字幕的位置，如图 47-13 所示。

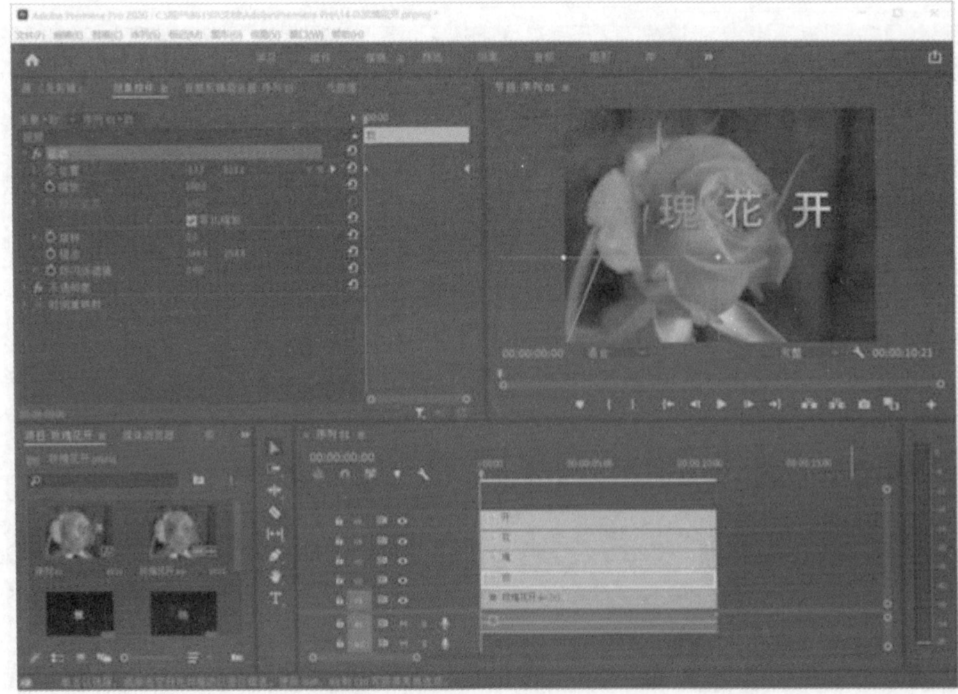

图 47-13

16. 鼠标左键单击“转到出点”按钮（快捷键 Shift+O），给每个字幕添加旋转关键帧，如图 47-14 所示。

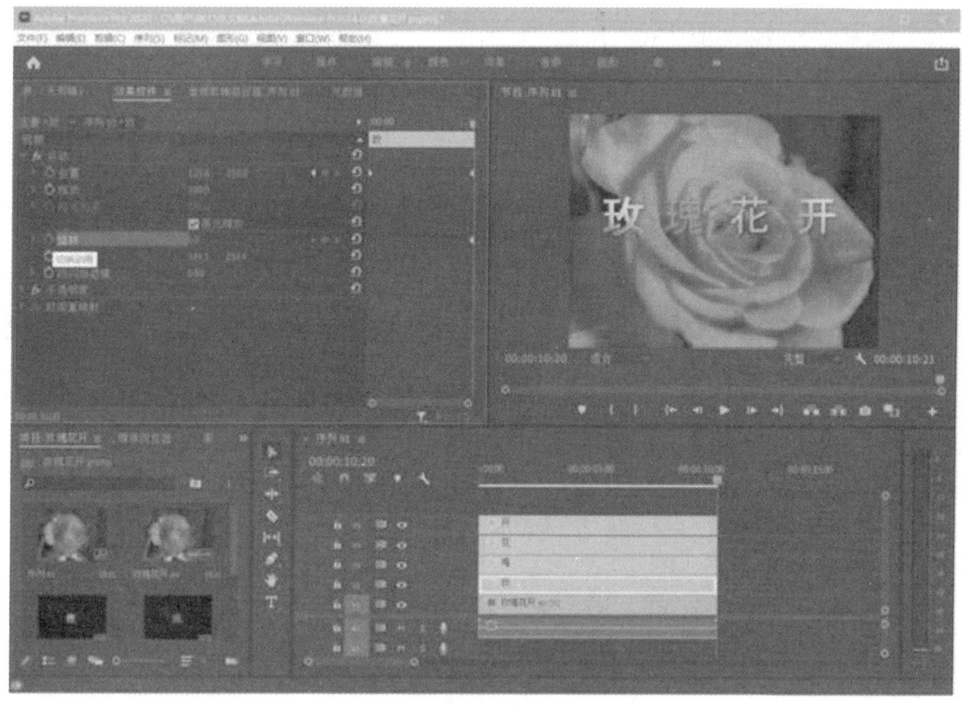

图 47-14

17. 在视频 8 秒位置处，再次给每个字幕添加旋转关键帧，如图 47-15 所示。

图 47-15

18．在视频开始处，将每个字幕旋转角度改为 180°，如图 47-16 所示。

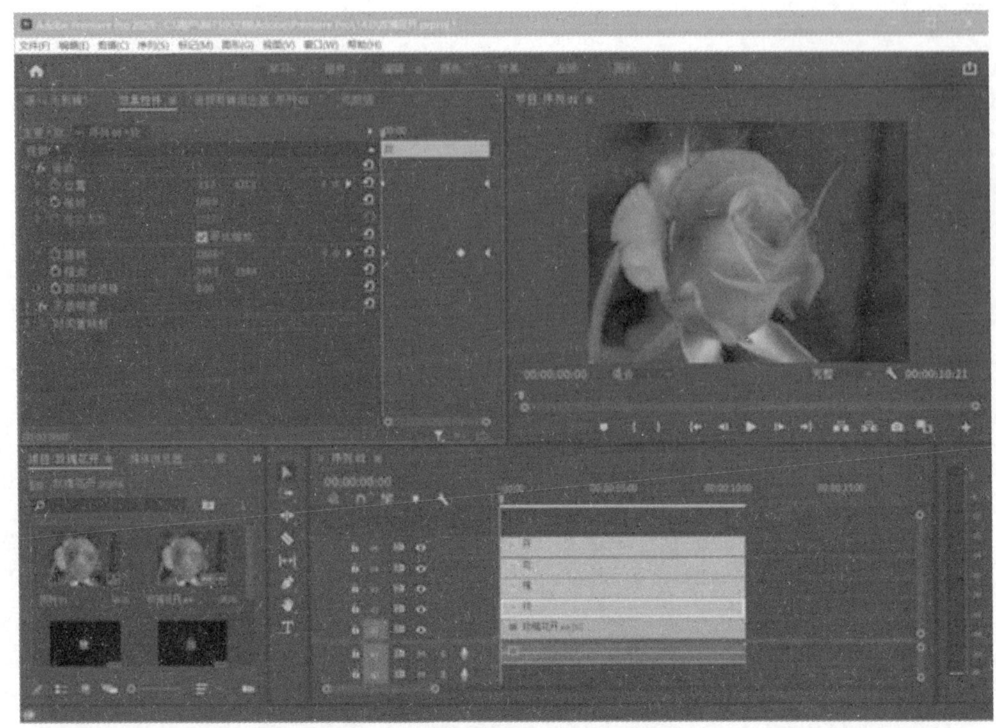

图 47-16

19．保存文件。

实验 48　Adobe Premiere 马赛克

马赛克

1．打开 Pr，按 Ctrl+Alt+A 组合键，新建一个名为“马赛克练习”的视频项目，如图 48-1 所示。

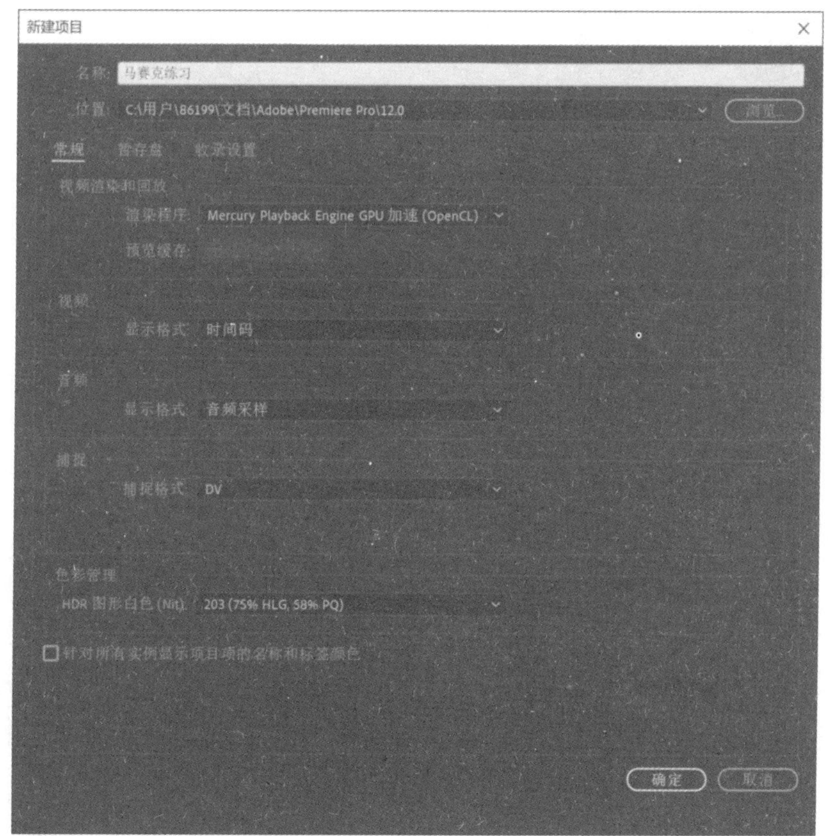

图 48-1

2．按快捷键 Ctrl+N，新建一个默认设置的序列，如图 48-2 所示。

3．单击“文件”—“导入”，导入视频素材，如图 48-3 所示。

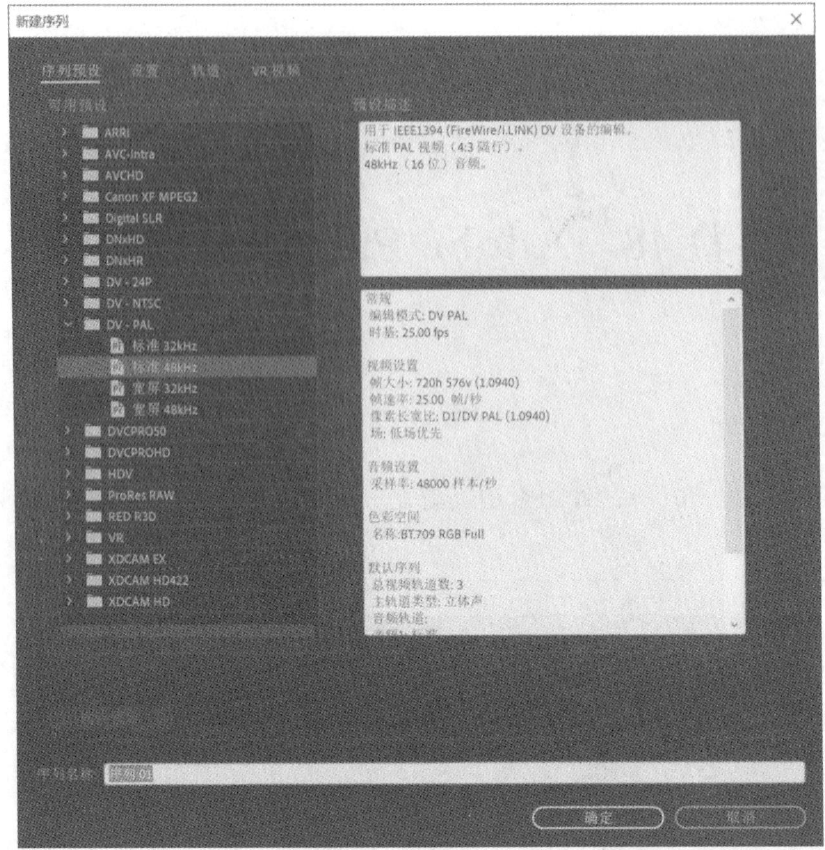
新建序列
序列预设
设置
轨道
VR 视频
可用预设
ARRI
AVC-Intra
AVCHD
Canon XF MPEG2
Digital SLR
DNxHD
DNxHR
DV - 24P
DV - NTSC
DV - PAL
标准 32kHz
标准 48kHz
宽屏 32kHz
宽屏 48kHz
DVCPRO50
DVCPROHD
HDV
ProRes RAW
RED R3D
VR
XDCAM EX
XDCAM HD422
XDCAM HD
预设描述
用于 IEEE1394 (FireWire/i.LINK) DV 设备的编辑。
标准 PAL 视频（4:3 隔行）。
48kHz（16 位）音频。
常规
编辑模式: DV PAL
时基: 25.00 fps
视频设置
帧大小: 720h 576v (1.0940)
帧速率: 25.00 帧/秒
像素长宽比: D1/DV PAL (1.0940)
场: 低场优先
音频设置
采样率: 48000 样本/秒
色彩空间
名称:BT.709 RGB Full
默认序列
总视频轨道数: 3
主轨道类型: 立体声
音频轨道:
序列名称:
序列 01
确定
取消

图 48-2

Adobe Premiere Pro 2020
新建(N)
打开项目(O)...
Ctrl+O
关闭(C)
Ctrl+W
关闭项目(P)
Ctrl+Shift+W
关闭所有项目
保存(S)
Ctrl+S
另存为(A)...
Ctrl+Shift+S
保存副本(Y)...
Ctrl+Alt+S
全部保存
还原(R)
捕捉(T)...
F5
设为脱机(O)...
导入(I)...
Ctrl+I
导入最近使用的文件(F)
导出(E)
获取属性(G)
项目设置(P)
项目管理(M)...
退出(X)
Ctrl+Q
00:00:00:00

图 48-3

4. 将视频拖动到右侧，单击“更改序列设置”，如图 48-4 所示。

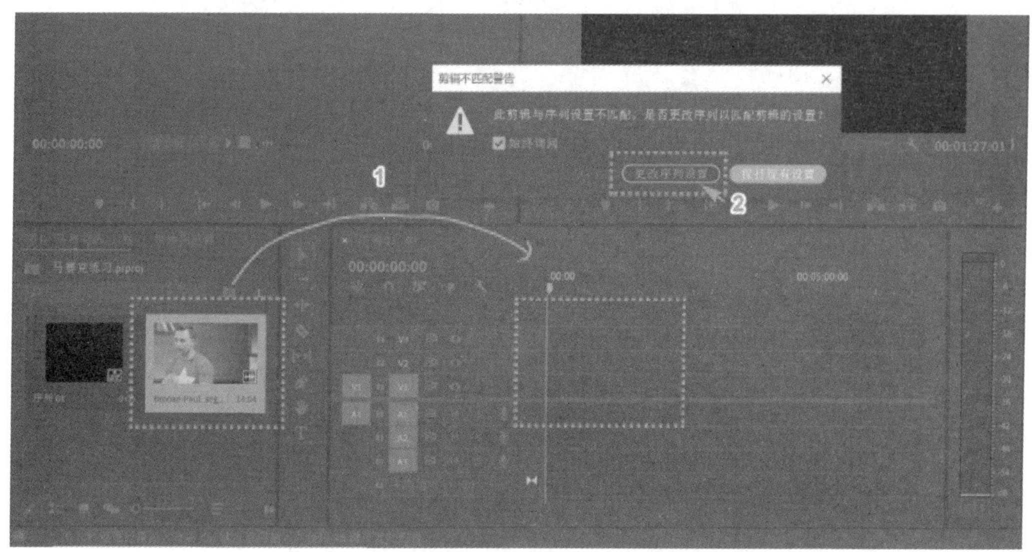

图 48-4

注意：视频应从 0 分 0 秒处开始，如图 48-5 所示。适当调整缩放尺，使之易于编辑。

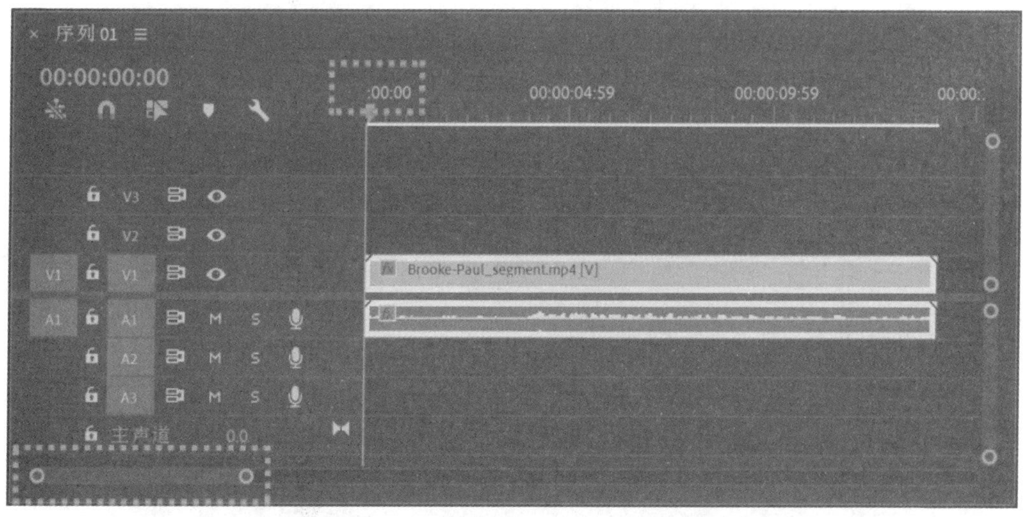

图 48-5

5. 简要分析一下打马赛克的技术难点：首先是镜头的切换，有时出现男嘉宾，有时出现女主持人，有时男嘉宾和女主持人一起出现；其次男嘉宾的脸一直在晃动。下面，我们来逐个解决：为解决第一个问题，我们采取的方法是，剪断视频，逐段处理。视频镜头共切换 4 次，因此应当将其剪成 4 段。首先手动调整进度条，到镜头切换到女主持人时的附近，用单格进退帧工具，仔细调整，到刚好切换到女主持人的那一帧。选择剃刀工具，将视频截断，如图 48-6 所示。

6. 同理，在每次镜头切换时截断。注意：一定要用单格进退帧工具仔细切割。最后将视频分成 4 段（00:00—03:50、03:50—07:32、07:32—12:46、12:46—结束），如图 48-7 所示。

图 48-6

图 48-7

7．下面以第一小段视频为例，讲解加加马赛克的方法。首先，在右侧的效果选择器中依次选择“视频效果”—“风格化”—“马赛克”（或通过搜索框搜索），如图 48-8 所示。

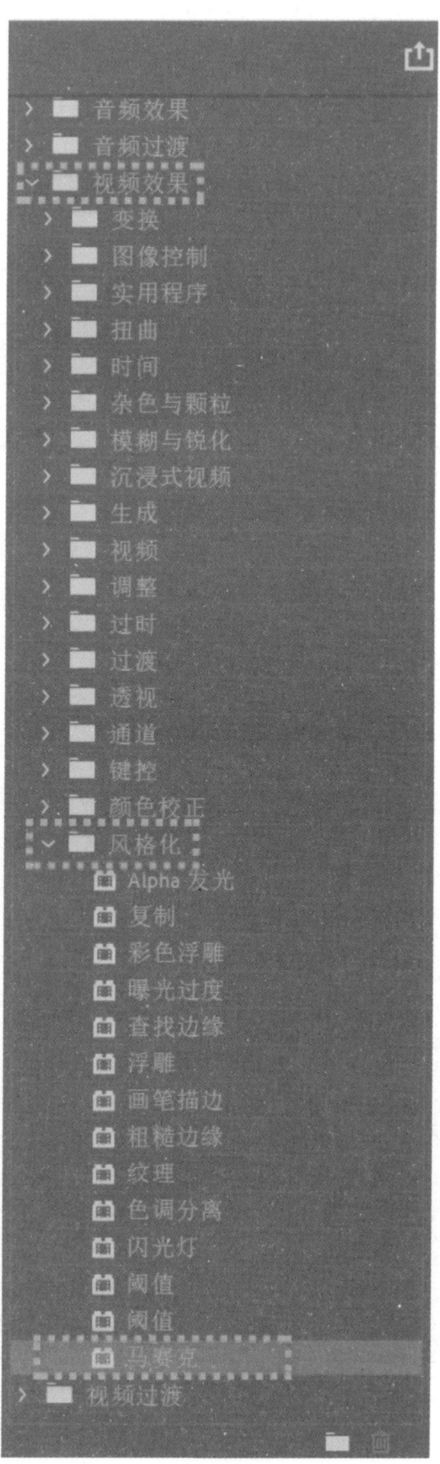

图 48-8

8．将马赛克效果拖入片段 1，单击“效果控件”，并将水平块、垂直块的参数都设置为 40，如图 48-9 所示。

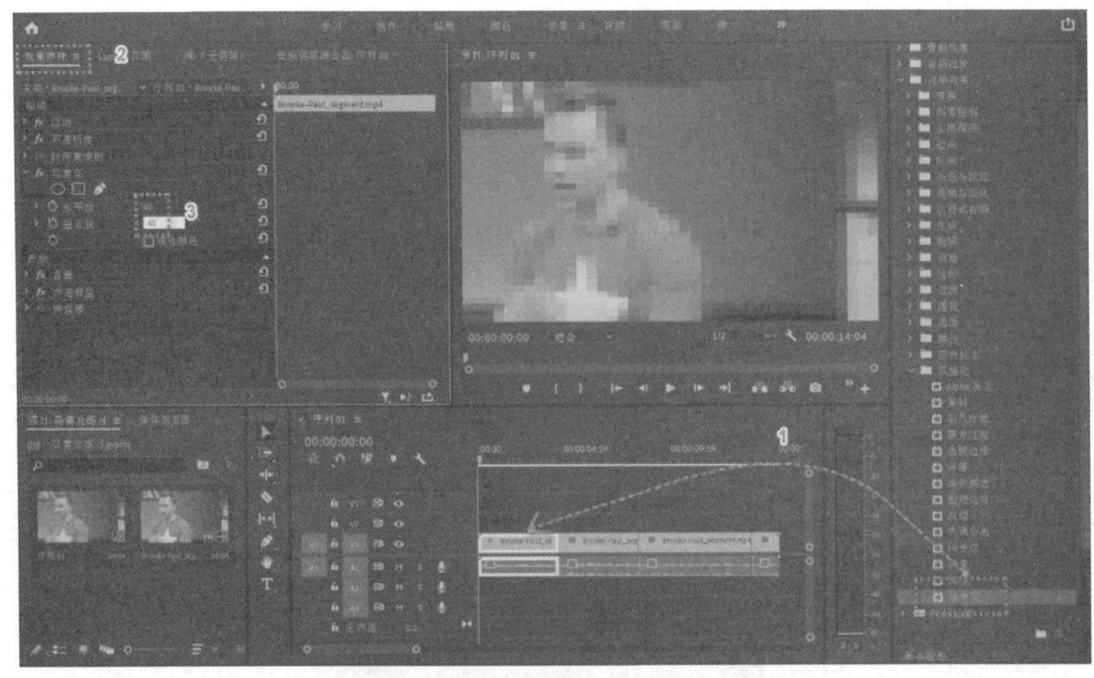

图 48-9

9．不难发现，这时的马赛克是整个地加在视频上的，不符合仅对男子面部加马赛克的要求。因此要用到椭圆蒙版工具，来选中男子脸部，如图 48-10 所示。

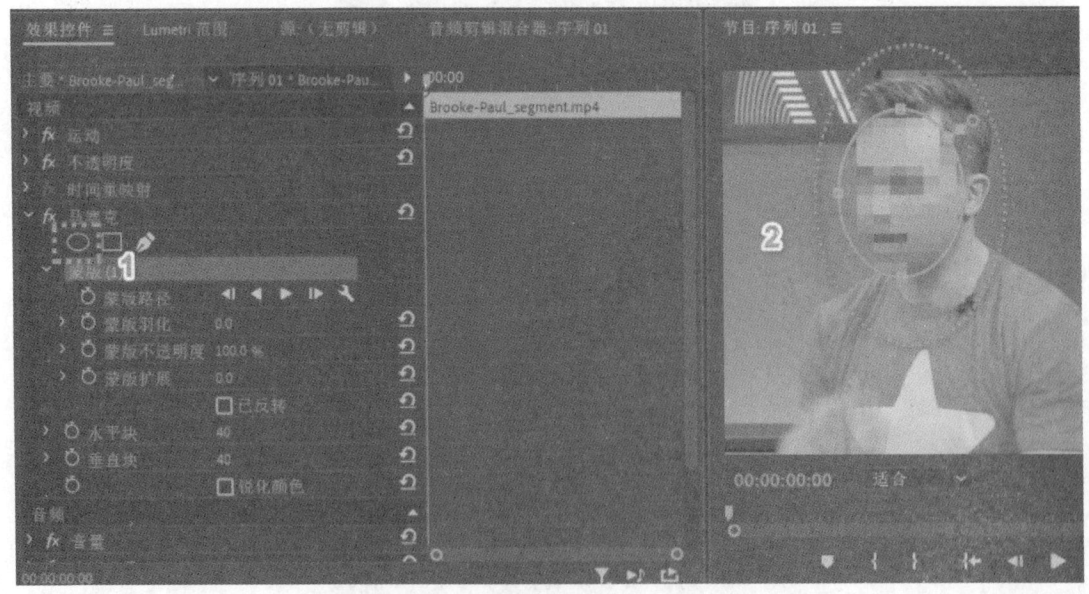

图 48-10

10．由于男嘉宾脸部在动，因此要不断地对圆做移动、旋转等处理，以保证蒙版可以刚好紧密贴合男子脸部。比如，逐帧移动，在 00:12s 处男嘉宾头部发生了一次明显位移，如图

48-11 所示。单击“切换动画”按钮，可以看到此时在 00:12s 处创建了一个关键帧。

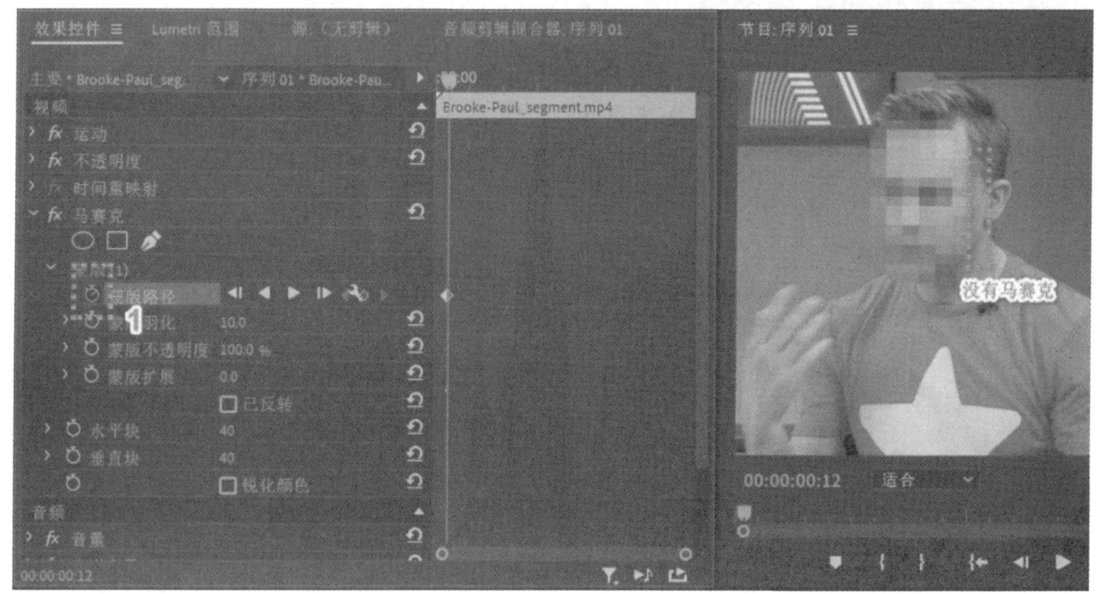

图 48-11

注意：先单击效果控件的“蒙版 1”保持椭圆蒙版处于选中状态，否则无法拖动椭圆蒙版！然后再拖动椭圆蒙版，直至刚好覆盖整张脸，如图 48-12 所示。

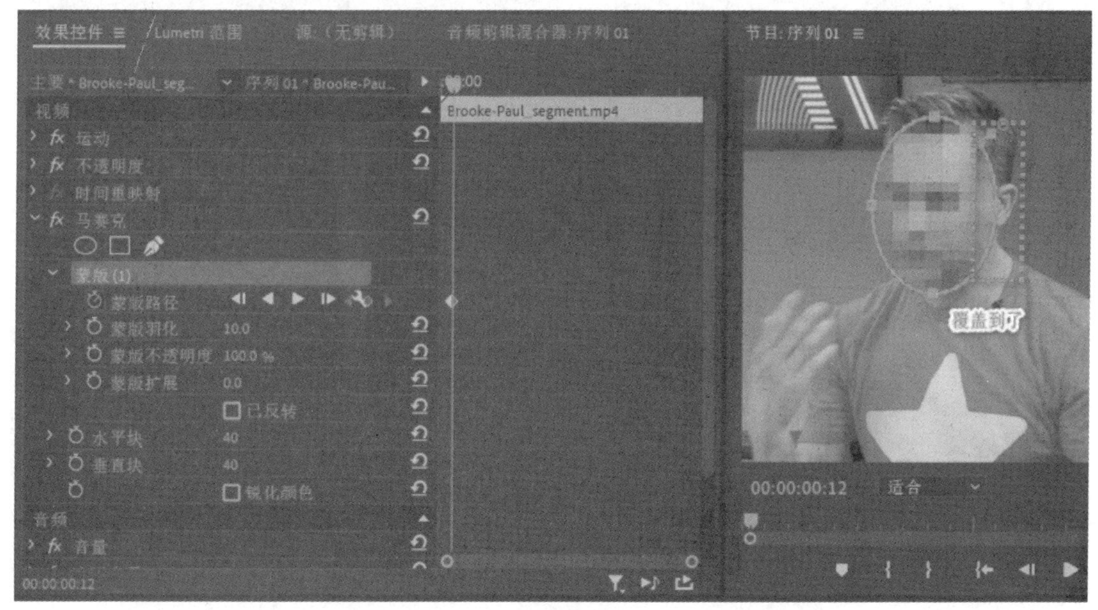

图 48-12

11．同理，在 00:24 处头部有较大幅度的移动。这次要单击“效果控件”—“蒙版路径”中的“添加/移除关键帧”，添加关键帧。重复步骤 10 的移动操作，让椭圆蒙版刚好覆盖整张脸，如图 48-13 所示。

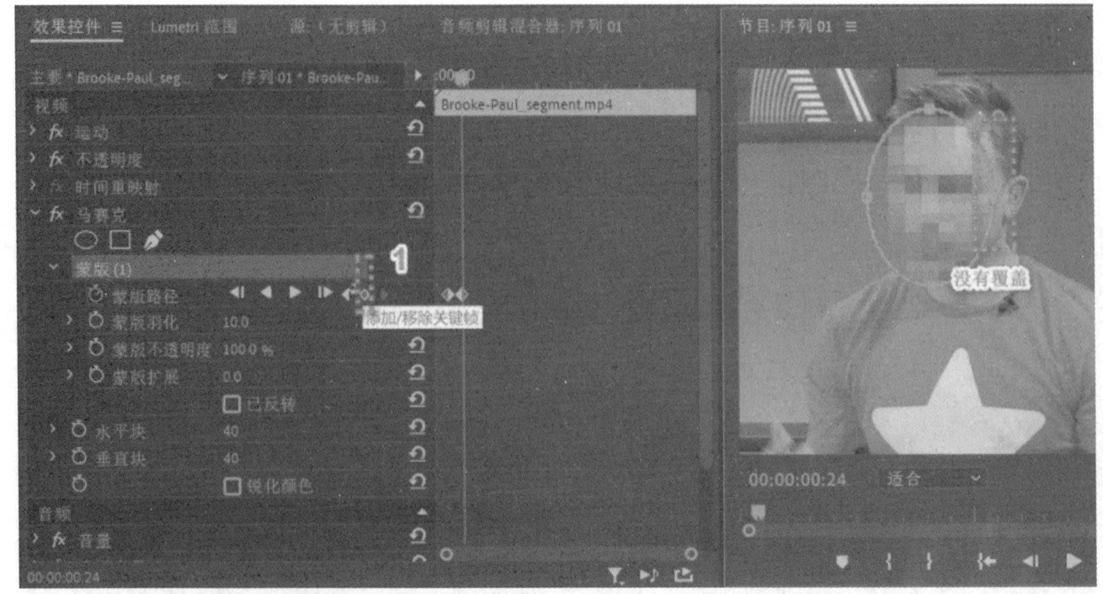

图 48-13

12．逐帧快进，发现第 00:27s 处同样需平移蒙版。01:38s 处男嘉宾略仰头，因此应旋转蒙版（将光标移动到椭圆蒙版正上方，光标会变成移动图标，此时即可移动）。读者可同理自行对各段视频重复此操作，完成此练习，如图 48-14 所示。

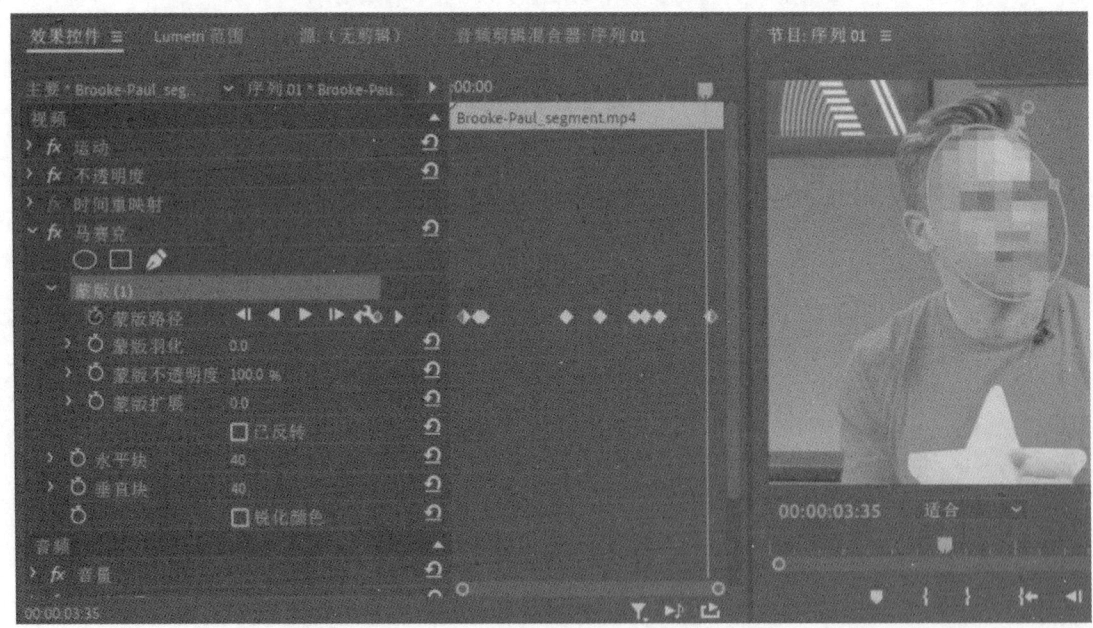

图 48-14

实验 49　Adobe Premiere 文字与遮罩

文字与遮罩

1．打开 Pr，新建一个“项目”，并命名为“文字与遮罩”，其他属性为默认，如图 49-1 所示。

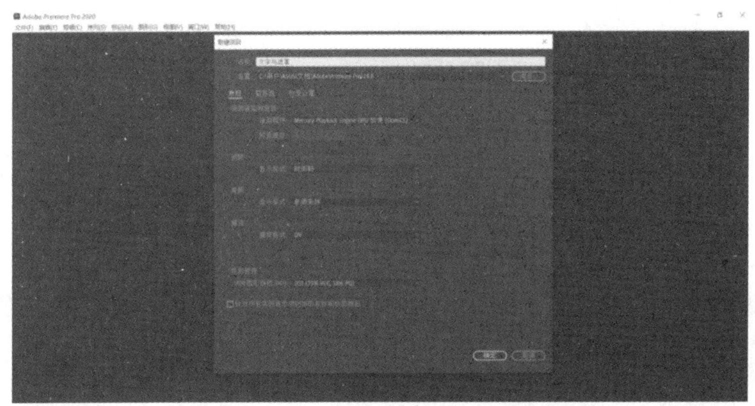
图 49-1

2．在左下角“项目”中，右击，选择“新建项目”—“序列”，在打开的对话框中属性选择默认，如图 49-2 所示。

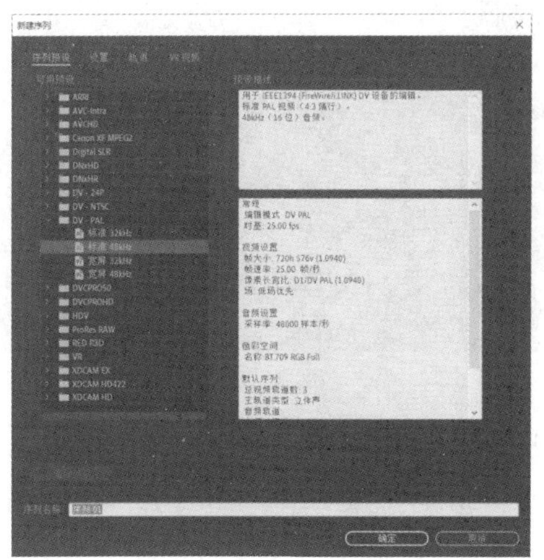
图 49-2

3．在项目中右击，选择“导入”，选中“雪景.mov”“键盘打字声音.mp3”“Music.wav”素材文件，单击“打开”按钮，如图 49-3 所示。

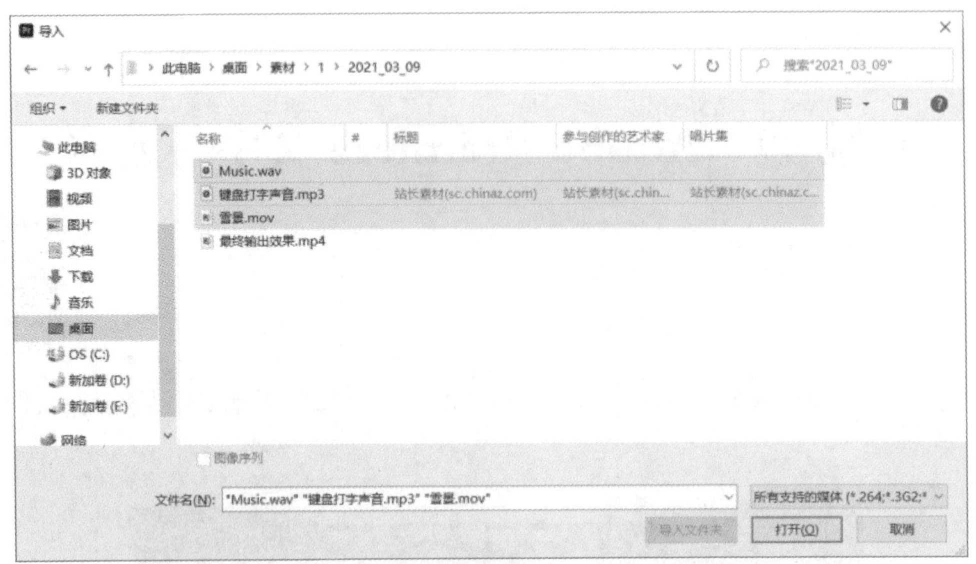

图 49-3

4．拖动“雪景.mov”素材放置视频轨道 1，把“Music.wav”素材放置音频轨道 1，“键盘打字声音.mp3”素材放置于音频轨道 2，如图 49-4 所示。

图 49-4

5．在 06:27 处做一个标记点，单击“图形”—“新建图层”，选择“文本”，放置于轨道 1，并且延长至“雪景.mov”素材（将光标放置于轨道素材末尾，光标变为红色半括号后拖），然后单击主页中的“编辑”—“效果控件”，如图 49-5 所示。

图 49-5

6．双击节目中的文字，修改文本为“本故事纯属虚构”，并在“效果控件”中为其修改自己喜欢的文字样式，如图 49-6 所示。

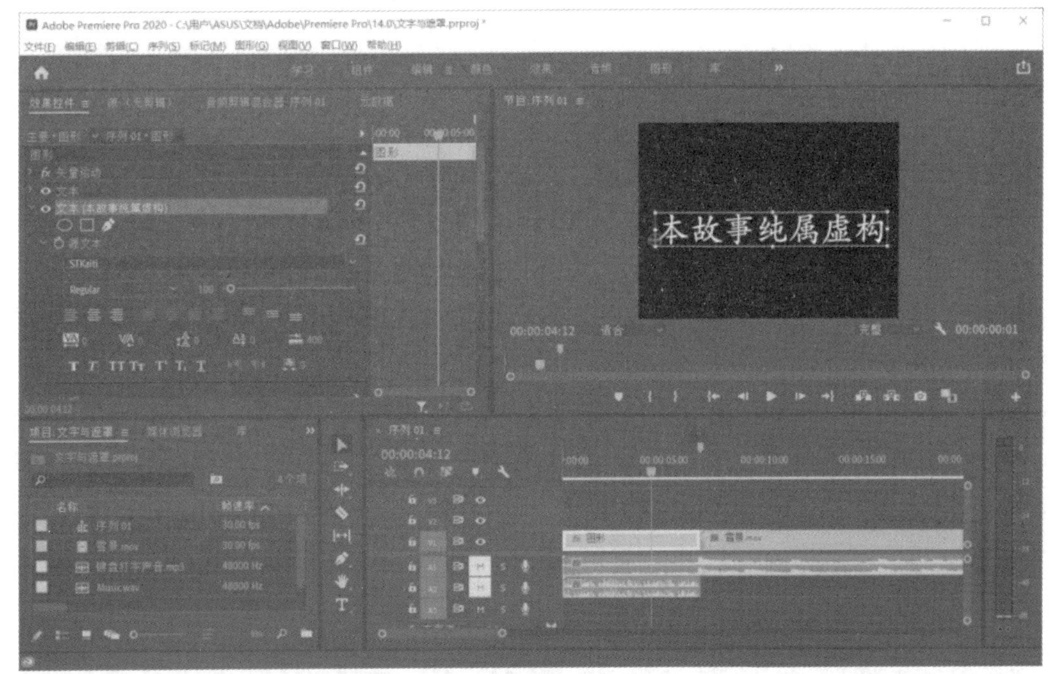

图 49-6

7．在项目中新建一个“颜色遮罩”，设置颜色为黑色，放置于视频轨道 2 上，并且对齐下方“文本”素材，如图 49-7 所示。

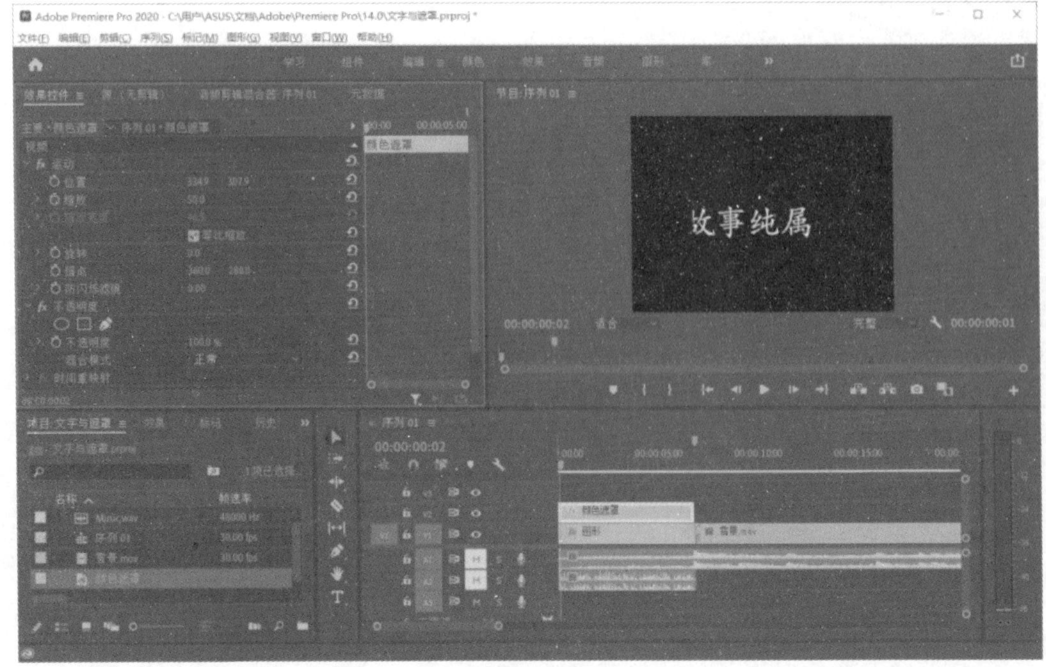

图 49-7

8．修改“颜色遮罩”的属性，取消“等比缩放”，大小长短设置为与“文本”素材一致，可以单击属性中的运动，直接在左侧场景中修改大小（使用选择工具按住 Shift 键将其拖到场景之外或者设置属性中的位置），如图 49-8 所示。

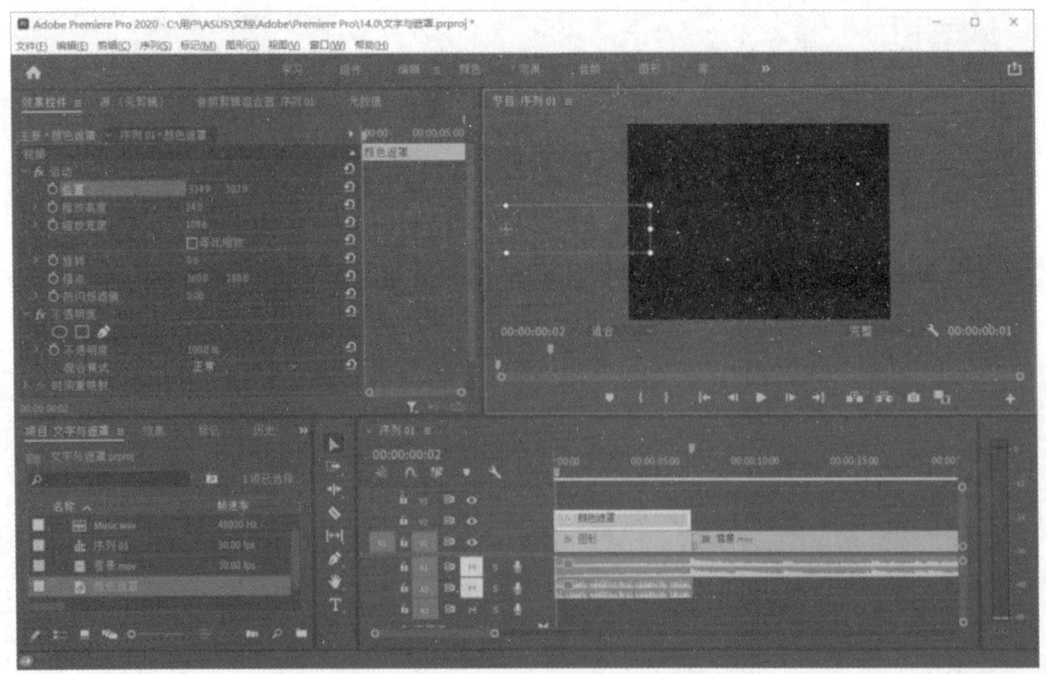

图 49-8

9．为了配合“键盘打字声音”，所以我们让每个字单独出现，以下以“本”“故”字为例，为其打上关键帧，在 0 秒第 10 帧时打上第一个关键帧，在 0 秒第 11 帧处打上第 2 个关键帧，并且对水平位置进行调整，将“本”完整显示出来字即可，如图 49-9 所示。

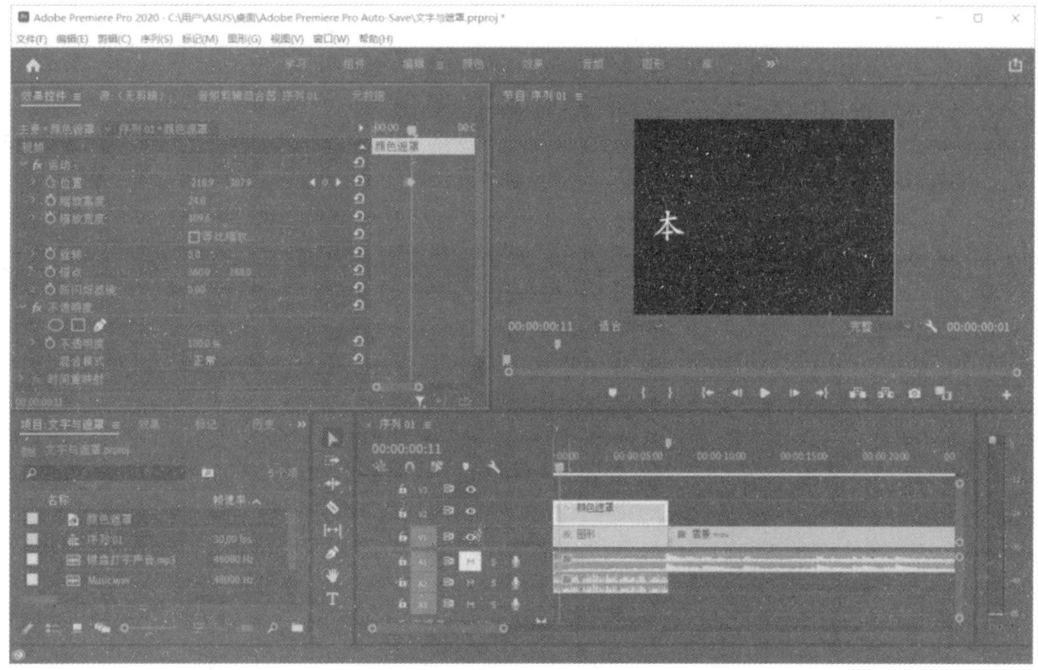

图 49-9

10．接下来我们在 1 秒第 5 帧处打上第一个关键帧，在 1 秒第 6 帧处打上第 2 个关键帧，并且在位置上将“故”字完整显示出来，如图 49-10 所示。

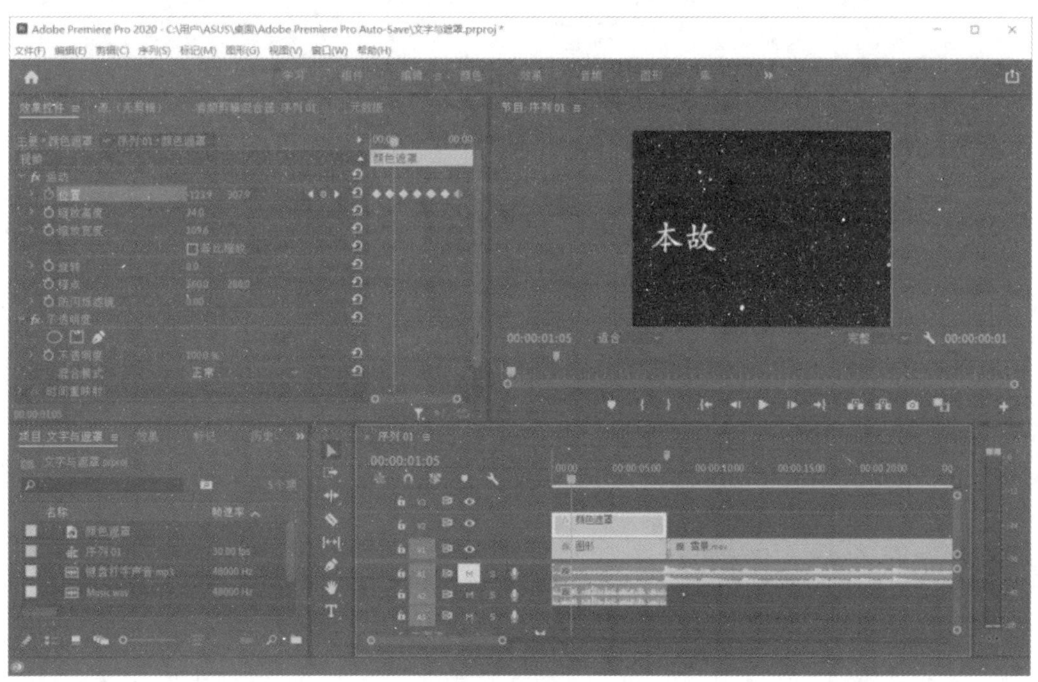

图 49-10

11．每个字间隔约为 25 帧，我们在为每个字都打好关键帧后，在“雪景”上方的视频轨道 2 上添加“文字”，打开素材中的“台词”，如图 49-11 所示，全选后复制。

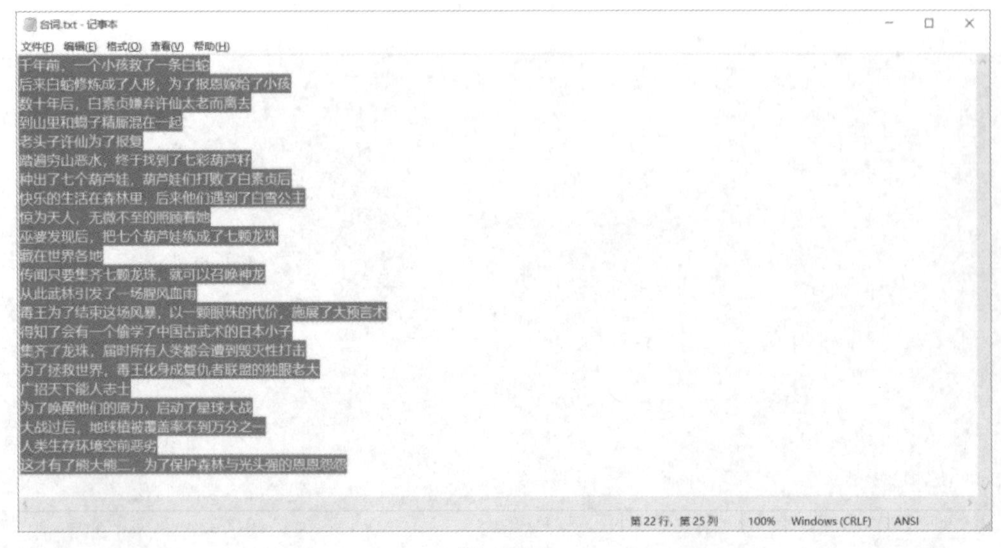

图 49-11

12．在“文件”中新建一个“旧版标题”，使用文字工具将文字复制到文本框中，选择一个自己喜欢的样式，并且为其设置字体属性，如图 49-12 所示。

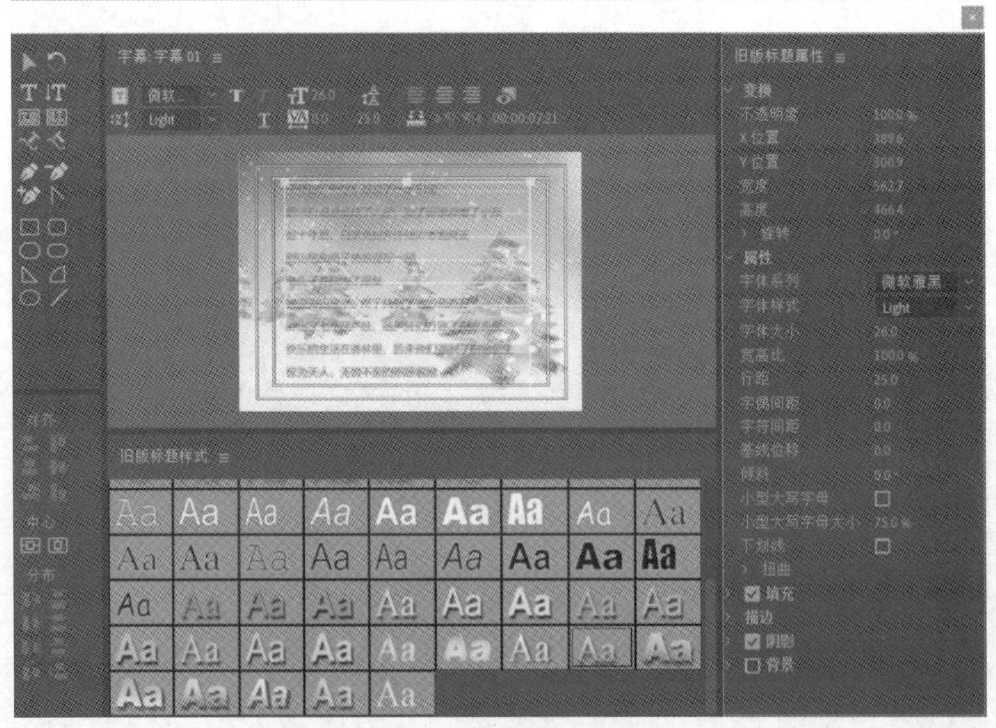

图 49-12

13．打开“滚动/滚动选项”对话框，我们设置字幕为滚动字幕，如图 49-13 所示。

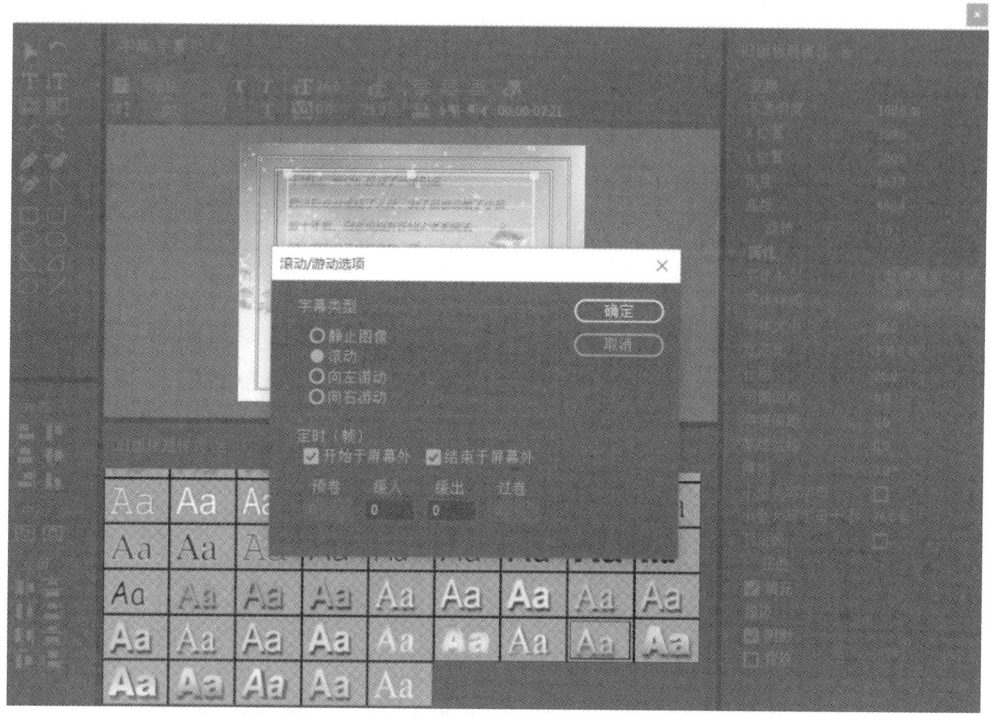

图 49-13

14．字幕制作完成后，在项目面板中将字幕拖动到视频轨道 2 上，对齐下方素材，如图 49-14 所示。

图 49-14

15．将多余的音频文件删除掉，保存文件，并导出媒体（快捷键 Ctrl+M），格式为 AVI。

实验 50　Adobe Premiere 吹泡泡（1）

吹泡泡（1）

1．打开 Pr，新建一个“项目”，并命名为“吹泡泡”，其他属性为默认，如图 50-1 所示。

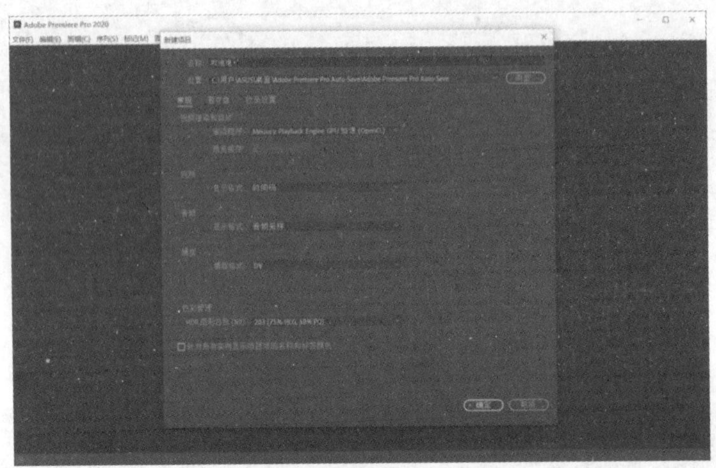

图 50-1

2．在左下角“项目”中右击，选择“新建项目”—“序列”，在打开的对话框中，属性选择默认设置，如图 50-2 所示。

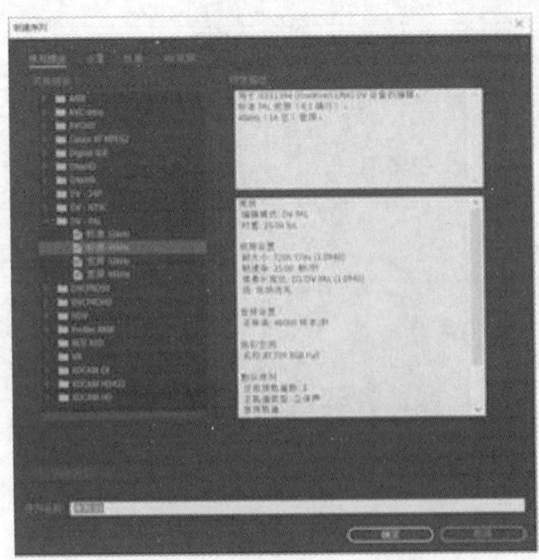

图 50-2

3．在项目中右击，选择“导入”，在打开的对话框中选中全部素材文件，单击“打开”按钮，如图 50-3 所示。

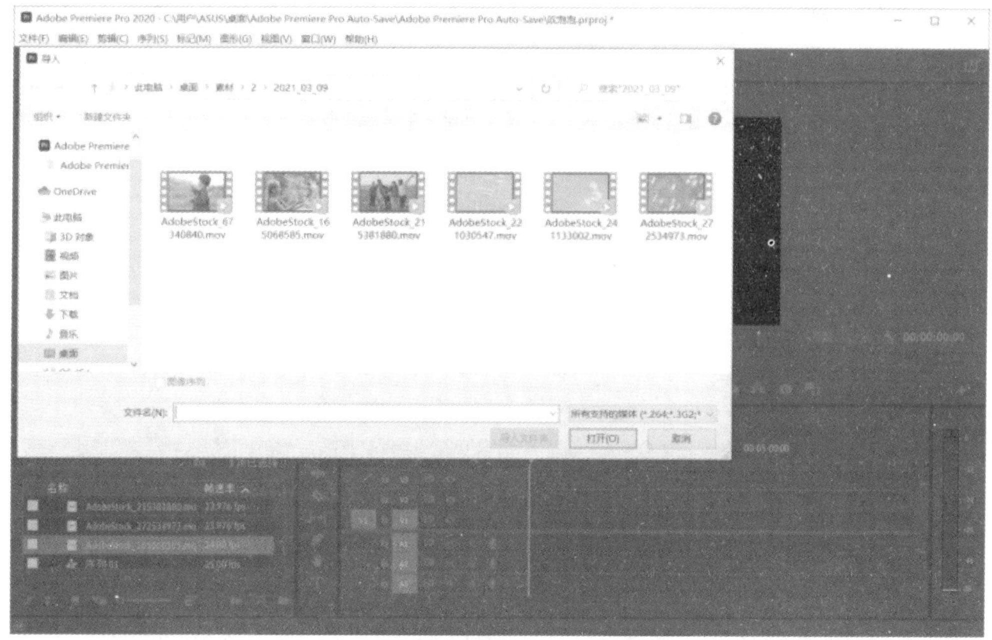

图 50-3

4．拖动“AdobeStock_215381880”“AdobeStock_67340840”“AdobeStock_48802300”素材依次放到视频轨道 1 上，并且都在时间轴中右击，选择“缩放为帧大小”，结果如图 50-4 所示。

图 50-4

5．在视频轨道 2 上依次拖入“AdobeStock_221030547”“AdobeStock_241133002”“AdobeStock_272534973”素材，右击，选择“缩放为帧大小”，与下方素材对齐（第 2 个素材使用“比率拉伸工具”，见图 50-5，注：可长按鼠标左键弹出再选择），结果如图 50-6 所示。

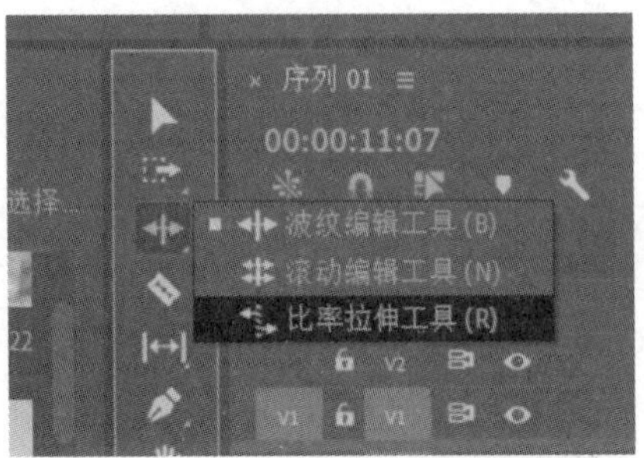

图 50-5

图 50-6

6．为视频轨道 2 的每个素材添加“效果”—“超级键”，如图 50-7 所示。

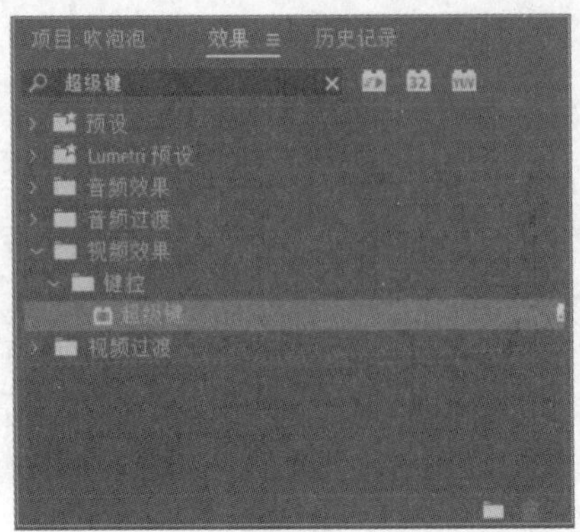

图 50-7

7．单击视频轨道 2 的素材，选择“效果控件”，找到“超级键”，在“主要颜色”中使用吸管工具，依次吸取视频轨道 2 素材上的主体颜色（素材 1 为绿色，素材 2 为粉红色，素材 3 为绿色），为第二个素材修改“不透明度”大致为 20%，如图 50-8～图 50-10 所示。

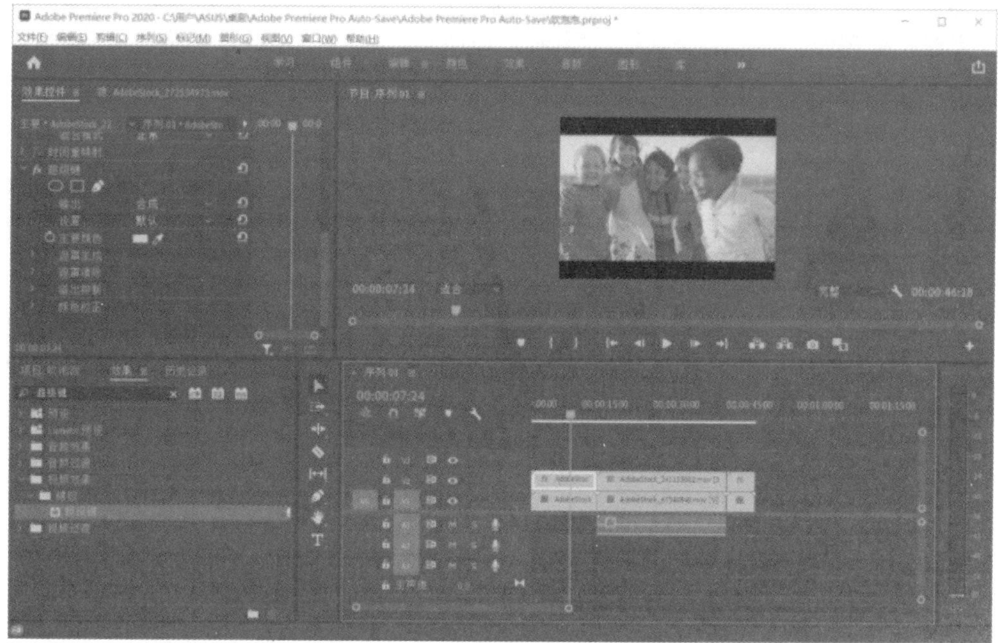

图 50-8

图 50-9

图 50-10

8．保存文件，并导出为媒体（快捷键 Ctrl+M），格式为 AVI。

实验 51　Adobe Premiere 吹泡泡（2）

吹泡泡（2）

1．打开 Pr，新建一个项目，参数设置如图 51-1 所示。

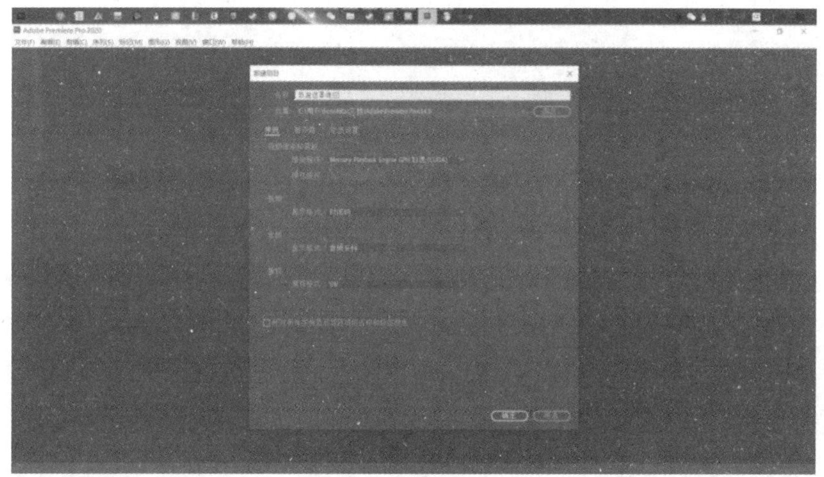

图 51-1

2．按 Ctrl+N 组合键新建一个序列，再按 Ctrl+I 组合键将素材导入，如图 51-2 所示。

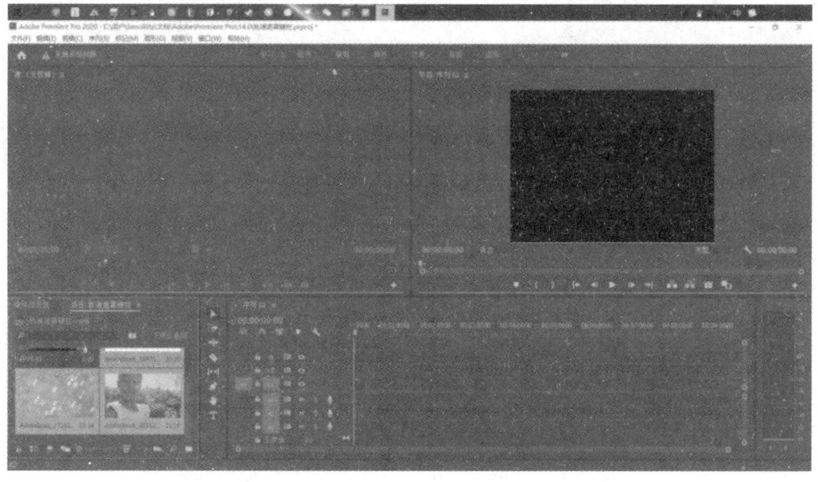

图 51-2

3．将背景素材拖动进入时间轴中（如图 51-3 所示），再将人物素材拖入时间轴，置于背景素材之上，并使用左侧的剃刀工具，选择大约第 7.2 秒处，将第 7.2 秒之前的素材删除，将剩余素材置于时间轴顶部。

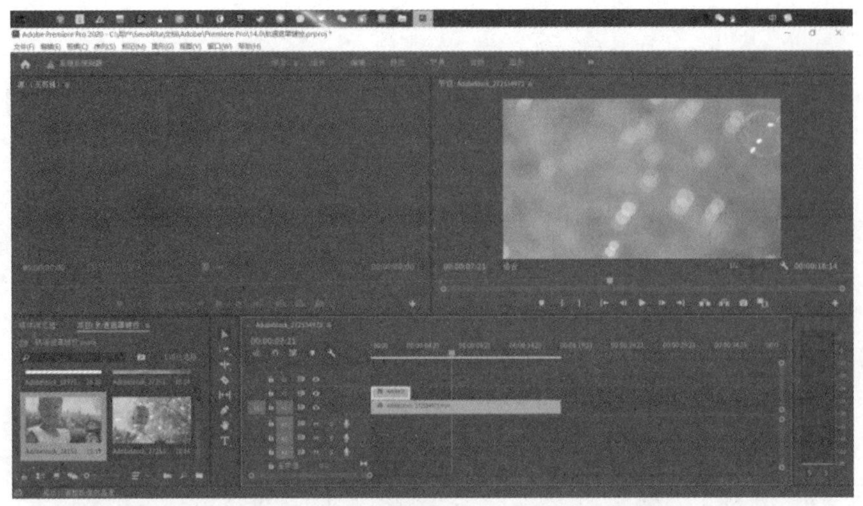

图 51-3

4．将时间轴拖动至背景素材的末尾，单击人物片段，按下 R 键（比率工具快捷键），将人物片段拉伸至与背景素材相同长度（相当于慢动作的效果），如图 51-4 所示。

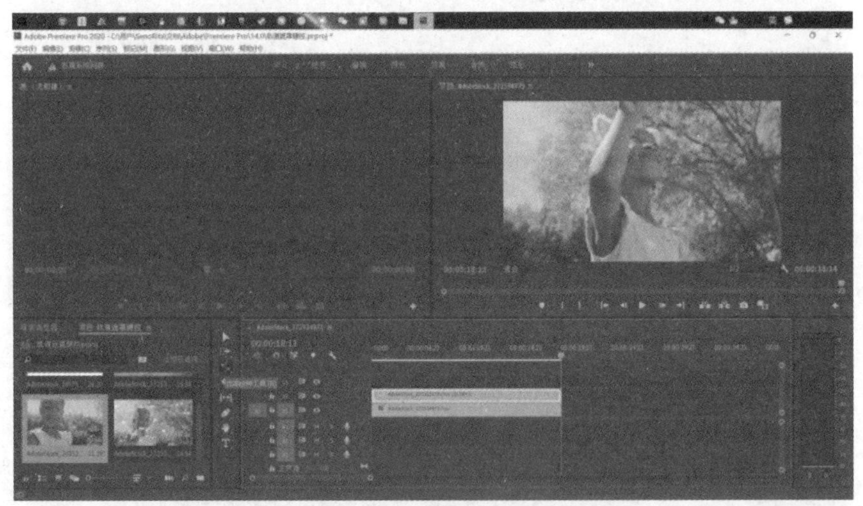

图 51-4

5．使用工具栏中的文字工具，在右上方节目中输入“吹泡泡”，在界面上方选择效果，在“效果控件”中找到刚才输入的文本，将字体改为自己需要的样式，如图 51-5 所示。

6．将泡泡素材拖入时间轴，用剃刀工具将第 13 秒之前的部分（画面变为黑白之前的部分）删去，再用比率工具使泡泡素材长度和背景素材长度相同，如图 51-6 所示。

7．单击人物素材和文字素材，依次单击“效果”—“视频效果”—“键控”—“轨道遮罩键”，长按遮罩键，将其拖到两个素材上，如图 51-7 所示。

图 51-5

图 51-6

图 51-7

8．将文字素材长度拉伸，单击文字素材，在“效果控件”的“遮罩”选项中选择“视频 4”，将“合成方式”改为“亮度遮罩”，对人物素材也进行相同的处理，如图 51-8 所示。

图 51-8

9．我们也可以移动遮罩位置，使人物脸部始终出现在视频内，单击泡泡素材，再单击“效果控件”—“视频”—“运动”，就可以拖动节目中圆的位置，达到想要的效果，如图 51-9 所示。

图 51-9

实验 52　Adobe Premiere 开放式字幕

开放式字幕

1．打开 Pr，新建一个项目，参数设置如图 52-1 所示。

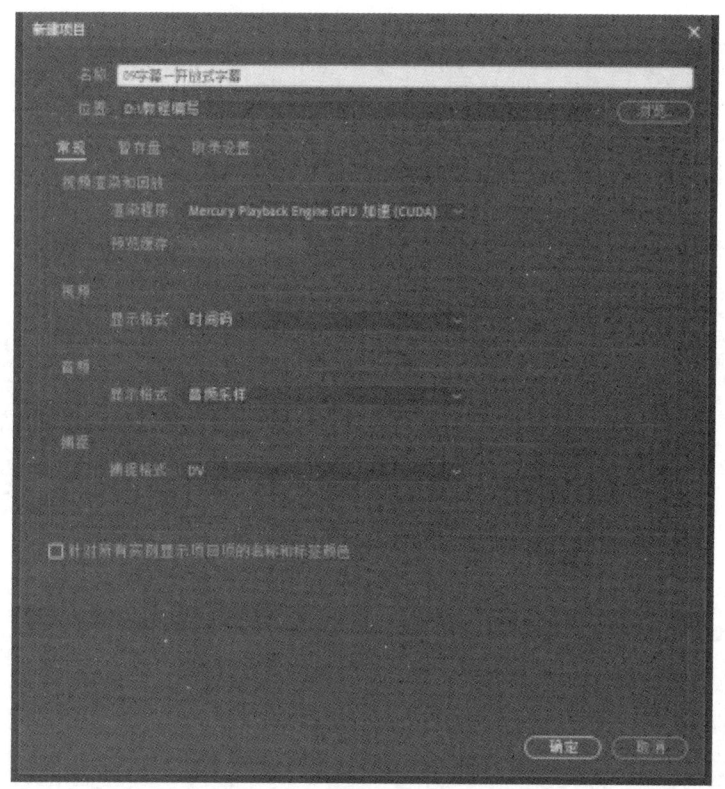

图 52-1

2．新建一个序列并导入素材，把素材拖放到序列 1 的轨道上，并更改序列设置，如图 52-2 所示。

3．依次单击“文件”—“新建”—“开放式字幕”，把字幕拖放到视频轨道 2 并使其长度与视频轨道 1 素材的长度一致。双击字幕，选择台词的第一句并复制到字幕中，如图 52-3 所示。

4．选择背景颜色，把不透明度改为 0，设置字体大小为 50。拖长音轨，根据音轨设置字幕，如图 52-4 所示。

图 52-2

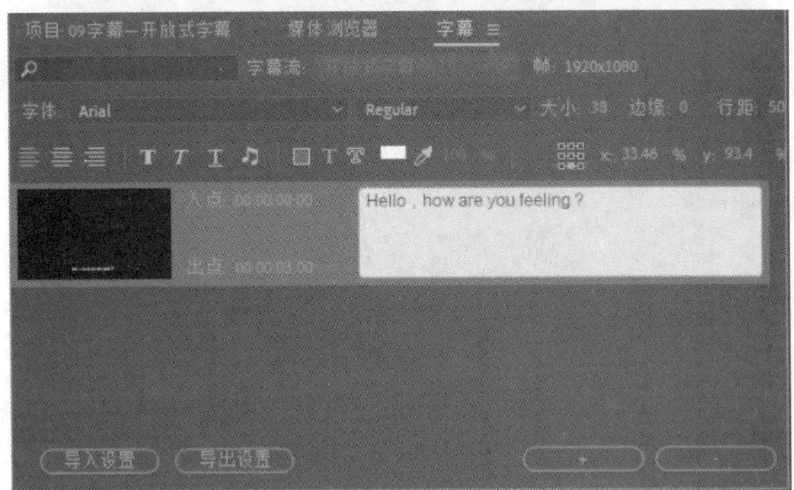

图 52-3

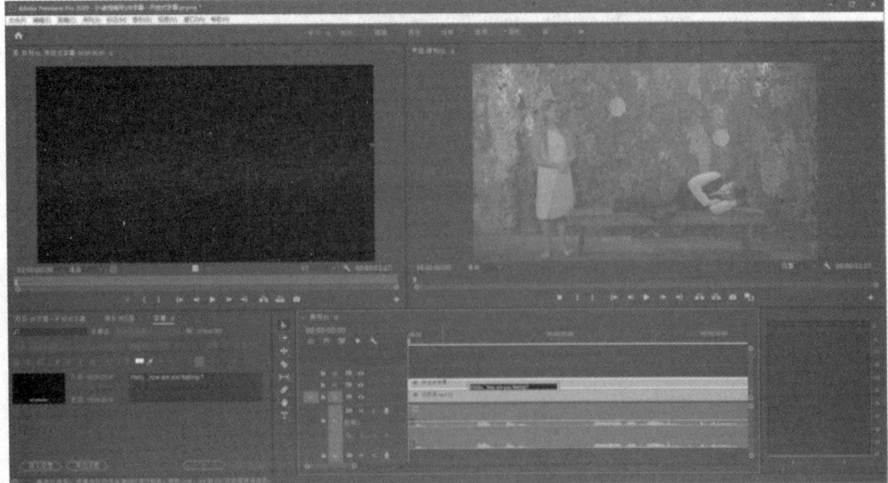

图 52-4

5. 添加字幕，在 00:00:06:00 到 00:00:08:10 的位置添加第二句字幕。

6. 根据人物所说的话，逐字地把台词对应的字幕添加到序列中使字幕与台词能够对应上，如图 52-5 所示。

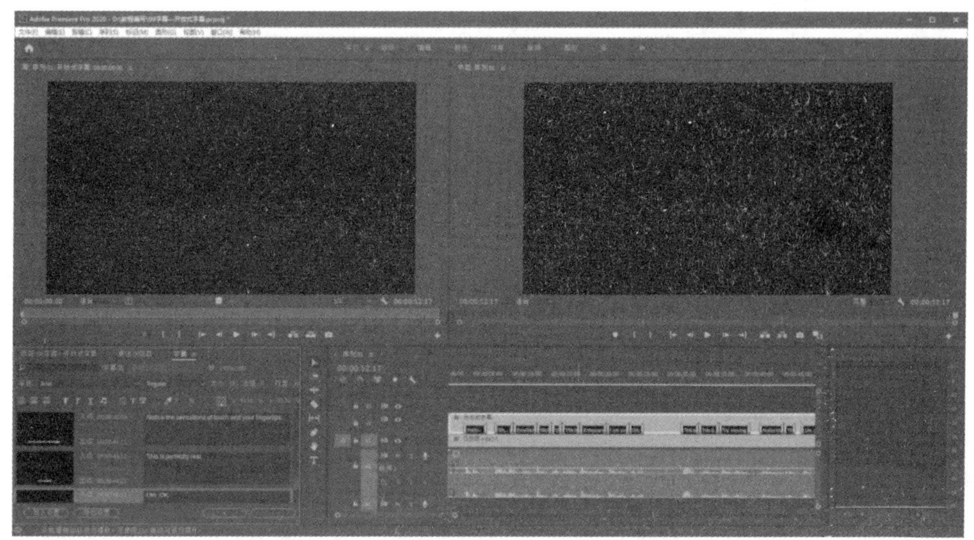

图 52-5

7. 保存文件。

实验 53　Adobe Illustrator 绘制扁平化图标

扁平化图标

1．打开 AI，新建 3 个 RGB 颜色模式、光栅效果为 300ppi 的 1024px×1024px 的画板，如图 53-1 所示。

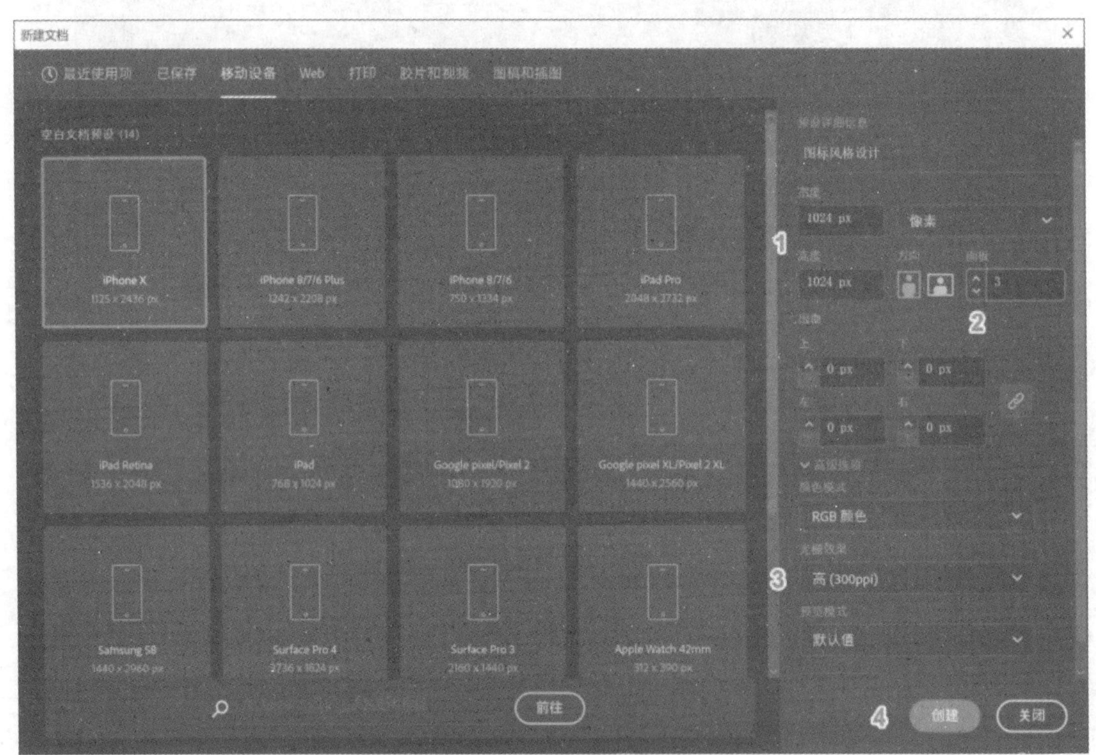

图 53-1

2．为了使排列更加美观整齐，我们可以单击画板工具（快捷键 Shift+O）后，选中画板 3，将其拖曳至平行位置处（如果进入时画板过大，可以用 Alt 键+滚轮来缩放，或在底端选择适当的缩放比例），如图 53-2 所示。

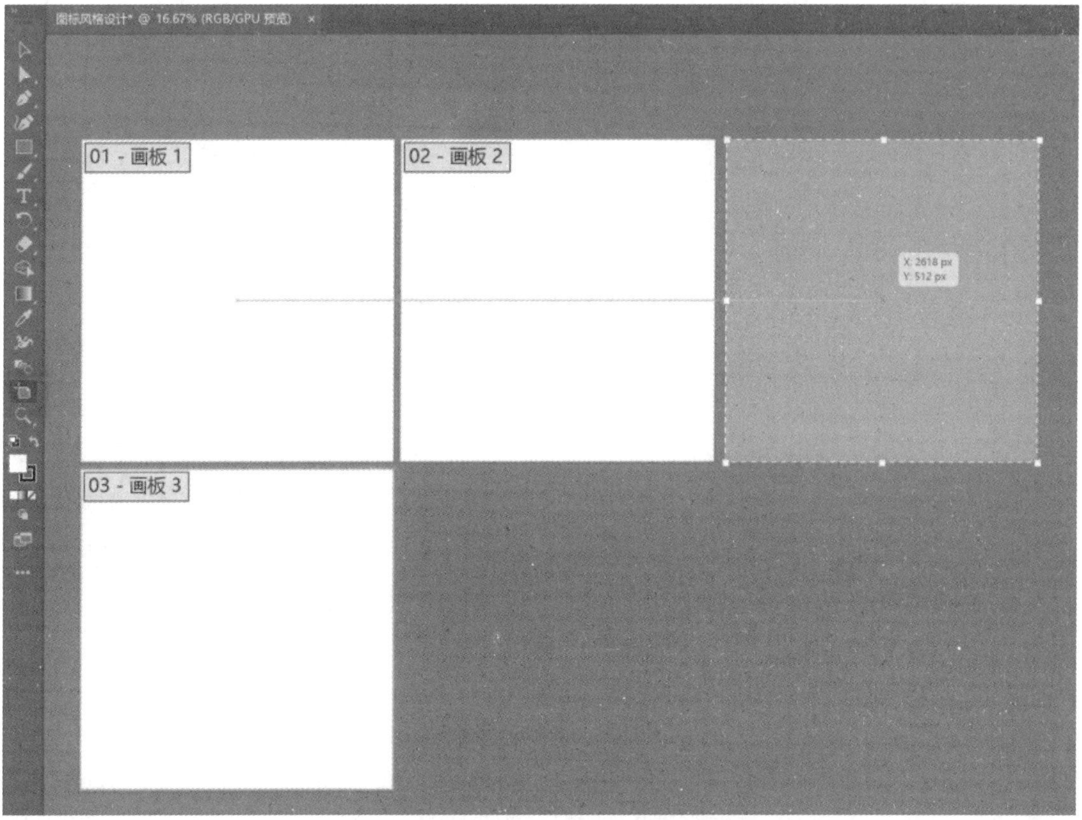

图 53-2

3．单击菜单栏中的“传统基本功能”，再选择矩形工具，在任意空白处单击，创建一个 1024px×1024px 的矩形，如图 53-3 所示。

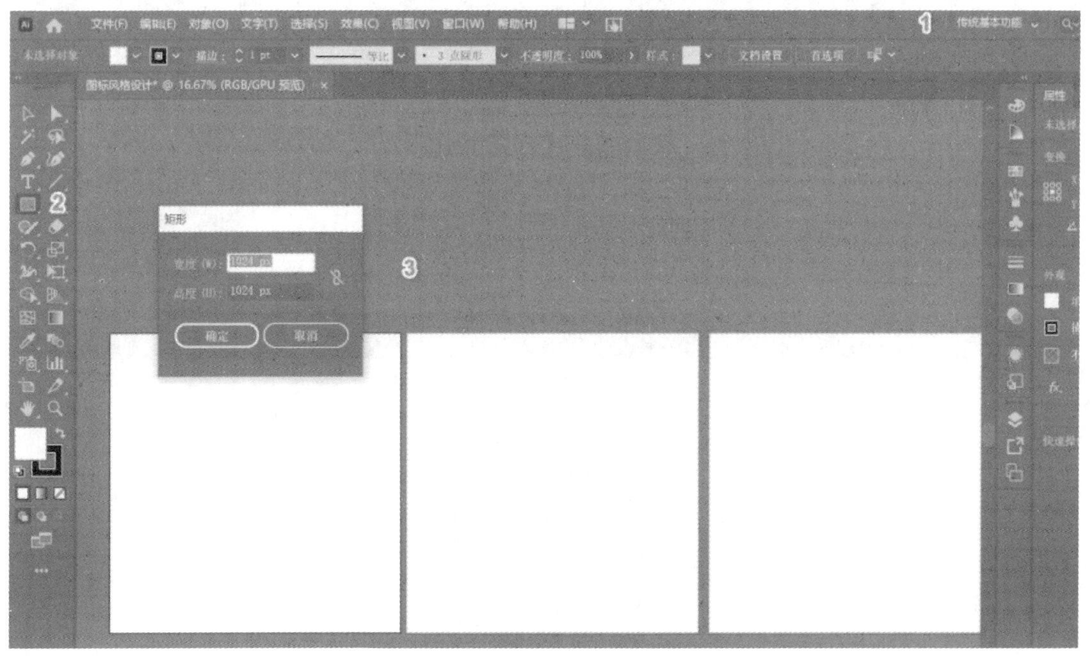

图 53-3

4．单击选择工具，将矩形拖动到画板 1 中。单击“填色”，用土黄色填充，如图 53-4 所示。

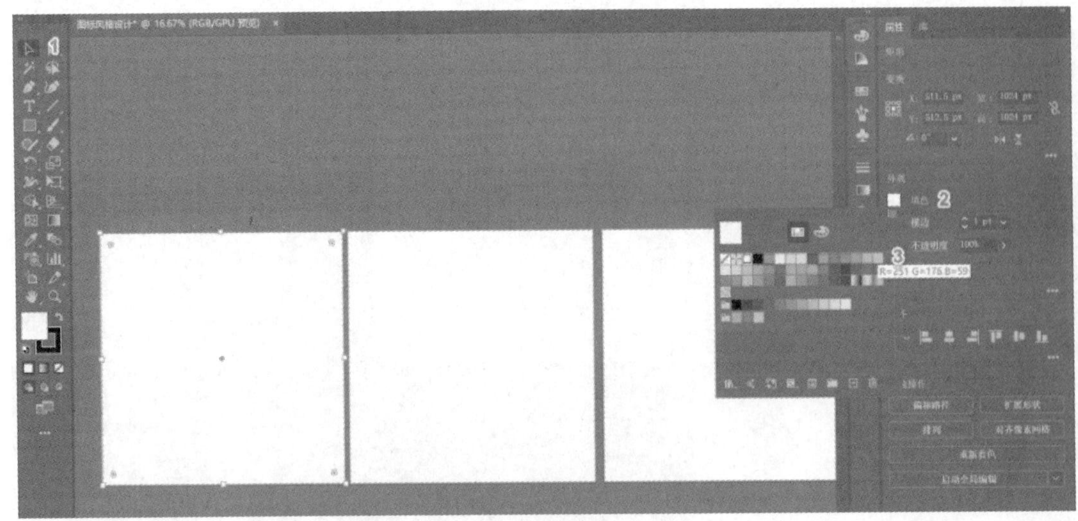

图 53-4

5．单击“形状”，将圆角半径设置为 180px，如图 53-5 所示。选中刚刚设置的矩形，单击边框色区域后再单击“无”，如图 53-6 所示，去掉底图周围的黑线，得到底图。

图 53-5

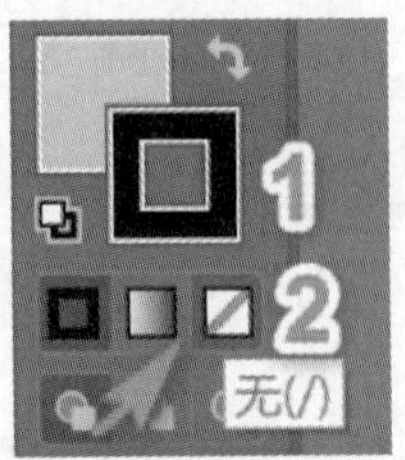

图 53-6

6．按 Ctrl+K 组合键调出首选项，将“键盘增量”设置为 64px，单击“确定”按钮，如图 53-7 所示。

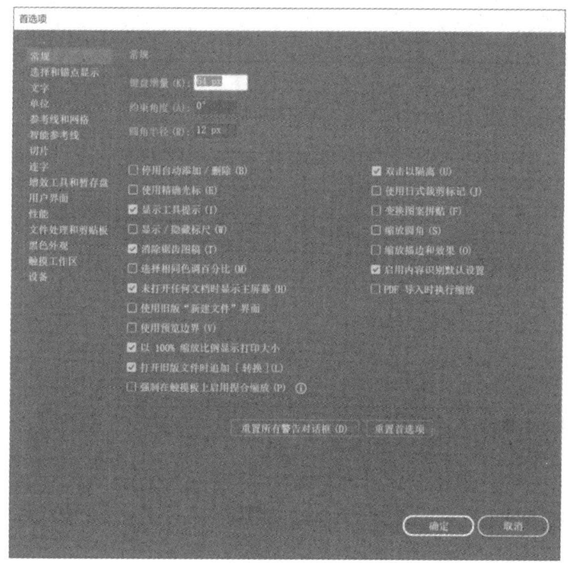

图 53-7

7．绘制基准线。按 Ctrl+R 组合键调出标尺。从水平方向的标尺中拉出一条水平方向的参考线，与画板上端重合。按住键盘中的向下键将其向下移动 64px（如果出现不能移动的状况，请检查是否锁定了参考线，此时可以单击“试图”—“参考线”—“解锁参考线”，如图 53-8 所示）。从竖直方向的标尺中拉出竖直方向的参考线并与画板左侧对齐，按键盘中的向右键将其向右移动 64px。重复做，得到 4 条参考线，如图 53-9 所示。

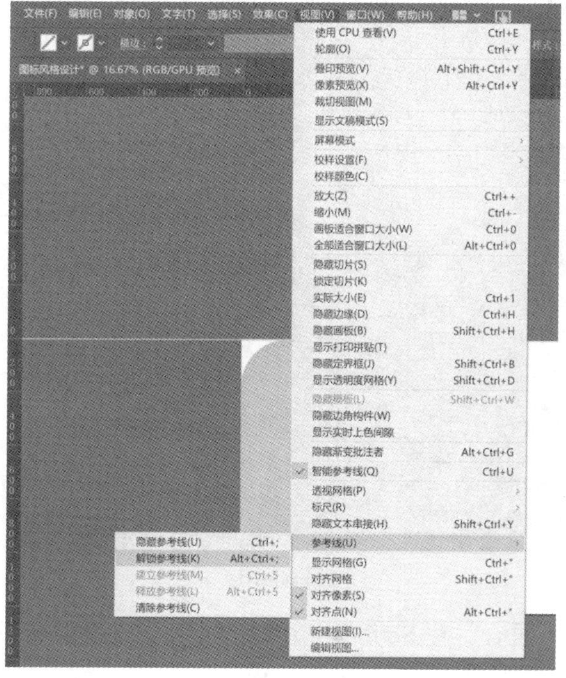

图 53-8

图 53-9

8．绘制黄金分割参考线。选择矩形工具，在空白处单击，绘制一个 100px×100px 和一个 100px×61.8px 的两个矩形（为方便观察，例中特地设置了 10pt 的红色描边），如图 53-10 所示。

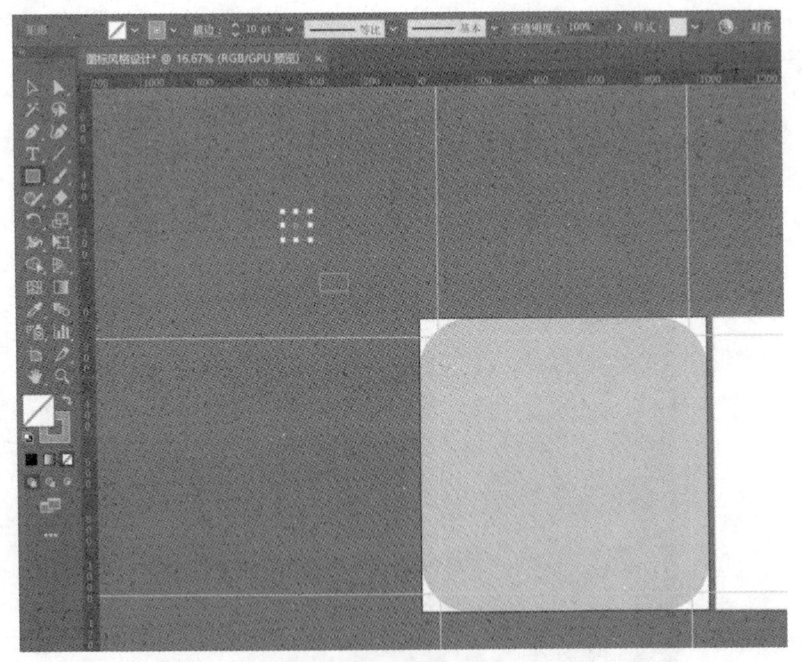

图 53-10

9．将两个矩形拖到重合。按 Shift 键选中两个矩形（为方便操作可以适当放大工作区域），单击右侧“路径查找器”中的形状联集，得到一个黄金分割矩形，如图 53-11 所示。

图 53-11

10．先拉动该矩形，使之上边与画板上边齐平。再将其放大使之下边与画板下边齐平。最后从水平标尺中拖出一条参考线，即为黄金分割线，如图 53-12 所示。锁定参考线，基础结构工作结束。

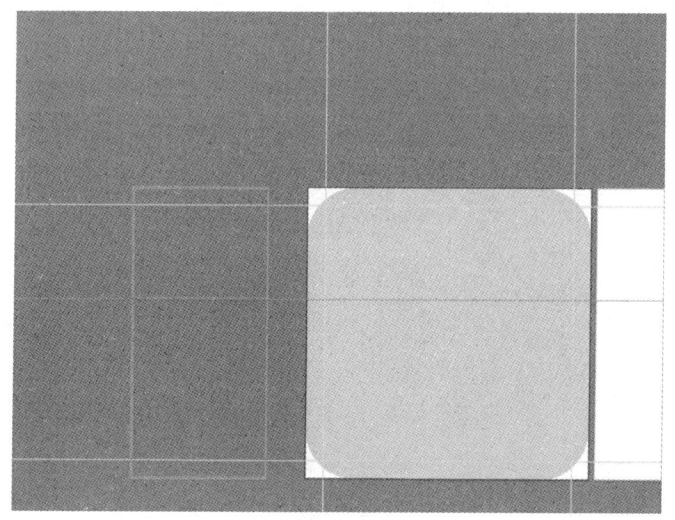

图 53-12

11．设置一个深棕色描边，大小为 20pt。按住 Shift 和 Alt 键，保持其中心不动，等比例缩小矩形，然后按步骤 5 的操作，设置圆角半径为 50pt，如图 53-13 所示。

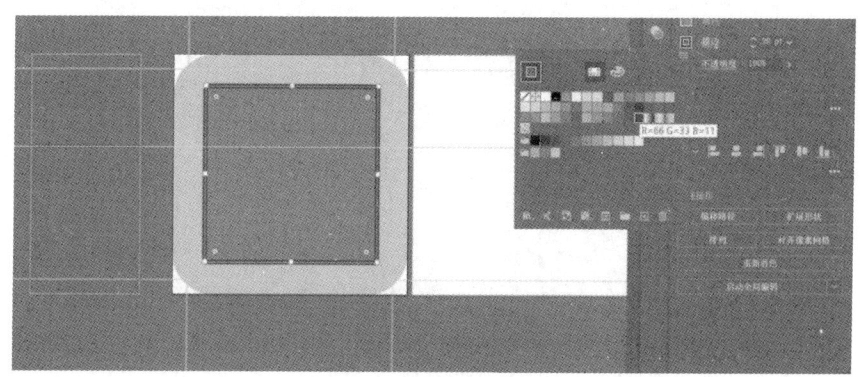

图 53-13

12．单击矩形工具（见图 53-14），再选择其中的椭圆工具，绘制一个正圆。单击选择工具，将其拖动到合适位置，注意要和参考线对齐，如图 53-15 所示。

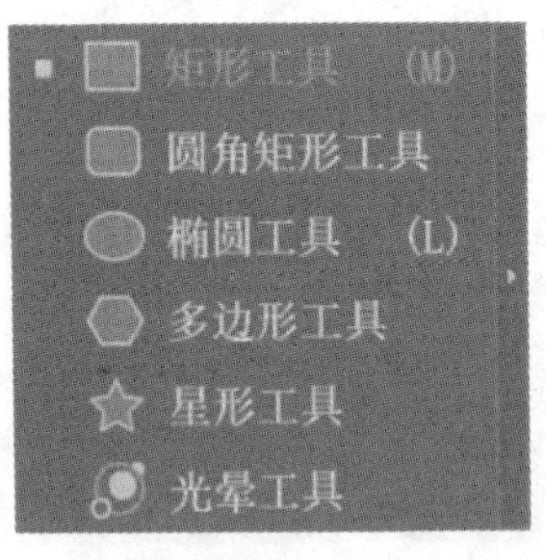

图 53-14

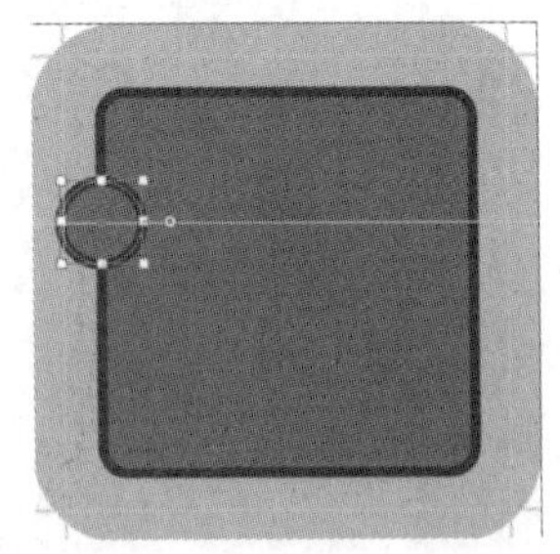

图 53-15

13．选择直接选择工具，选中右侧锚点，如图 53-16 所示，按 Delete 键删除，得到一个半圆，如图 53-17 所示。

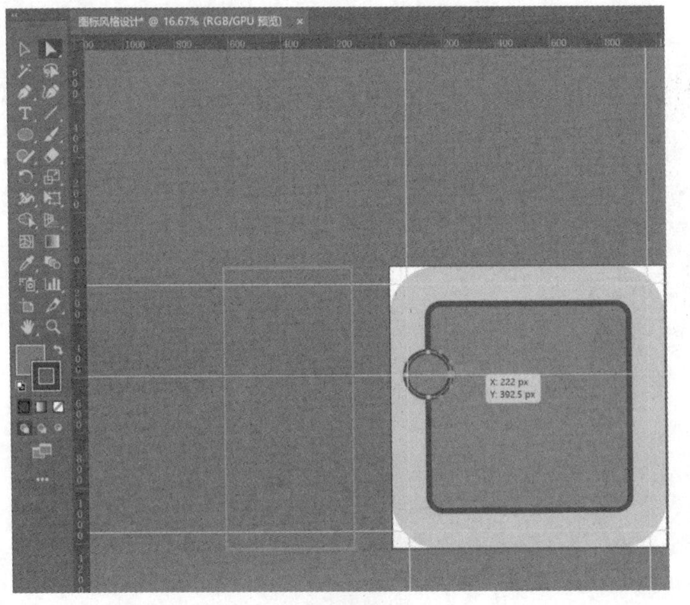

图 53-16

图 53-17

14．观察原图，发现耳朵是由两个半径不同的半圆组成的，半径大的半圆颜色深，半径小的颜色浅。单击颜色互换按钮，将描边设为无，如图 53-18 所示。

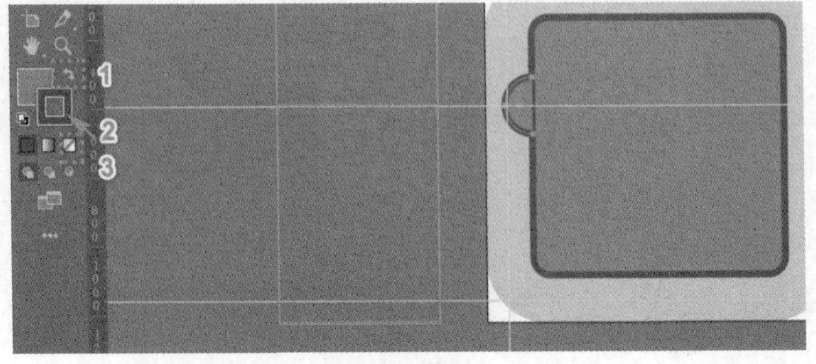

图 53-18

15．选中半圆，按 Ctrl+C 组合键复制，按 Ctrl+F 组合键原位粘贴。按住 Shift 键，从右往左将其收缩到适合大小，即为内耳，如图 53-19 所示。用吸管工具吸取浅色部分。

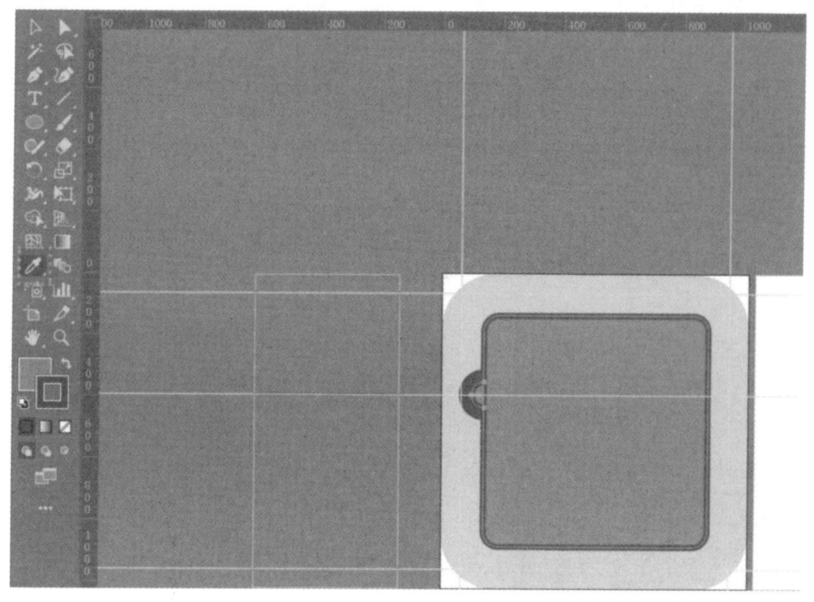

图 53-19

16．适当放大图形，按住 Shift 键，选中两个半圆，右击，选择“变换”—“镜像”，如图 53-20 所示，在打开的对话框中单击“垂直”，再单击“复制”按钮，如图 53-21 所示。

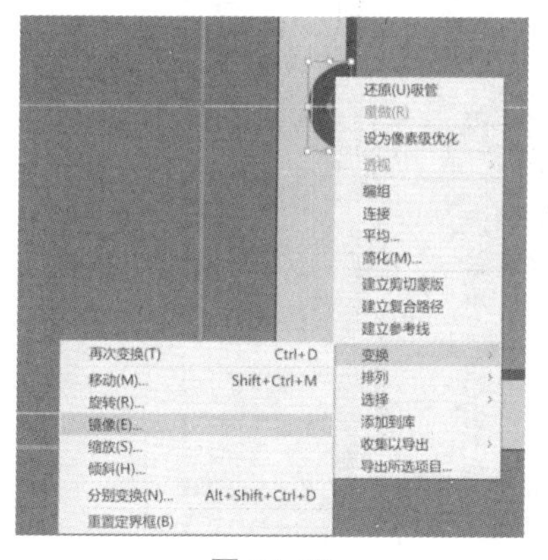

图 53-20

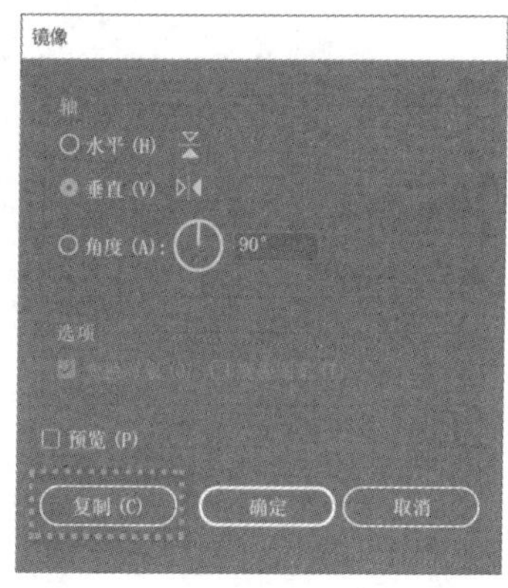

图 53-21

17．沿同一水平线拖动耳朵到合适位置，耳朵绘制结束，如图 53-22 所示。

图 53-22

18．绘制面部。按住 Alt 键，拖动头部矩形，复制得到一个矩形。按住 Shift 键等比例缩小，置于合适位置，再按 Alt 键拖动，复制得到面部的另一半。调整两半面部的关系。取消描边，用淡黄色填充，如图 53-23 所示。

19．按住 Alt 键，再复制一个矩形作为下面部。调整其大小及位置，如图 53-24 所示。再调整上面部两半矩形的圆角半径为 80px，让上面部更圆润一些，如图 53-25 所示。

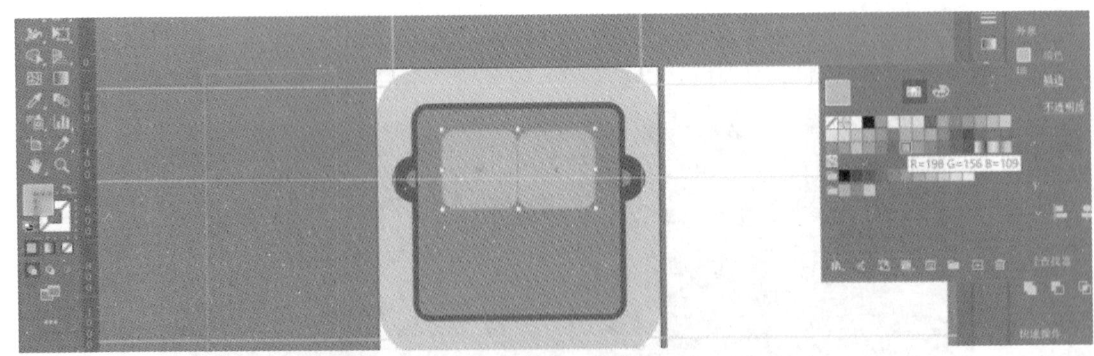

图 53-23

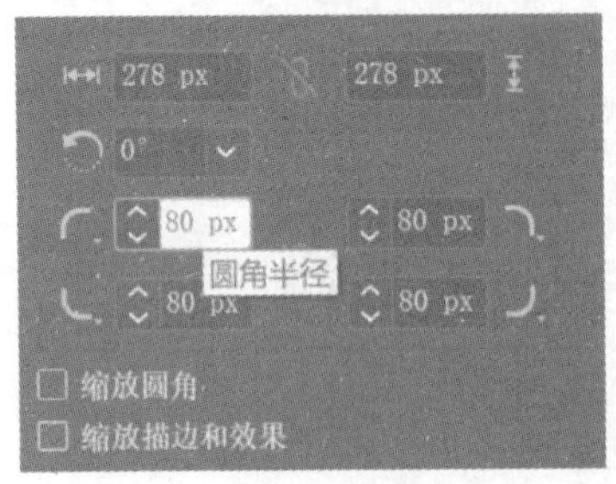

图 53-24

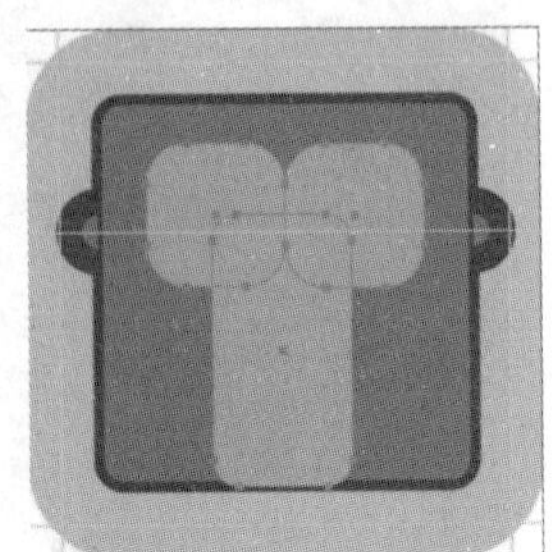
图 53-25

20．图形的合并。这里介绍另一种方法：先按住 Shift 键选中 3 个图形，然后单击形状生成器工具，按住鼠标左键，在图形内部拖动，合并 3 个图形，如图 53-26 所示。

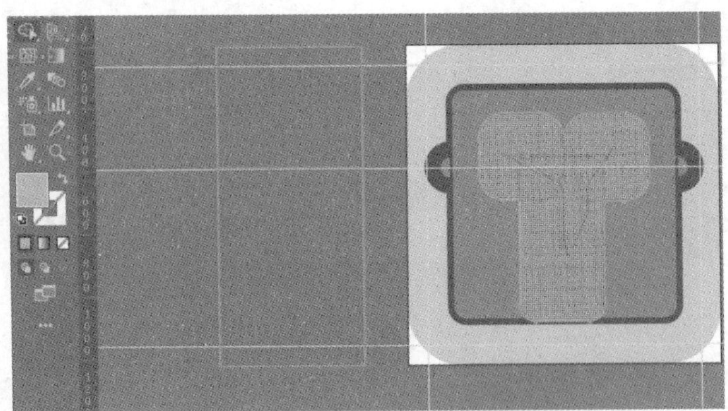
图 53-26

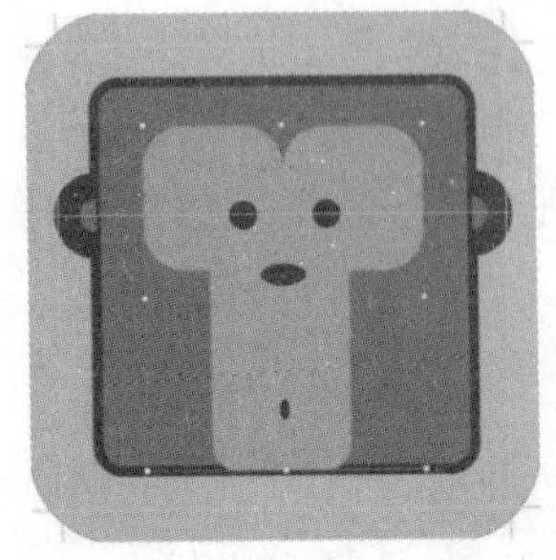
图 53-27

21．用上面所学技巧，绘制 4 个深棕色的椭圆，作为眼睛、鼻子和嘴巴，如图 53-27 所示。

22．先选择钢笔工具，单击鼻子和嘴巴的中心点，得到一条直线。然后直接单击选择工具，则自动选中此直线，如图 53-28 所示。

23．将填充设为无，描边设为深棕色，大小为 10pt，如图 53-29 所示。保存文件。这样，一个扁平化图标就制作完成了。

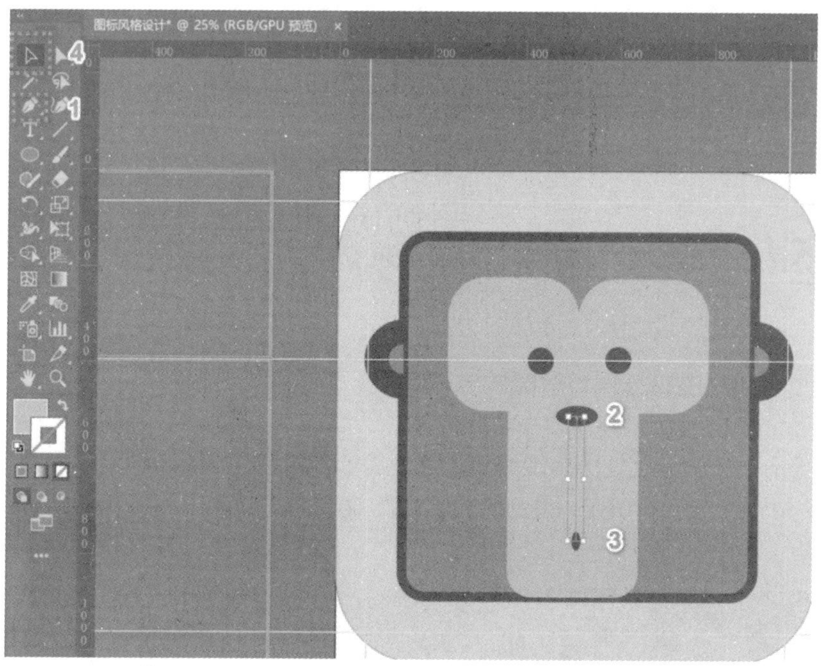

图 53-28

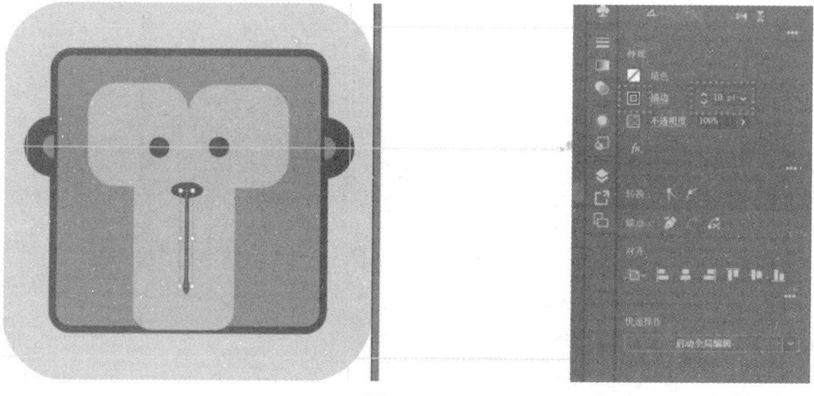

图 53-29

实验 54　Adobe Illustrator 绘制折纸风格图标

折纸风格图标

1．打开 AI，新建 3 个 RGB 颜色模式、光栅效果为 300ppi 的 1024px×1024px 的画板，如图 54-1 所示。

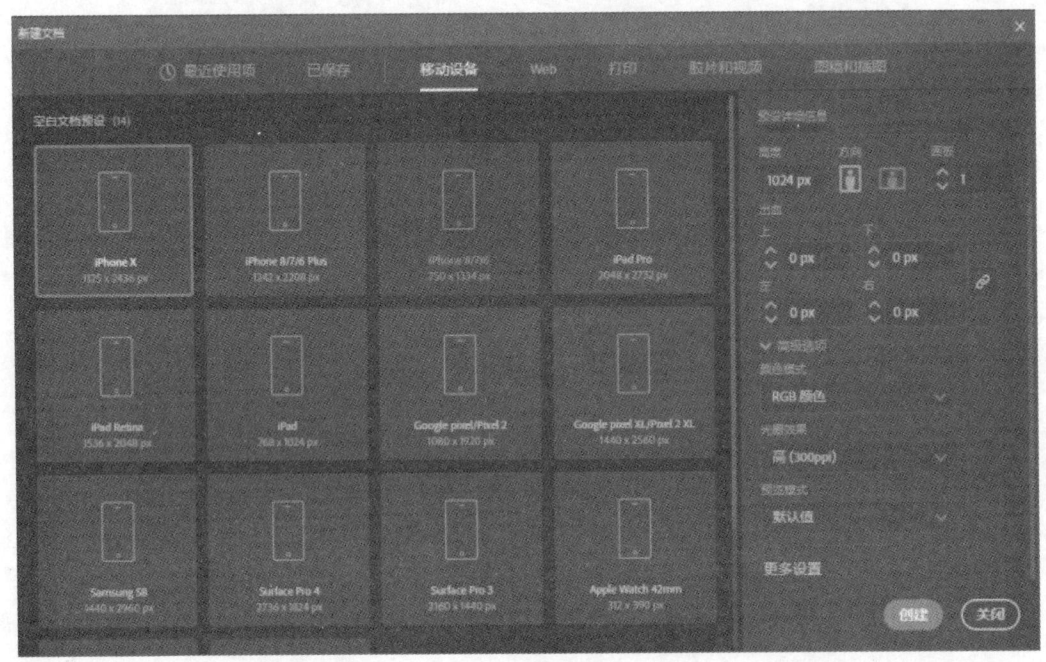

图 54-1

2．按 Ctrl+K 组合键调出首选项，将“键盘增量”设置为 64px，单击“确定”按钮，如图 54-2 所示。

3．绘制基准线。按 Ctrl+R 组合键调出标尺。从水平方向的标尺中拉出一条水平方向的参考线，与画板上端重合。按住键盘中的向下键将其向下移动 64px（如果出现不能移动的状况，请检查是否锁定了参考线）。从竖直方向的标尺中拉出竖直方向的参考线，与画板左侧对齐，按键盘中的向右键向右移动 64px。重复做，得到 4 条参考线，如图 54-3 所示。

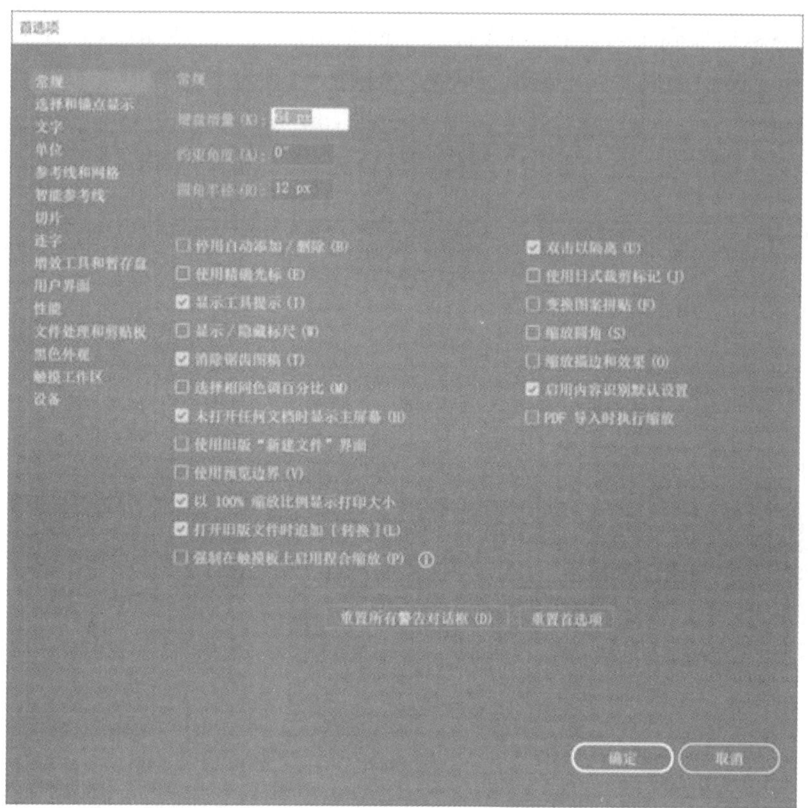

图 54-2

图 54-3

4．绘制黄金分割参考线。选择矩形工具，在空白处单击，绘制一个 100px×100px 和一个 100px×61.8px 的两个矩形。

5．将两个矩形拖到重合。按 Shift 键选中两个矩形（为方便操作可以适当放大工作区域），单击右侧“路径查找器”中的形状联集，得到一个黄金分割矩形，如图 54-4 所示。

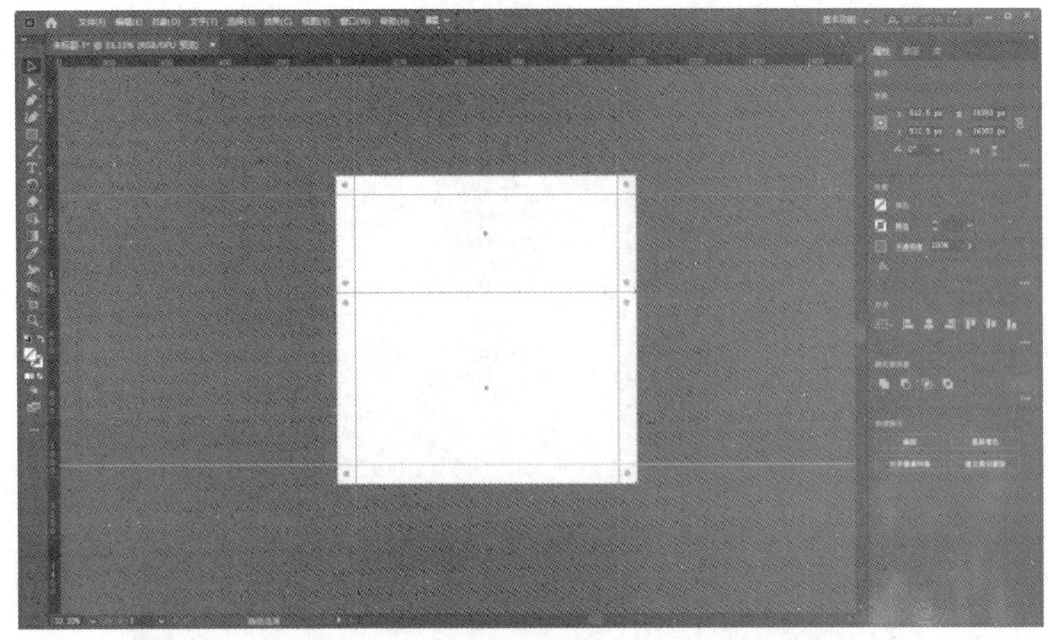

图 54-4

6．先拉动该矩形，使其上边与画板上边齐平。再将之放大，使之下边与画板下边齐平。然后从水平标尺中拖出一条参考线，即为黄金分割线。最后依次单击“视图”—“参考线”—“锁定参考线”，基础结构工作结束，如图 54-5 所示。

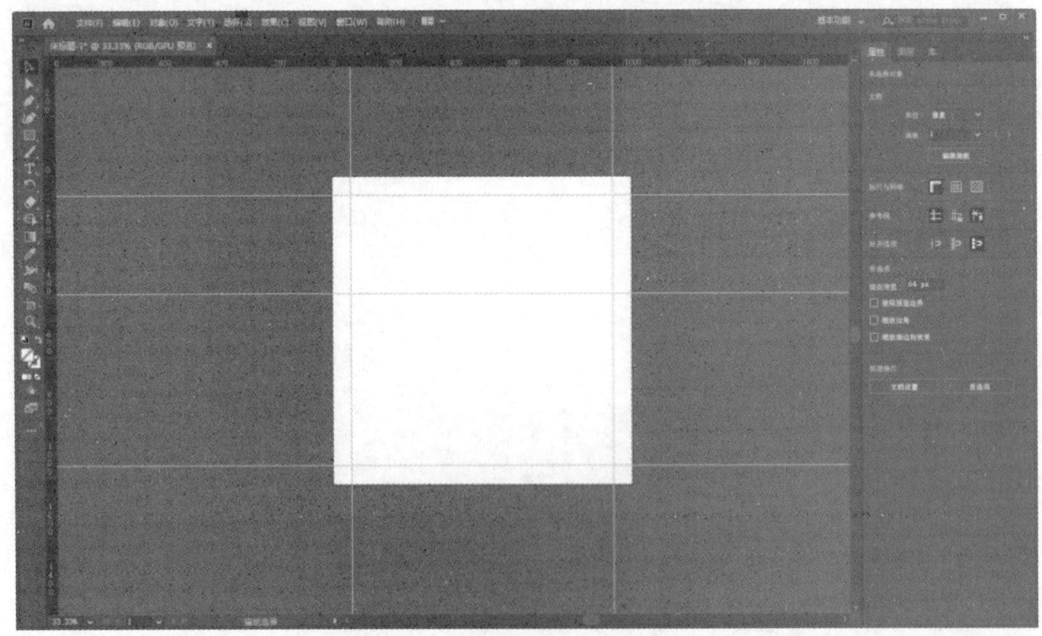

图 54-5

7．新建一个矩形，如图 54-6 所示。

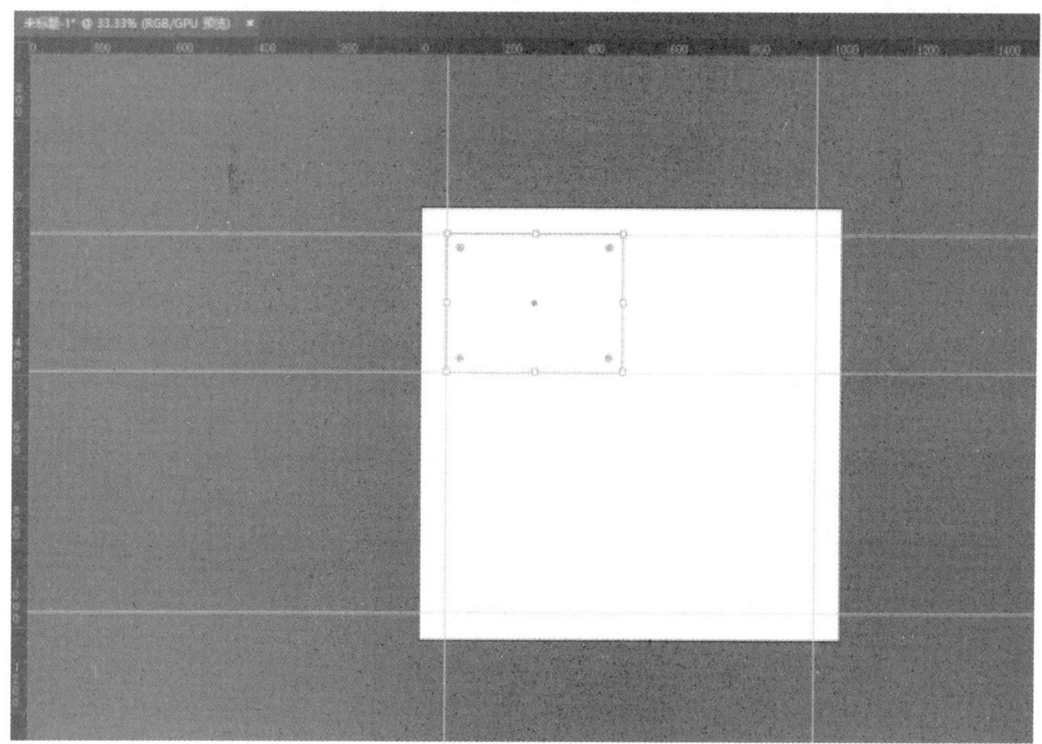

图 54-6

8．使用键盘中的减号，再单击矩形右下角得到如图 54-7 所示效果。

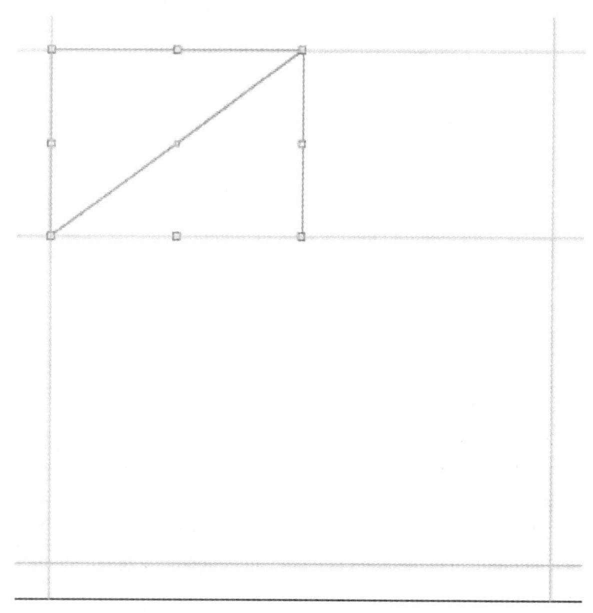

图 54-7

9．使用渐变工具，在矩形上画出如图 54-8 所示渐变效果。

10．选中矩形，右击，选择“变换”—“镜像”，在打开的对话框中，单击“复制”按钮，如图 54-9 所示，然后把得到的三角形拉到图形的下面，如图 54-10 所示。

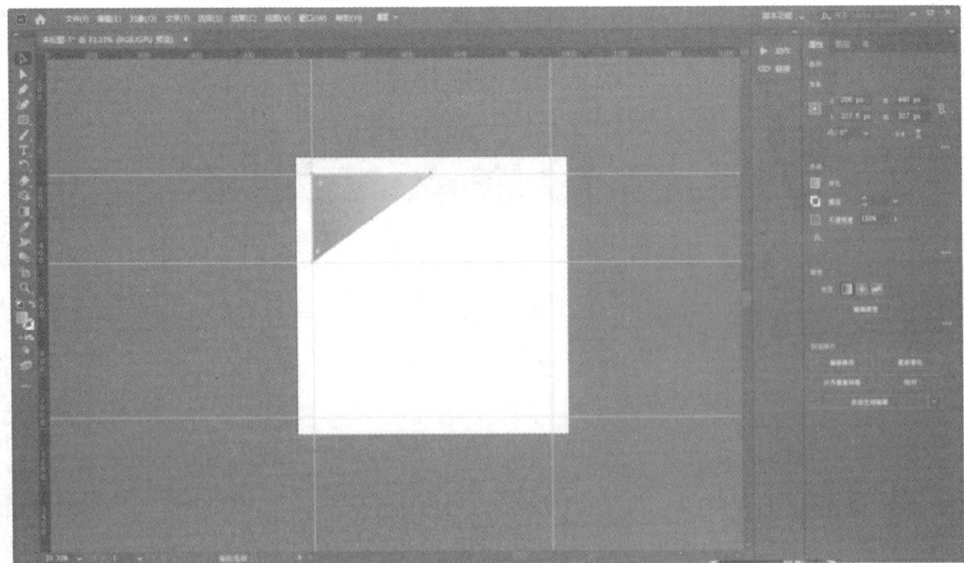

图 54-8

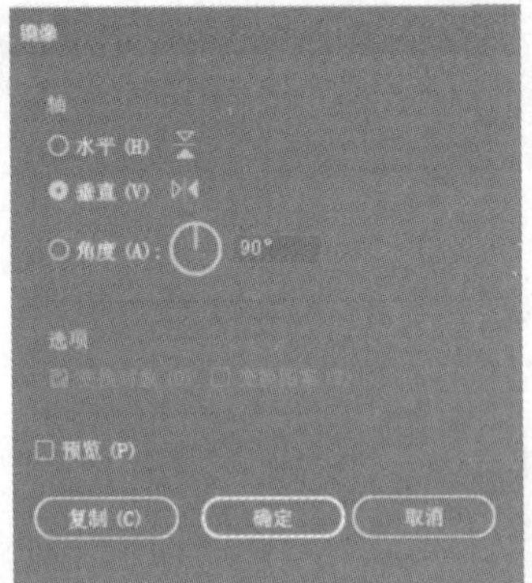

图 54-9

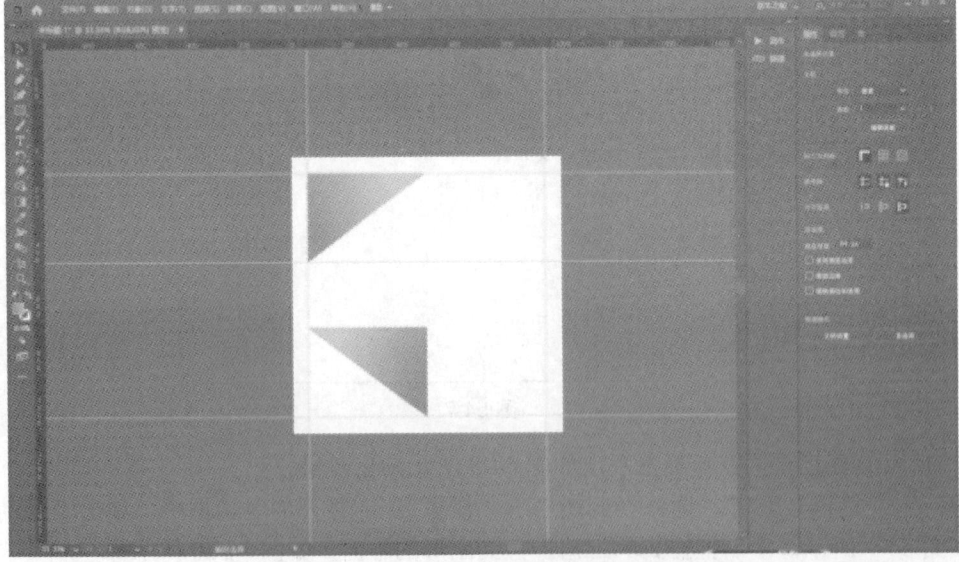

图 54-10

11．选择下面的三角形，右击，选择“变换”—“镜像”，在打开的对话框中单击“水平”，再单击“确定”按钮。

12．选择矩形工具画出一个矩形，如图 54-11 所示。

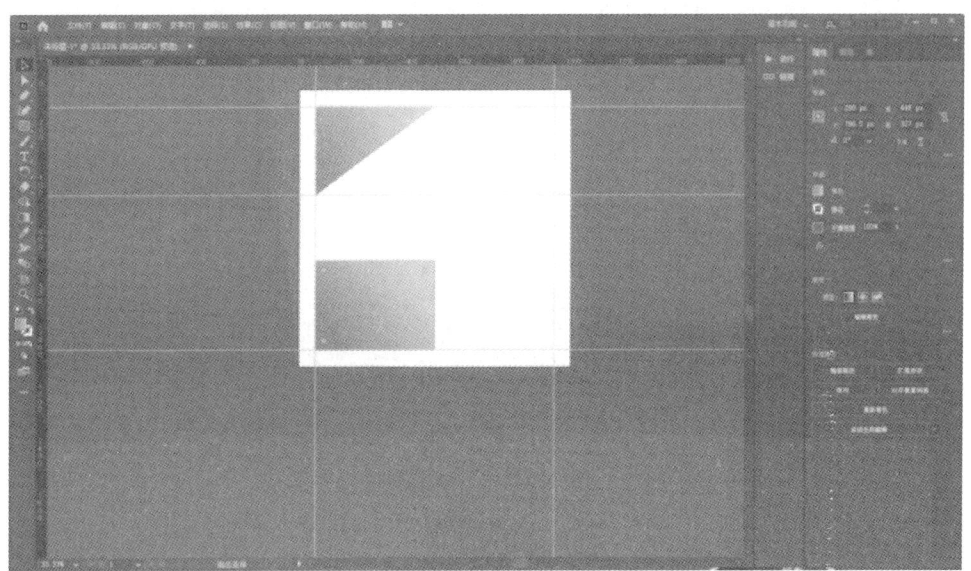

图 54-11

13．选择直接选择工具，按住 Shift 键选择矩形左边的两个点，往左上角拉节点得到如图 54-12 所示形状。

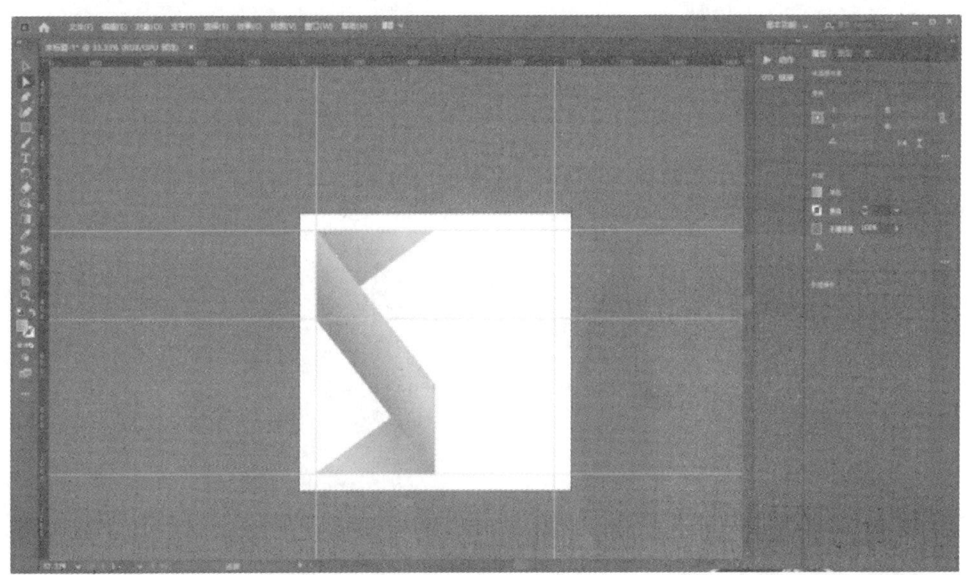

图 54-12

14．选中平行四边形，使用快捷键 Ctrl+［把它置于最下方，再选择下面的三角形进行同样的操作得到折叠的效果，如图 54-13 所示。

15．使用直接选择工具，把平行四边形与三角形的交点分别往中间拉，得到一个合适的大小，如图 54-14 所示。

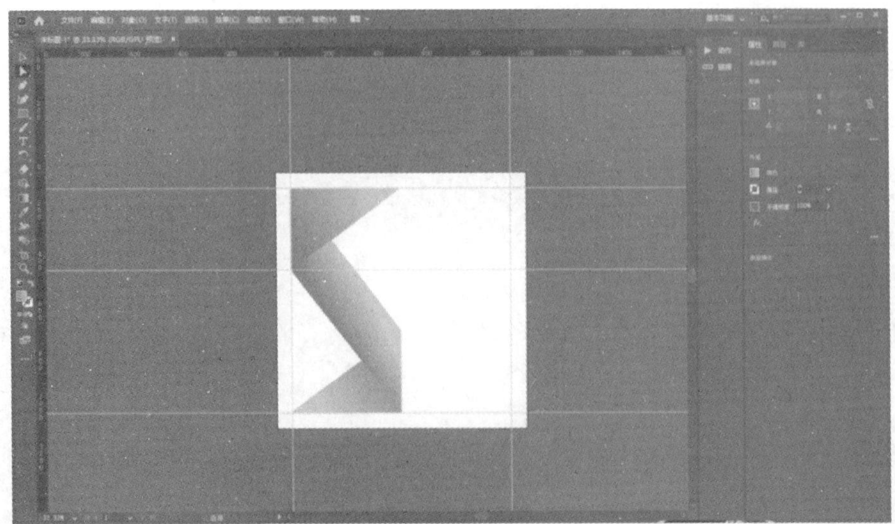

图 54-13

图 54-14

16．使用渐变工具对平行四边形进行渐变设置，如图 54-15 所示。

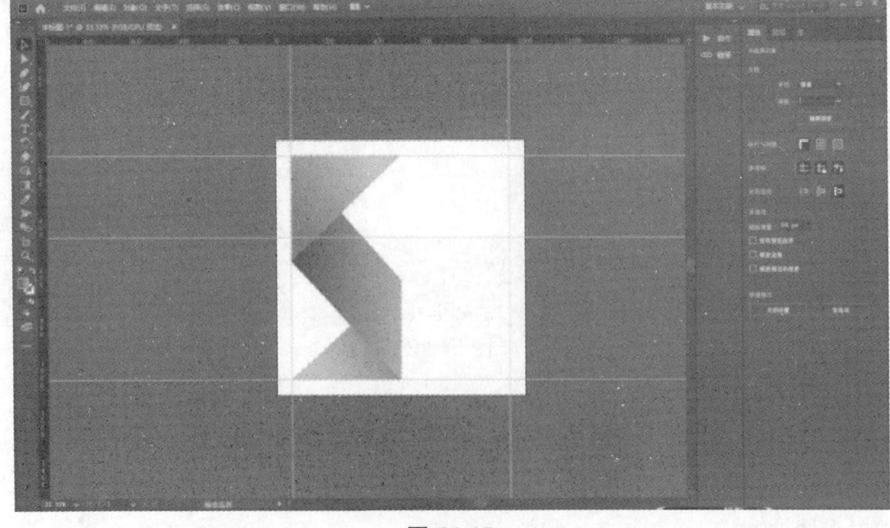

图 54-15

17．使用矩形工具在右边画一个长方形，如图 54-16 所示。

图 54-16

18．使用钢笔工具画一个对角线并对其进行描边，得到一个合适的大小，如图 54-17 所示。

19．选择“对象”—“路径”—“轮廓化描边”，然后选中长方形和线条，单击“形状生成器”，按住 Alt 键单击黄色线条得到如图 54-18 所示效果。

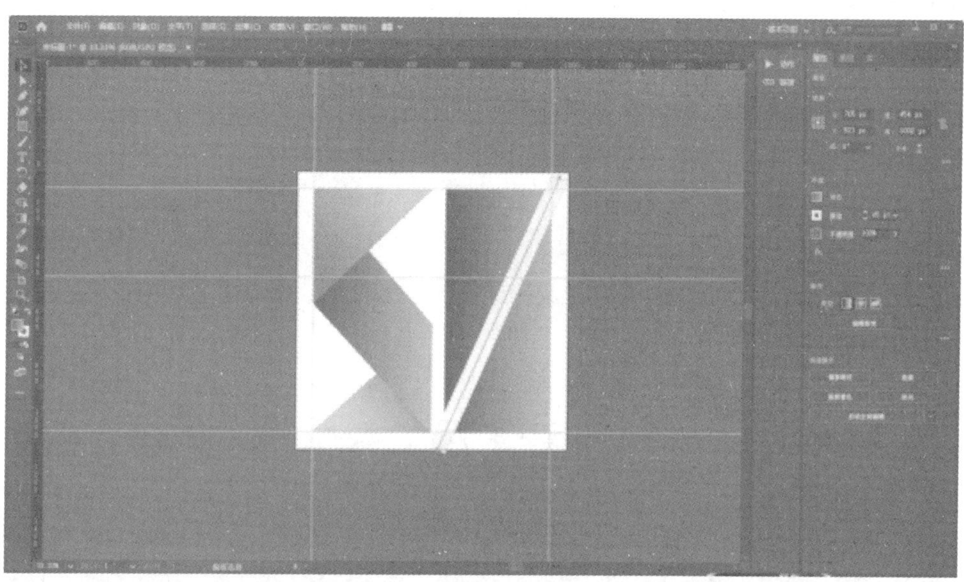
图 54-17

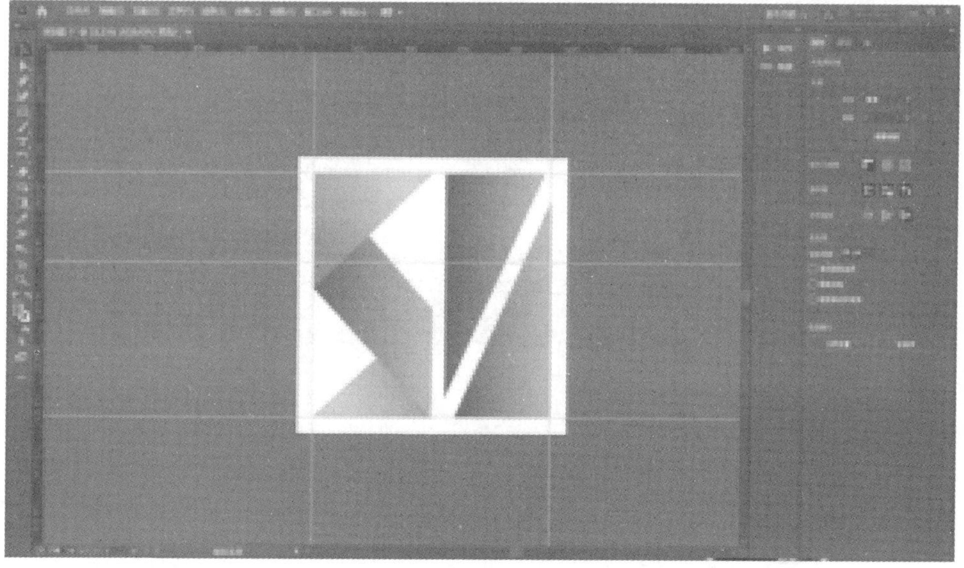
图 54-18

20．选择矩形工具画一个长方形并用直接选择工具把长方形变成平行四边形，用同样的方式把平行四边形置于最下方，如图 54-19 所示。

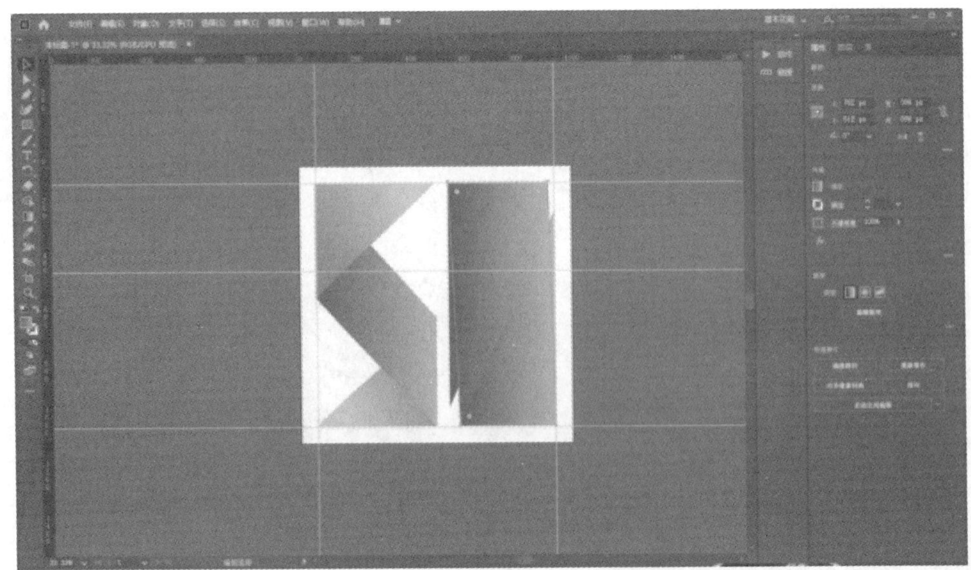

图 54-19

21. 使用渐变工具对平行四边形进行渐变设置，得到如图 54-20 所示效果。

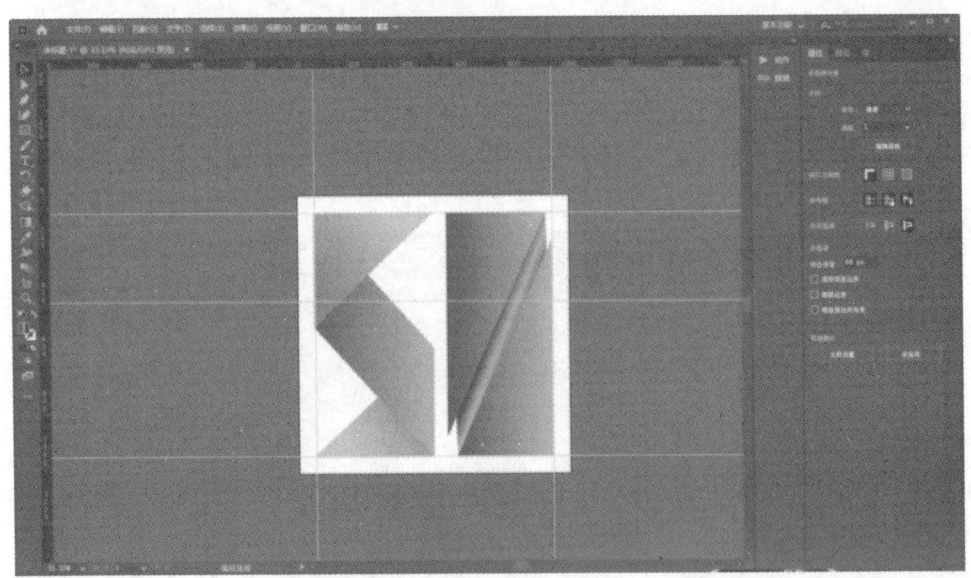

图 54-20

22. 保存文件。

实验 55 Adobe Illustrator 绘制拟物风格图标

拟物风格图标

1．选择“移动设备”，设置宽度 1024px×高度 1024px，选择“颜色模式”为 RGB 颜色，其他采用默认设置，单击“创建”按钮，如图 55-1 所示。

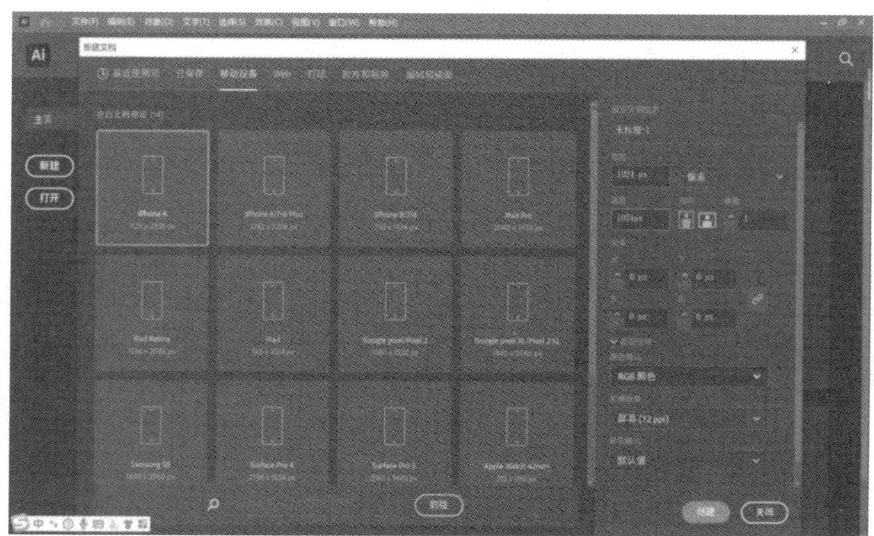

图 55-1

2．选择“文件”—“打开”，再选择要绘制的图标。

3．选择矩形工具，单击画布，宽度和高度分别输入 1024px，1024px，如图 55-2 所示，建立一个矩形，将其拖曳到与画布重合。

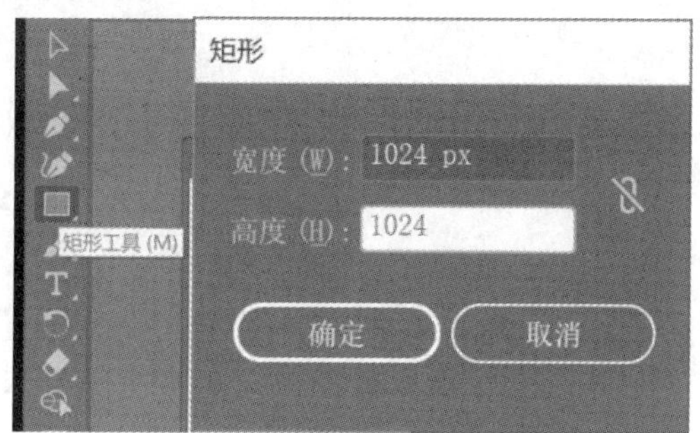

图 55-2

4．选择“属性”—“变换”—“圆角半径”，输入圆角半径为190°，按回车键确定，效果如图55-3所示。

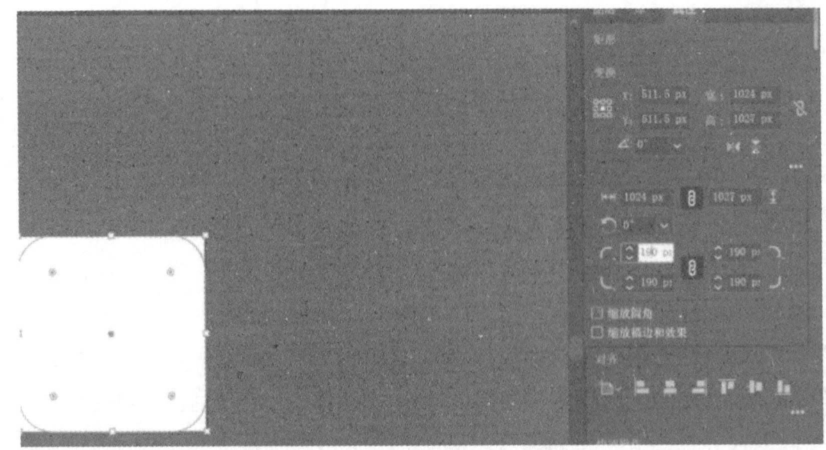

图 55-3

5．修改颜色模式为“HSB(H)”，修改“描边”为无，“填色”为与底色相似的颜色，如图55-4所示。

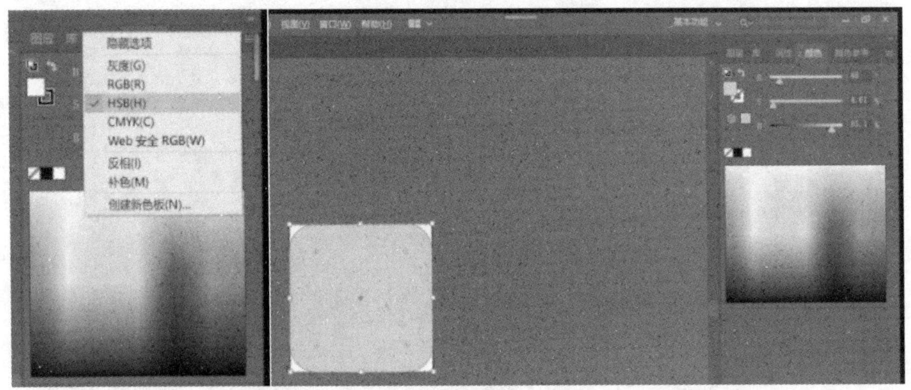

图 55-4

6．按Ctrl+R组合键调出锯齿线，然后将其拖动到图标边缘，作为参考线，如图55-5所示。

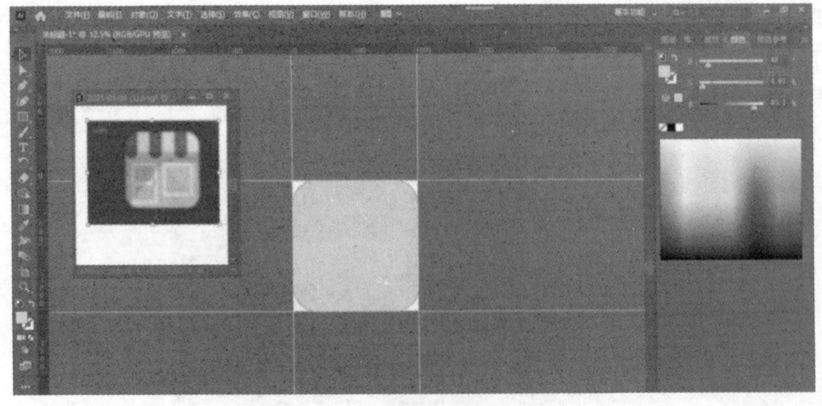

图 55-5

7．按 Ctrl+K 组合键调出“首选项”对话框，修改常规的“键盘增量”为 64 像素，修改“常规”和“描边”的单位为像素，如图 55-6 所示。

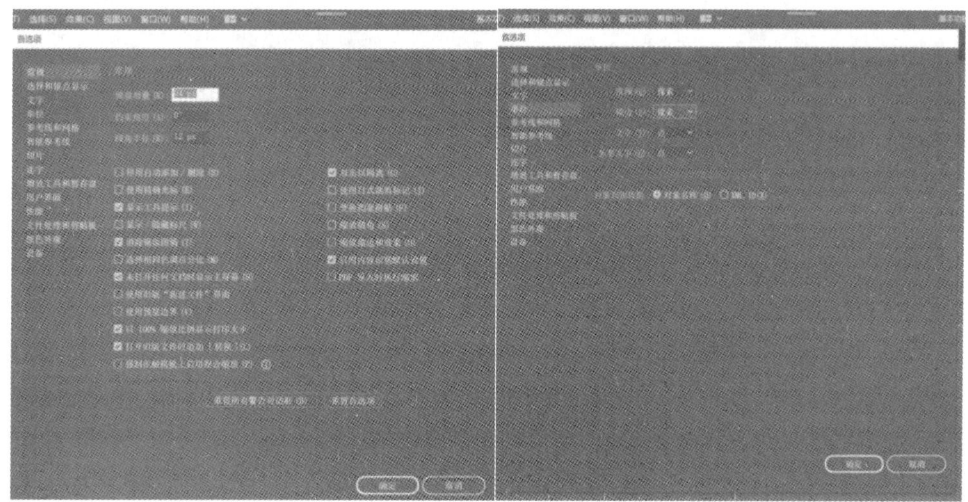

图 55-6

8．移动“参考线”的位置如图 55-7 所示。

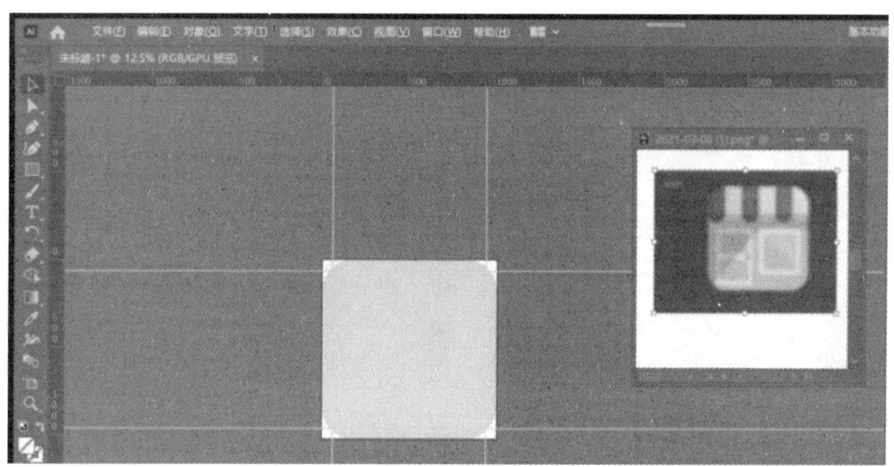

图 55-7

9．选择矩形工具，单击空白区域，建立一个 100px×100px 的矩形，修改颜色使其方便看见。按住 Alt 键拖曳出一个一模一样的矩形，修改这个矩形的高度为 61.8px，如图 55-8 所示。

10．按住 Shift 键等比例修改两个新建的矩形尺寸，拖曳“参考线”，如图 55-9 所示，然后锁定“参考线”。

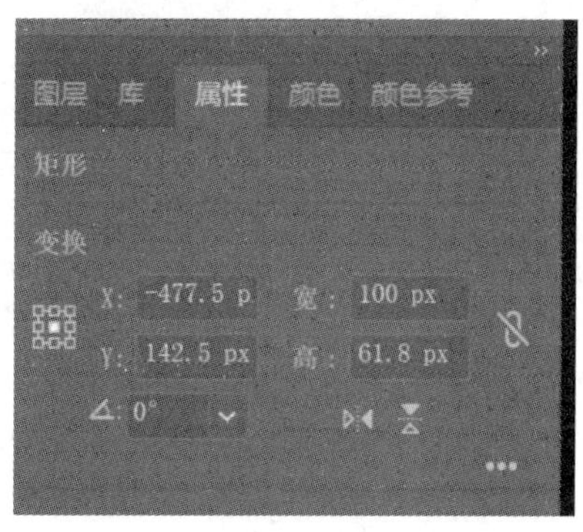

图 55-8

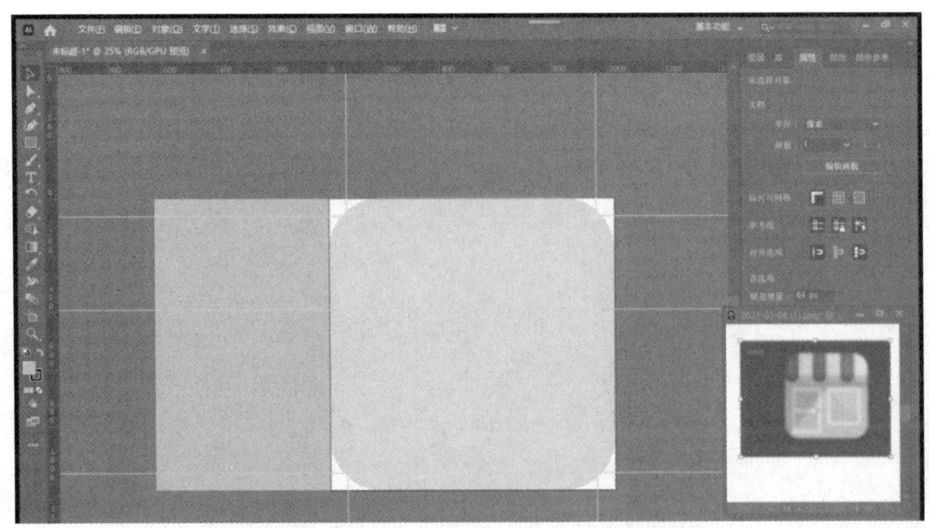

图 55-9

11．按住 Alt 键拖曳上面的矩形使其与图标重合，并缩短到合适尺寸。按住 Shift 键选中下面的两个圆，再修改即可变成圆弧状，然后按住 Alt 键将其拖曳到交叉位置，然后按 Ctrl+D 组合键复制出 6 个一样的圆弧，最后选中最右边的边界进行修改，如图 55-10 所示。

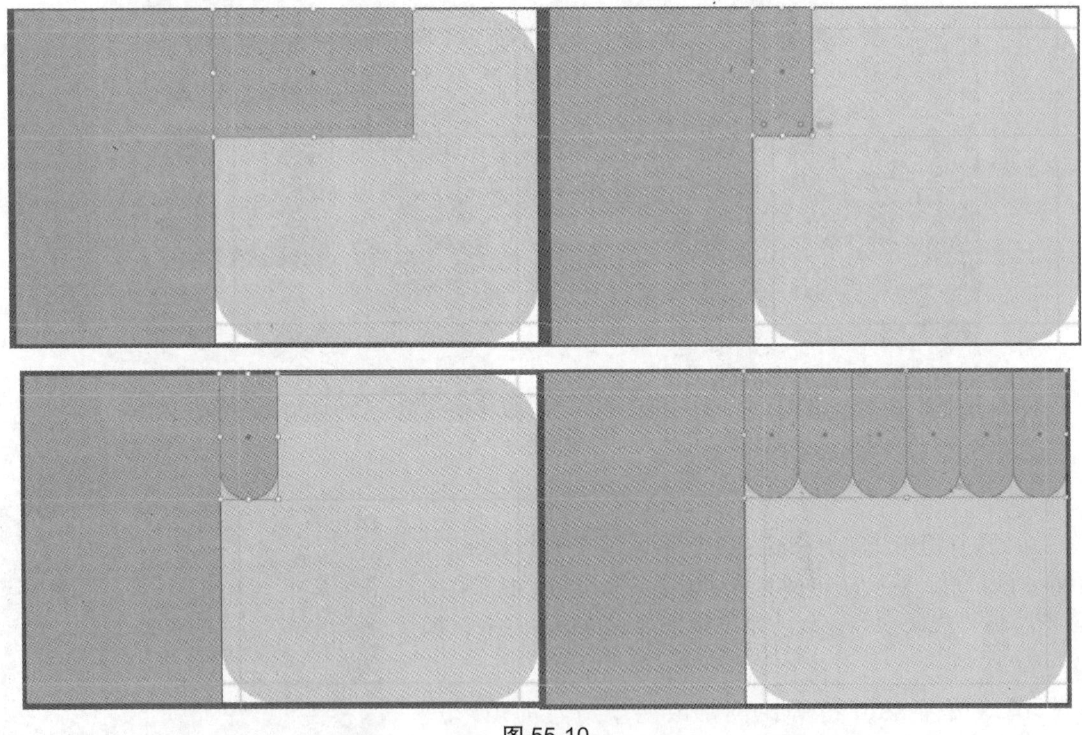

图 55-10

12．用矩形工具画出如图 55-11 所示的一个新的矩形，打开“路径查找器”，选择“分割”，然后删除，如图 55-12 所示。

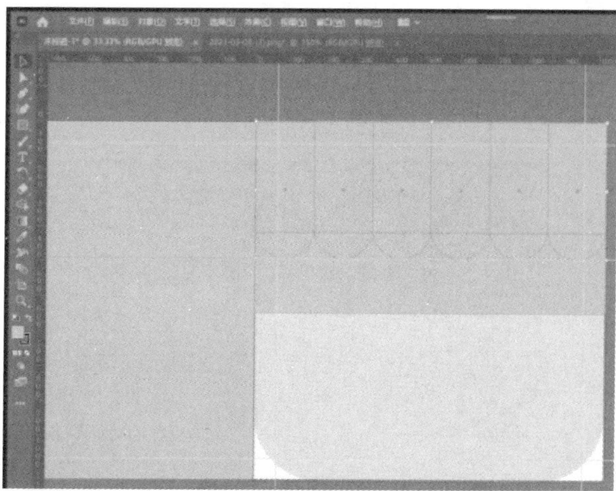

图 55-11

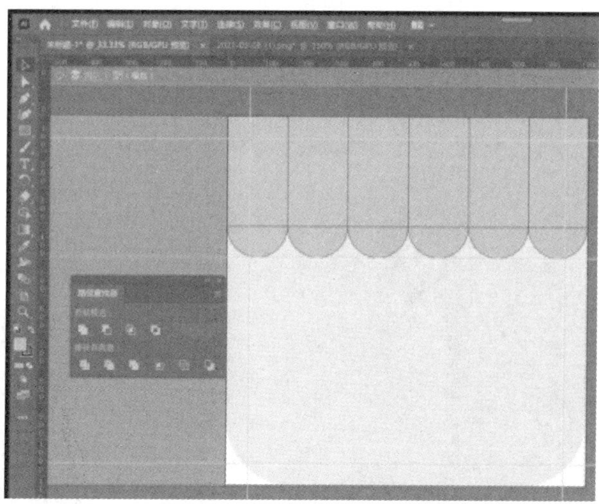

图 55-12

13．修改第一个圆弧的颜色，使其与所给图片的颜色相似，如图 55-13 所示。

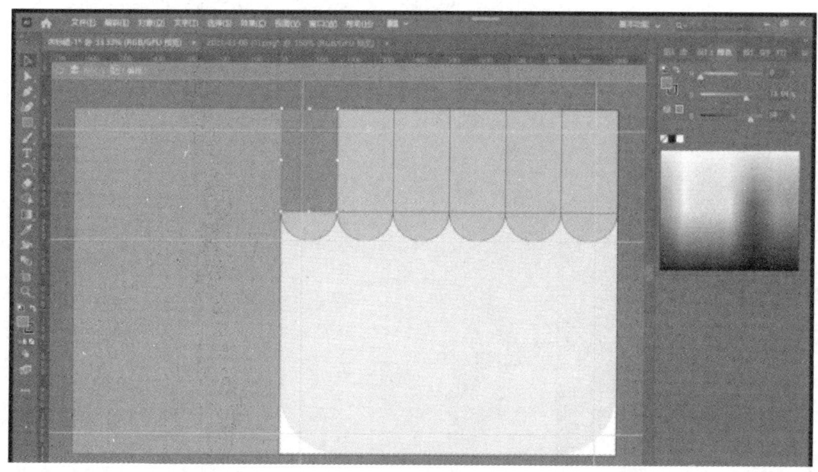

图 55-13

14．选中下方半圆的位置，选择吸管工具，如图 55-14 所示，吸取上面的红色，再修改颜色的深度，如图 55-15 所示，然后删除“描边”，最后用吸管工具完成相同位置的颜色设置，如图 55-16 所示。

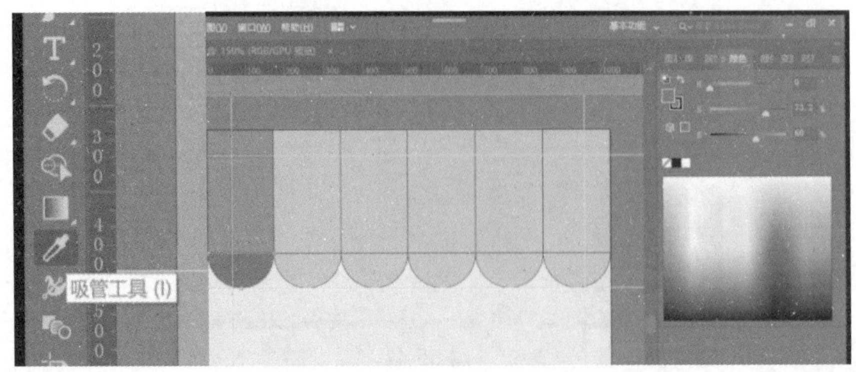

图 55-14

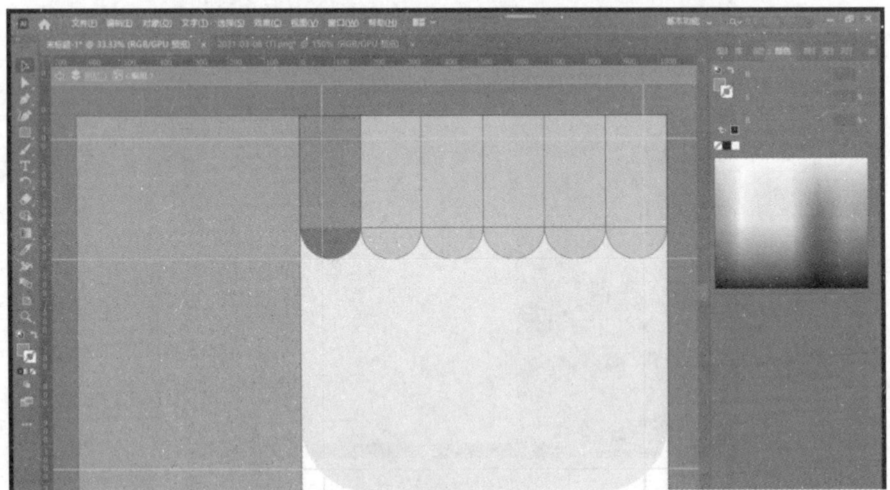

图 55-15

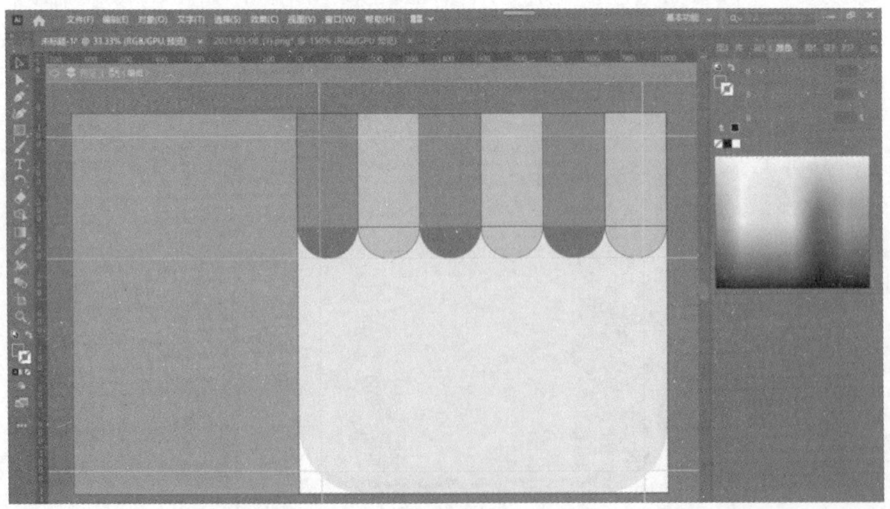

图 55-16

15．同样，修改浅色区域的颜色，和上面步骤一样，如图 55-17 所示。

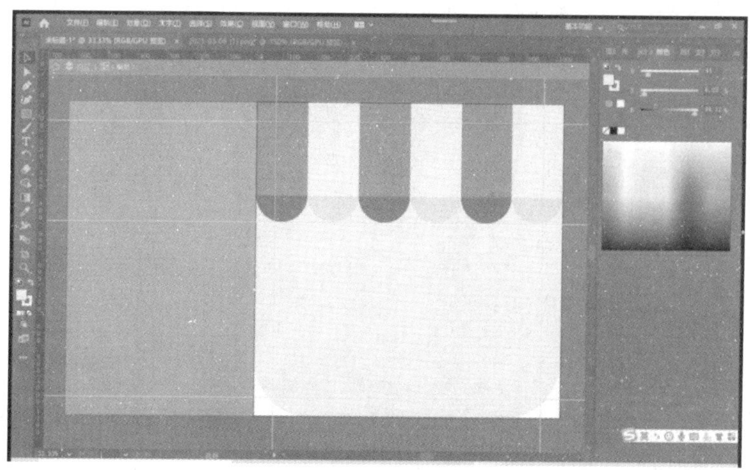

图 55-17

16．按住 Shift 键选中最左的、最后的和下面的部分，然后选择“形状生成器”，按住 Alt 键，将光标移动到相交的圆角弧度，然后单击就可以将其删除，效果如图 55-18 所示。

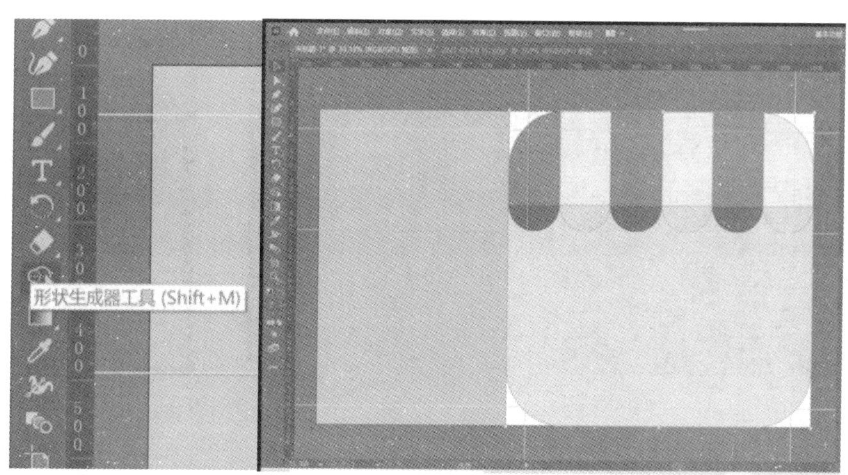

图 55-18

17．先用矩形工具画出如图 55-19 所示的矩形，然后用直接选择工具修改形状，如图 55-20 所示。

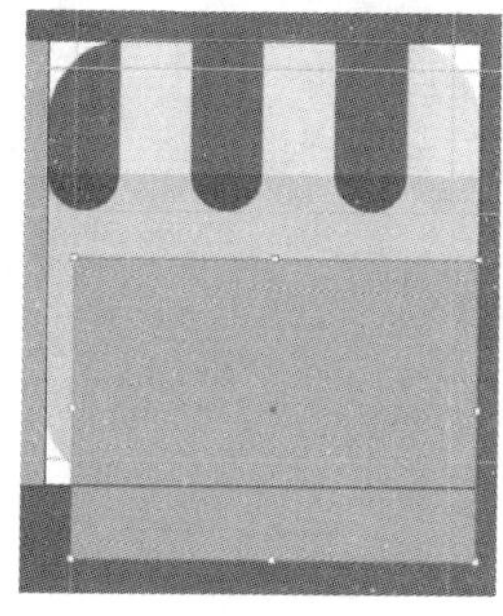

图 55-19

图 55-20

18．先选择“形状生成器”，按住 Alt 键删除重叠部分，如图 55-21 所示。然后用吸管工具吸取颜色，再修改颜色，如图 55-22 所示。

19．先用矩形工具画出等高的矩形，再用吸管工具吸取上面的浅色，如图 55-23 所示。

图 55-21

图 55-22

图 55-23

20．选中新建的矩形，然后选择“对象”—“路径”—“偏移路径”，在打开的对话框中修改“位移”为 25，单击“确定”按钮，然后修改颜色，如图 55-24 所示。

21．按 Ctrl+C 组合键，再按 Ctrl+F 组合键原位复制粘贴，然后变换形状。选择左侧的部分按住 Alt 键复制一个一样的，然后修改大小，按住键盘上面 Ctrl+Shift+}组合键把这个图层移动到最上面，最后修改颜色为黑色，效果如图 55-25 所示。

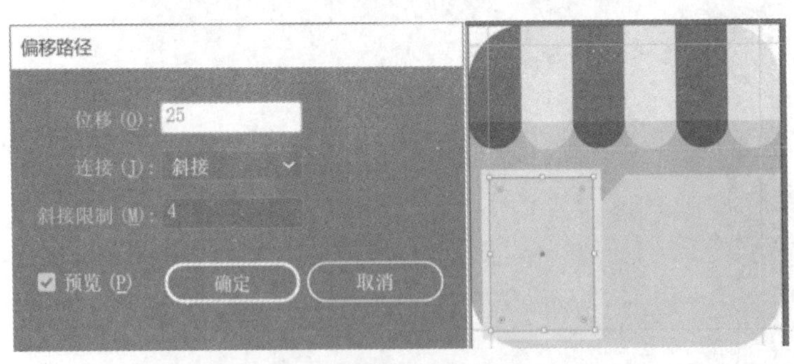

图 55-24

图 55-25

22．选择矩形工具，根据左侧图案画出一个一样的矩形，再按住 Shift 键使其旋转 90°，然后按住 Shift+Alt 组合键等比例修改大小，如图 55-26 所示。先用吸管工具吸取上面深的灰色，选择“对象”—“路径”—“偏移路径”，再选择 5 个像素，然后修改“描边”为红色，然后加粗描边为 10，最后将其修改为内侧描边，如图 55-27 所示。

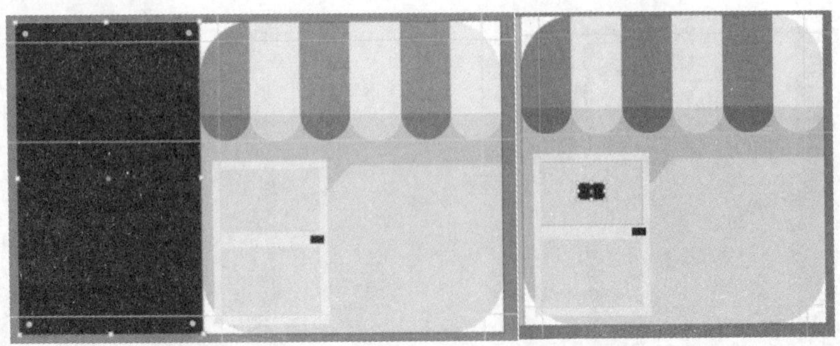

图 55-26

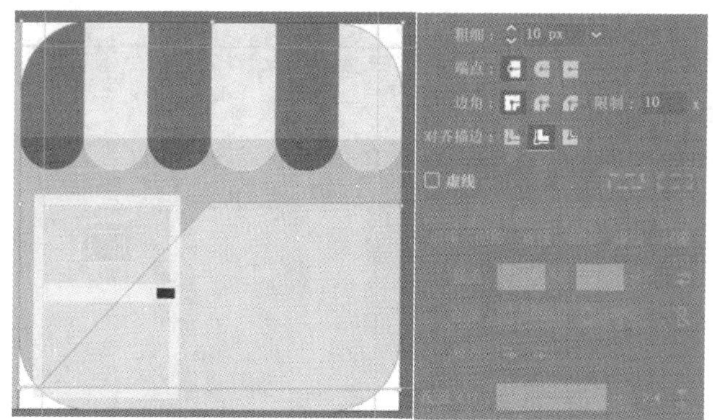

图 55-27

23．按住 Shift 键选中如图 55-28 所示的位置，再选择“路径查找器”，单击“分离”图标，如图 55-28 所示，然后右击，选择“取消编组”，如图 55-29 所示。

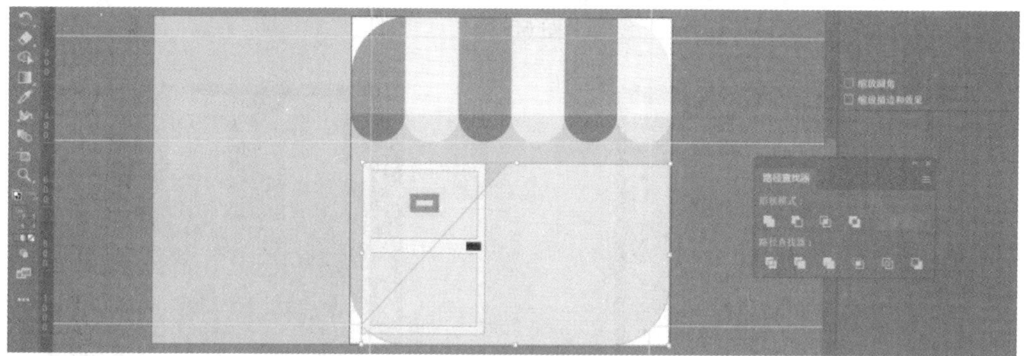

图 55-28

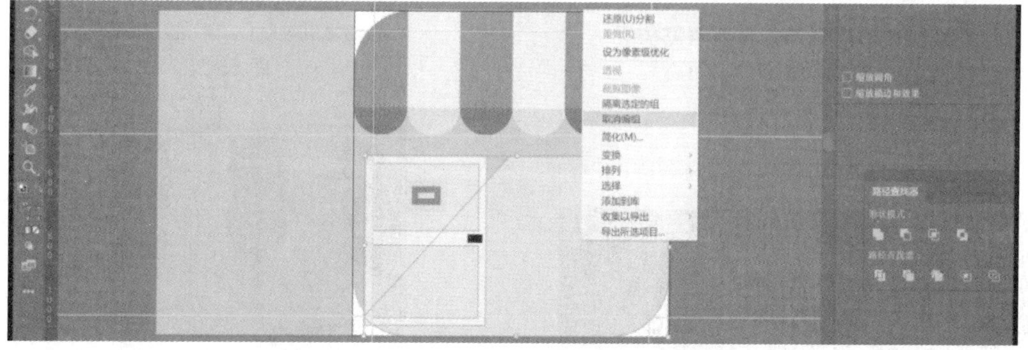

图 55-29

24．修改颜色，用吸管工具吸取上面深的灰色，再加到边框上面，然后按住 Shift 键选中两块蓝色的区域，最后只修改“B”的值，效果如图 55-30 所示。

25．用矩形工具画出如图 55-31 所示的一个矩形，用吸管工具修改颜色，如图 55-32 所示，选择“对象”—“路径”—“偏移路径”，修改“位移”为 25，单击“确定”按钮，如图 55-33 所示，然后用吸管工具吸取亮的蓝色，如图 55-34 所示。

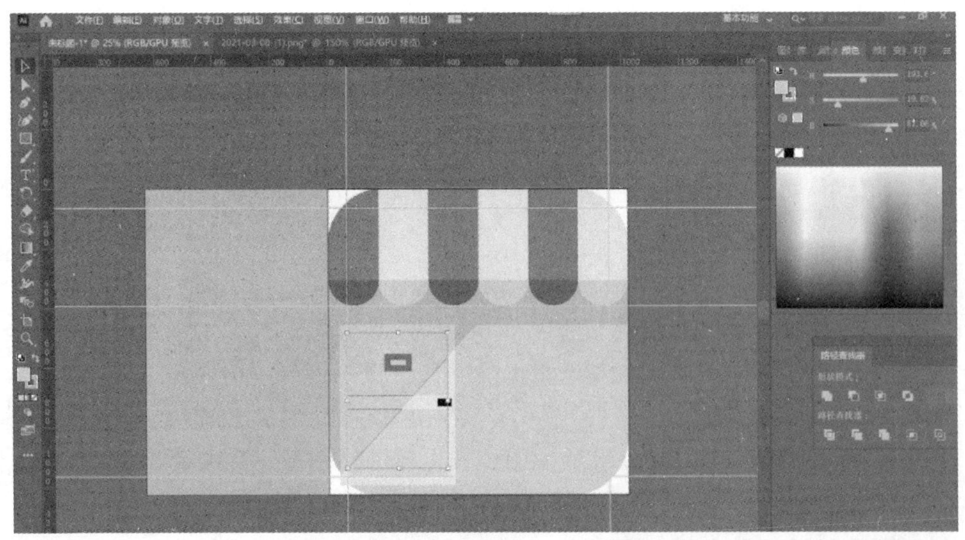

图 55-30

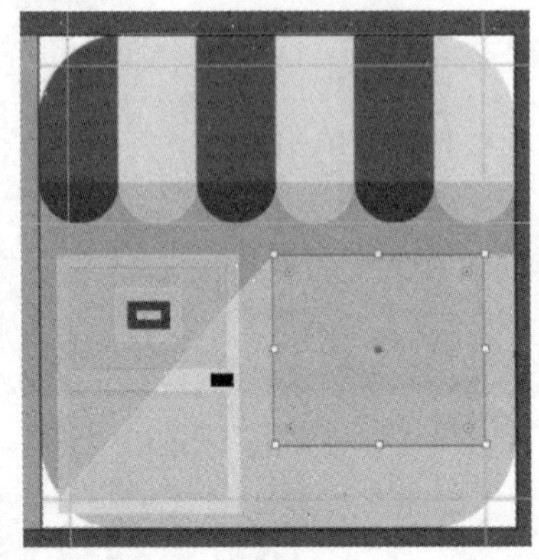

图 55-31

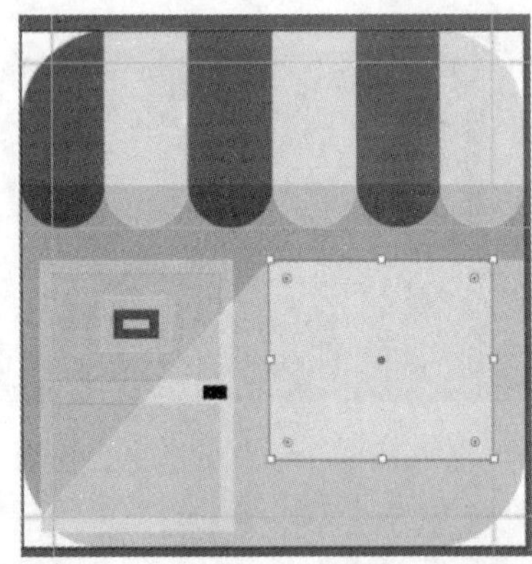

图 55-32

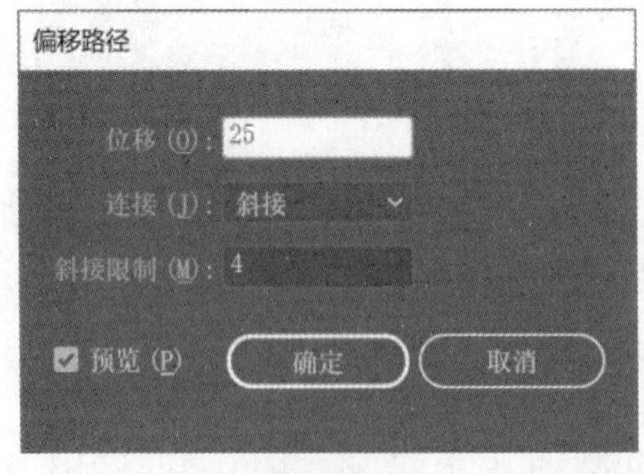

图 55-33

图 55-34

26．按 Ctrl+C 组合键和 Ctrl+F 组合键原位复制一个，再选择删除锚点工具删除右上角的锚点，然后用选择工具选择右上角的蓝色，最后修改亮度，如图 55-35 所示。

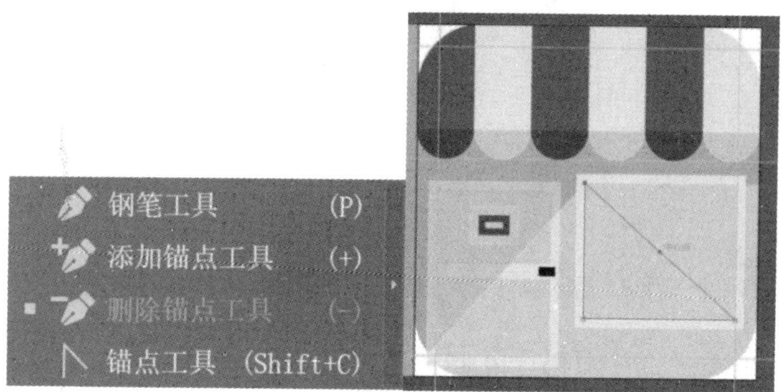

图 55-35

27．最后的效果如图 55-36 所示。

图 55-36

实验 56　Adobe After Effects 动态文字、使用预设、基础绘图

动态文字、使用预设、基础绘图

1. 动态文字设计

（1）打开 AE，按 Ctrl+I 组合键导入动态文字的素材文件，打开合成文件，如图 56-1 所示。

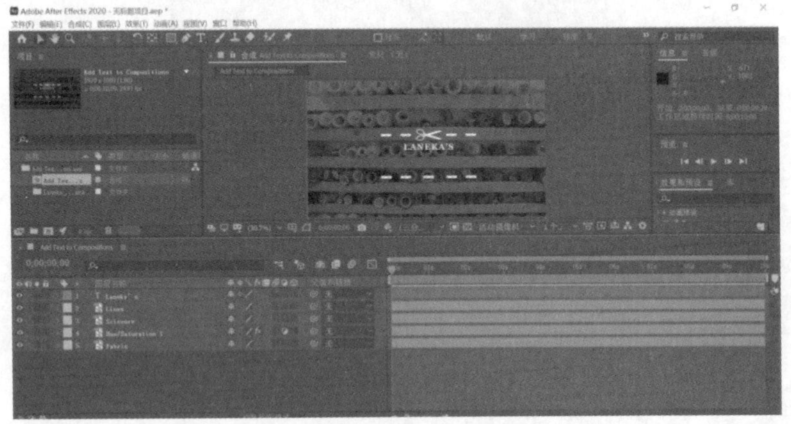

图 56-1

（2）选中文本图层，为文本图层添加动画，修改不透明度为 0，如图 56-2 所示。

图 56-2

（3）在文本图层下，使用范围选择器功能，在 1 秒处和 4 秒处添加关键帧。

按 J\K 键可在关键帧之间切换位置，修改起始数值 1 秒时为 0，到 4 秒时为 100，如图 56-3 所示。

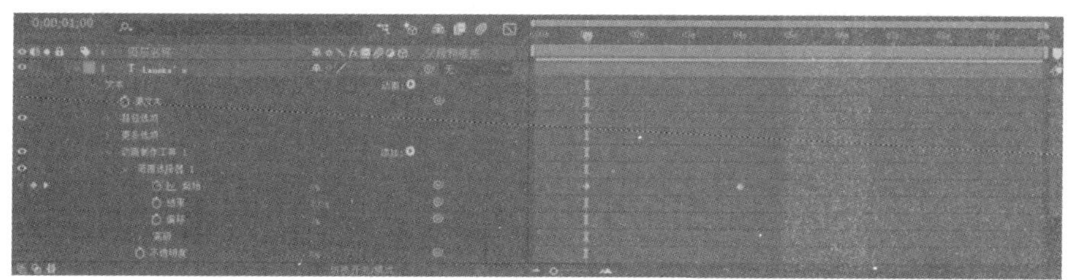

图 56-3

（4）使用文字工具，输入“CUSTOM CLOTHING SINCE 1860”，如图 56-4 所示。

（5）在字符面板上修改文字参数。第一行字体大小为 50 像素，第二行字体大小为 40 像素，字符间距为 100，颜色为# 136C12，如图 56-5 所示。

图 56-4

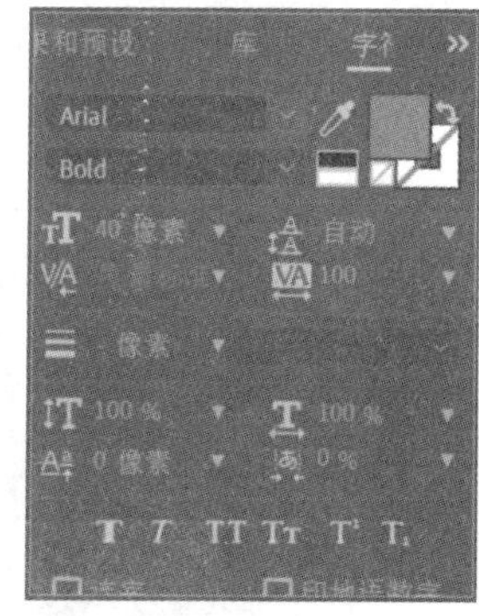

图 56-5

（6）选择菜单栏中的“动画”—“浏览预设”，如图 56-6 所示。

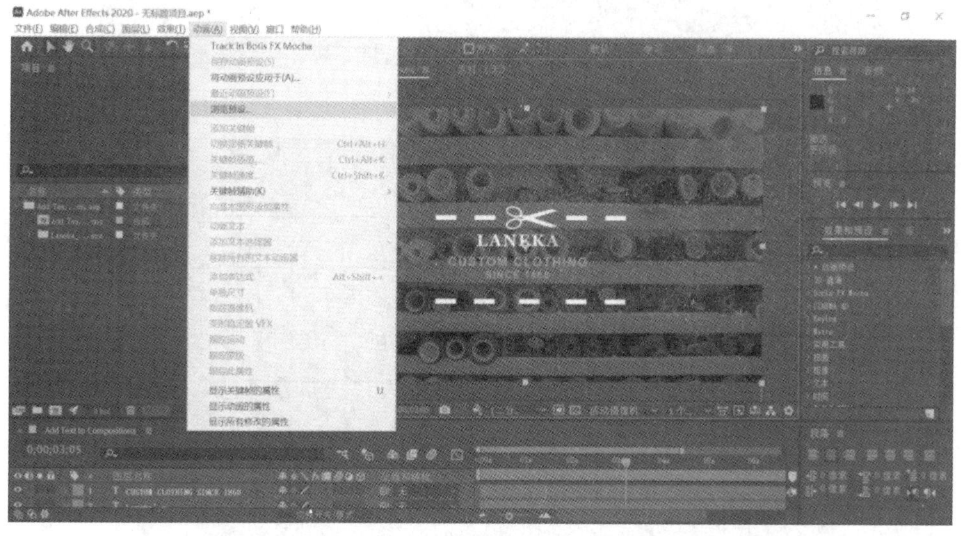

图 56-6

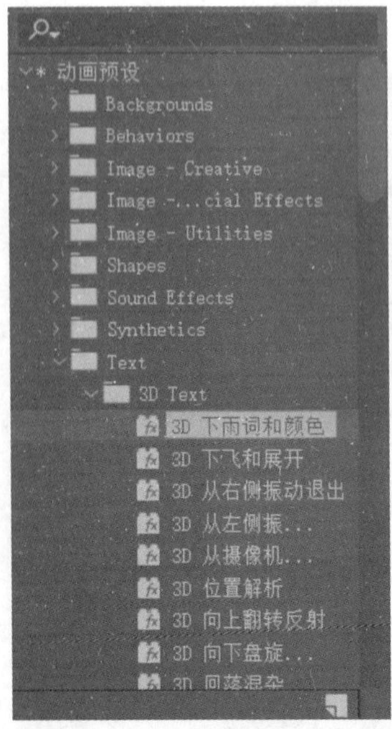

图 56-7

（7）选择“效果和预设”—“动画预设”—“Text”—“3D Text”，选中要应用的图层后，双击“3D 下雨词和颜色”即可应用，如图 56-7 所示。

（8）最后按下空格键即可预览。

2. 基础绘图制作

（1）打开 AE，按 Ctrl+I 组合键导入基础绘图制作的素材文件，打开合成文件，如图 56-8 所示。

（2）使用矩形工具，绘制一个矩形图案。在“形状图层 1”—“矩形路径 1”下，修改其大小，修改前先取消“约束比例”链接，设置宽为 400px，高为 400px。在“形状图层 1”—“变换：矩形 1”下修改其位置（0，0），旋转 45°，如图 56-9 所示。

（3）调整好位置、大小后，更改其缩放比例。

最后调整图层位置，修改适当的图形颜色、描边即可，如图 56-10 所示。

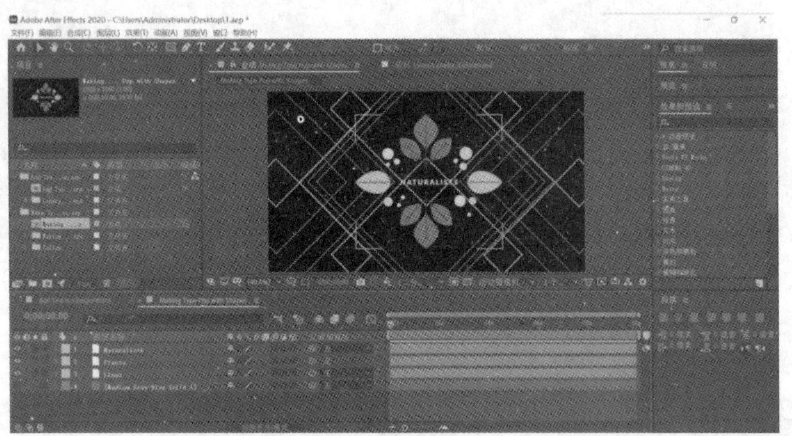

图 56-8

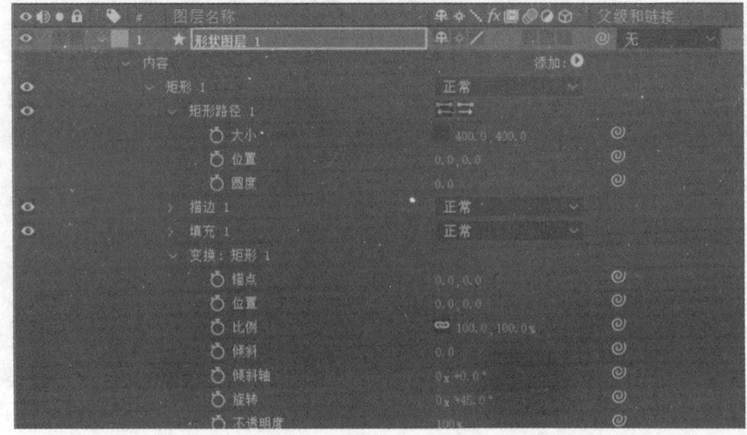

图 56-9

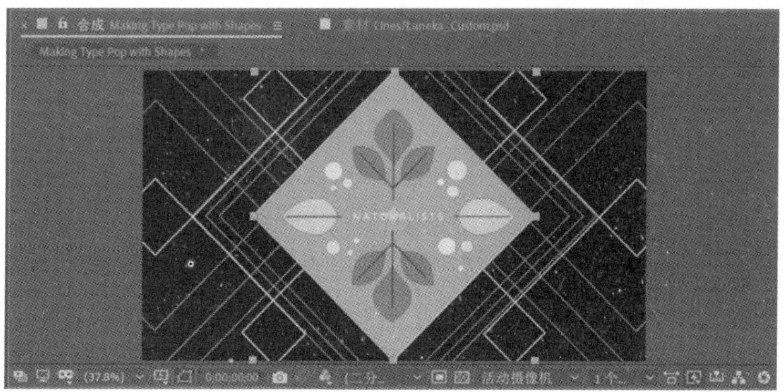
合成 Making Type Pop with Shapes
Making Type Pop with Shapes
(37.8%)
0;00;00;00
活动摄像机

图 56-10

实验 57　Adobe After Effects 视频修改与调整——变形稳定 VFX、曝光、白平衡

变形稳定 VFX、曝光、白平衡

1. 去除视频抖动

（1）打开 AE，选择“从素材新建合成”，双击抖动视频素材，如图 57-1 所示。

图 57-1

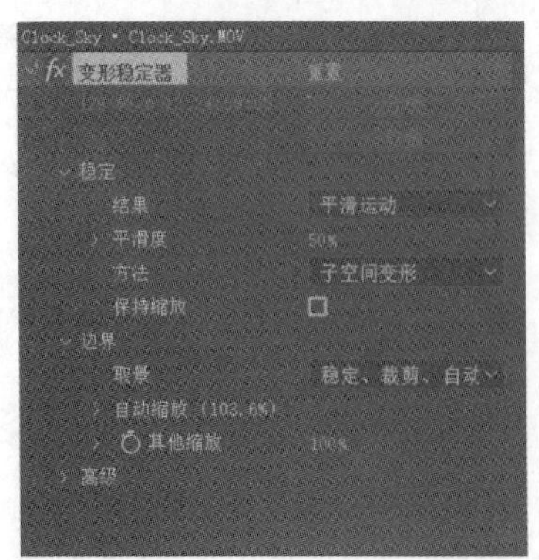

图 57-2

（2）选中要调整的视频图层，在菜单栏中选择“动画”—“变形稳定器 VFX”。在打开的对话框中进行调整，设置“结果”为“平滑运动”，“取景”为“稳定、裁剪、自动缩放”，如图 57-2 所示。

2. 视频曝光调整

（1）打开 AE，选择“从素材新建合成”，选中视频素材，如图 57-3 所示。

（2）添加“效果和预设”—“颜色校正”—“Lumetri 颜色”，在“效果控件”中进行调整，设置“基本校正”为

“自动”，在 0 秒处将音调下所有数据打上关键帧。再完整浏览视频，在最灰暗处，再次单击“自动”按钮进行调整，如图 57-4 所示。

图 57-3

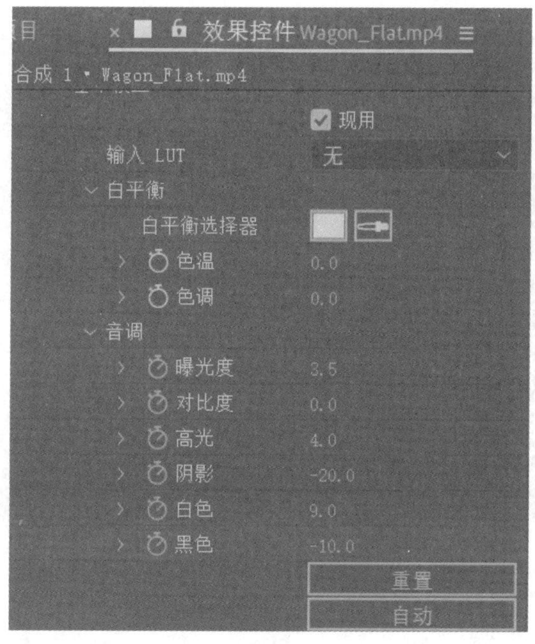

图 57-4

3. 视频白平衡调整

（1）打开 AE，选择“从素材新建合成”，选中需要的视频素材，如图 57-5 所示。

图 57-5

（2）选择“效果和预设”—“颜色校正”—“Lumetri 颜色”，在“效果控件”中进行调整，设置“白平衡”为“白平衡选择器”。使用吸管工具，吸取视频中天空的颜色即可，如图 57-6 所示。同样，可以按照个人观点，对其他数据进行调整。

图 57-6

实验 58　Adobe After Effects 自定义过渡效果——遮罩、从矢量图形创建形状与遮罩、轨道遮罩

遮罩、从矢量图形创建形状与遮罩、轨道遮罩

1. 视频遮罩

（1）打开 AE，按 Ctrl+I 组合键导入视频遮罩的素材文件，打开合成文件，如图 58-1 所示。

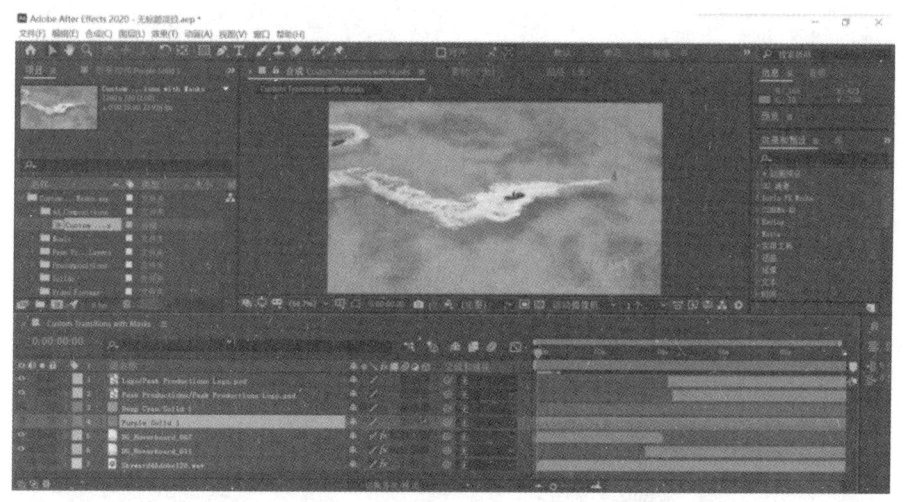

图 58-1

（2）选中图层 4（Purple Solid1），将最左侧的小眼睛打开，使用矩形工具在视图外绘制一个长方形，如图 58-2 所示。

（3）将时间轴定位在 03:12 处，即两个视频过渡处，插入关键帧。再定位在 03:18 处，选中图层 4 下的蒙版图层 1，双击视频中的矩形，调整矩形大小，使其覆盖整个画面，如图 58-3 所示。

（4）再将时间轴定位在 04:00 处，同样，选中蒙版图层，双击矩形，调整矩形大小，将右侧锚点拖出视频外，使矩形图层从右向左运动，如图 58-4 所示。

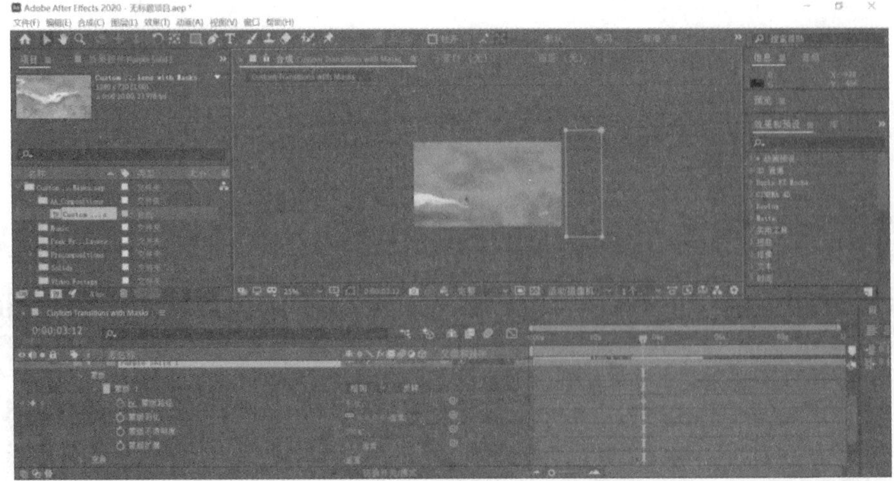

图 58-2

图 58-3

图 58-4

（5）选中第 3 个图层，将最左侧小眼睛打开，按 Ctrl+C 组合键复制图层 4 下的蒙版 1 图层。将时间轴定位在 03:15 处，选中图层 3，按 Ctrl+V 组合键粘贴即可，如图 58-5 所示。

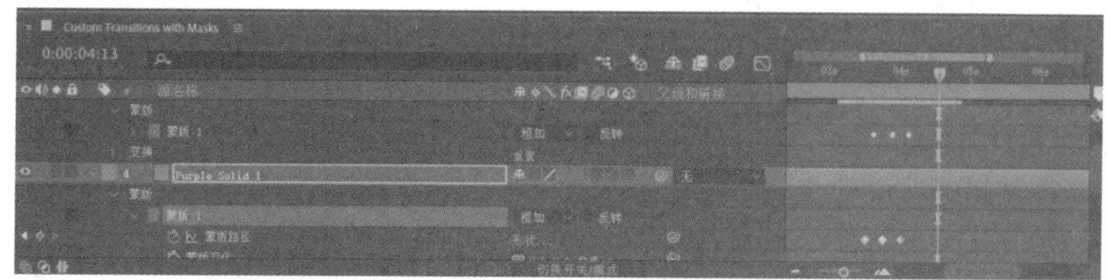

图 58-5

2. 从矢量图形创建形状与遮罩

（1）打开 AE，按 Ctrl+I 组合键导入视频遮罩的素材文件，打开合成文件，如图 58-6 所示。

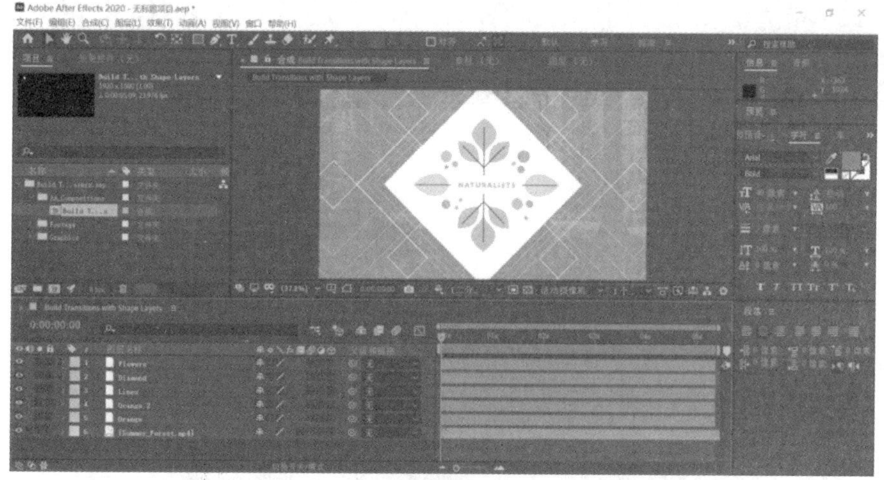

图 58-6

（2）在图层 2 中，将矢量图转换成形状。右击图层 2，选择“创建”—“从矢量图层创建形状”，如图 58-7 所示。

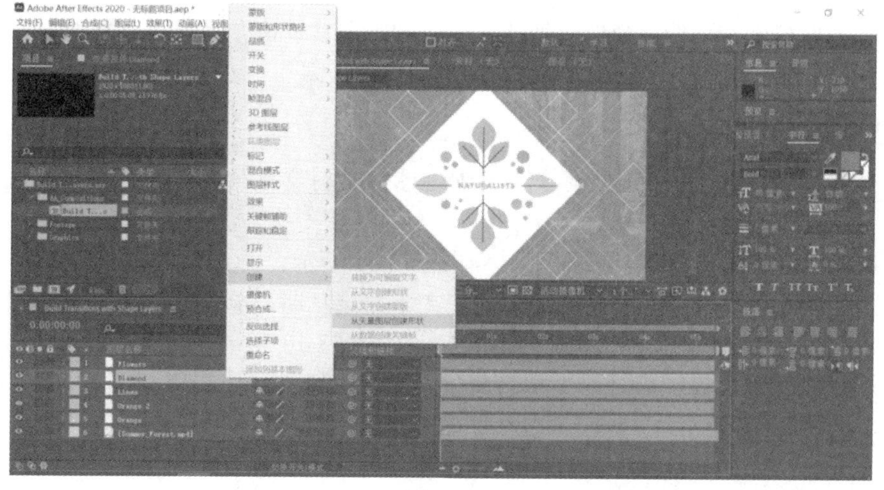

图 58-7

（3）转换成形状后，便可添加各种特效。例如，选中图层 2，单击左侧下拉箭头，选择“添加”—“中继器”，如图 58-8 所示。

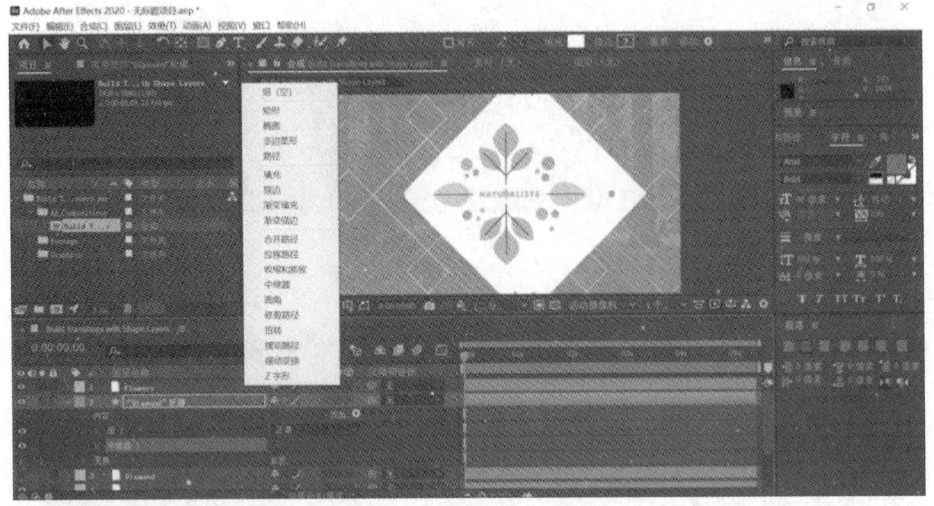

图 58-8

（4）调整特效数值，设置起始点不透明度为 50%，结束点不透明度为 0%，副本设为 13，如图 58-9 所示。

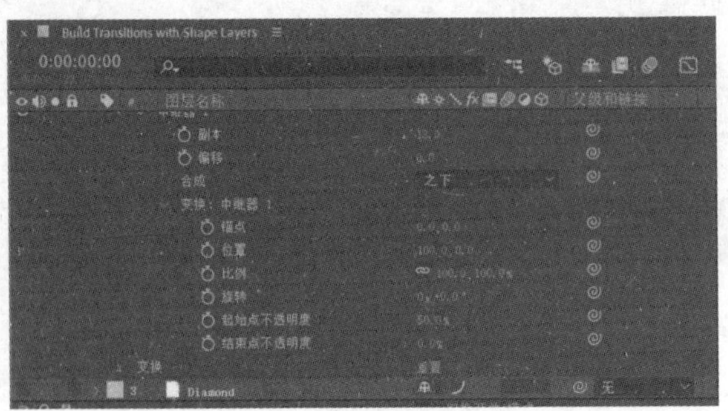

图 58-9

（5）在 0:00 秒处，对偏移数值添加关键帧，调整偏移数值并将形状拖到视频右侧外，再在视频的末尾添加关键帧，调整数值，将图形拖到视频左侧外，达到形状的运动效果即可。

3. 轨道遮罩

（1）打开 AE，按 Ctrl+I 组合键导入视频遮罩的素材文件，打开合成文件，如图 58-10 所示。

（2）将画面背景图层 6 拖至画面中心，如图 58-11 所示。

（3）为图层 6 添加轨道遮罩特效，使图层 5 字符运动时，字符颜色填充为背景图层 6。选中图层 6，选择“Alpha 遮罩‘LANEKAS2’”，如图 58-12 所示。

（4）对背景做高斯模糊处理，选中背景图层 6，选择“效果和预设”—“高斯模糊”，双击“高斯模糊”，如图 58-13 所示。在“效果控件”中修改模糊度数值为 25 即可。

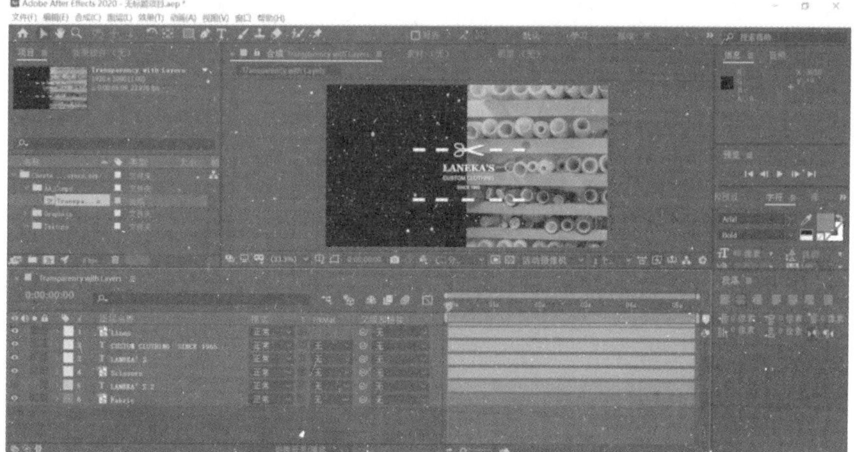

图 58-10

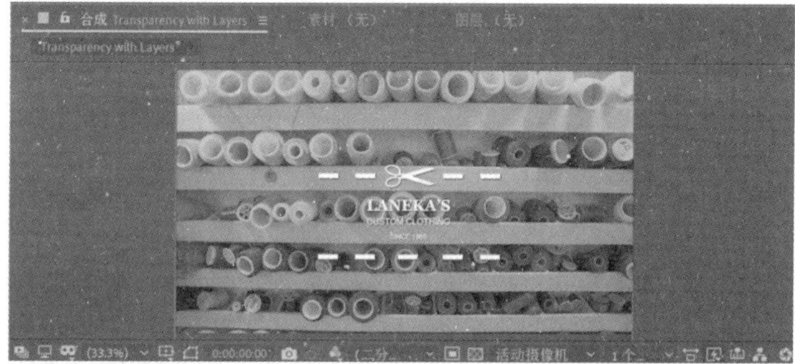

图 58-11

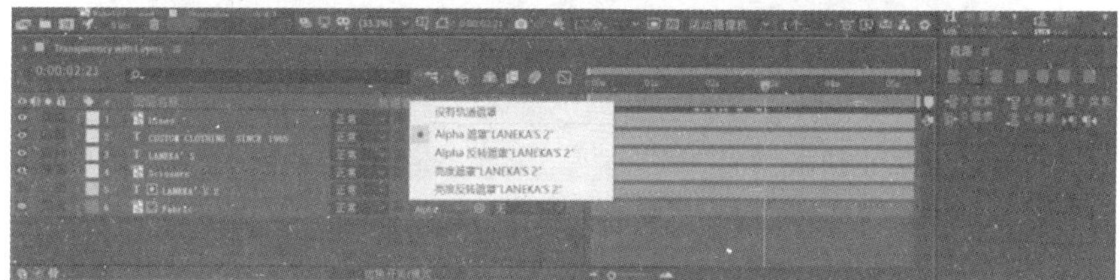

图 58-12

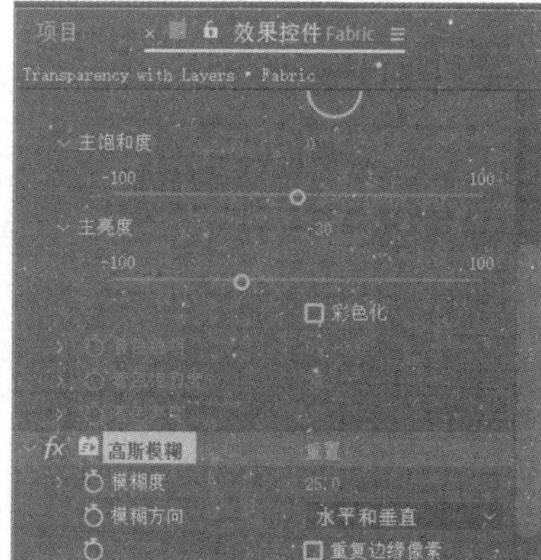

图 58-13

实验 59　Adobe After Effects 键值、跟踪蒙版、相机跟踪

键值、跟踪蒙版、相机跟踪

1. 键值

（1）打开 AE，按 Ctrl+I 组合键导入素材文件，打开合成文件，如图 59-1 所示。

图 59-1

（2）去除视频中狗后面的滤布。在菜单栏中选择“效果”—“Keylight”—“Keylight（1，2）”，如图 59-2 所示。

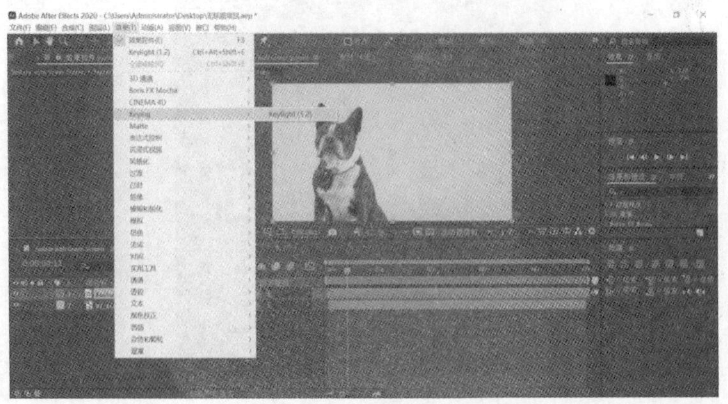

图 59-2

（3）调整 Keylight 效果数值。用“Screen Colour”的吸管工具吸取背景颜色，修改“View”的类型为“Screen Matte”，此时黑色部分为透明部分，白色部分为不透明部分，调整其他数值，使狗和背景颜色彻底分离，如图 59-3 所示。

图 59-3

（4）将“View”的类型修改为“Final Result”，最后调整狗的位置即可，如图 59-4 所示。

图 59-4

2. 跟踪蒙版

（1）素材不变，基于上一块内容，对狗的脸部进行高斯模糊处理。

（2）选中狗图层 1，使用工具栏中的钢笔工具，抠出狗的脸部，如图 59-5 所示。

图 59-5

（3）对狗的蒙版图层添加跟踪蒙版效果，如图 59-6 所示。

图 59-6

（4）单击右侧跟踪器的箭头，使视频生成若干个关键帧，如图 59-7 所示。

（5）预览视频，对关键帧中路径细节进行调整，使其更加贴合狗的脸部。

（6）为狗的脸部添加模糊效果，在菜单栏中选择“效果”—“模糊和锐化”—“高斯模糊”，修改高斯模糊数值，最后添加合成选项即可，如图 59-8 所示。

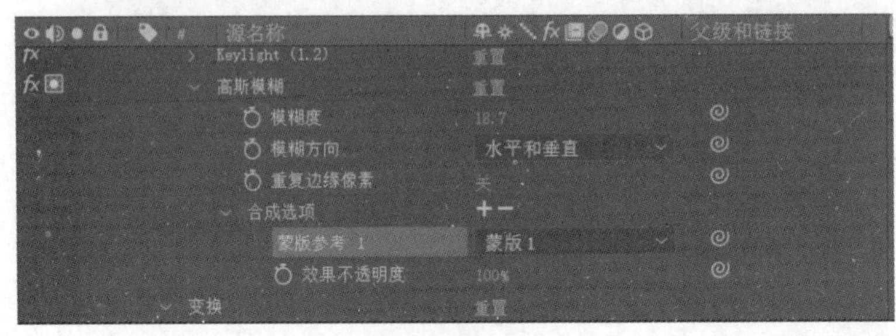

图 59-7

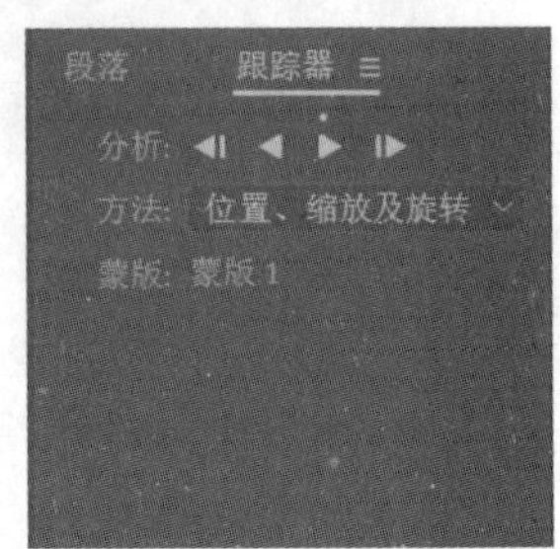

图 59-8

3. 相机跟踪

（1）单击素材新建合成，选择所需要的素材，如图 59-9 所示。

（2）为图层 1 添加相机跟踪效果，在菜单栏中选择“动画”—“跟踪摄像机”，如图 59-10 所示。

（3）解析完成后，即可右击，选择“创建文本和摄像机”等选项进行处理，如图 59-11 所示。

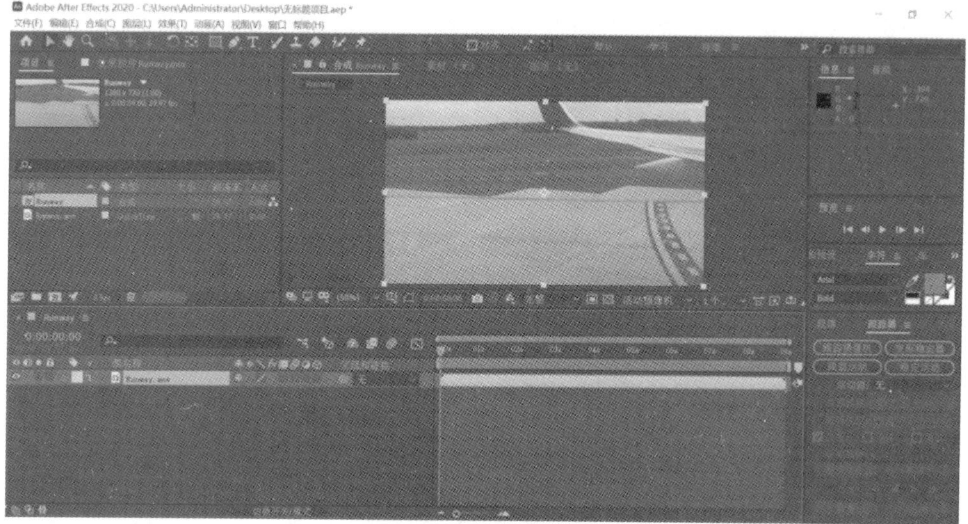

图 59-9

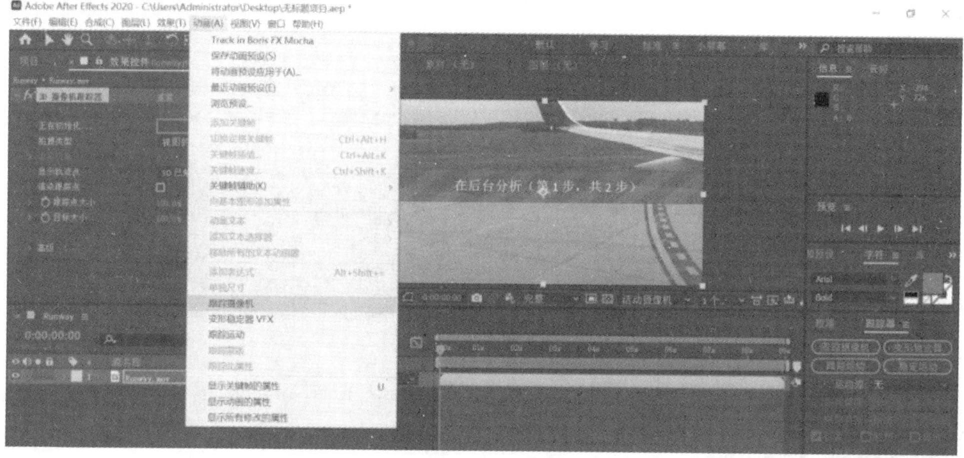

图 59-10

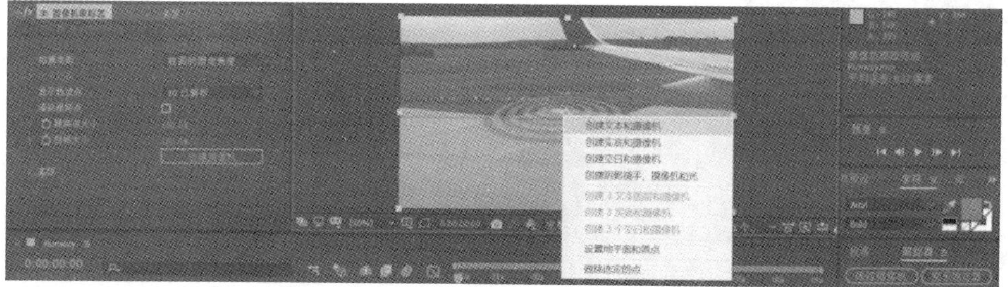

图 59-11

实验 60　Adobe After Effects 文本动效制作

1. 项目创建与素材导入

（1）在菜单栏中选择“文件”—“新建”—“新建项目”，创建一个新的 AE 工程，如图 60-1 所示。

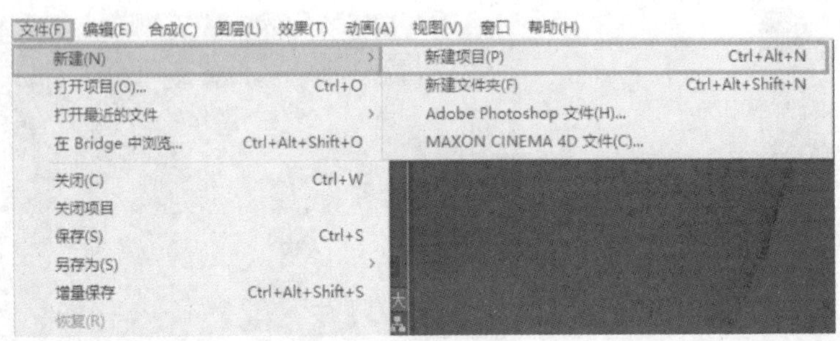

图 60-1

图 60-2

（2）通过在“项目面板”空白处右击，选择“新建文件夹”创建目录，或通过单击项目面板左下角的“新建文件夹”按钮创建目录，并且将新建的文件夹命名为“纯色夹”，如图 60-2 所示。

（3）在“项目面板”空白处右击，选择“新建合成”，打开“合成设置”对话框。“合成名称”设置为“Text 项目”、“预设”设置为“HDTV 1080 25”，并且单击右下角的“确定”按钮，如图 60-3 所示。

（4）在下方“时间线面板”内右击，选择“新建”—“纯色”，如图 60-4 所示，并且在弹出的“纯色设置”对话框中设置“名称”为“黑色”、“颜色”为“RGB（255，255，255）”，然后单击“确定”按钮。同样的方法再创建一个“深灰”纯色项，“颜色”为“RGB（75，75，75）”，如图 60-5 所示。

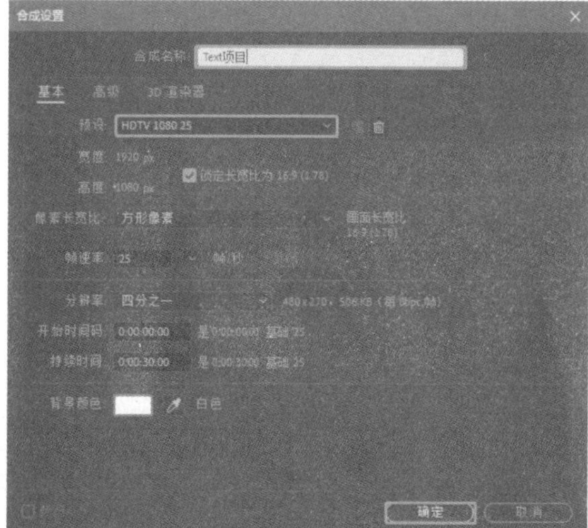

图 60-3

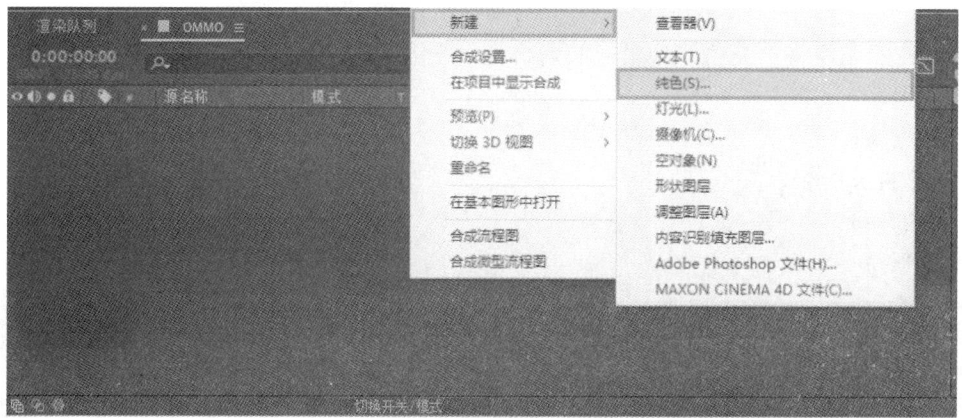

图 60-4

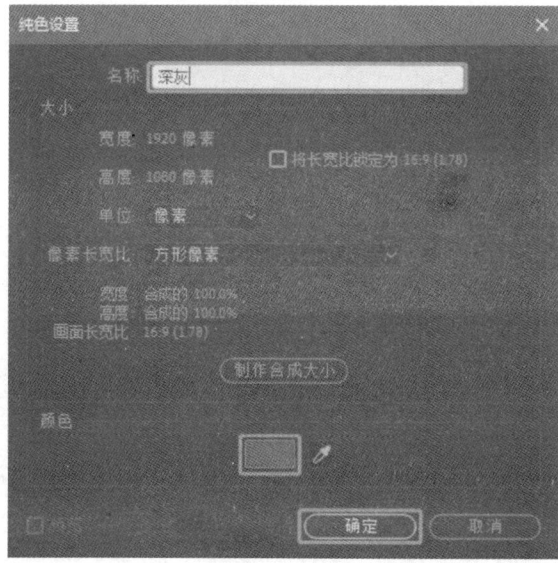

图 60-5

（5）在下方“时间线面板”内右击，选择“新建”—“文本”，并且在“合成预览区”中输入“AE TEXT”字样。随后在右侧“字符”面板中设置字体大小为“280 像素”，如图 60-6 所示。

图 60-6

2. 动画内容制作

（1）按照顺序将“纯色”目录内的素材拖入下方“时间线面板”，如图 60-7 所示，具体如下：

- 黑色 #1
- AE TEXT #2
- 黑色 #3
- 深灰 #4

图 60-7

（2）选中“黑色 #3”轨道，右击，选择“蒙版”—“新建蒙版”，此时展开“"黑色#3"轨道”，并且一直展开，直到出现“蒙版路径”项。单击“形状”，在弹出的“蒙版形状”对话框中，将“形状”重置为“椭圆”，如图 60-8 所示。

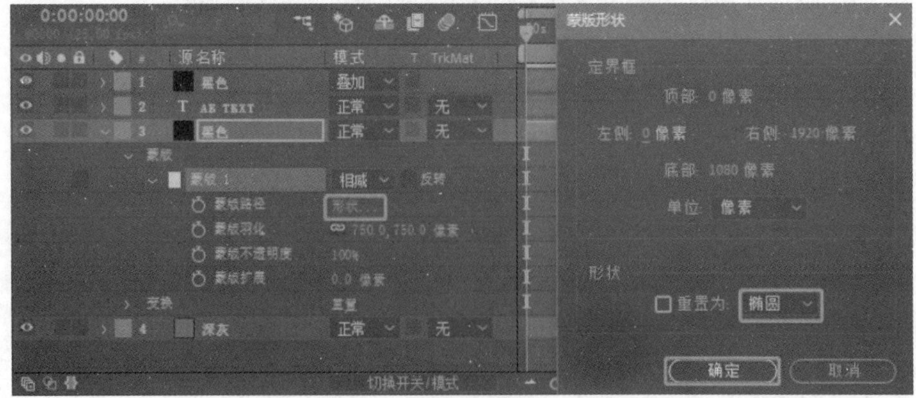

图 60-8

（3）设置“蒙版 1”的混合模式为“相减”，并且设置“蒙版羽化”为“750.0 像素”，其他保持不变，如图 60-9 所示。

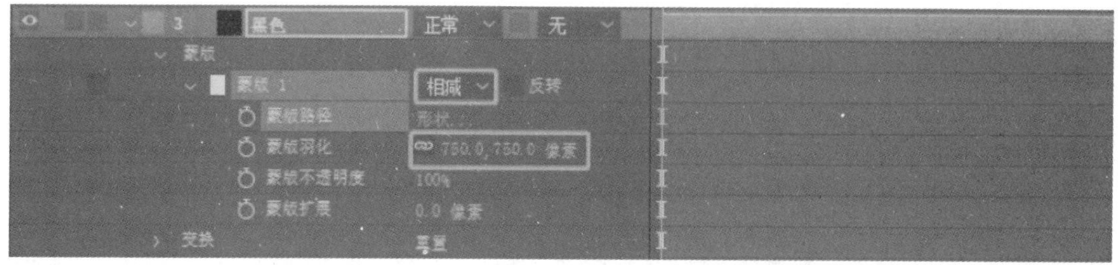

图 60-9

（4）展开“AE TEXT#2”轨道，单击右侧的“动画”按钮，添加“模糊”效果，并且展开更多选项、范围选择器 1 及其下的高级选项，如图 60-10 所示，为以下项添加参数：

- 锚点分组　　“行”；
- 分组对齐　　“-50.0”；
- 偏移　　“0：00:00:00”：100，“0：00:01:10”：-100；
- 形状　　“圆形”；
- 模糊　　300.0；
- 锚点　　X：0.0，Y：-100.0；
- 缩放　　0：00:00:00：“100”，“0：00:01:21”：“50”。

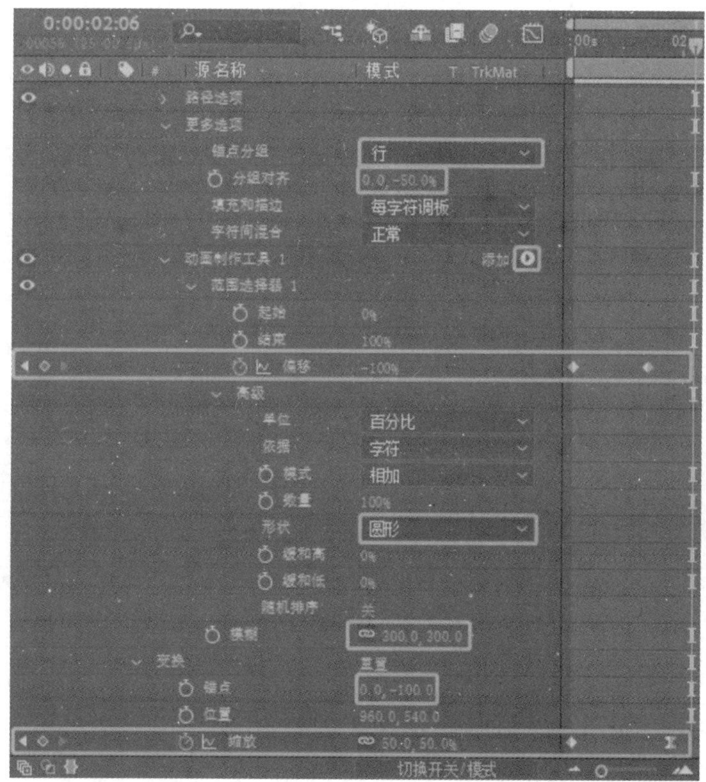

图 60-10

（5）选中“缩放”项，在“时间线面板”上方单击“图表编辑器”，并且在展开的“图表编辑器”窗口中调整缩放动画的贝塞尔曲线，最后关闭“图表编辑器”，如图 60-11 所示。

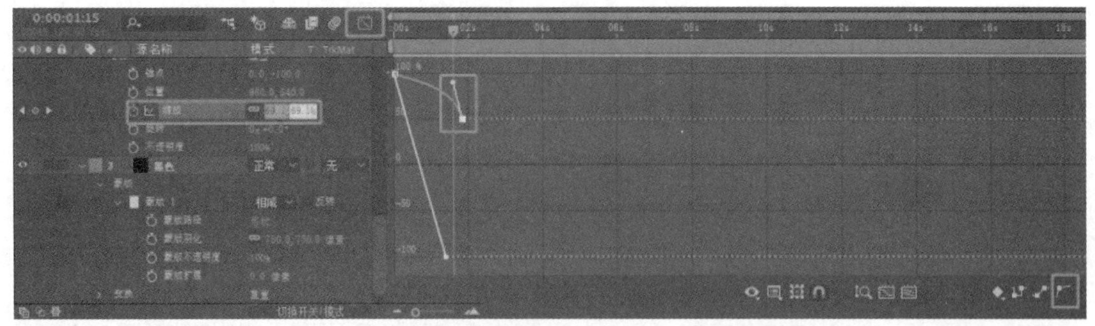

图 60-11

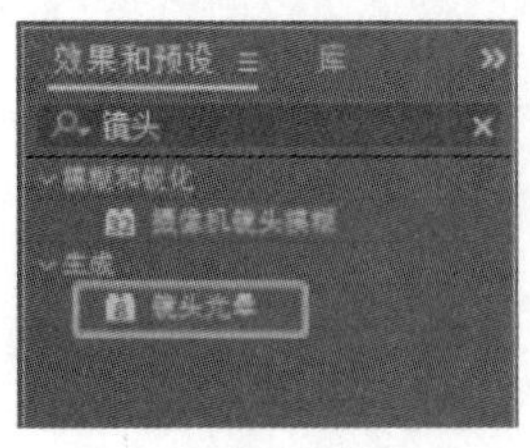

图 60-12

（6）在右侧“效果和预设”窗口中找到“镜头光晕”效果，并将其拖动到“黑色 #1”轨道，如图 60-12 所示。

（7）展开“黑色 #1”轨道下的“镜头光晕”与“变换”，如图 60-13 所示，为以下项目添加参数：

- 镜头光晕　　“0：00:00:00”：x“2963”，y“548”，“0：00:01:10”：x“-809”，y“564”；
- 镜头类型　　“105 毫米定焦”
- 与原始图像混合　10
- 不透明度　　0:00:01:05：“100”，“0:00:01:21”：“0”。

并且将“黑色 #1”轨道的“模式”修改为“叠加”。

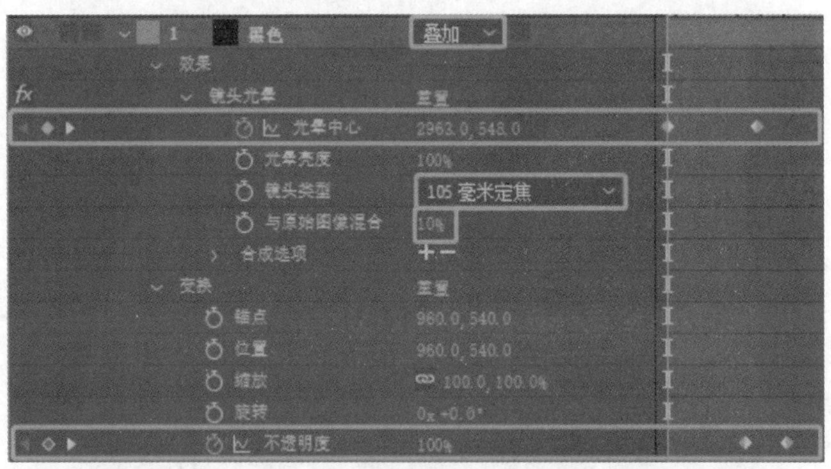

图 60-13

3. 保存与导出

（1）在导出视频前，先按 Ctrl+S 组合键或者选择“文件”—“保存”，保存工程文件到本地磁盘，如图 60-14 所示。

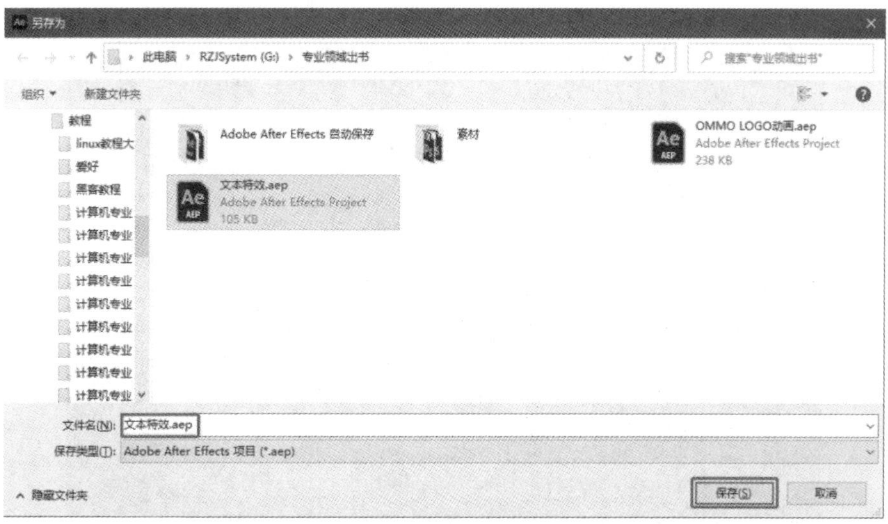

图 60-14

（2）选择“文件”—“导出”—“添加到渲染队列”选项设置渲染，如图 60-15 所示，并且单击“渲染设置：最佳设置”，如图 60-16 所示，打开“渲染设置”对话框。

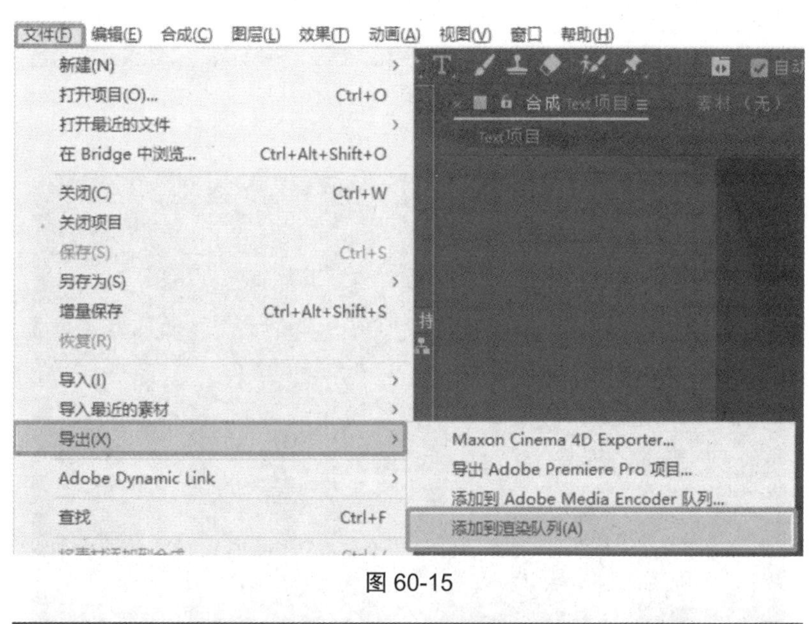

图 60-15

图 60-16

（3）通过单击右下角的“自定义”按钮，设定动画持续时间为 3 秒，如图 60-17 所示，单击“确定”按钮后返回“渲染设置”对话框，确认自定义时间范围与渲染设置，如图 60-18 所示。

渲染设置
自定义时间范围
起始
0:00:00:00
是 0:00:00:00 基础 25
结束
0:00:02:24
是 0:00:02:24 基础 25
持续时间
0:00:03:00
是 0:00:03:00 基础 25
确定
取消

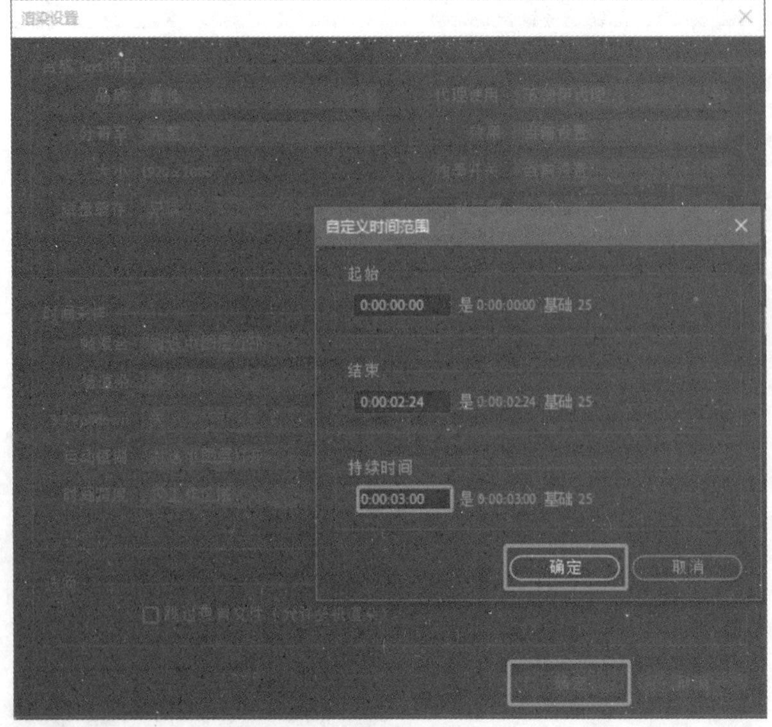

图 60-17

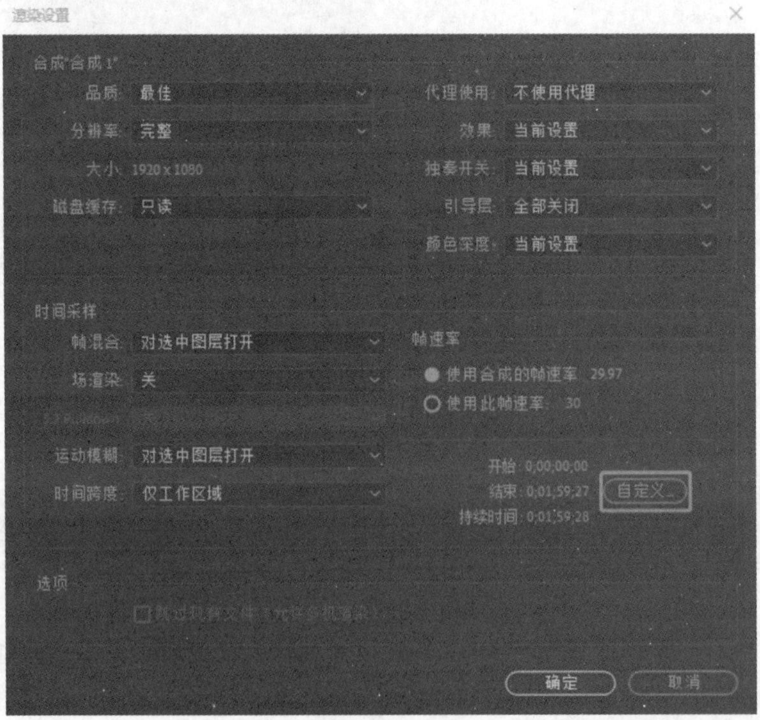

渲染设置
合成"合成 1"
品质：最佳
代理使用：不使用代理
分辨率：完整
效果：当前设置
大小：1920 x 1080
独奏开关：当前设置
磁盘缓存：只读
引导层：全部关闭
颜色深度：当前设置
时间采样
帧混合：对选中图层打开
帧速率
场渲染：关
使用合成的帧速率 29.97
使用此帧速率：30
运动模糊：对选中图层打开
开始：0;00;00;00
时间跨度：仅工作区域
结束：0;01;59;27
自定义...
持续时间：0;01;59;28
选项
确定
取消

图 60-18

（4）单击“输出到：Text 项目.avi”，设置输出文件位置与文件名，如图 60-19 所示。

图 60-19

（5）最后，单击右侧的“渲染”按钮，等待视频渲染完成即可，如图 60-20 所示。

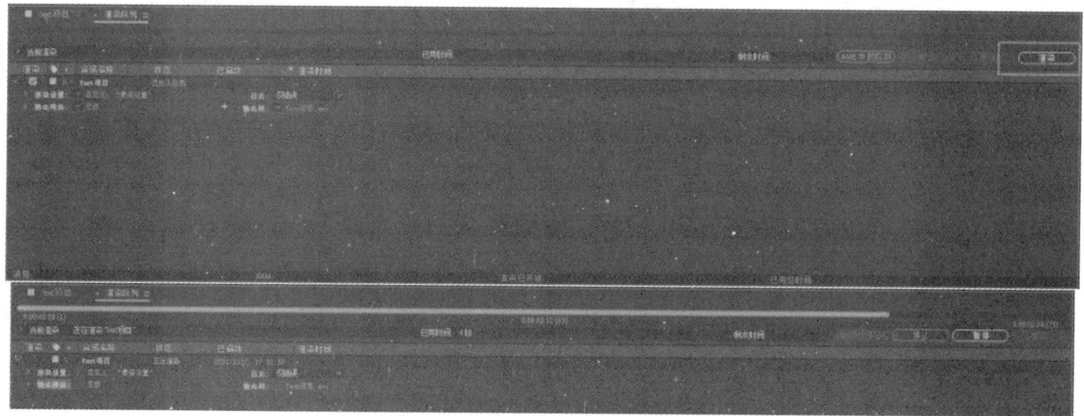

图 60-20

实验 61　Adobe After Effects 相机、灯光与表达式

1. 项目创建与素材导入

（1）选择菜单栏中的“文件”—“新建”—“新建项目”，创建一个新的 AE 工程，如图 61-1 所示。

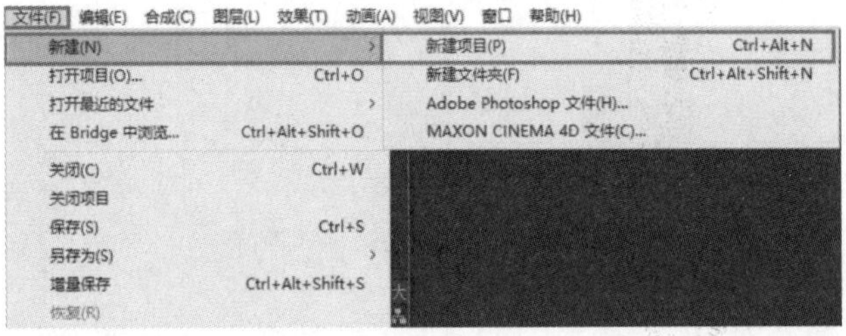

图 61-1

（2）在“项目面板”空白处右击，选中“新建合成”，打开“合成设置”对话框。“合成名称”设置为“3D 项目”、“预设”设置为“自定义”，具体参数设置如图 61-2 所示，最后单击右下角的“确定”按钮。

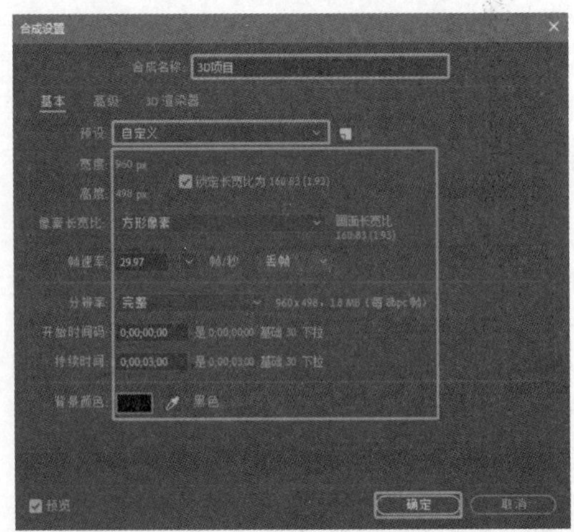

图 61-2

（3）通过双击“项目面板”空白处，打开“导入文件”对话框，或在“项目面板”空白处右击，选中“导入”—“文件”，打开“导入文件”对话框，将“素材”文件夹内的“LOGO.png”导入，如图 61-3 所示。

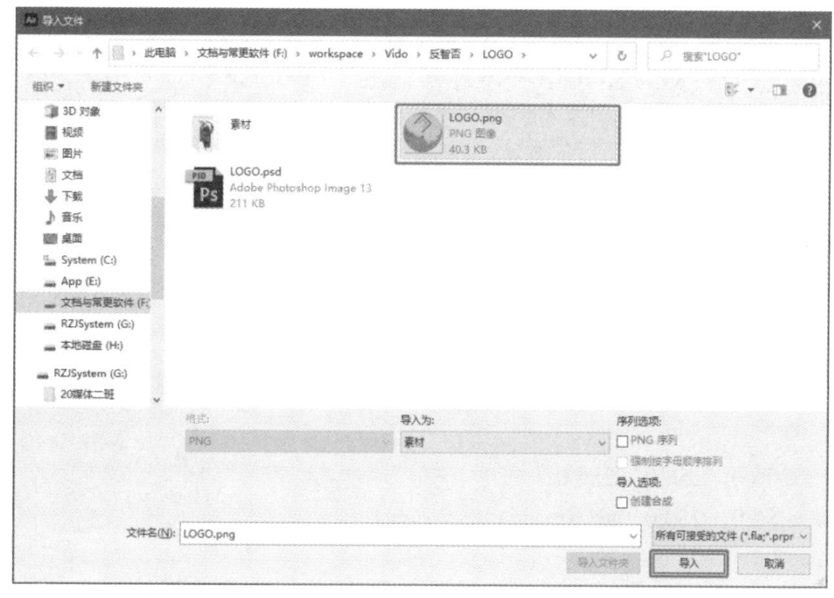

图 61-3

（4）在下方“时间线面板”内右击，分别选择“新建”—“灯光”和“新建”—“摄像机”，如图 61-4 所示，并且保持弹出的对话框中的默认值，单击“确定”按钮，如图 61-5 所示。

图 61-4

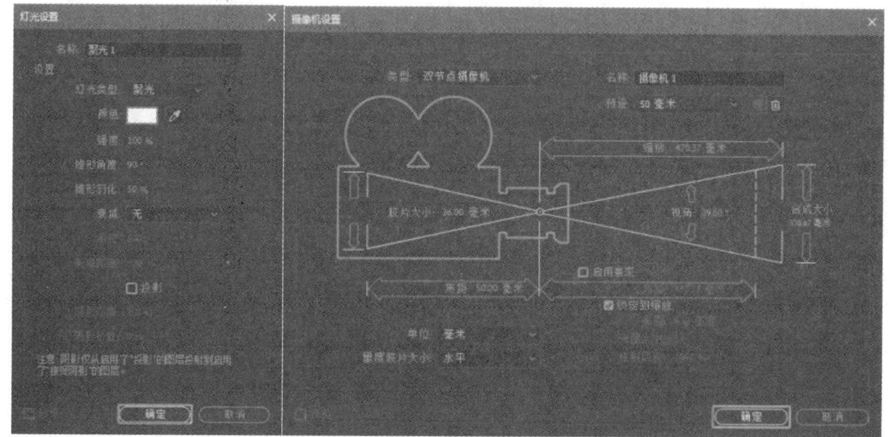

图 61-5

2. 动画内容制作

（1）按照顺序将“LOGO.png”拖入下方“时间线面板”，如图 61-6 所示，具体顺序为 LOGO.png #1；聚光 1 #2；摄像机 1 #3，并且勾选“LOGO.png”上的“3D 图层”。

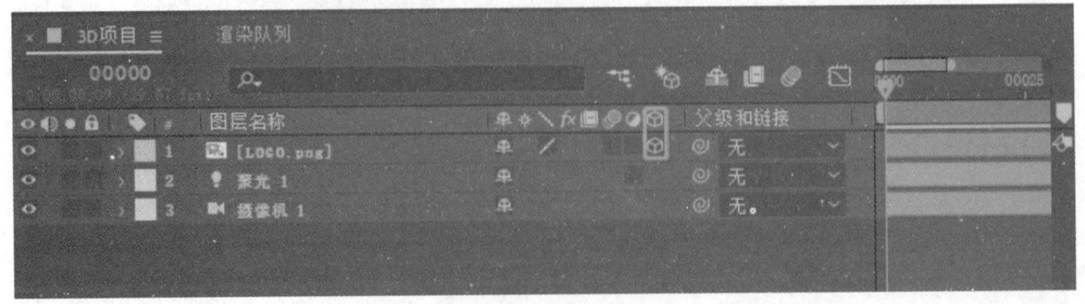

图 61-6

（2）展开“LOGO.png #1”轨道，并且设置其基本定位，如图 61-7 所示，具体参数如下：

- 锚点　256.0，256.0，256.0；
- 位置　480.0，250.0，-80.0；
- 缩放　90.0。

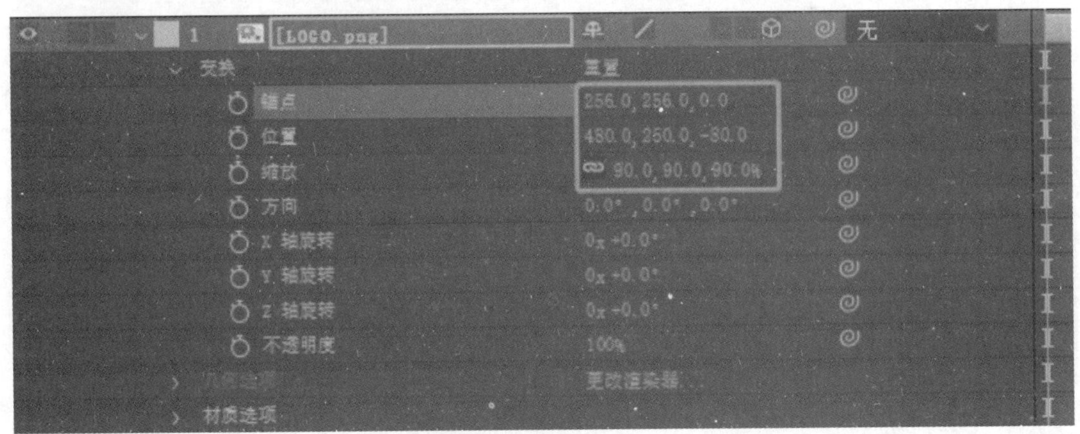

图 61-7

（3）展开“聚光 1 #2”轨道，调整聚光灯的“目标点”“位置”“方向”等项，保证聚光灯照亮“LOGO.png”图像，如图 61-8 所示，具体参数如下：

- 目标点　398.1，247.4，-23.2；
- 位置　438.1，207.4，-356.5；
- 方向　0，15，0。

（4）接下来展开“聚光 1 #2”轨道的“灯光选项”，找到“强度”项，右击，选择“编辑表达式”，如图 61-9 所示。在下方出现的“表达式输入区”内输入“wiggle（10，500）”（注：请不要输入中文符号！），如图 61-10 所示。

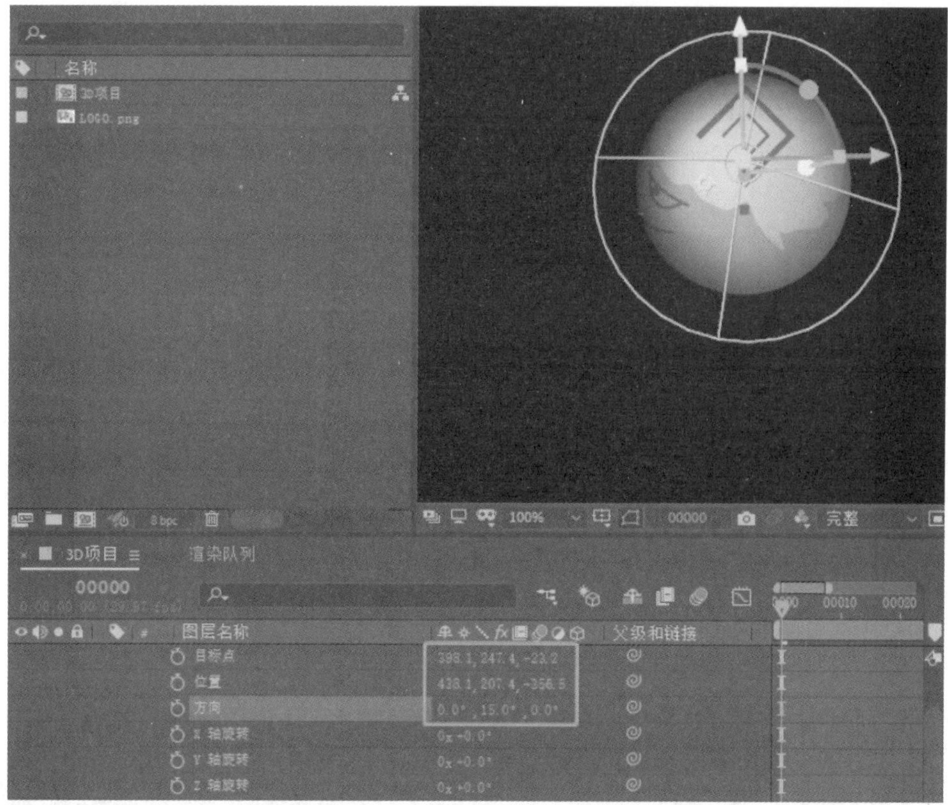
图 61-8

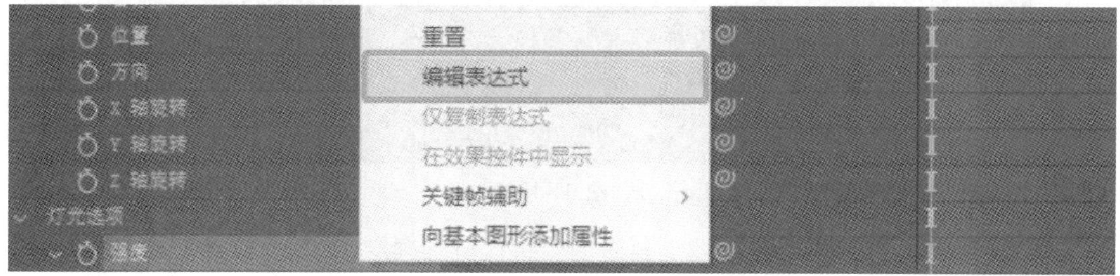

图 61-9

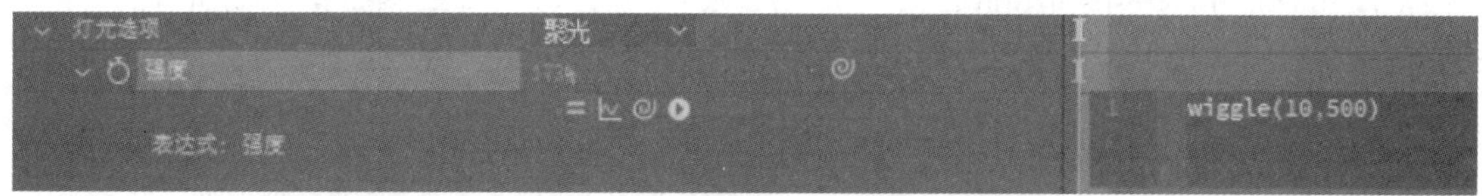

图 61-10

（5）展开“摄像机 1 #3”轨道，为“目标点”及“位置”项设置关键帧动画，如图 61-11 所示，具体参数如下：

- “目标点”

“0;00;00;00”：“289.1581”、“256.3168”、“-1004.2947”；

“0;00;00;20”：“310.0111”、“230.2273”、“-307.8502”；

“0;00;01;05”：“465.1731”、“219.5369”、“-90.2111”；

“位置”

“0;00;00;00”：“259.8488”、“254.6969”、“-1689.5353”；

“0;00;00;20”：“488.1093”、“241.4483”、“-1037.8548”；

“0;00;01;05”：“152.2296”、“141.0992”、“-608.0334”（注：以上参数可以根据自身判断进行调整）。

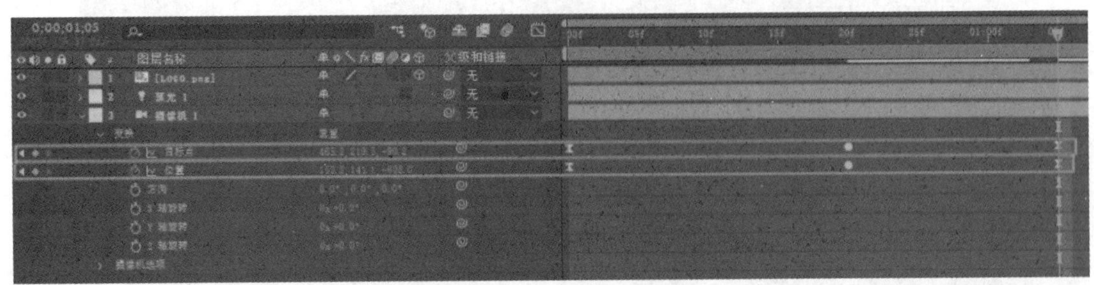

图 61-11

（6）选择“目标点”与“位置”项，在“时间线面板”上方单击“图表编辑器”，并且在展开的“图表编辑器”窗口中调整两个关键帧动画的贝塞尔曲线，让画面呈现平缓的运动效果，最后关闭“图表编辑器”窗口，如图 61-12 所示。

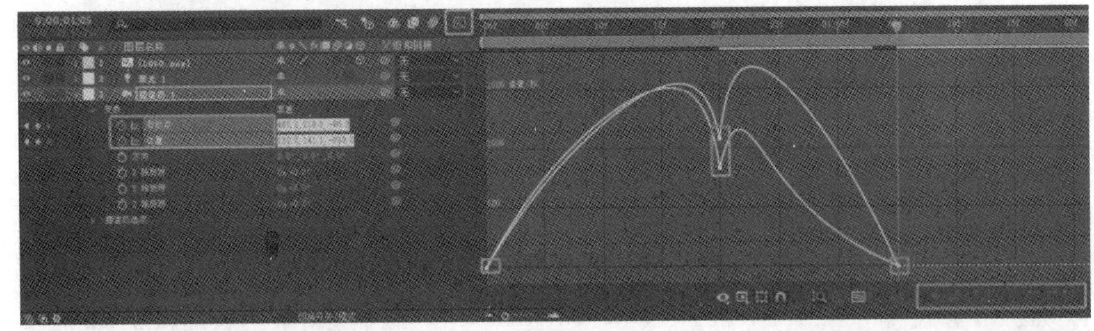

图 61-12

（7）接下来展开“摄像机 1 #3”轨道的“摄像机选项”，找到“焦距”项右击，选择“编辑表达式”。在下方出现的“表达式输入区”内输入“length（thisComp.layer（"LOGO.png"）.transform.position，transform.position）”，以达到动态调整焦距的目的（注：请不要输入中文符号！），如图 61-13 所示。

图 61-13

3. 保存与导出

（1）在导出视频前，先按 Ctrl+S 组合键或者单击菜单栏中的“文件”—“保存”，保存工程文件到本地磁盘，如图 61-14 所示。

图 61-14

（2）选择菜单栏中的“文件”—“导出”—“添加到渲染队列”，设置渲染，并且单击“渲染设置：最佳设置”，如图 61-15 所示，打开“渲染设置”对话框。

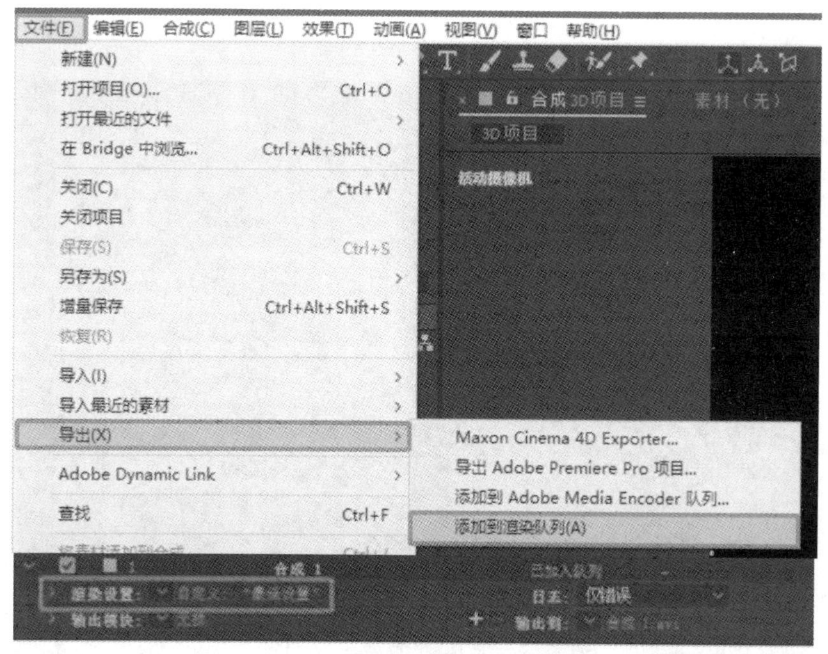

图 61-15

（3）通过右下角的“自定义”按钮，如图 61-16 所示，在打开的对话框中设定动画持续时间为 3 秒，单击“确定”按钮，如图 61-17 所示，返回“渲染设置“对话框，确认自定义时间范围与渲染设置。

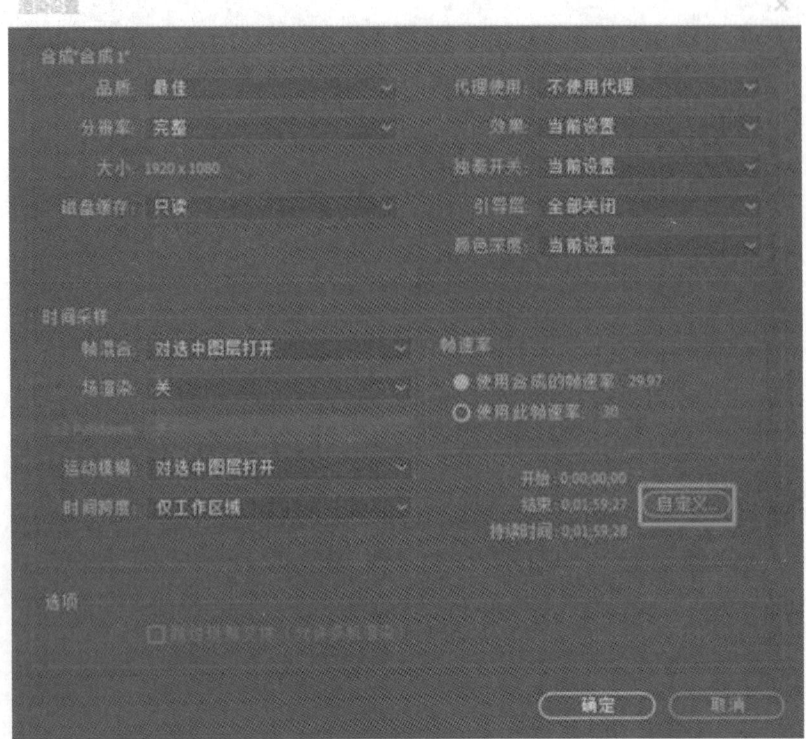

合成"合成 1"
品质: 最佳
代理使用: 不使用代理
分辨率: 完整
效果: 当前设置
大小: 1920 x 1080
独奏开关: 当前设置
磁盘缓存: 只读
引导层: 全部关闭
颜色深度: 当前设置
时间采样
帧混合: 对选中图层打开
帧速率
场渲染: 关
使用合成的帧速率 29.97
使用此帧速率: 30
运动模糊: 对选中图层打开
开始: 0;00;00;00
时间跨度: 仅工作区域
结束: 0;01;59;27
自定义...
持续时间: 0;01;59;28
选项
确定
取消

图 61-16

图 61-17

（4）单击“输出到：3D 项目.avi”，设置输出文件位置与文件名，如图 61-18 所示。

图 61-18

（5）最后，单击右侧的“渲染”按钮，等待视频渲染完成即可，如图 61-19 所示。

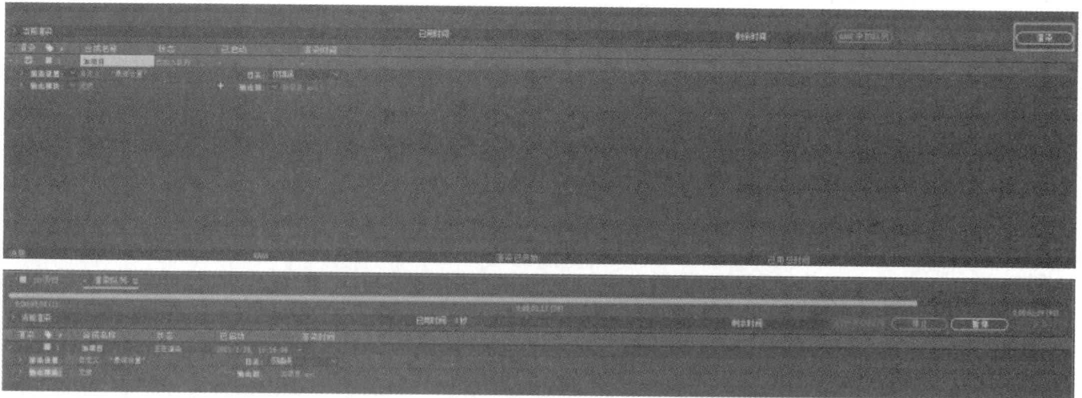

图 61-19

实验62　Adobe After Effects粒子、相机与灯光

1. 项目创建与素材导入

（1）选择菜单栏中的“文件”—“新建”—“新建项目”，创建一个新的AE工程，如图62-1所示。

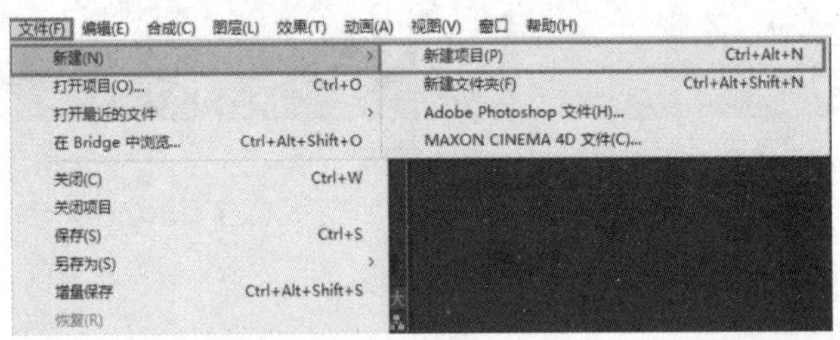

图62-1

（2）在“项目面板”空白处右击，选中“新建合成”，打开“合成设置”对话框。“合成名称”设置为“粒子”、“预设”设置为“HDTV 1080 29.97”，并且单击右下角的“确定”按钮，如图62-2所示。

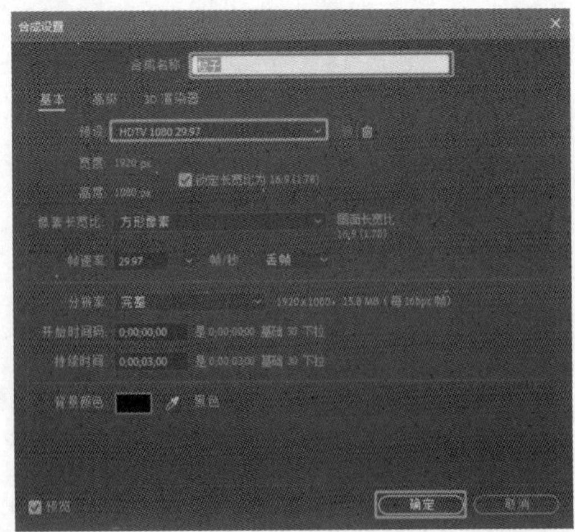

图62-2

（3）在下方“时间线面板”内右击，分别选择“新建”—“灯光”和“新建”—“摄像机”，如图 62-3 所示，并且保持弹出的对话框中的默认值，单击“确定”按钮，如图 62-4 所示。

图 62-3

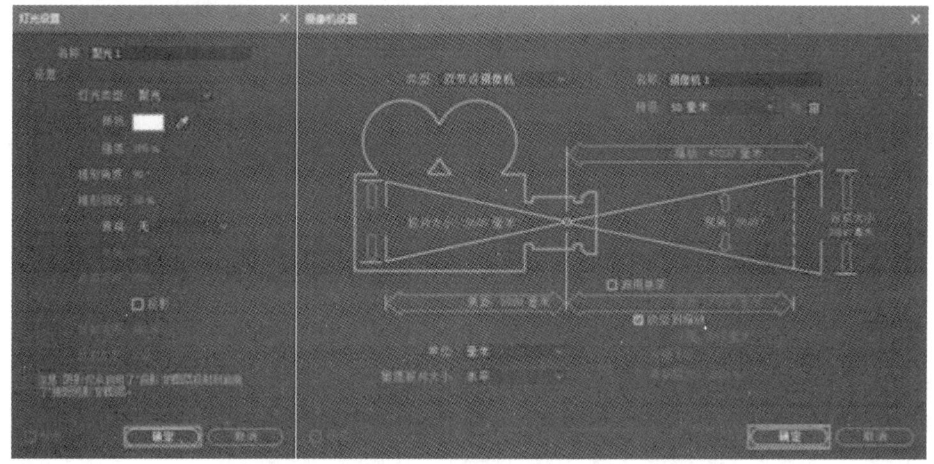

图 62-4

（4）在下方“时间线面板”内右击，选择“新建”—“纯色”，在弹出的“纯色设置”对话框中设置“名称”为“红色”、“颜色”为“RGB（255，0，0）”，然后单击“确定”按钮，如图 62-5 所示。

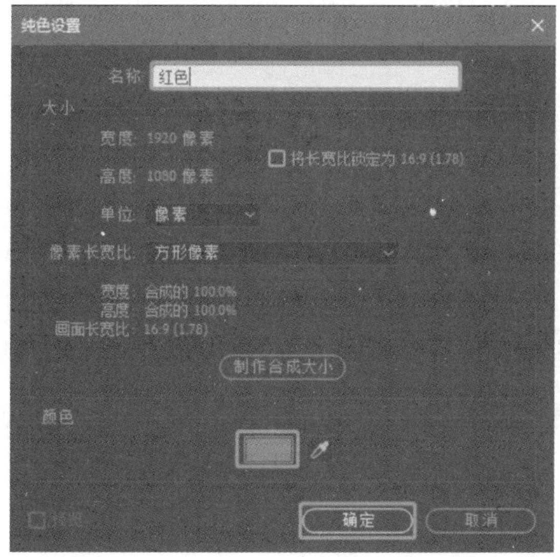

图 62-5

（5）选中“红色”轨道，在上方菜单栏中选择“效果”—“模拟”—“CC Particle World”，以创建粒子，如图 62-6 所示。

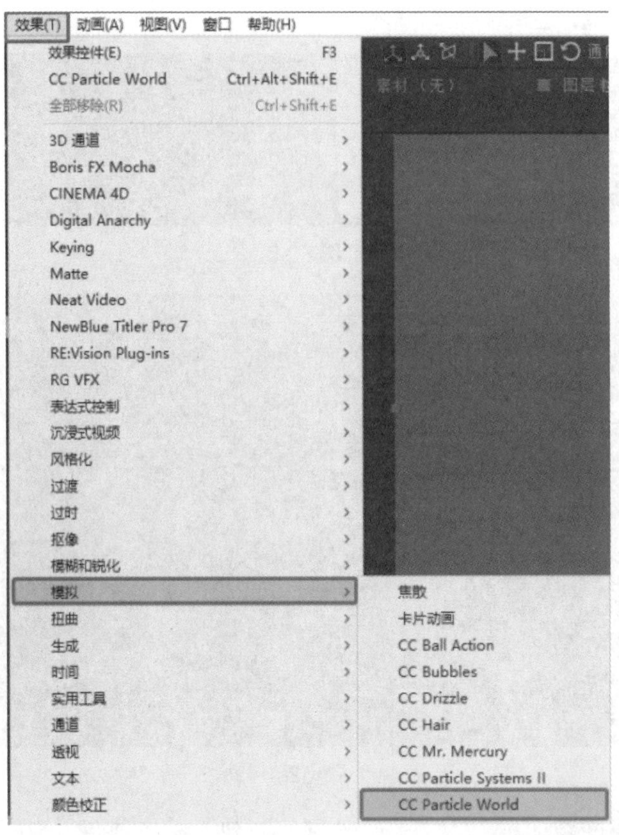

图 62-6

（6）在下方“时间线面板”内右击，选择“新建”—“文本”，如图 62-7 所示。在“合成预览区”中输入“AE PARTICLES”字样。随后在右侧“字符”面板中设置字体大小为“115 像素”。

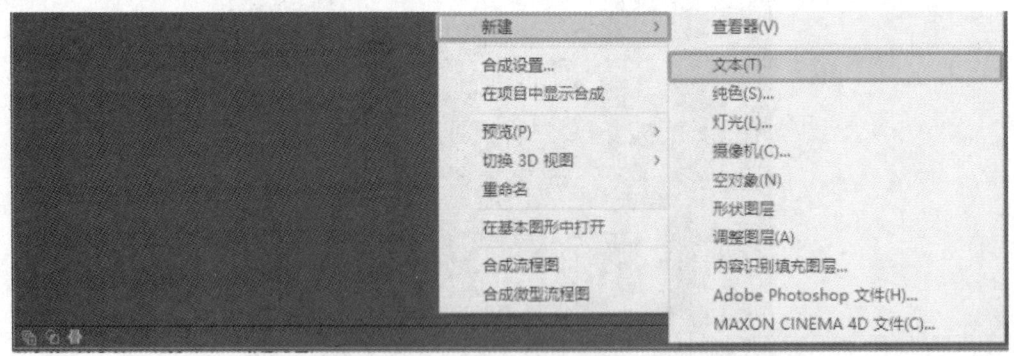

图 62-7

2. 动画内容制作

（1）按照顺序调整拖入下方“时间线面板”，如图 62-8 所示，具体顺序如下：粒子 #1；AE PARTICLES #2；聚光 1 #3；摄像机 1 #4，并且勾选前两个图层的“3D 图层”。

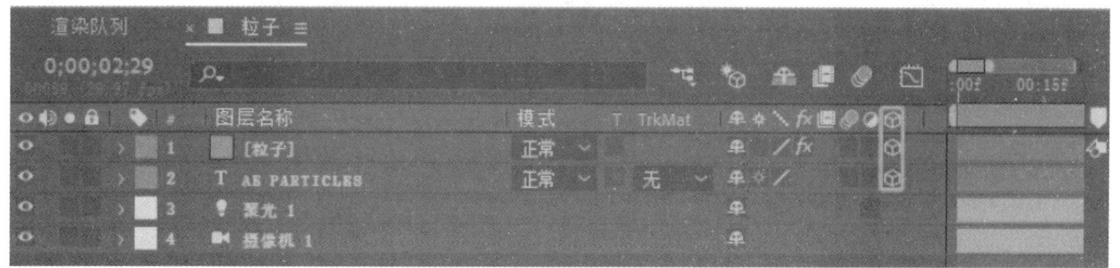

图 62-8

（2）展开“粒子 #1”轨道，双击“CC Particle World”项便可打开“效果控件：粒子”面板，然后展开“Producer”“Physice”与“Particle”，并为它们设置参数，如图 62-9 所示，具体参数如下：

- Radius X|Y|Z　　0；
- Velocity　　0. 10；
- Gravity　　0；
- Particle Type　　“Lens Convex”。

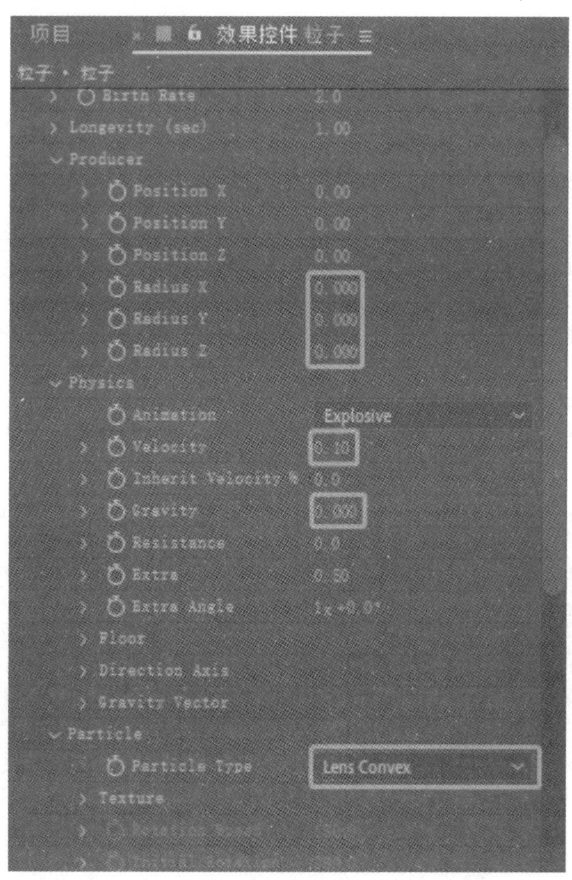

图 62-9

（3）回到“时间线面板”，为“Producer”下的“Position X”“Position Y”与“Position Z”设置关键帧动画，如图 62-10 所示，具体参数如表 62-1 所示。

表 62-1

轨道\时间	00;00	00;14	01;02	01;15	01;21	01;28	2;28
● Position X	0	0.23	0.32	0.17	-0.15	0	13.61
● Position Y	0	0.16	0.07	-0.07	-0.06	0.11	-0.08
● Position Z	0	1.23	0.58	0.82	0.97	1.05	-0.64

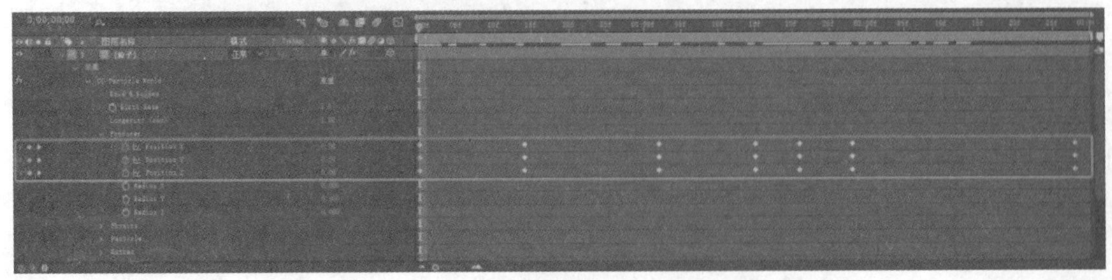

图 62-10

（4）选择“Position X”“Position Y”与“Position Z”项，在“时间线面板”上方单击“图表编辑器”，并且在展开的“图表编辑器”窗口中调整两个关键帧动画的贝塞尔曲线，让画面呈现平缓的运动效果，最后关闭“图表编辑器”窗口，如图 62-11 所示。

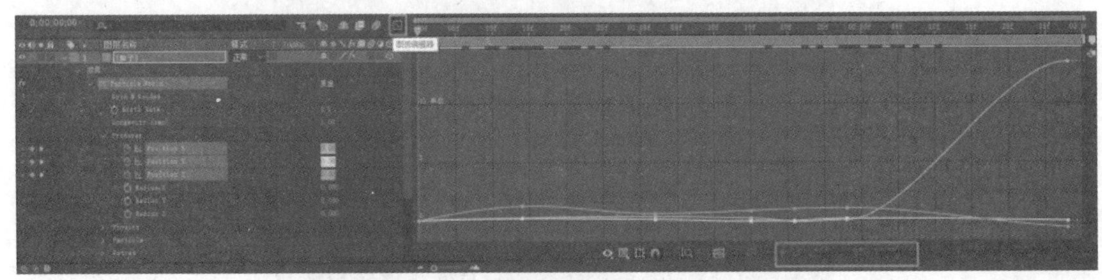

图 62-11

（5）展开“AE PARTICLES #2”轨道，并且设置“位置”为“476.061，581.8755，0”，如图 62-12 所示。

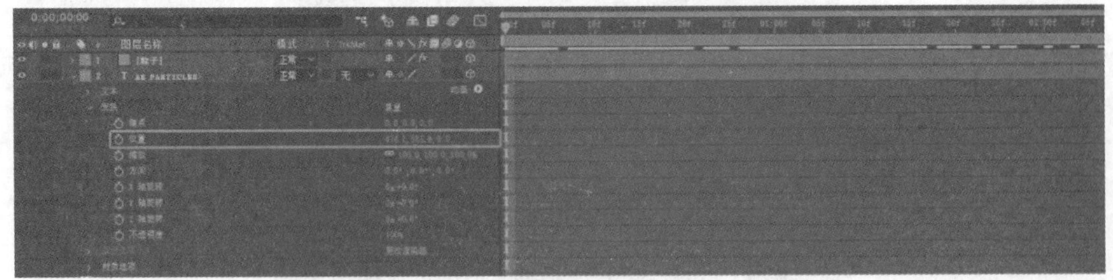

图 62-12

（6）展开“聚光 1 #3”轨道，调整聚光灯的“目标点”“位置”“方向”等项，保证聚光灯照亮“LOGO.png”图像，如图 62-13 所示，具体参数如下：

- 位置 1040，460，-666.7；
- 强度 80%。

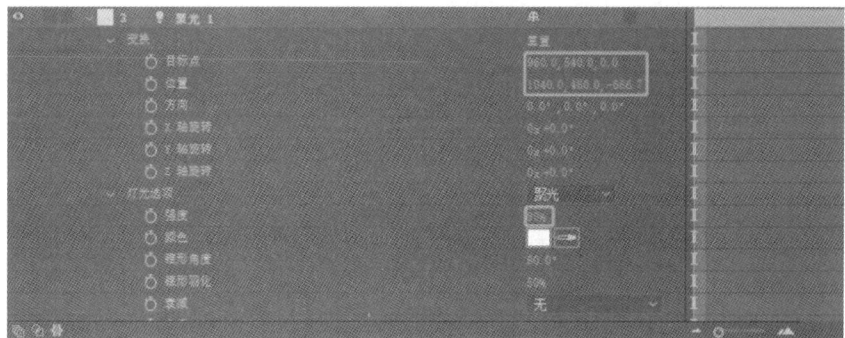

图 62-13

（7）展开“摄像机 1 #4”轨道，为“位置”及“方向”项设置关键帧动画，如图 62-14 所示，具体参数如下：

- “位置”

“0;00;00;00”：“960”“540”“-1333.3333”；

“0;00;00;26”：“763”“1002”“-880.3333”；

“0;00;01;09”：“763”“504”“-880.3333”；

“0;00;02;28”：“1037”“534”“-820.3333”。

- “方向”

“0;00;00;00”：“0”“0”“0”；

“0;00;00;26”：“358”“0”“0”；

“0;00;01;09”：“0”“358”“10”；

“0;00;02;28”：“0”“2”“359”（注：以上参数可以根据自身判断进行调整）。

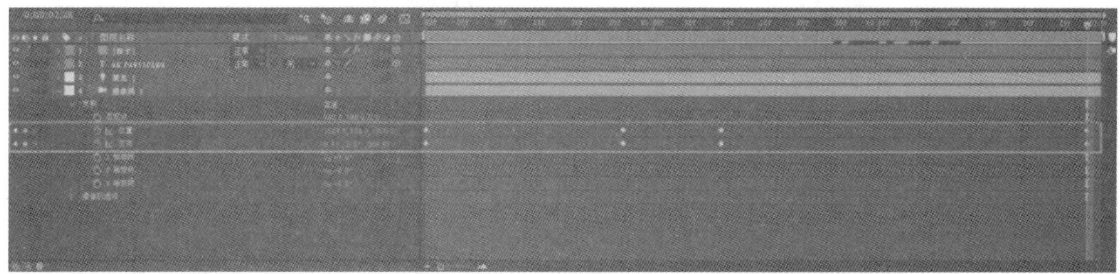

图 62-14

（8）选择“位置”与“方向”项，在“时间线面板”上方单击“图表编辑器”，并且在展开的“图表编辑器”窗口中调整两个关键帧动画的贝塞尔曲线，让画面呈现平缓的运动效果，最后关闭“图表编辑器”窗口，如图 62-15 所示。

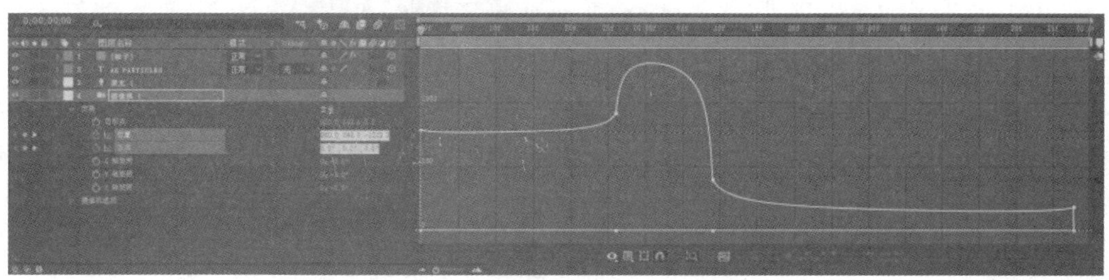

图 62-15

（9）接下来展开“摄像机 1 #4”轨道的“摄像机选项”，找到“焦距”项，右击，选择“编辑表达式”。在下方出现的“表达式输入区”内输入“length（thisComp.layer（"AE PARTICLES"）.transform.position，transform.position）”，以达到动态调整焦距的目的（注：请不要输入中文符号！），如图 62-16 所示。

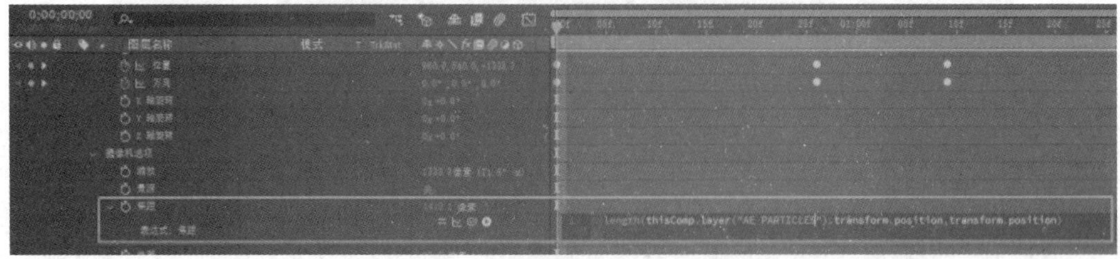

图 62-16

3. 保存与导出

（1）在导出视频前，按 Ctrl+S 组合键或者选择菜单栏中的“文件”—“保存”，保存工程文件到本地磁盘，如图 62-17 所示。

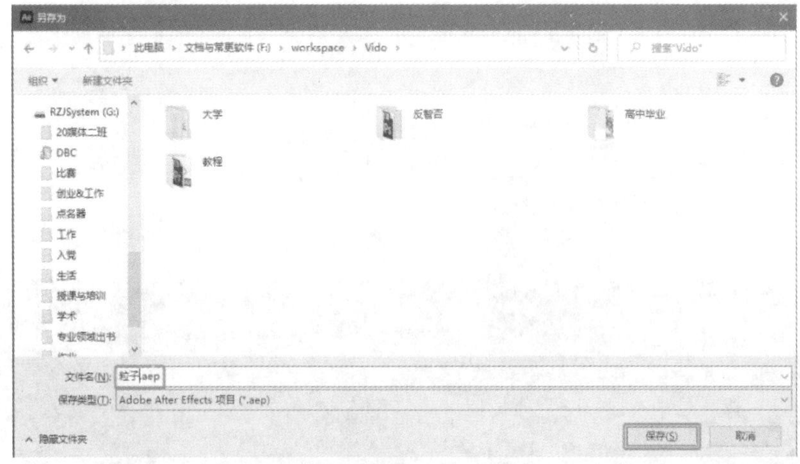

图 62-17

（2）选择菜单栏中的“文件”—“导出”—“添加到渲染队列”，设置渲染，如图 62-18 所示，并且单击“渲染设置：最佳设置”（见图 62-19），打开“渲染设置”对话框。

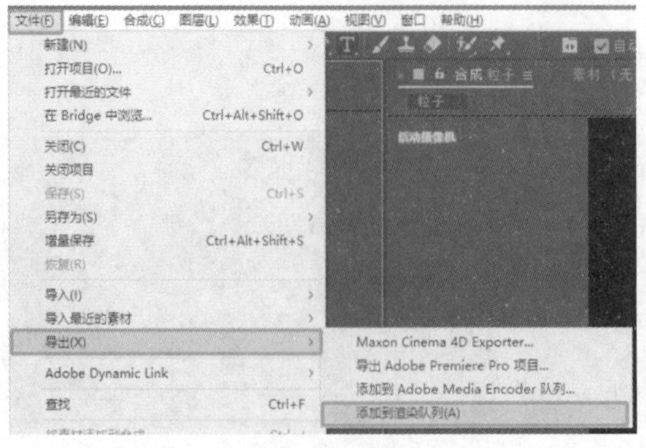

图 62-18

图 62-19

（3）单击“渲染设置”对话框右下角的“自定义”按钮，如图 62-20 所示，在打开的对话框中设定动画持续时间为 3 秒，如图 62-21 所示，单击“确定”按钮，确认自定义时间范围与渲染设置。

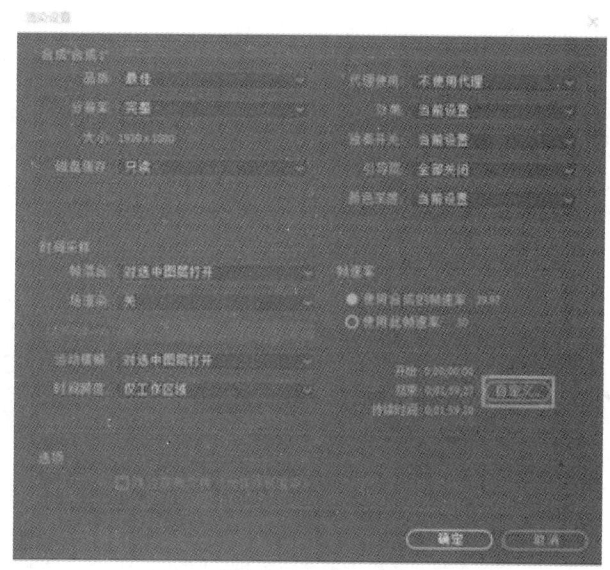

图 62-20

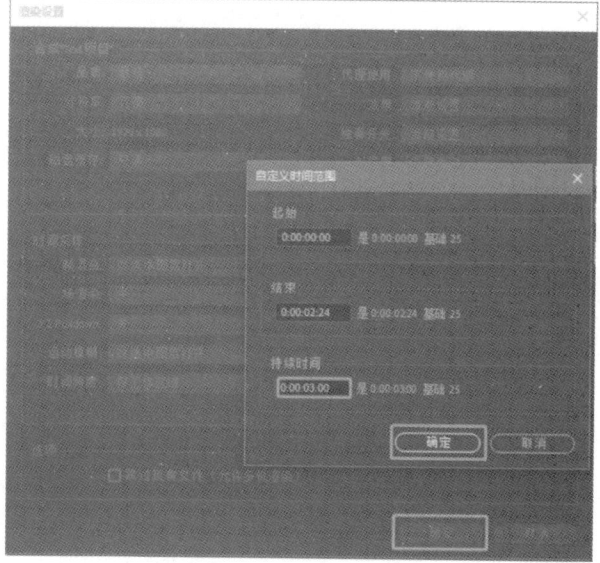

图 62-21

（4）单击“输出到：粒子.avi”，设置输出文件位置与文件名，如图 62-22 所示。

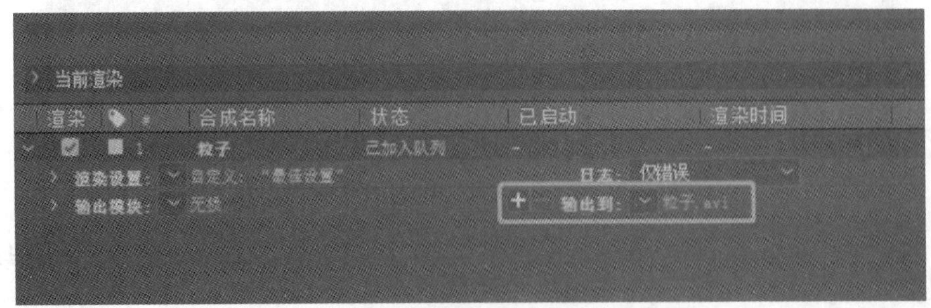

图 62-22

（5）最后，单击右侧的“渲染”按钮，等待视频渲染完成即可，如图 62-23 所示。

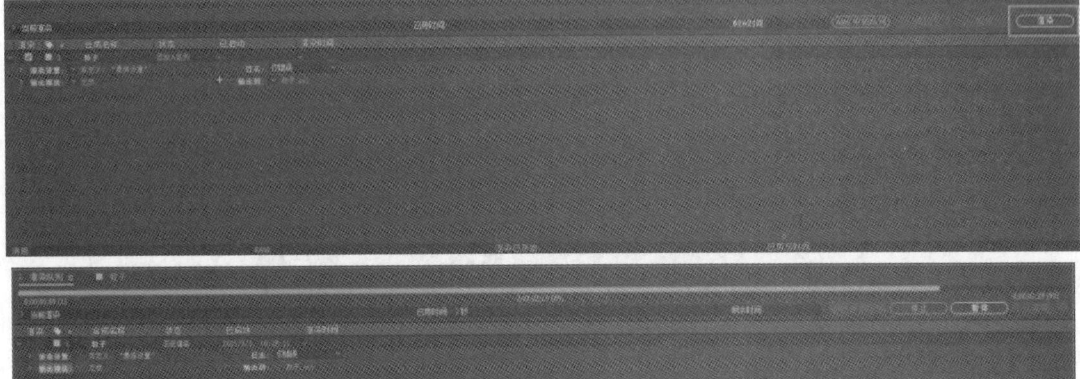

图 62-23

实验 63　Adobe After Effects 综合动画案例

1. 项目创建与素材导入

（1）选择菜单栏中的“文件”—“新建”—“新建项目”，创建一个新的 AE 工程，如图 63-1 所示。

（2）在“项目面板”空白处右击，选中“新建文件夹”，创建目录，如图 63-2 所示，或通过项目面板左下角的“新建文件夹”按钮创建目录，并且将新建的文件夹命名为“PSD”。

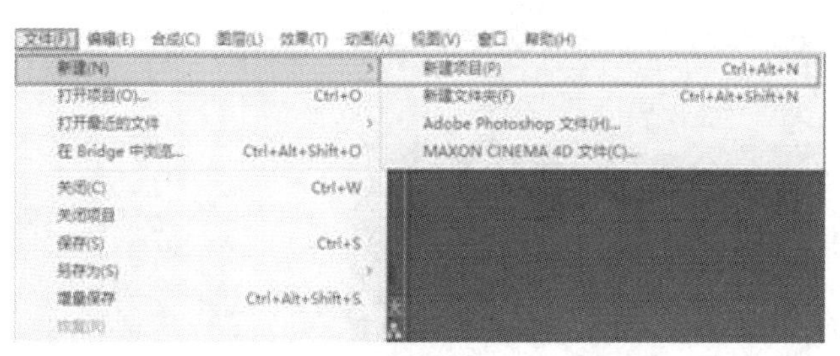

图 63-1

图 63-2

（3）双击“项目面板”空白处，打开“导入文件”对话框，或在“项目面板”空白处右击，选中“导入”—“多个文件”，也可以打开“导入多个文件”对话框。并且在对话框中将“素材”文件夹内的素材全部引入到“项目面板”。当导入完成后“导入多个文件”对话框会再次弹出，单击右下角的“完成”按钮。

（4）通过拖曳的方式，将导入的所有文件从“项目面板”拖入“PSD”文件夹内，如图 63-4 所示。

（5）在“项目面板”空白处右击，选中“新建合成”，打开“合成设置”对话框。“合成名称”设置为“OMMO”、“预设”设置为“HDTV 1080 25”，单击右下角的“确定”按钮，如图 63-5 所示。

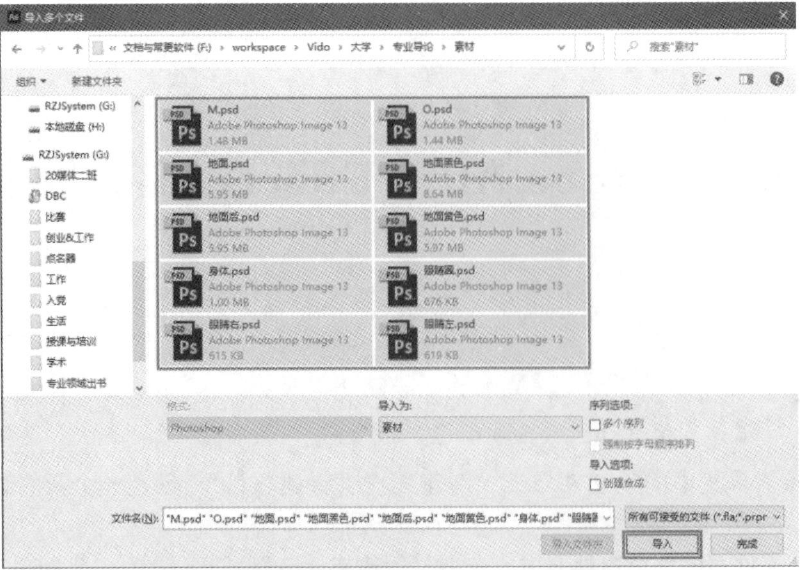

图 63-3

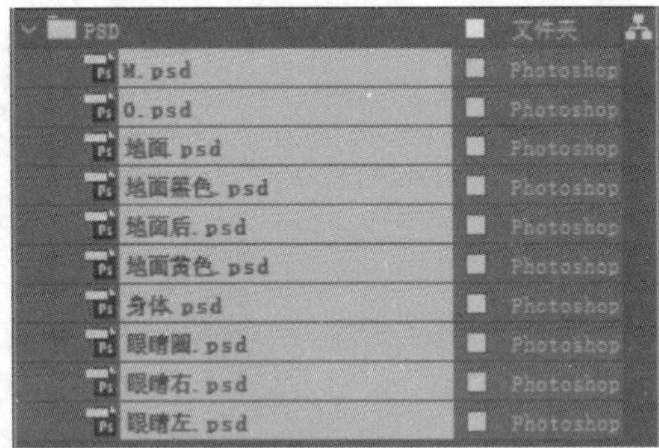

图 63-4

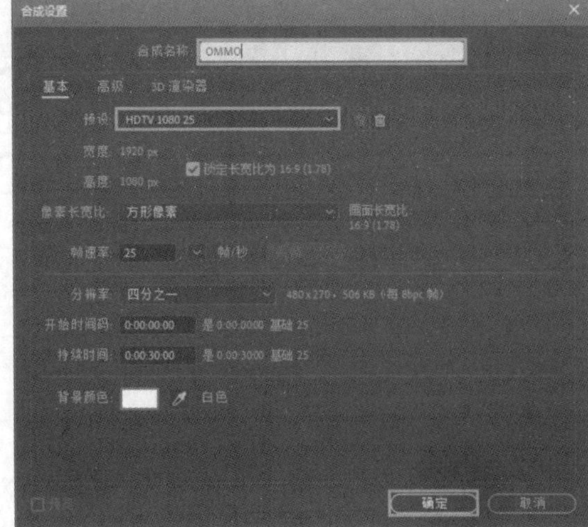

图 63-5

（6）在下方“时间线面板”内右击，选择“新建”—“纯色”（见图 63-6），并且在弹出的“纯色设置”对话框中设置“名称”为“背景”、“颜色”为“白色（默认）”，然后单击“确定”按钮，如图 63-7 所示。

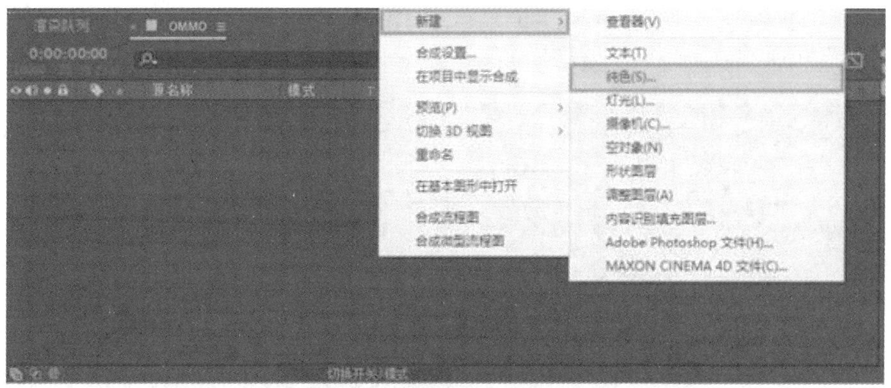

图 63-6

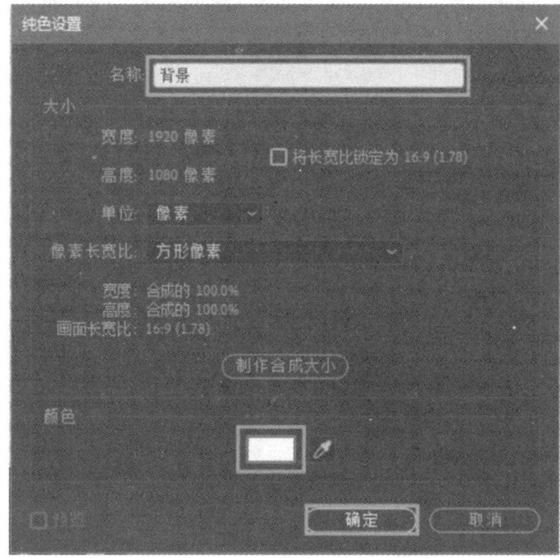

图 63-7

2. 动画内容制作

（1）按照顺序将“PSD”目录内的素材拖入下方“时间线面板”，依次展开轨道，并设置统一参数，如图 63-8 和图 63-9 所示，具体如下：

- O.psd
- O.psd
- M.psd
- M.psd
- 眼睛圈.psd
- 地面.psd
- 眼睛左.psd

锚点：

X：1240.5，Y：1754.0

位置：

X：960.0，Y：672.0

缩放：

X：30%，Y：30%

- 眼睛右.psd
- 身体.psd
- 地面后.psd
- 地面黄色.psd
- 地面黑色.psd

图 63-8

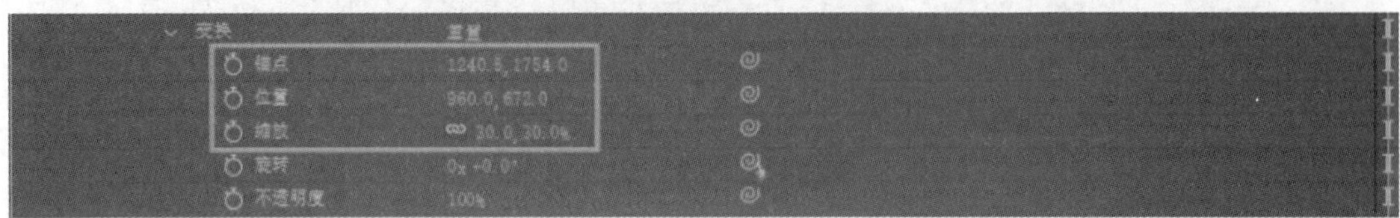

图 63-9

（2）在“时间线面板”中找到入点时间，并将下列项目的入点时间修改为指定值，如图 63-10 所示，具体如下：

• O.psd	0;00;03;22
• O.psd	0;00;03;22
• M.psd	0;00;04;12
• M.psd	0;00;04;12
• 眼睛圈.psd	0;00;02;17
• 眼睛左.psd	0;00;01;00
• 眼睛右.psd	0;00;01;00
• 身体.psd	0;00;01;00
• 地面黄色.psd	0;00;01;00

图 63-10

（3）将时间设定为“0;00;00;00”，展开“地面黑色.psd”轨道，并在“缩放”处制作关键帧动画，如图 63-11 所示，具体参数如下：

- “0;00;00;00” x 轴缩放“0”，y 轴缩放“0”

- “0;00;01;00” x 轴缩放“30”，y 轴缩放“30”

选中“缩放”轨道按 Ctrl+C 组合键复制，并且将时间设定为“0;00;00;00”，到“地面后.psd”与“地面.psd”的“缩放”处按 Ctrl+V 组合键粘贴属性，使得“地面后.psd”与“地面.psd”两轨道与“地面黑色.psd”轨道拥有相同的“缩放”动画。

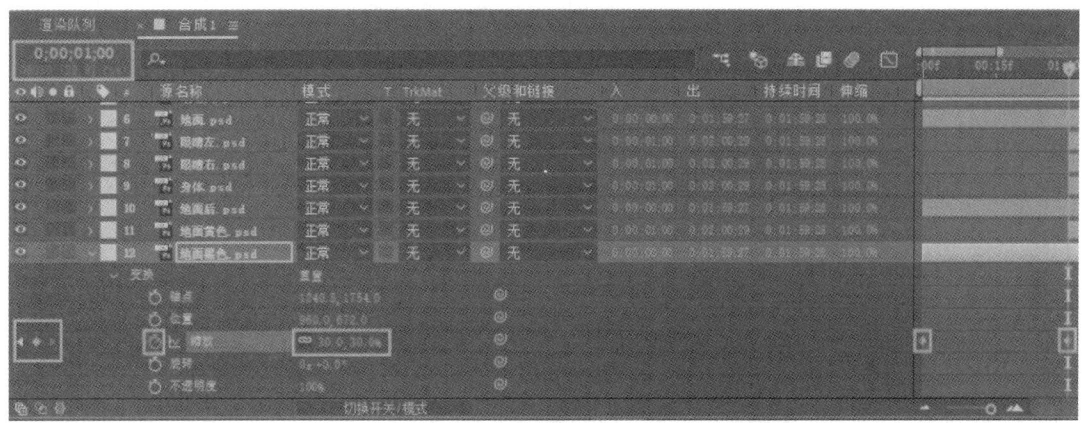

图 63-11

（4）将时间设定为“0;00;01;00”，展开“地面黄色.psd”轨道，并在“位置”处制作关键帧动画，如图 63-12 所示，具体参数如下：

- “0;00;01;00” x 轴缩放“960”，y 轴缩放“1021.3821”
- “0;00;01;07” x 轴缩放“960”，y 轴缩放“750.1”
- “0;00;02;17” x 轴缩放“960”，y 轴缩放“750.1”
- “0;00;03;00” x 轴缩放“960”，y 轴缩放“440.1”

选中“位置”轨道，观察“合成预览区”中的路径轨迹，如若出现贝塞尔曲线，则在上方工具栏中找到“钢笔工具”，并且在锚点中心单击，删除锚点，如图 63-12 所示。

类似的动画制作步骤涉及的轨道与参数如下：

①“身体.psd”轨道。

- “0;00;01;00” x 轴缩放“960”，y 轴缩放“1252.3507”
- “0;00;01;07” x 轴缩放“960”，y 轴缩放“980.7491”
- “0;00;02;17” x 轴缩放“960”，y 轴缩放“980.7491”
- “0;00;03;00” x 轴缩放“960”，y 轴缩放“670.7491”

②“眼睛右.psd”与“眼睛左.psd”轨道。

- “0;00;01;00” x 轴缩放“960”，y 轴缩放“1252.3507”
- “0;00;01;07” x 轴缩放“960”，y 轴缩放“980.75”
- “0;00;01;17” x 轴缩放“934”，y 轴缩放“980.75”
- “0;00;02;07” x 轴缩放“983”，y 轴缩放“980.75”
- “0;00;02;17” x 轴缩放“960”，y 轴缩放“980.75”
- “0;00;03;00” x 轴缩放“960”，y 轴缩放“670.75”

图 63-11

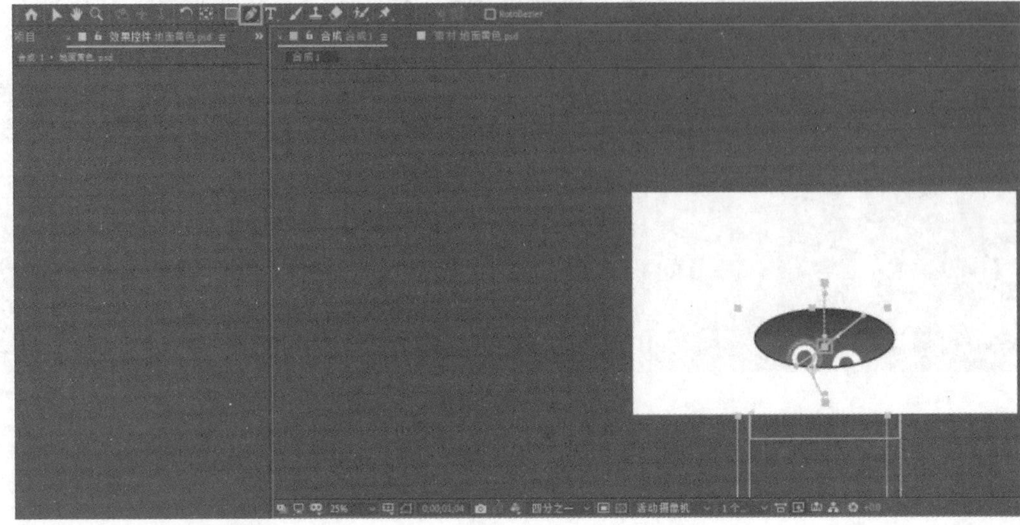

图 63-12

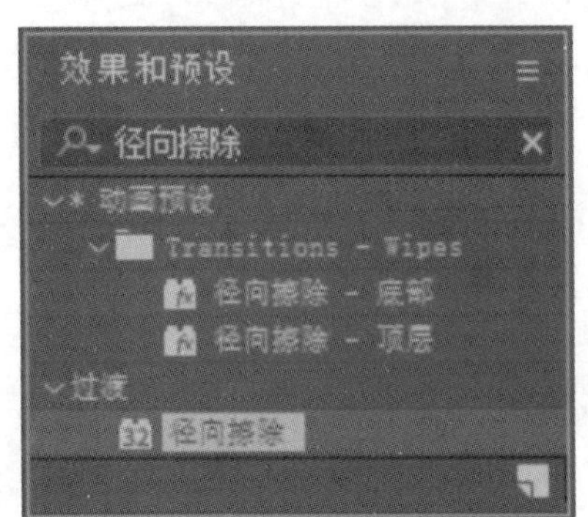

图 63-13

（5）选中“眼睛圈.psd”轨道，在右侧的“效果和预设”面板中输入“径向擦除”（见图 63-13），并将其拖入“眼睛圈.psd”轨道中。接下来为“眼睛圈.psd”轨道中的“径向擦除”“位置”和“旋转”制作关键帧动画，如图 63-14 所示，具体参数如下：

- “0;00;02;17”过渡完成：“100”，位置：*x*“1068.0”、*y*“727.0”；
- “0;00;03;00”位置：*x*“1068.0”、*y*“416”；
- “0;00;03;02”过渡完成：“0”，旋转：“0x0”；
- “0;00;03;07”旋转：“0x45”；
- “0;00;03;12”旋转：“0x0”；
- “0;00;03;17”旋转：“0x-45”；
- “0;00;03;22”旋转：“0x0”。

图 63-14

（6）右击“M.psd #3”轨道，选中“蒙版”－“新建蒙版”，以创建蒙版。同样的方法，为另一个“M.psd #4”轨道创建同样的蒙版，并且分别为两个蒙版添加关键帧动画，如图 63-15 所示。具体如下：

①“M.psd #3”—蒙版 1—蒙版路径。

- “0;00;04;12”左侧：-1539，顶部：-1105，右侧：940，底部：1536；
- “0;00;04;20”左侧：-868，顶部：-1026，右侧：1611，底部：1615。

②“M.psd #4”—蒙版 1—蒙版路径。

- “0;00;04;12”左侧：1566，顶部：-1092，右侧：4046，底部：1549；
- “0;00;04;20”左侧：895，顶部：-1066，右侧：3375，底部：1575。

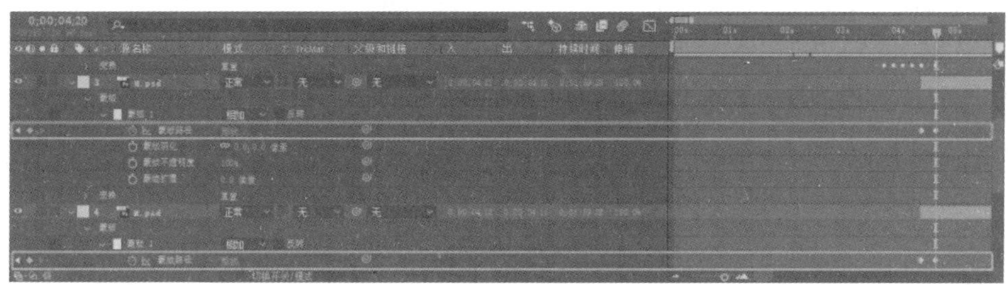

图 63-15

（7）展开“O.psd #1”轨道和“O.psd #2”轨道，并且为它们制作“位置”“缩放”关键帧动画，如图 63-16 所示，具体参数如下：

①“O.psd #1”。

- “0;00;03;22”y 轴缩放：30；
- “0;00;03;27”y 轴缩放：0；
- “0;00;04;02”y 轴缩放：30；
- “0;00;04;07”y 轴缩放：0；
- “0;00;04;12”y 轴缩放：30，位置：x“1060”，y“960”；
- “0;00;04;20”位置：x“1250”，y“960”。

②“O.psd #2”。

- “0;00;03;22”y 轴缩放：30；
- “0;00;03;27”y 轴缩放：0；
- “0;00;04;02”y 轴缩放：30；
- “0;00;04;07”y 轴缩放：0；
- “0;00;04;12”y 轴缩放：30，位置：x“880”，y“960”；
- “0;00;04;20”位置：x“690”，y“960”。

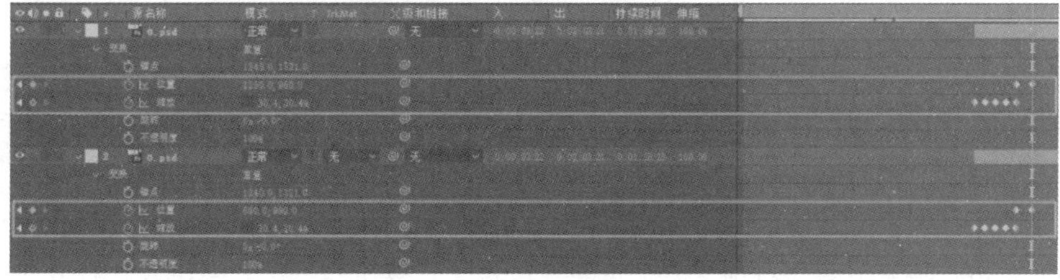

图 63-16

3. 保存与导出

（1）在导出视频前，按 Ctrl+S 组合键或者选择菜单栏中的“文件”—“保存”，保存工程文件到本地磁盘，如图 63-17 所示。

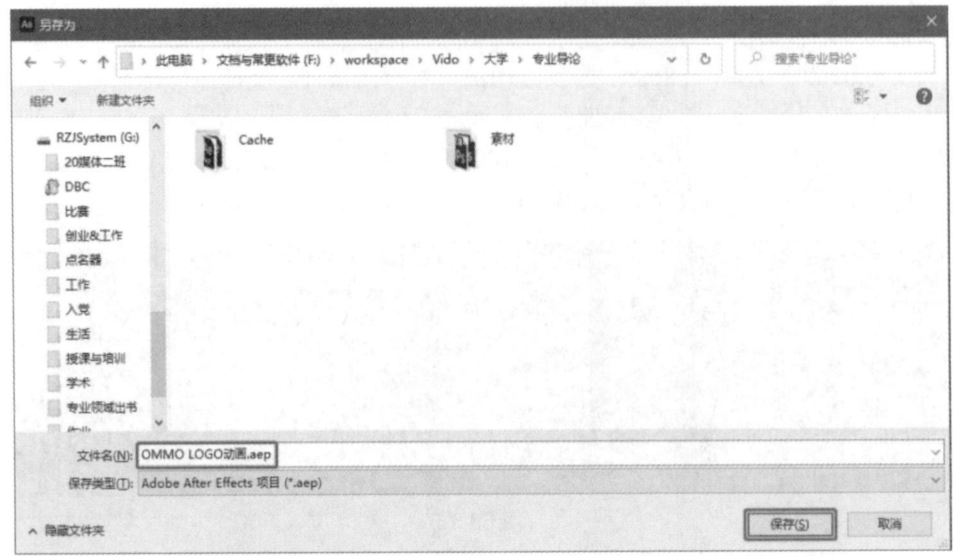

图 63-17

（2）选择菜单栏中的“文件”—“导出”—“添加到渲染队列”，设置渲染，如图 63-18 所示，并且单击“渲染设置：最佳设置”（见图 63-19），打开“渲染设置”对话框。

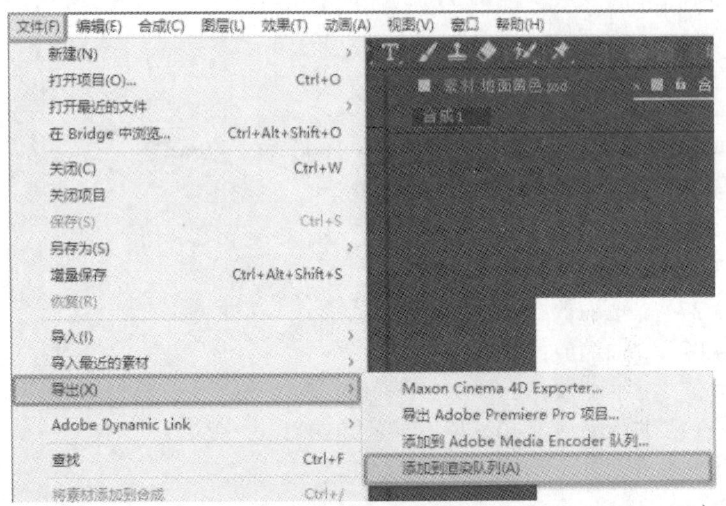

图 63-18

图 63-19

（3）单击“渲染设置”对话框右下角的“自定义”按钮（见图 63-20），在打开的对话框中设定动画持续时间为 5 秒，单击“确定”按钮，如图 63-21 所示，确认自定义时间范围与渲染设置。

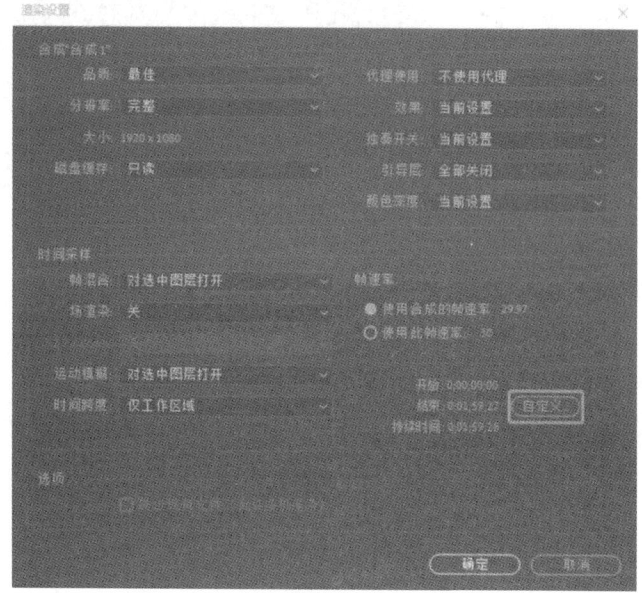

图 63-20

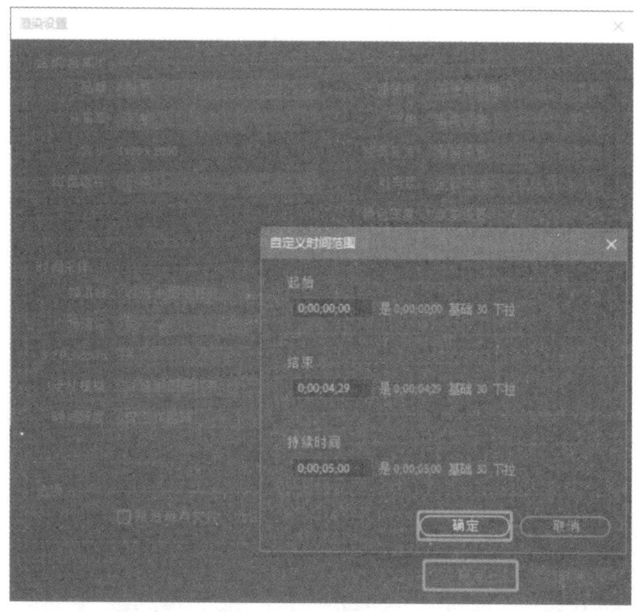

图 63-21

（4）单击“输出到：OMMO.avi”，设置输出文件位置与文件名，如图 63-22 所示。

图 63-22

（5）最后，单击右侧的“渲染”按钮，等待视频渲染完成即可，如图 63-23 所示。

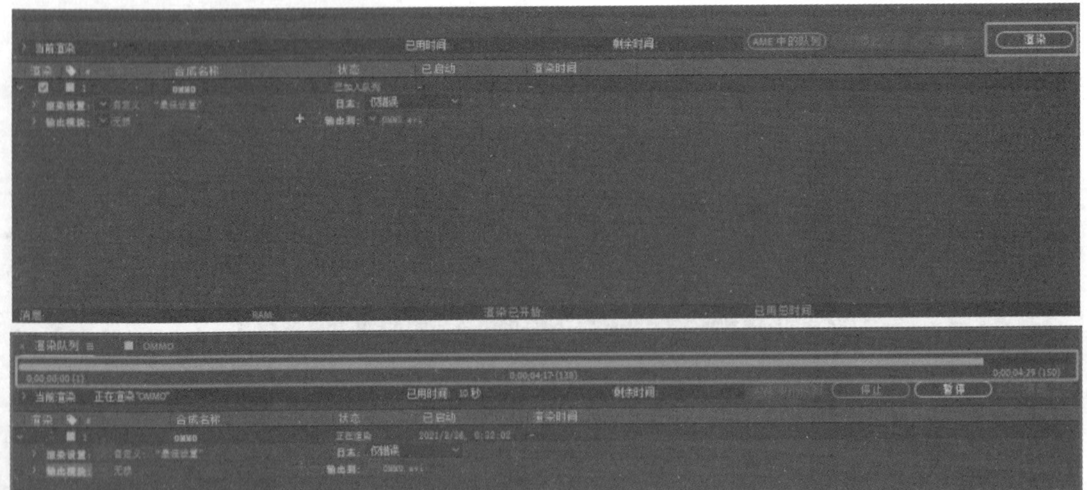

图 63-23